Existenz- und Regularitätstheorie der zweidimensionalen Variationsrechnung mit Anwendungen auf das Plateausche Problem für Flächen vorgeschriebener mittlerer Krümmung

Andreas Künnemann

Existenz- und Regularitätstheorie der zweidimensionalen Variationsrechnung mit Anwendungen auf das Plateausche Problem für Flächen vorgeschriebener mittlerer Krümmung

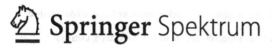 Springer Spektrum

Andreas Künnemann
Cottbus, Deutschland

zugleich Dissertation, Brandenburgische Technische Universität Cottbus-Senftenberg, 2022

Diese Veröffentlichung wurde aus Mitteln des Publikationsfonds für Open-Access-Monografien des Landes Brandenburg gefördert./This publication was supported by funds from the Publication Fund for Open Access Monographs of the Federal State of Brandenburg, Germany.

ISBN 978-3-658-41640-9   ISBN 978-3-658-41641-6 (eBook)
https://doi.org/10.1007/978-3-658-41641-6

Die Deutsche Nationalbibliothek verzeichnet diese Publikation in der Deutschen Nationalbibliografie; detaillierte bibliografische Daten sind im Internet über http://dnb.d-nb.de abrufbar.

Planung/Lektorat: Marija Kojic
Springer Spektrum ist ein Imprint der eingetragenen Gesellschaft Springer Fachmedien Wiesbaden GmbH und ist ein Teil von Springer Nature.
Die Anschrift der Gesellschaft ist: Abraham-Lincoln-Str. 46, 65189 Wiesbaden, Germany

Meiner Frau, meiner Mutter und meiner Großmutter

in

aufrichtiger Liebe, tiefer Dankbarkeit und ewiger Erinnerung

gewidmet.

„Weiter, weiter
Immer weiter brauche ich mehr und mehr und
Immer leichter wird es schwer und schwer und
Alles wirft mich aus der Bahn"

aus „Weiter, weiter" von Wanda

Danksagung

Die Entstehungszeit dieser Arbeit stellt für mich einen besonderen Lebensabschnitt dar, der viele Veränderungen mit sich brachte und mein weiteres Leben nachhaltig prägen wird. Interesse, Neugier, Fleiß sowie Geduld und Disziplin waren essentiell für die Erarbeitung der vorliegenden Thematik. Darüber hinaus blicke ich auch auf die Hilfe und das Engagement sowie Denkanstöße und offene Ohren zurück, die mir durch mein Umfeld in dieser Zeit entgegengebracht wurden. Daher möchte ich die Gelegenheit nutzen, mich an dieser Stelle bei einigen Personen zu bedanken, die mich während der Anfertigung dieser Arbeit in besonderer Weise unterstützt haben.

Mein ganz herzlicher Dank gilt meinem Betreuer Herrn Prof. Dr. Friedrich Sauvigny, dessen Vorlesungen mich seit Beginn meines Studiums inspirierten. Er lieferte mir den Impuls zur Entwicklung der Thematik und gab mir die nötige Freiheit für deren Gestaltung. Unseren wertvollen Austausch, den er trotz aller Widrigkeiten dieser Zeit regelmäßig persönlich ermöglichte, schätze ich sehr.

Auch möchte ich meinem guten Freund und ehemaligen Kollegen Herrn Dr. Torsten Ziemann insbesondere für die vielen fachlichen und persönlichen Gespräche während unseres Promotionsstudiums danken. Die gemeinsame Zeit im Büro werde ich stets in bester Erinnerung behalten.

Maßgeblich für das Gelingen meines Vorhabens war auch mein familiäres Umfeld, welches mir sowohl die erforderlichen Rückzugsmöglichkeiten als auch den notwendigen Ausgleich schuf. Ich danke meiner Mutter für ihre uneingeschränkte Unterstützung in allen Lebenslagen. Meiner Frau spreche ich meinen Dank dafür aus, dass sie mein Leben so wundervoll bereichert und mir in kleineren und größeren Krisen immer zur Seite steht.

Schließlich möchte ich es nicht versäumen, meiner Schwiegermutter und ihren Kolleginnen für ihre orthografischen Hinweise meinen Dank auszusprechen.

Cottbus, im Januar 2022   Andreas Künnemann

Zusammenfassung

Die vorliegende Arbeit behandelt für eine breite Klasse zweidimensionaler Variationsprobleme eine Existenz- und Regularitätstheorie, die der Lösung von Randwertproblemen partieller Differentialgleichungssysteme dient. Dabei werden bekannte Ergebnisse gründlich untersucht und umfassend aufgearbeitet. Teilweise wird eine geeignete Anpassung der Voraussetzungen einiger Resultate vorgenommen. Speziell wird die Theorie auf das Plateausche Problem für Flächen vorgeschriebener mittlerer Krümmung im $\mathbb{R}^3$ angewendet.

Eingangs wird das Konzept der direkten Methoden der Variationsrechnung erläutert. Über einen fundamentalen Satz zur schwachen Unterhalbstetigkeit von Funktionalen wird die Existenz eines Minimierers für eine breite Klasse von Variationsproblemen nachgewiesen. Da die Existenztheorie in Sobolev-Räumen agiert, sind Untersuchungen zur Regularität eines Minimierers notwendig.

Im Rahmen der Regularitätstheorie wird das Dirichletsche Wachstumstheorem von Morrey gezeigt, welches ein hinreichendes Kriterium für die Hölder-Stetigkeit einer Funktion $X \in W^{1,2}(G)$ liefert. Zum Nachweis der Anwendbarkeit des Dirichletschen Wachstumstheorems auf einen Minimierer wird ein Wachstumslemma verwendet. Dabei werden eine Verknüpfung des Dirichlet-Integrals mit Fourierreihen sowie das Dirichlet-Integral der harmonischen Ersetzung einer Funktion mit L^2-Randwerten genutzt. Infolgedessen ergibt sich die Hölder-Stetigkeit im Inneren für einen Minimierer. Zudem wird die Stetigkeit des Minimierers bis zum Rand gezeigt, sodass die Existenz eines stetigen Minimierers für eine breite Klasse von Variationsproblemen gesichert ist.

Anschließend erfolgt die Berechnung der ersten Variation sowie die damit verbundene Herleitung der schwachen Euler-Lagrange-Gleichung, welche eine Beziehung zur Lösungstheorie von Differentialgleichungen im Sinne des Dirichletschen Prinzips herstellt. Ausgehend von der schwachen Euler-Lagrange-Gleichung wird die Hölder-Stetigkeit der ersten Ableitungen eines Minimierers bewiesen.

Für die Lösung von Randwertproblemen mit partiellen Differentialgleichungen zweiter Ordnung mithilfe der Variationsrechnung ist der Nachweis stetiger zweiter Ableitungen des Minimierers notwendig. Dabei wird der Fokus auf sogenannte Minimierer vom Poissonschen Typ gelegt. Eine $C^{2,\sigma}$-Rekonstruktion, die auf der Schaudertheorie basiert, liefert in diesem Fall die gewünschte Regularität.

In Anwendung dessen werden das Randwertproblem harmonischer Abbildungen in Riemannschen Räumen sowie das Dirichletproblem des H-Flächen-Systems behandelt, indem jeweils ein geeignetes Variationsproblem aufgestellt wird.

Als Erweiterung des Dirichletproblems des H-Flächen-Systems wird das allgemeine Plateausche Problem für Flächen vorgeschriebener mittlerer Krümmung mit den erarbeiteten Methoden der Variationsrechnung untersucht. Zudem wird das Plateausche Problem für Flächen vorgeschriebener mittlerer Krümmung in Kugeln, in Zylindern sowie insbesondere im Einheitskegel gelöst.

Insgesamt wird eine ausführliche, in sich geschlossene und gut verständliche Existenz- und Regularitätstheorie der zweidimensionalen Variationsrechnung zur Behandlung von Randwertproblemen partieller Differentialgleichungssysteme dargestellt, welche sich in besonderer Weise bei der Lösung des Plateauschen Problems für Flächen vorgeschriebener mittlerer Krümmung entfaltet.

Abstract

This work deals with the existence and regularity theory for a wide class of two-dimensional variational problems, with the intention to solve boundary value problems for systems of partial differential equations. Known results are thoroughly examined and comprehensively elaborated. Partially, the requirements for some of the results are suitably adapted. In particular, the theory is applied to Plateau's problem for surfaces of prescribed mean curvature in $\mathbb{R}^3$.

At the beginning, the concept of the direct methods in the calculus of variations is explained. The existence of a minimizer for a wide class of variational problems is demonstrated by means of a fundamental theorem on the weak lower semicontinuity of functionals. Since the existence theory operates in Sobolev spaces, investigations about the regularity of a minimizer are necessary.

In the context of the regularity theory, the Dirichlet growth theorem by Morrey is shown, which provides a sufficient condition for the Hölder continuity of a function $X \in W^{1,2}(G)$. A growth lemma is used to demonstrate the applicability of the Dirichlet growth theorem to a minimizer. A combination of the Dirichlet integral with Fourier series and the Dirichlet integral for the harmonic replacement of a function with L^2 boundary values are utilized. As a result, the Hölder continuity in the interior for a minimizer is established. In addition, the continuity of the minimizer up to the boundary is shown, so that the existence of a continuous minimizer is ascertained for a wide class of variational problems.

Subsequently, the first variation is calculated and the associate weak Euler-Lagrange equation, which relates to solutions of differential equations in the sense of Dirichlet's principle, is derived. The weak Euler-Lagrange equation is the base for proving the Hölder continuity of the first derivatives for a minimizer.

In order to solve boundary value problems with partial differential equations of the second order via the calculus of variations, the proof of continuous second derivatives for the minimizer is necessary. The focus is laid on so-called minimizers of Poisson type. A $C^{2,\sigma}$-reconstruction based on the Schauder theory provides the desired regularity in this case.

As an application of this theory, the boundary value problem of harmonic mappings in Riemannian spaces as well as the Dirichlet problem of the H-surface system are treated via the solution of a suitable variational problem in each case.

As an extension for the Dirichlet problem of the H-surface system, the general Plateau's problem for surfaces of prescribed mean curvature is investigated using the variational methods that have been developed. In addition, Plateau's problem for surfaces of prescribed mean curvature is solved in balls, in cylinders and especially in the unit cone.

With these investigations a detailed, self-contained and easily understandable existence and regularity theory of the two-dimensional calculus of variations for the treatment of boundary value problems for systems of partial differential equations is presented, which is especially suited to solve Plateau's problem for surfaces with prescribed mean curvature.

Inhaltsverzeichnis

1 Einleitung

1.1 Einführung in die Thematik

Der Begriff Variationsrechnung wurde im Jahr 1756 erstmalig von Leonhard Euler verwendet, um eine von Joseph-Louis Lagrange 1755 dargelegte Methode zu kennzeichnen. Euler selbst zog weitere formale Ergebnisse aus den Darstellungen von Lagrange. Insofern können Euler und Lagrange als Schöpfer der Variationsrechnung angesehen werden.

Ausgehend davon hat sich die Variationsrechnung bis heute zu einem eigenständigen Teilgebiet der Mathematik entwickelt. Sie ermöglicht es, eine Vielzahl mathematischer Fragestellungen in einem einheitlichen Kontext zu untersuchen. Im weitesten Sinne verstehen wir unter einem Problem der Variationsrechnung die Suche nach minimalen, maximalen oder auch kritischen Punkten eines Funktionals, also einer reellwertigen Abbildung von Funktionen, in einer zulässigen Menge. In Anwendungen besteht eine derartige zulässige Menge beispielsweise aus Kurven, Flächen oder allgemeiner aus Funktionen. Wir nennen eine solche Fragestellung auch Variationsproblem. In gewisser Weise stellt ein Variationsproblem eine Verallgemeinerung der Bestimmung minimaler, maximaler oder kritischer Punkte einer reellwertigen Funktion über einem endlich dimensionalen Raum dar.

Bereits in frühen Hochkulturen traten Probleme der Variationsrechnung auf, obgleich diese weder formal beschrieben geschweige denn Lösungen bewiesen werden konnten. Von Interesse waren sie dessen ungeachtet. So war bereits im Alten Ägypten bekannt, dass die kürzeste Verbindung zwischen zwei Punkten in einer Ebene durch eine Gerade beschrieben wird. Im antiken Griechenland wurde damit begonnen, Beobachtungen durch Beweise zu begründen. Dass der kürzeste Weg zwischen zwei Punkten in einer Ebene durch eine Gerade realisiert wird, konnte ebenso wie die Lösungen anderer Extremalprobleme gezeigt werden.

Eine gewisse Berühmtheit erlangte das Problem der Dido, welches als Urform des sogenannten isoperimetrischen Problems angesehen werden kann. Dieses geht der Frage nach, welche Gestalt eine geschlossene Kurve fester Länge haben muss, um den größten Flächeninhalt einzuschließen. Überlieferungen zufolge soll Dido, eine phönizische Prinzessin und spätere Königin Karthagos, im Jahre 814 v. Chr. vom Numidier-König Hierbas so viel Land versprochen worden sein, wie eine Rinderhaut umspannen kann. Sie verarbeitete die Rinderhaut zu fadendünnen Streifen und grenzte damit die Grundfläche einer neuen Stadt ab. Ein erster Ansatz eines Beweises der isoperimetrischen Ungleichung für Polygone soll um 200 v. Chr. durch Zenodoros erbracht worden sein. Auch später hatte das isoperimetrische Problem eine große Anziehung auf eine Vielzahl berühmter Personen der Mathematik wie beispielsweise Karl Weierstraß, Hermann Amandus Schwarz, Adolf Hurwitz oder Erhard Schmidt, die Beweise mit unterschiedlichen Methoden führten.

© Der/die Autor(en) 2023
A. Künnemann, *Existenz- und Regularitätstheorie der zweidimensionalen Variationsrechnung mit Anwendungen auf das Plateausche Problem für Flächen vorgeschriebener mittlerer Krümmung*, https://doi.org/10.1007/978-3-658-41641-6_1

Ebenso fand auch das Problem der Brachistochrone eine starke Resonanz in der mathematischen Gemeinschaft. Dieses stellt die Frage nach derjenigen Kurve, auf welcher ein Körper reibungsfrei unter dem Einfluss der Gravitationskraft am schnellsten von einem Startpunkt zu einem tiefer liegenden Zielpunkt gleitet. Der Zeitpunkt im Juni 1696, als Johann Bernoulli dieses Problem löste, wird oft als Geburtsstunde der Variationsrechnung angesehen. Popularität erlangte das Problem der Brachistochrone auch dadurch, dass Bernoulli sein Ergebnis zunächst zurückhielt, um die mathematische Gemeinschaft seiner Zeit und insbesondere seinen 13 Jahre älteren Bruder Jakob herauszufordern, das Problem zu lösen. Unter anderem gaben Gottfried Wilhelm Leibniz, Isaac Newton sowie Guillaume François Antoine, Marquis de L'Hospital, und ebenfalls Jakob Bernoulli Lösungen an.

Auch physikalische Untersuchungen haben zur Entwicklung von Methoden der Variationsrechnung beigetragen. So wurden beispielsweise im 17. Jahrhundert Probleme der geometrischen Optik oder der Hydrodynamik mit Techniken behandelt, die auch zur Lösung von Variationsproblemen von Interesse sind. Newton, Christiaan Huygens und Pierre de Fermat sind in diesem Zusammenhang zu erwähnen. Gleichermaßen ist die Variationsrechnung bis heute zu einem der wertvollsten Hilfsmittel in der mathematischen Physik gereift.

Ausgehend von der geometrischen Optik formulierte William Rowan Hamilton 1834 das später nach ihm benannte Prinzip für die Mechanik, welches teilweise auch als Prinzip der kleinsten Wirkung bezeichnet wird. Das Hamiltonsche Prinzip liefert eine äquivalente Formulierung der Newtonschen Bewegungsgleichungen oder auch der Feldtheorie. Dabei bietet diese Vorteile gegenüber einer klassischen Formulierung wie etwa durch eine systematische Darstellung von Nebenbedingungen und eine vom Koordinatensystem unabhängige Beschreibung. Das von Emmy Noether 1918 gezeigte fundamentale Noether-Theorem, welches aus der Invarianz der Wirkung unter Symmetrien Erhaltungssätze eines physikalischen Systems ableitet, ist ein weiteres Beispiel dieser Überlegenheit. Insgesamt spiegelt sich die Bedeutung des Hamiltonschen Prinzips und der damit verbundenen Variationsrechnung bis heute in der mathematischen Physik wider. Die Einflüsse bei der 1915 von Albert Einstein vorgestellten allgemeinen Relativitätstheorie sowie die von Erwin Schrödinger 1926 dargelegte Schrödingergleichung sollen hier als prominente Beispiele genannt sein.

Aufgrund des in physikalischen Vorgängen oft zu beobachtenden Prinzips der kleinsten Wirkung identifizierte Euler das Verschwinden der sogenannten ersten Variation als eine erste notwendige Bedingung, der ein Minimierer eines Variationsproblems genügen muss. Dabei suchte er zu Funktionalen der Gestalt

$$\int_a^b f(t, y(t), y'(t))\, \mathrm{d}t$$

eine Funktion $y_0 \colon [a, b] \to \mathbb{R}$, welche ein solches minimiert. Indem er die gesuchte Funktion durch einen Polygonzug approximierte, gelangte er zu der Bedingung

$$\frac{\partial f}{\partial y}(t, y_0(t), y_0'(t)) - \frac{\mathrm{d}}{\mathrm{d}t}\frac{\partial f}{\partial y'}(t, y_0(t), y_0'(t)) = 0 \tag{1.1}$$

in (a, b) für eine minimierende Funktion y_0.

Lagrange vereinfachte die Vorgehensweise Eulers und gelangte mithilfe von Variationen $z\colon [a, b] \to \mathbb{R}$ zu der Bedingung

$$\int_a^b \left[\frac{\partial f}{\partial y}(t, y_0(t), y_0'(t)) - \frac{\mathrm{d}}{\mathrm{d}t} \frac{\partial f}{\partial y'}(t, y_0(t), y_0'(t)) \right] z(t)\, \mathrm{d}t \doteq 0 \qquad (1.2)$$

für eine minimierende Funktion y_0. Er folgerte daraus die Gültigkeit der Bedingung (1.1) von Euler, ohne die Notwendigkeit eines Beweises zu sehen. Erst 1879 rechtfertigte Paul du Bois-Reymond mit dem heute als Fundamentallemma der Variationsrechnung bekannten Hilfssatz diesen Schluss, wobei er den 1820 von Augustin-Louis Cauchy geprägten Begriff der Stetigkeit verwendete.

Die Bedingung (1.1) wird heute als Euler-Lagrange-Gleichung bezeichnet. Im Gegensatz dazu kann die Bedingung (1.2) als schwache Formulierung der Euler-Lagrange-Gleichung verstanden werden. Über die Euler-Lagrange-Gleichung (1.1) entsteht eine Verbindung zum Themengebiet der gewöhnlichen Differentialgleichungen. So lassen sich beispielsweise die Newtonschen Bewegungsgleichungen aus der Formulierung eines entsprechenden Variationsproblems ableiten.

Lagrange erweiterte seine Untersuchungen auf Funktionale mit Mehrfachintegralen. Die Anwendung der gleichen Idee wie im eindimensionalen Fall führt auf eine oder mehrere Euler-Lagrange-Gleichungen, die partiellen Differentialgleichungen entsprechen. Die Behandlung partieller Differentialgleichungen entzieht sich im Gegensatz zu gewöhnlichen Differentialgleichungen bis heute einer einheitlichen Lösungsstrategie. Daher hat sich teilweise die Methode entwickelt, ein korrespondierendes Variationsproblem zu untersuchen, dessen Lösung notwendigerweise Euler-Lagrange-Gleichungen genügt, die äquivalent zu den gewünschten partiellen Differentialgleichungen sind.

Als ein Beispiel für Funktionale mit Mehrfachintegralen betrachtete Lagrange sogenannte Minimalflächen. Eine Minimalfläche ist eine Fläche lokal kleinsten Flächeninhalts, die eine vorgegebene Randkurve besitzt. Experimentell erforschte der Physiker Joseph Antoine Ferdinand Plateau Minimalflächen. Diese können demnach als Seifenhäute beschrieben werden, die sich in einer gegebenen Randkurve bilden. Das Problem der Minimalflächen wird daher heutzutage Plateausches Problem genannt. Seither haben sich unzählige Personen der mathematischen Gemeinschaft mit dem Plateauschen Problem auseinandergesetzt. Noch heute existieren offene Fragen. Erst zu Beginn der 1930er Jahre lieferten Jesse Douglas und Tibor Radó unabhängig voneinander allgemeine Existenzbeweise für Lösungen des Plateauschen Problems.

Dass die Existenz einer Lösung für ein Variationsproblem einen Beweis erfordert, wurde bis in das 19. Jahrhundert weitgehend vernachlässigt. Als einer der bekanntesten Belege hierfür kann die Doktorarbeit von Bernhard Riemann aus dem Jahr 1851 angesehen werden. Er erkannte, wie zuvor bereits Carl Friedrich Gauß oder William Thomson bei ihren Untersuchungen zur Elektrostatik, dass ein Minimierer des Dirichlet-Integrals mit geeigneten Randwerten einer Lösung des Dirichletproblems der Laplace-Gleichung entspricht. Da der Integrand des Dirichlet-Integrals stets nichtnegativ ist und dieses somit eine untere Schranke besitzt, folgerte Riemann ohne einen Nachweis die Existenz eines Minimierers des Dirichlet-Integrals und somit auch die Existenz einer Lösung des zugehörigen Dirichletproblems der Laplace-Gleichung. Er bezeichnete seine Methode als Dirichletsches Prinzip, da er die Idee als Student aus den Vorlesungen von Peter Gustav Lejeune Dirichlet kannte.

Karl Weierstraß kritisierte die Vorgehensweise Riemanns 1870 und zeigte anhand mehrerer Beispiele, dass es nach unten beschränkte Funktionale ohne Minimierer gibt. Damit etablierte sich die Einsicht für die Notwendigkeit, die Existenz von Lösungen nachzuweisen. Viele Versuche, das Dirichletsche Prinzip zu retten, scheiterten in den darauffolgenden Jahren. Erst 1900 präsentierte David Hilbert auf der Tagung der Deutschen Mathematiker-Vereinigung eine neue Herangehensweise, die das Dirichletsche Prinzip legitimierte. Die Hauptidee bestand darin, den Lösungsbegriff zu erweitern, sodass eine Lösung in einem allgemeineren Raum nachgewiesen werden kann. Damit einher geht die Frage nach der Regularität einer solch allgemeinen Lösung. Dieses heutzutage als direkte Methoden der Variationsrechnung bezeichnete Verfahren spaltet die Lösungstheorie also in die Existenz- und die Regularitätsfrage auf. Damit wurde die moderne Variationsrechnung eingeleitet.

Das Forschungsinteresse im Bereich der Variationsrechnung verstärkte sich durch einen Vortrag Hilberts auf dem 2. Internationalen Mathematiker-Kongress 1900 in Paris. In diesem beschrieb er die Entwicklungen der Mathematik in den vorangegangenen Jahren und erklärte 23 mathematische Probleme, die aus seiner Sicht fruchtbar für das 20. Jahrhundert sein sollten. Drei dieser Probleme beinhalteten dabei Fragestellungen zur Variationsrechnung. Das 19. Problem verband er mit der Frage nach der Regularität der Lösungen regulärer Variationsprobleme. Die Existenzfrage von Minimierern für reguläre Funktionale mit sinnvollen Randbedingungen war der Inhalt des 20. Problems. Das 23. Problem war vage formuliert und befasste sich mit der Möglichkeit zur Entwicklung neuer Methoden in der Variationsrechnung.

Animiert und inspiriert durch Hilberts Reputation und seine formulierten Probleme entwickelte sich die Variationsrechnung im 20. Jahrhundert sehr reichhaltig. Eine genaue Aufstellung der unzähligen Beiträge erweist sich an dieser Stelle als schwierig. Daher sollen stellvertretend einige wichtige Personen genannt sein, deren Arbeiten sich maßgeblich auf die gehaltvolle Entwicklung der Variationsrechnung im 20. Jahrhundert ausgewirkt haben. Zu nennen sind unter anderem Henri Léon Lebesgue, Leonida Tonelli, Sergei Bernstein, Leon Lichtenstein, Eberhard Hopf, Iwan Petrowski, Charles Bradfield Morrey Jr., Tibor Radó, Juliusz Schauder, Jean Leray, Renato Caccioppoli, Ennio De Giorgi, John Forbes Nash Jr., Enrico Giusti, Mario Miranda, Nina Uralzewa sowie Olga Ladyschenskaja.

Insgesamt reicht die Geschichte der Variationsrechnung weit zurück und hat stets die allgemeine mathematische Entwicklung begleitet und geprägt. Sie bietet ausreichend Material für ausgiebige historische Betrachtungen und interessante Anekdoten. Einen kompakten Abriss mit weiterführender Literatur zur Geschichte der Variationsrechnung bieten beispielsweise Blanchard und Brüning [6, Kap. 0]. Für eine ausführliche Betrachtung der Entwicklung im 20. Jahrhundert empfiehlt sich die Darstellung von Josef Bemelmans, Stefan Hildebrandt und Wolf von Wahl [5].

Neben der noch immer fundamentalen Bedeutung der Variationsrechnung in der mathematischen Physik haben sich bis heute weitere Anwendungsgebiete beispielsweise in den Wirtschaftswissenschaften, der Biologie und der optimalen Steuerung ergeben. Als eine der bedeutendsten mathematischen Anwendungen, die aus der Variationsrechnung hervorgegangen ist, seien noch die Theorie der Minimalflächen und des Plateauschen Problems sowie deren Verallgemeinerung, die Theorie der Flächen vorgeschriebener mittlerer Krümmung, genannt.

1.2 Aufgaben und Ziele dieser Arbeit

Mit der Entwicklung der direkten Methoden der Variationsrechnung zu Beginn des 20. Jahrhunderts wurde die Existenzfrage von Minimierern als eigenständiges Problem erkannt und behandelt. Indem die Räume zulässiger Funktionen erweitert werden, kann für eine breitere Klasse von Variationsproblemen die Existenz von Lösungen gesichert werden. Infolgedessen entsteht jedoch eine Lücke zur Lösung von Randwertproblemen, da ein Minimierer in einem allgemeineren Raum nicht zwingend die erforderliche Regularität besitzen muss. Dazu sind weitere Untersuchungen der Regularität eines Minimierers notwendig.

Im Zentrum der vorliegenden Arbeit sollen daher die Existenz- und Regularitätsfragen von Minimierern einer breiten Klasse von Variationsproblemen stehen mit dem Zweck, der Lösung partieller Differentialgleichungssysteme im Sinne des Dirichletschen Prinzips zu dienen. Konkret sollen Funktionale $\mathcal{I}$ der Form

$$\mathcal{I}(X, G) = \int_G f(w, X(w), \nabla X(w)) \, dw \qquad (1.3)$$

für Abbildungen $X \colon G \to \mathbb{R}^n$ mit einer erzeugenden Funktion $f \colon G \times \mathbb{R}^n \times \mathbb{R}^{n \times m} \to \mathbb{R}$ betrachtet werden, wobei $G \subset \mathbb{R}^m$ ein Gebiet ist und $m \geq 2$ sowie $n \geq 1$ gilt. Variationsprobleme mit Funktionalen der obigen Gestalt werden heutzutage vorwiegend untersucht. Unterschiede ergeben sich dabei aus der Wahl der Dimensionen m und n, aus den Voraussetzungen an die erzeugende Funktion f, aus Bedingungen für das Gebiet G sowie aus der Wahl der zulässigen Menge $\mathcal{F}$, in der ein Minimierer zu suchen ist.

Unter anderem durch Beiträge von Lichtenstein, E. Hopf, Radó, Morrey, Schauder und Leray konnte mit Blick auf das 19. Hilbertsche Problem gezeigt werden, dass ein hinreichend oft stetig differenzierbarer Minimierer von (1.3) analytisch ist, sofern die erzeugende Funktion f analytisch ist. Die direkten Methoden der Variationsrechnung lassen hier allerdings eine Lücke entstehen, da die Existenz eines Minimierers im Allgemeinen lediglich in einem Sobolev-Raum gesichert werden kann.

Im skalaren Fall ($n = 1$) konnte diese Diskrepanz 1957 durch eine fundamentale Arbeit von De Giorgi [13] überwunden werden. Er zeigte, dass ein Minimierer aus einem Sobolev-Raum auch stetig differenzierbar ist. Im vektorwertigen Fall ($n > 1$) gestaltet sich eine derartige Übertragung schwieriger. 1968 legten De Giorgi [14] sowie Giusti und Miranda [24] Beispiele vor, bei denen Minimierer eines Funktionals der Gestalt (1.3) unstetig sind. Für den vektorwertigen Fall haben sich in der Folge unterschiedliche Resultate entwickelt. So ist bis heute eine vielfältige Literatur entstanden, die unter verschiedenen Voraussetzungen an das Variationsproblem diverse Resultate in der Existenz- und Regularitätstheorie zeigt.

Daher soll die bestehende Theorie derart aufgearbeitet werden, dass die bisherigen Ergebnisse gesammelt, geordnet und unter Berücksichtigung einer moderneren Behandlung verständlich präsentiert werden. Hierbei wollen wir unser Augenmerk auf die Anwendung zur Lösung von Randwertproblemen legen. Da allgemeine Existenz- und Regularitätsaussagen unter schwächsten Voraussetzungen für bestimmte Anwendungen nicht hinreichend belastbar sind, müssen für qualitativ stärkere Ergebnisse die Anforderungen an ein Variationsproblem der Form (1.3) sukzessiv verschärft werden.

Es muss also ein Kompromiss zwischen allgemeineren Theorien der Variationsrechnung einerseits und der Anwendbarkeit auf konkrete Randwertprobleme andererseits gefunden werden. Als sinnvoll wird ein Vorgehen empfunden, das stets die fundamentalen Beweisideen erkennbar darlegt.

Im Sinne einer einheitlichen Darstellung soll die Existenz- und Regularitätstheorie überwiegend für Minimierer $X: G \to \mathbb{R}^3$ mit $G \subset \mathbb{R}^2$ behandelt werden, da die Theorie im späteren Verlauf auf das Plateausche Problem für Flächen vorgeschriebener mittlerer Krümmung im $\mathbb{R}^3$ angewendet werden soll. Eine Diskussion möglicher Verallgemeinerungen hinsichtlich anderer Dimensionen wird angestrebt.

Zunächst soll eine geeignete Klasse von Variationsproblemen eingeführt und die Existenz eines Minimierers für ein derartiges Variationsproblem aufgearbeitet werden. Im Anschluss daran sollen Aussagen über die Regularität eines solchen Minimierers getroffen werden. Es soll eine geschlossene Existenz- und Regularitätstheorie entstehen, die der Lösung von Randwertproblemen, hierbei insbesondere dem Plateauschen Problem für Flächen vorgeschriebener mittlerer Krümmung, dient.

Insbesondere soll keine Existenztheorie unter schwächsten Voraussetzungen ausgearbeitet werden, da diese Voraussetzungen in der Regularitätstheorie nicht gehalten werden können. Die Behandlung einer allgemeineren Existenztheorie, welche die Einführung einer Terminologie erfordert, die im Rahmen der Regularitätstheorie größtenteils verworfen werden müsste, soll vermieden werden. Als leitende Quelle der Existenz- und Regularitätstheorie soll unter anderem die Monographie [55] von Morrey dienen. Um eine Verbindung zur Lösungstheorie partieller Differentialgleichungssysteme beziehungsweise zu Randwertproblemen herzustellen, wird zudem eine Betrachtung der ersten Variation notwendig sein.

Schließlich sollen die erarbeiteten Resultate der Variationsrechnung auf das Plateausche Problem für Flächen vorgeschriebener mittlerer Krümmung angewendet werden. Unter anderem wollen wir an neue Ergebnisse zu Flächen vorgeschriebener mittlerer Krümmung im Kegel von Friedrich Sauvigny [62, 63], Paolo Caldiroli und Alessandro Iacopetti [8] sowie Josef Bemelmans und Jens Habermann [4] anknüpfen und mithilfe der Variationsrechnung das Plateausche Problem für Flächen vorgeschriebener mittlerer Krümmung im Kegel untersuchen. Für Methoden, die zusätzlich zur Variationsrechnung erforderlich sind, um das Plateausche Problem für Flächen vorgeschriebener mittlerer Krümmung zu behandeln, soll auf Standardwerke der Minimal- und H-Flächen-Theorie wie [10, 15, 16, 56] zurückgegriffen werden.

Insgesamt wird eine schlüssige, lückenlose und gut nachvollziehbare Darstellung der Existenz- und Regularitätstheorie der zweidimensionalen Variationsrechnung zur Anwendung auf Randwertprobleme angestrebt.

1.3 Zum Aufbau der Arbeit

Wir wollen das Kapitel 2 nutzen, um wichtige Begriffe und Zusammenhänge elementarer Natur zu sammeln. Dabei soll keine umfangreiche Aufarbeitung grundlegender Theorien erfolgen, sondern vorrangig ein Nachschlagewerk wiederkehrender und fundamentaler Inhalte entstehen. Besonders wollen wir ein Verständnis für vektorwertige Lebesgue- und Sobolev-Räume sowie für verschiedene Stetigkeitsbegriffe schaffen.

Im Kapitel 3 gehen wir auf die Theorie der direkten Methoden der Variationsrechnung im Zusammenhang mit dem Funktional (1.3) ein. Maßgeblich für die Existenz- und Regularitätstheorie werden die Eigenschaften der im Funktional (1.3) auftretenden Funktion f sein. Wir werden die Forderungen an f im Verlauf der Arbeit sukzessiv spezifizieren, sodass die erhaltenen Ergebnisse im Einklang zueinander stehen. Nachdem wir die schwache Unterhalbstetigkeit des Funktionals in $W^{1,2}(G)$ nachgewiesen haben, werden wir die Existenz eines Minimierers in einer geeignet gewählten Klasse $\mathcal{F} \subset W^{1,2}(G)$ zeigen. Es handelt sich hierbei um zwei grundlegende Ergebnisse der modernen Variationsrechnung, die wir ausführlich darlegen.

Da wir die allgemeine Theorie der Variationsrechnung später auf das Plateausche Problem für Flächen vorgeschriebener mittlerer Krümmung im $\mathbb{R}^3$ anwenden wollen, formulieren wir den Großteil der Ergebnisse für Abbildungen $X: G \to \mathbb{R}^3$ mit $G \subset \mathbb{R}^2$. Eine Verallgemeinerung der Theorien des Kapitels 3 auf Abbildungen $X: G \to \mathbb{R}^n$ mit $G \subset \mathbb{R}^m$ ist jedoch ohne Weiteres möglich.

Hingegen werden uns im Verlauf des Kapitels 4 Ergebnisse wie beispielsweise die Verknüpfung von Fourierreihen mit dem Dirichlet-Integral (Lemma 4.2) begegnen, die explizit die Raumdimension $m = 2$ erfordern. Bezüglich der Dimension des Wertebereichs können die Ergebnisse aus den Kapiteln 4 und 5 problemlos auf Abbildungen $X: G \to \mathbb{R}^n$ übertragen werden.

Zu Beginn des Kapitels 4 zeigen wir mit dem Dirichletschen Wachstumstheorem ein fundamentales Ergebnis Morreys, welches in vielen seiner Arbeiten [z. B. 50–55] von entscheidender Bedeutung ist. Das Dirichletsche Wachstumstheorem ermöglicht den Nachweis der Hölder-Stetigkeit einer Funktion $X \in W^{1,2}(G)$, sofern deren Dirichlet-Integral einer gewissen Wachstumsbedingung genügt. Anders als in den Ausführungen Morreys nutzen wir für den Beweis ein Ergebnis, das auf Campanato zurückzuführen ist. Abweichend von anderen Arbeiten wie [26, 48, 64] verwenden wir eine Friedrichs-Glättung anstelle des Integralmittels. In diesem Kontext leiten wir eine Poincaré-Ungleichung her, die das Integralmittel durch eine Friedrichs-Glättung ersetzt.

Im Anschluss daran weisen wir nach, dass sich das Dirichletsche Wachstumstheorem auf einen Minimierer des Variationsproblems anwenden lässt, um die Hölder-Stetigkeit des Minimierers zu zeigen. Dafür sind einige Vorbetrachtungen notwendig.

Zunächst überarbeiten wir einen Zusammenhang aus [51], der eine fundamentale Verbindung zwischen Fourierreihen und dem Dirichlet-Integral herstellt. Wir setzen uns anschließend mit der Begriffsbildung von Randwerten für Sobolev-Funktionen auseinander und definieren die harmonische Ersetzung einer Funktion. Mithilfe des Zusammenhangs zwischen Fourierreihen und dem Dirichlet-Integral können wir das Dirichlet-Integral einer harmonischen Ersetzung bestimmen. Dabei schließen wir eine wesentliche Lücke in der bisherigen Argumentation, indem wir die eindeutige Darstellung der harmonischen Ersetzung mit L^2-Randwerten unter Verwendung der Theorie harmonischer Hardy-Räume herleiten.

Mit diesen Vorbetrachtungen zeigen wir das Wachstumslemma. Dieses liefert ein Kriterium, welches durch einen Vergleich der Dirichlet-Integrale einer Funktion und zugehöriger harmonischer Ersetzungen die im Dirichletschen Wachstumstheorem notwendige Wachstumsbedingung gewährleistet. Da das Wachstumslemma und somit auch das Dirichletsche Wachstumstheorem auf einen Minimierer des behandelten Variationsproblems anwendbar sind, können wir die Hölder-Stetigkeit des Minimierers im Inneren nachweisen.

Daran anknüpfend zeigen wir, dass der Minimierer bis zum Rand stetig ist, sofern stetige Randwerte vorliegen. Dafür nutzen wir eine Methode von Hildebrandt und Kaul [36]. Da in der dortigen Argumentation offen bleibt, wie sich eine zentrale Voraussetzung unter konformen Transformationen verhält, nutzen wir im Gegensatz zu [36] eine unter konformen Transformationen invariante Bedingung, welche wir bereits vom Wachstumslemma kennen.

Die Ergebnisse des Kapitels 4 bündeln wir in einer Aussage über die Existenz eines stetigen Minimierers. Wir erhalten mit dieser Regularitätsaussage eine erste Erweiterung der Existenzaussage aus dem Kapitel 3.

Im Kapitel 5 werden wir darlegen, dass sich die Regularität eines Minimierers des Variationsproblems unter spezielleren Anforderungen an die dem Funktional (1.3) zugrundeliegende Funktion f weiter erhöhen lässt. Wir werden die Hölder-Stetigkeit der ersten Ableitungen eines Minimierers zeigen. Grundlegend dafür ist die notwendige Bedingung, dass die erste Variation des Funktionals (1.3) für den Minimierer existiert und verschwindet. Die erste Variation führt uns gleichzeitig auf die sogenannte Euler-Lagrange-Gleichung, welche eine Verbindung zur Lösung partieller Differentialgleichungen herstellt.

Bei der Untersuchung der ersten Variation spielt die Wahl der Testfunktionen, bezüglich derer ein Minimierer variiert wird, eine wichtige Rolle. Je nach Auswahl der Testfunktionen sind verschiedene Voraussetzungen an die dem Funktional (1.3) zugrundeliegende Funktion f nötig [vgl. 12, 3.4.2]. Da wir für den Nachweis höherer Regularität eines Minimierers Modifikationen des Minimierers als Testfunktionen nutzen, wählen wir den Raum der Testfunktionen entsprechend angepasst.

Die grundlegende Idee zum Beweis der Differenzierbarkeit eines Minimierers besteht darin, die Differenzenquotienten des Minimierers über die erste Variation zu untersuchen und das Dirichletsche Wachstumstheorem geeignet anzuwenden. Daher tragen wir in Vorbereitung dessen Eigenschaften über Differenzenquotienten in Sobolev-Räumen zusammen. Gleichzeitig wird es notwendig werden, weitere Untersuchungen zum Dirichletschen Wachstum vorzunehmen. Hierbei werden Aussagen verallgemeinert beziehungsweise in ihrer Darstellung verbessert.

Zum Nachweis der Hölder-Stetigkeit der ersten Ableitungen eines Minimierers folgen wir methodisch dem zweiteiligen Vorgehen von Hildebrandt und von der Mosel [37]. Allerdings weichen wir bei den Voraussetzungen an die dem Funktional (1.3) zugrundeliegende Funktion f ab und verallgemeinern die Aussage von der Kreisscheibe auf beschränkte, konvexe C^2-Gebiete. Wir zeigen im ersten Teilresultat die Zugehörigkeit eines Minimierers zur Klasse $W^{2,2}_{\text{loc}}(G)$, bevor wir im zweiten Teilresultat die Hölder-Stetigkeit der ersten Ableitungen nachweisen. Beide Teilbeweise gestalten wir deutlich ausführlicher als in [37].

Ein zentrales Hilfsmittel in beiden Beweisen stellt eine sogenannte Abschneidefunktion dar. Wir werden die Existenz einer solchen Funktion nachweisen und dabei ein besonderes Augenmerk auf die selten untersuchte Abschätzung ihres Gradienten legen. Zudem erarbeiten wir weitere Hilfsmittel wie eine Poincaré-Ungleichung für Kreisringe, die wir im Beweis des zweiten Teilresultats, der Hölder-Stetigkeit der ersten Ableitungen eines Minimierers, benötigen werden. Abschließend bündeln wir unsere Ergebnisse des Kapitels 5 und verknüpfen diese mit den Erkenntnissen der vorangegangenen Kapitel in einem Satz über die Existenz differenzierbarer Minimierer.

Um mithilfe der Variationsrechnung über die Euler-Lagrange-Gleichung eine Verbindung zu partiellen Differentialgleichungen zweiter Ordnung zu schaffen, ist es erstrebenswert, dass ein Minimierer des Variationsproblems mindestens zweimal stetig differenzierbar ist. Vom Nachweis einer höheren Regularität, wie von Morrey in [49] angegeben, wollen wir jedoch Abstand nehmen, da die Übertragung eines im skalaren Fall gültigen Ergebnisses von Hopf [38] auf den vektorwertigen Fall in den Ausführungen Morreys offen bleibt.

Stattdessen spezifizieren wir unsere Untersuchungen im Kapitel 6 auf eine spezielle Klasse von Variationsproblemen zu der beispielsweise auch das Dirichletproblem des H-Flächen-Systems gehört. Die Kernidee besteht darin, den Minimierer eines Variationsproblems lokal unter Verwendung der Schaudertheorie mit der Lösung einer Poisson-Gleichung zu identifizieren und so zu einer entsprechenden Regularitätsaussage des Minimierers zu gelangen. Wir bezeichnen Minimierer derartiger Variationsprobleme daher auch als Minimierer vom Poissonschen Typ.

Wir beginnen das Kapitel 6 mit dem Nachweis, dass eine differenzierbare Lösung einer schwachen Poisson-Gleichung Hölder-stetige zweite Ableitungen besitzt und auch die zugehörige klassische Poisson-Gleichung löst. Das Ergebnis lässt sich für Minimierer entsprechender Variationsprobleme nutzen, indem wir die Euler-Lagrange-Gleichung eines Minimierers so umformulieren, dass sich die Struktur der schwachen Poisson-Gleichung ergibt. Aufgrund der Konstruktion wird der Minimierer somit zu einer Lösung der schwachen Poisson-Gleichung, sodass wir die Regularitätsaussage verwenden können. Ein erstes Beispiel dieses Vorgehens zeigen wir anhand des Dirichletschen Prinzips für harmonische Abbildungen in Riemannschen Räumen.

Im Anschluss daran wollen wir die erarbeitete Existenz- und Regularitätstheorie im Kontext des Plateauschen Problems für Flächen vorgeschriebener mittlerer Krümmung, auch H-Flächen genannt, zur Anwendung bringen. Dafür lösen wir zunächst das Dirichletproblem für das H-Flächen-System, indem wir ein geeignetes Variationsproblem untersuchen. Von zentraler Bedeutung ist hierbei die Auswahl eines zweckmäßigen Funktionals. Es muss so gewählt sein, dass die zugehörige Euler-Lagrange-Gleichung auf das H-Flächen-System führt.

Mit dem Heinz-Hildebrandt-Funktional, welches auf Erhard Heinz und Stefan Hildebrandt zurückzuführen ist, werden wir ein geeignetes Funktional einführen, das wir in Anerkennung einer Vielzahl wegweisender Arbeiten beider Mathematiker im Bereich der Minimal- und H-Flächen entsprechend bezeichnen. Wir untersuchen ausführlich, dass dieses die Voraussetzungen der allgemeinen Existenz- und Regularitätstheorie der vorangegangenen Kapitel erfüllt. Derartige Betrachtungen werden meist vernachlässigt. Zudem beweisen wir Hilfsmittel, die uns bei einer nachfolgenden detaillierten Herleitung der Euler-Lagrange-Gleichung und der damit verbundenen Lösung des Dirichletproblems für das H-Flächen-System unterstützen.

Als Erweiterung des Dirichletproblems für das H-Flächen-System betrachten wir anschließend das allgemeine Plateausche Problem für H-Flächen. Wir formulieren das Plateausche Problem für H-Flächen und beleuchten wesentliche Aspekte, die eine Lösung des Problems mit Methoden der Variationsrechnung ermöglichen. Insbesondere setzen wir uns mit der Wahl einer zulässigen Menge sowie der Invarianz des Volumenterms des Heinz-Hildebrandt-Funktionals unter gewissen Abbildungen auseinander. Für die Lösung des allgemeinen Plateauschen Problems für H-Flächen minimieren wir das Heinz-Hildebrandt-Funktional zunächst in der zulässigen Menge.

Über die so erhaltene Lösung gelangen wir mithilfe der vorangegangenen Lösungstheorie des Dirichletproblems für das H-Flächen-System zu einer Lösung mit der gewünschten Regularitätsaussage und erkennen, dass diese das H-Flächen-System erfüllt. Der Beweis der Konformitätsrelationen der Lösung lässt sich aufgrund der Invarianz des Volumenterms des Heinz-Hildebrandt-Funktionals auf entsprechende Untersuchungen zum Dirichlet-Integral von Courant [10] oder Nitsche [56] zurückführen. Für den Nachweis, dass die Lösung den Rand des Parametergebiets topologisch auf die gegebene Randkurve abbildet, greifen wir auf Ergebnisse von Hartman und Wintner [28] sowie Heinz [30, 31] zurück. Wir gelangen so zu einer Lösung des allgemeinen Plateauschen Problems für H-Flächen.

Zu beachten ist dabei, dass wir die Funktion der mittleren Krümmung aus dem Heinz-Hildebrandt-Funktional abgeleitet haben. Aus der Sicht des Plateauschen Problems ist es jedoch eine natürlichere Anforderung, das Funktional aus einer gegebenen mittleren Krümmung herzuleiten. Zudem stellt sich die Frage, wie sich eine H-Fläche verhält, deren gegebene Randkurve innerhalb eines Körpers liegt. In Ergänzung der vorangegangenen Darstellung zum allgemeinen Plateauschen Problem für H-Flächen untersuchen wir diese beiden anwendungsbezogenen Aspekte.

Zunächst zeigen wir ein Maximumprinzip, welches auf dem Berührprinzip von Minimalflächen beruht. Anschließend lösen wir das Plateausche Problem für H-Flächen in Kugeln, in Zylindern sowie im Einheitskegel. Dazu konstruieren wir für verschiedene Geometrien, motiviert durch das Poincarésche Lemma, mithilfe von Differentialformen aus einer in der entsprechenden Geometrie gegebenen Funktion der mittleren Krümmung ein zugehöriges Heinz-Hildebrandt-Funktional.

Es ist uns so möglich, das Plateausche Problem für H-Flächen in Körpern auf das allgemeine Plateausche Problem für H-Flächen zurückzuführen. Wir weichen damit von der vorherrschenden Philosophie ab, die zulässige Menge auf Abbildungen mit Werten innerhalb des Körpers einzuschränken. Wir erhalten eine allgemeine H-Fläche, welche wir mittels des gezeigten Maximumprinzips und geometrischer Maximumprinzipien von Erhard Heinz, Stefan Hildebrandt und Friedrich Sauvigny als innerhalb des Körpers befindlich erkennen.

Wir beenden unsere Ausführungen, indem wir die wesentlichen Aspekte der Arbeit im Kapitel 7 resümieren.

2 Grundlagen

Zunächst tragen wir einige mathematische Grundlagen zusammen. Unser Ziel ist es, einerseits die verwendete Notation und Konventionen einzuführen sowie andererseits wesentliche Definitionen und Ergebnisse fundamentaler Natur zusammenzutragen, die als weitgehend bekannt angesehen werden können. Ein Nachschlagen in der entsprechenden Fachliteratur soll sich dadurch erübrigen. Es sei jedoch ausdrücklich angemerkt, dass keine umfassende Darstellung von Zusammenhängen angestrebt wird. Des Weiteren legen wir einige Aspekte erst in späteren Kapiteln dar, wenn dies dem besseren Verständnis des entsprechenden Kontextes dient.

Für ein vertiefendes Studium der angeschnittenen Themenfelder verweisen wir auf die einschlägige Literatur. Eine mathematische Grundbildung in den Bereichen der Analysis, der Funktionentheorie, der Funktionalanalysis und der linearen Algebra, die sich beispielsweise in der teilweisen Kenntnis der Inhalte von [59–61] und [19] widerspiegelt, wird vorausgesetzt.

Zu Beginn erklären wir die grundlegende Notation und vereinbaren einige Konventionen. Anschließend befassen wir uns mit elementaren Ungleichungen, die im Laufe unserer Ausführungen zur Anwendung kommen und teilweise unbekannterer Natur sind. Zusätzlich führen wir auf der Basis reellwertiger Lebesgue- und Sobolev-Räume deren vektorwertige Pendants ein und zeigen einige zugehörige Eigenschaften dieser. Abschließend befassen wir uns mit der Hölder- und Lipschitz-Stetigkeit sowie den absolut stetigen Funktionen.

2.1 Notation und Konventionen

Mit $\mathbb{N} := \{1, 2, \ldots\}$ bezeichnen wir die natürlichen Zahlen und mit $\mathbb{N}_0 := \mathbb{N} \cup \{0\}$ die natürlichen Zahlen mit der Null. Weiter kennzeichnen wir mit $\mathbb{R}$ die reellen Zahlen und mit $\mathbb{C}$ die komplexen Zahlen.

Das Kronecker-Delta oder auch Kronecker-Symbol erklären wir durch

$$\delta_{ij} := \begin{cases} 1 & \text{für } i = j, \\ 0 & \text{für } i \neq j \end{cases}$$

und das Levi-Civita-Symbol in drei Dimensionen durch

$$\epsilon_{j_1 j_2 j_3} := \prod_{1 \leq k < l \leq 3} \frac{j_k - j_l}{k - l} \, .$$

Zu einer Menge Ω bezeichnen wir mit $\overline{\Omega}$ ihren Abschluss, mit Ω° ihr Inneres, mit $\partial\Omega$ ihren Rand oder auch ihre Randpunkte sowie mit Ω^{C} ihr Komplement.

© Der/die Autor(en) 2023
A. Künnemann, *Existenz- und Regularitätstheorie der zweidimensionalen Variationsrechnung mit Anwendungen auf das Plateausche Problem für Flächen vorgeschriebener mittlerer Krümmung*, https://doi.org/10.1007/978-3-658-41641-6_2

Zudem kennzeichnen wir mit

$$|\Omega| := \int_\Omega 1 \, dy$$

das Maß beziehungsweise den Inhalt der Menge Ω. Wir schreiben $G \subset\subset \Omega$, wenn $\overline{G}$ kompakt ist und $\overline{G} \subset \Omega$ gilt.

Wie üblich identifizieren wir $\mathbb{R}^2$ und $\mathbb{C}$ miteinander. Eine komplexe Zahl $w = u+iv \in \mathbb{C}$ verstehen wir auch als Vektor oder Punkt $w = (u,v) \in \mathbb{R}^2$ und umgekehrt. Dabei sei zusätzlich angemerkt, dass wir eine Funktion g der reellen Variablen u und v gegebenenfalls als Funktion der komplexen Variable w auffassen und umgekehrt.

Mit $\mathbb{R}^{m \times n}$ bezeichnen wir den Vektorraum der $m \times n$-Matrizen. Wir wollen einen Vektor $y = (y_1, \ldots, y_m) \in \mathbb{R}^m$ gleichermaßen als Element aus $\mathbb{R}^{m \times 1}$ oder $\mathbb{R}^{1 \times m}$ auffassen, sofern sich aus dem Kontext keine Notwendigkeit zur Spezifizierung ergibt. Den j-ten Einheitsvektor im $\mathbb{R}^m$ erklären wir für $j \in \{1, \ldots, m\}$ durch $\mathbf{e}_j = (\delta_{j1}, \ldots, \delta_{jm}) \in \mathbb{R}^m$. Wir kennzeichnen eine Matrix $A = (a_{ij})_{i=1,\ldots,m;j=1,\ldots,n} = (a^i_j)_{i=1,\ldots,m;j=1,\ldots,n} \in \mathbb{R}^{m \times n}$ teilweise durch ihre Spalten, indem wir $A = (a_1, \ldots, a_n)$ mit den Vektoren

$$a_j = \begin{pmatrix} a_{j,1} \\ \vdots \\ a_{j,m} \end{pmatrix} = \begin{pmatrix} a^1_j \\ \vdots \\ a^m_j \end{pmatrix} \in \mathbb{R}^m$$

für $j = 1, \ldots, n$ schreiben. Eine Matrix $A = (a_1, \ldots, a_n) \in \mathbb{R}^{m \times n}$ interpretieren wir mittels

$$A = \begin{pmatrix} a_1 \\ \vdots \\ a_n \end{pmatrix} \in \mathbb{R}^{mn}$$

manchmal auch als Vektor. Durch $A^{\mathrm{T}} \in \mathbb{R}^{n \times m}$ kennzeichnen wir die transponierte Matrix einer gegebenen Matrix $A \in \mathbb{R}^{m \times n}$. Mit $|y| := \sqrt{y_1^2 + \ldots + y_m^2}$ bezeichnen wir die euklidische Norm eines Vektors $y = (y_1, \ldots, y_m) \in \mathbb{R}^m$. Wir übertragen diese Definition für eine Matrix $A = (a_{ij})_{i=1,\ldots,m;j=1,\ldots,n} = (a_1, \ldots, a_n) \in \mathbb{R}^{m \times n}$ gemäß

$$|A| := \left(\sum_{i=1}^m \sum_{j=1}^n a_{ij}^2 \right)^{\frac{1}{2}} = \left(\sum_{j=1}^n |a_j|^2 \right)^{\frac{1}{2}}$$

in den Raum $\mathbb{R}^{m \times n}$. Allgemeiner definieren wir für $q \geq 1$ durch

$$\|y\|_q := \left(\sum_{j=1}^m |y_j|^q \right)^{\frac{1}{q}}$$

die q-Norm eines Vektors $y = (y_1, \ldots, y_m) \in \mathbb{R}^m$ und bemerken $\|y\|_2 = |y|$.

Um die Verwendung des Standardskalarprodukts im $\mathbb{R}^m$ hervorzuheben, schreiben wir $y_1 \cdot y_2$ oder $\langle y_1, y_2 \rangle$ für $y_1, y_2 \in \mathbb{R}^m$. Das Kreuzprodukt zweier Vektoren $y_1, y_2 \in \mathbb{R}^3$ stellen wir durch $y_1 \wedge y_2 \in \mathbb{R}^3$ dar. Zu drei Vektoren $y_1, y_2, y_3 \in \mathbb{R}^3$ bezeichnen wir deren Spatprodukt mit $\langle y_1, y_2, y_3 \rangle \in \mathbb{R}$.

Wir kennzeichnen mit $B(w_0, r) := \{w \in \mathbb{R}^m : |w - w_0| < r\} \subset \mathbb{R}^m$ die offene Kugel im $\mathbb{R}^m$ vom Radius $r > 0$ mit Mittelpunkt $w_0 \in \mathbb{R}^m$ und setzen $\mathcal{S}^{m-1} := \partial B(0, 1) \subset \mathbb{R}^m$. Zudem erklären wir durch $\operatorname{dist}(\Omega_1, \Omega_2) := \inf\{|y_1 - y_2| : (y_1, y_2) \in \Omega_1 \times \Omega_2\}$ den Abstand zweier Mengen $\Omega_1, \Omega_2 \subset \mathbb{R}^m$ und vereinbaren $\operatorname{dist}(y, \Omega) := \operatorname{dist}(\{y\}, \Omega)$ für $y \in \mathbb{R}^m$ und $\Omega \subset \mathbb{R}^m$ sowie $\operatorname{dist}(y_1, y_2) := \operatorname{dist}(\{y_1\}, \{y_2\})$ für $y_1, y_2 \in \mathbb{R}^m$.

Zu einer Funktion $g \colon \Omega \to \mathbb{R}^m$ und einer Teilmenge $\Omega_0 \subset \Omega$ erklären wir das Bild von Ω_0 unter der Abbildung g durch

$$g(\Omega_0) := \{g(w) : w \in \Omega_0\} \subset \mathbb{R}^m.$$

Wir bezeichnen die zu einer bijektiven Abbildung $g \colon \Omega \to G$ inverse Abbildung mit $g^{-1} \colon G \to \Omega$. Für zwei Funktionen $g_1 \colon \Omega_1 \to \Omega_2$ und $g_2 \colon \Omega_2 \to \mathbb{R}^m$ erklären wir deren Komposition mittels

$$g_2 \circ g_1(y) := g_2(g_1(y))$$

für $y \in \Omega_1$.

Den Vektorraum der stetigen Funktionen, die von einer Menge $\Omega \subset \mathbb{R}^n$ nach $\mathbb{R}^m$ abbilden, bezeichnen wir mit

$$C(\Omega, \mathbb{R}^m) := \{g \colon \Omega \to \mathbb{R}^m : g \text{ ist stetig auf } \Omega\}.$$

Analog hierzu erklären wir zu $k \in \mathbb{N}_0$ den Vektorraum $C^k(\Omega, \mathbb{R}^m)$ aller auf einer offenen Menge $\Omega \subset \mathbb{R}^n$ k-mal stetig differenzierbaren Funktionen $g \colon \Omega \to \mathbb{R}^m$. Wir beachten dabei $C(\Omega, \mathbb{R}^m) = C^0(\Omega, \mathbb{R}^m)$. Mit $C^k(\overline{\Omega}, \mathbb{R}^m)$ charakterisieren wir alle Funktionen aus $C^k(\Omega, \mathbb{R}^m)$, die zusammen mit all ihren Ableitungen bis zur einschließlich k-ten Ordnung stetig auf $\overline{\Omega}$ fortgesetzt werden können. Des Weiteren erklären wir die Räume

$$C^\infty(\Omega, \mathbb{R}^m) := \bigcap_{k \in \mathbb{N}_0} C^k(\Omega, \mathbb{R}^m)$$

und

$$C^\infty(\overline{\Omega}, \mathbb{R}^m) := \bigcap_{k \in \mathbb{N}_0} C^k(\overline{\Omega}, \mathbb{R}^m).$$

Soll der Bildbereich Ω_0 hervorgehoben werden, schreiben wir auch $C^k(\Omega, \Omega_0)$. Im Gegensatz dazu notieren wir kurz $C^k(\Omega)$, wenn der Bildbereich aus dem Kontext ersichtlich oder nicht relevant ist.

Sofern keine anderslautende Definition üblich ist beziehungsweise eingeführt wird, ist eine für reellwertige Funktionen bekannte Operation wie etwa die Integration oder die Differentiation auf eine vektorwertige Funktion komponentenweise anzuwenden. Wir bemerken beispielsweise

$$\int g(y) \, \mathrm{d}y = \left(\int g_1(y) \, \mathrm{d}y, \ldots, \int g_n(y) \, \mathrm{d}y \right)$$

für eine Funktion $g = (g_1, \ldots, g_n) \colon \Omega \to \mathbb{R}^n$.

Die partielle Ableitung einer Funktion $g \in C^1(\Omega)$ nach der j-ten Variable y_j an der Stelle $y = (y_1, \ldots, y_m) \in \Omega \subset \mathbb{R}^m$ kennzeichnen wir durch

$$g_{y_j}(y) = \frac{\partial g(y)}{\partial y_j}.$$

Für eine vektorwertige Funktion $g = (g_1, \ldots, g_n) \in C^1(\Omega, \mathbb{R}^n)$ mit $\Omega \subset \mathbb{R}^m$ beachten wir

$$(g_i)_{y_j}(y) = \frac{\partial g_i(y)}{\partial y_j} = \left(\frac{\partial g(y)}{\partial y_j} \right)_i = (g_{y_j}(y))_i = g_{y_j,i}(y) \ .$$

Mit

$$g_{y_j,y_k}(y) = \frac{\partial^2 g(y)}{\partial y_k \, \partial y_j} = \frac{\partial}{\partial y_k} \left(\frac{\partial g(y)}{\partial y_j} \right) = \left(g_{y_j} \right)_{y_k}(y)$$

charakterisieren wir die zweite Ableitung nach y_j und y_k. Höhere Ableitungen kennzeichnen wir analog.

Unter Verwendung des Nabla-Operators ∇ erklären wir zu einer Funktion $g \in C^1(\Omega)$ mit $\Omega \subset \mathbb{R}^m$ ihren Gradienten ∇g für $y = (y_1, \ldots, y_m) \in \Omega$ durch

$$\nabla g(y) := \left(\frac{\partial g(y)}{\partial y_1}, \ldots, \frac{\partial g(y)}{\partial y_m} \right) = (g_{y_1}(y), \ldots, g_{y_m}(y)) \ .$$

Zu einer Funktion $g = (g_1, \ldots, g_m) \in C^1(\Omega, \mathbb{R}^m)$ mit $\Omega \subset \mathbb{R}^m$ bilden wir deren Divergenz in $y = (y_1, \ldots, y_m) \in \Omega$ durch

$$\operatorname{div} g(y) := \sum_{j=1}^m \frac{\partial g_j(y)}{\partial y_j} = \sum_{j=1}^m (g_j)_{y_j}(y) \ .$$

Des Weiteren definieren wir zu $g \in C^2(\Omega, \mathbb{R})$

$$\Delta g(y) := \operatorname{div} \nabla g(y) = \sum_{j=1}^m \frac{\partial^2 g(y)}{\partial y_j^2} = \sum_{j=1}^m g_{y_j,y_j}(y)$$

für $y = (y_1, \ldots, y_m) \in \Omega \subset \mathbb{R}^m$ mithilfe des Laplace-Operators Δ. Für $g \in C^2(\Omega, \mathbb{R}^n)$ erklären wir Δg komponentenweise.

Zu einer Funktion $g \colon \Omega_1 \times \Omega_2 \to \mathbb{R}^n$ mit $g(w, y)$ für alle $(w, y) \in \Omega_1 \times \Omega_2$ erhalten wir für jedes feste $y \in \Omega_2$ eine Funktion $g(\cdot, y) \colon \Omega_1 \to \mathbb{R}^n$ und für jedes feste $w \in \Omega_1$ eine Funktion $g(w, \cdot) \colon \Omega_2 \to \mathbb{R}^n$. Dementsprechend kennzeichnen wir mit $w = (w_1, \ldots, w_m)$ durch

$$\nabla_w g(w, y) = \left(\frac{\partial g(w, y)}{\partial w_1}, \ldots, \frac{\partial g(w, y)}{\partial w_m} \right) = (g_{w_1}(w, y), \ldots, g_{w_m}(w, y))$$

den Gradienten von g bezüglich w und durch $\nabla_y g$ den Gradienten von g bezüglich y. Analog dazu erklären wir

$$\nabla^2_{wy} g(w, y) = \nabla_y(\nabla_w g(w, y))$$

sowie $\nabla^2_{ww} g(w, y)$, $\nabla^2_{yy} g(w, y)$ und $\nabla^2_{yw} g(w, y)$.

Wir definieren zu einer Funktion $g \colon \Omega \to \mathbb{R}^m$ ihren Träger oder Support durch

$$\operatorname{supp}(g) := \overline{\{y \in \Omega \ : \ g(y) \neq 0\}} \ .$$

Mit

$$C_0(\Omega) := \{g \in C(\Omega) \ : \ \mathrm{supp}(g) \subset\subset \Omega\}$$

bezeichnen wir die Menge der Funktionen mit kompaktem Träger in Ω und setzen $C_0^k(\Omega) = C^k(\Omega) \cap C_0(\Omega)$ für $k \in \mathbb{N}_0 \cup \{\infty\}$.

Eine nichtleere und offene Menge Ω, die zusammenhängend in dem Sinne ist, dass es zu jedem Punktepaar aus Ω einen stetigen Weg in Ω vom einen zum anderen Punkt gibt, nennen wir auch Gebiet. Gebiete lassen sich hinsichtlich der Regularität ihres Randes klassifizieren. Im Sinne von [11, Definition 1.40] beachten wir dazu die folgende Definition.

Definition 2.1 (C^k-Gebiet). Wir bezeichnen ein Gebiet $G \subset \mathbb{R}^m$ als C^k-Gebiet oder auch als Gebiet der Klasse C^k mit $k \in \mathbb{N} \cup \{\infty\}$, falls für jedes $w_0 \in \partial G$ eine Umgebung Ω von w_0 sowie eine bijektive Abbildung $g \colon \Omega \to B(0,1) \subset \mathbb{R}^m$ existieren, sodass die nachfolgenden Bedingungen erfüllt sind:

a) $g(\Omega \cap G) = \{w = (w_1, \ldots, w_m) \in \mathbb{R}^m \ : \ |w| < 1, w_m > 0\}$,

b) $g(\Omega \cap \partial G) = \{w = (w_1, \ldots, w_m) \in \mathbb{R}^m \ : \ |w| < 1, w_m = 0\}$ sowie

c) $g \in C^k(\overline{\Omega})$ und $g^{-1} \in C^k(\overline{B(0,1)})$.

2.2 Elementare Abschätzungen

Wir beginnen mit einer gewichteten Variante der Ungleichung vom arithmetischen und geometrischen Mittel. Mithilfe der Ungleichung vom arithmetischen und geometrischen Mittel erhalten wir für zwei nichtnegative Zahlen $a, b \geq 0$ und beliebiges $\varepsilon > 0$ sofort

$$2ab = 2\sqrt{\varepsilon}a \, \frac{1}{\sqrt{\varepsilon}} b = 2\sqrt{(\varepsilon a^2)\left(\frac{1}{\varepsilon}b^2\right)} \leq \varepsilon a^2 + \frac{1}{\varepsilon}b^2 \,.$$

Somit ist das folgende Lemma bewiesen.

Lemma 2.1. *Für beliebige nichtnegative Zahlen $a, b \geq 0$ und beliebiges $\varepsilon > 0$ gilt*

$$2ab \leq \varepsilon a^2 + \frac{1}{\varepsilon}b^2 \,.$$

Aus [48, Lemma 1.1] entnehmen wir das folgende Resultat und die Idee für dessen Beweis.

Lemma 2.2. *Für alle $a, b \in \mathbb{R}$ und $\varepsilon > 0$ gilt*

$$|a+b|^q \leq \begin{cases} (1+\varepsilon)^{q-1}|a|^q + \left(1 + \frac{1}{\varepsilon}\right)^{q-1}|b|^q & \textit{für } 1 \leq q < +\infty, \\ |a|^q + |b|^q & \textit{für } 0 < q < 1. \end{cases}$$

Beweis. Da die Funktion $y \mapsto y^q$ für alle $q > 0$ auf $[0, +\infty)$ monoton wachsend ist, schließen wir für alle $a, b \in \mathbb{R}$ mithilfe der Dreiecksungleichung

$$|a+b|^q = (|a+b|)^q \leq (|a| + |b|)^q = ||a| + |b||^q \,.$$

Somit genügt es, die Aussage für $a, b > 0$ zu zeigen, wobei wir zusätzlich beachten, dass für $a = 0$ oder $b = 0$ nichts zu zeigen ist.
Für $1 \leq q < +\infty$ ist die Abbildung $y \mapsto y^q$ auf $(0, +\infty)$ konvex, sodass sich

$$(a + b)^q = \left(\lambda \frac{a}{\lambda} + (1 - \lambda) \frac{b}{1 - \lambda} \right)^q \leq \lambda \left(\frac{a}{\lambda} \right)^q + (1 - \lambda) \left(\frac{b}{1 - \lambda} \right)^q$$
$$= \lambda^{1-q} a^q + (1 - \lambda)^{1-q} b^q$$

für alle $a, b > 0$ und jedes $\lambda \in (0, 1)$ ergibt. Mit

$$\lambda = \frac{1}{1 + \varepsilon}$$

erhalten wir daraus die gewünschte Aussage für den Fall $1 \leq q < +\infty$.
Für $0 < q < 1$ ist die Abbildung $y \mapsto y^{q-1}$ streng monoton fallend auf $(0, +\infty)$. Wir wählen ein beliebiges $y \in (0, a + b)$ und erhalten

$$0 < (a + b)^{q-1} < y^{q-1}$$

sowie

$$0 < (a + b)^{q-1} y < y^q$$

für $a, b > 0$. Wir nutzen diese Abschätzung mit $y = a$ beziehungsweise $y = b$ und berechnen

$$(a + b)^q = (a + b)^{q-1} (a + b) = (a + b)^{q-1} a + (a + b)^{q-1} b \leq a^q + b^q$$

für alle $a, b > 0$. $\square$

Wir zeigen ein Ergebnis, das wir für den anschließenden Beweis der Normäquivalenz im $\mathbb{R}^m$ benötigen werden.

Lemma 2.3. *Sei $a \in [0, 1]$ fest gewählt. Dann ist die Funktion $g_a(q) = a^q$ auf dem Intervall $[1, +\infty)$ schwach monoton fallend.*

Beweis. Für die Werte $a = 0$ oder $a = 1$ gilt $g_0(q) = 0$ beziehungsweise $g_1(q) = 1$ für alle $q \in [1, +\infty)$ und daher ist in diesen Fällen nichts zu zeigen.
Sei nun also ein $a \in (0, 1)$ fest gewählt. Wir bemerken zunächst

$$g_a(q) = a^q = e^{\ln a^q} = e^{q \ln a}$$

und berechnen entsprechend

$$g_a'(q) = \ln a \, e^{q \ln a} = \ln a \, g_a(q)$$

für $q \in [1, +\infty)$.
Wegen $a \in (0, 1)$ folgt $\ln a < 0$ und es ergibt sich unter zusätzlicher Beachtung von $g_a(q) > 0$ für alle $q \in [1, +\infty)$ insbesondere $g_a'(q) < 0$ für alle $q \in [1, +\infty)$, was die schwache Monotonie von g_a auf dem Intervall $[1, +\infty)$ zur Folge hat. $\square$

Das folgende Ergebnis zur Äquivalenz der q-Normen im $\mathbb{R}^m$ wird im Verlauf der Arbeit auf vielfältige Weise immer wieder zur Anwendung kommen.

Lemma 2.4 (Normäquivalenz im $\mathbb{R}^m$). *Für einen Vektor $v = (v_1, \ldots, v_m) \in \mathbb{R}^m$ und $1 \leq q_1 \leq q_2 < +\infty$ gilt*

$$\left(\sum_{j=1}^{m} |v_j|^{q_2} \right)^{\frac{1}{q_2}} \leq \left(\sum_{j=1}^{m} |v_j|^{q_1} \right)^{\frac{1}{q_1}} \leq m^{\frac{1}{q_1} - \frac{1}{q_2}} \left(\sum_{j=1}^{m} |v_j|^{q_2} \right)^{\frac{1}{q_2}}$$

beziehungsweise kurz $\|v\|_{q_2} \leq \|v\|_{q_1} \leq m^{\frac{1}{q_1} - \frac{1}{q_2}} \|v\|_{q_2}$.

Beweis. Da $\|v\|_{q_1} = \|v\|_{q_2} = 0$ für $v = 0$ gilt und sich die Richtigkeit der Aussage in diesem Fall unmittelbar ergibt, wollen wir im Folgenden $v \neq 0$ voraussetzen. Wegen $\|v\|_{q_1} \neq 0$ gilt zunächst

$$\|v\|_{q_2} = \left(\sum_{j=1}^{m} |v_j|^{q_2} \right)^{\frac{1}{q_2}} = \|v\|_{q_1} \left(\sum_{j=1}^{m} \left(\frac{|v_j|}{\|v\|_{q_1}} \right)^{q_2} \right)^{\frac{1}{q_2}}. \tag{2.1}$$

Unter Beachtung von

$$0 \leq |v_{j_0}| = (|v_{j_0}|^{q_1})^{\frac{1}{q_1}} \leq \left(\sum_{j=1}^{m} |v_j|^{q_1} \right)^{\frac{1}{q_1}} = \|v\|_{q_1}$$

beziehungsweise

$$0 \leq \frac{|v_{j_0}|}{\|v\|_{q_1}} \leq 1$$

für jedes $j_0 \in \{1, \ldots, m\}$ können wir das Lemma 2.3 in (2.1) auf jeden Summanden der rechten Seite anwenden und erhalten

$$\|v\|_{q_1} \left(\sum_{j=1}^{m} \left(\frac{|v_j|}{\|v\|_{q_1}} \right)^{q_2} \right)^{\frac{1}{q_2}} \leq \|v\|_{q_1} \left(\sum_{j=1}^{m} \left(\frac{|v_j|}{\|v\|_{q_1}} \right)^{q_1} \right)^{\frac{1}{q_2}}$$

$$= \|v\|_{q_1} \left(\sum_{j=1}^{m} \frac{|v_j|^{q_1}}{\|v\|_{q_1}^{q_1}} \right)^{\frac{1}{q_2}} = \|v\|_{q_1} \left(\frac{\|v\|_{q_1}^{q_1}}{\|v\|_{q_1}^{q_1}} \right)^{\frac{1}{q_2}} = \|v\|_{q_1}. \tag{2.2}$$

Die Kombination aus (2.1) und (2.2) liefert uns schließlich

$$\|v\|_{q_2} = \left(\sum_{j=1}^{m} |v_j|^{q_2} \right)^{\frac{1}{q_2}} \leq \left(\sum_{j=1}^{m} |v_j|^{q_1} \right)^{\frac{1}{q_1}} = \|v\|_{q_1}$$

für $1 \leq q_1 \leq q_2 < +\infty$.
Somit ist der erste Teil des Lemmas bewiesen.

Mit der Hölderschen Ungleichung im $\mathbb{R}^m$, die wir [61, Kap. III, §7, Satz 8] entnehmen, berechnen wir

$$\left(\sum_{j=1}^m |v_j|^{q_1}\right)^{\frac{1}{q_1}} = \left(\sum_{j=1}^m |v_j|^{q_1} \cdot 1\right)^{\frac{1}{q_1}} \leq \left[\left(\sum_{j=1}^m (|v_j|^{q_1})^{\frac{q_1}{q_2}}\right)^{\frac{q_1}{q_2}} \left(\sum_{j=1}^m 1^{\frac{q_2}{q_2-q_1}}\right)^{1-\frac{q_1}{q_2}}\right]^{\frac{1}{q_1}}$$

$$= \left(\sum_{j=1}^m |v_j|^{q_2}\right)^{\frac{1}{q_2}} m^{\frac{1}{q_1}-\frac{1}{q_2}}$$

für $1 \leq q_1 < q_2 < +\infty$. Wir beachten, dass die Aussage

$$\|v\|_{q_1} = \left(\sum_{j=1}^m |v_j|^{q_1}\right)^{\frac{1}{q_1}} \leq m^{\frac{1}{q_1}-\frac{1}{q_2}} \left(\sum_{j=1}^m |v_j|^{q_2}\right)^{\frac{1}{q_2}} = m^{\frac{1}{q_1}-\frac{1}{q_2}} \|v\|_{q_2}$$

auch für $1 \leq q_1 \leq q_2 < +\infty$ richtig bleibt. Dies vervollständigt den Beweis. $\square$

Wir kommen nun zu einem Ergebnis, mit dessen Hilfe wir später die Koeffizienten von Matrixfunktionen abschätzen können.

Lemma 2.5 (Matrixabschätzung). _Es sei_ $A = (a_{ij})_{i,j=1,\ldots,n} \in \mathbb{R}^{n \times n}$ _eine symmetrische, positiv semidefinite Matrix. Zusätzlich sei mit einer Konstanten_ $M > 0$

$$v^{\mathrm{T}} A v \leq M |v|^2 \tag{2.3}$$

für alle $v \in \mathbb{R}^n$ _richtig._
Dann gilt $|a_{ij}| \leq M$ _für alle_ $i, j \in \{1, \ldots, n\}$.

Beweis. Zunächst bemerken wir aufgrund der Symmetrie von A

$$w^{\mathrm{T}} A v = w^{\mathrm{T}} A^{\mathrm{T}} v = (Aw)^{\mathrm{T}} v = v^{\mathrm{T}} A w$$

und erhalten so

$$\frac{1}{2}\left((v+w)^{\mathrm{T}} A (v+w) - v^{\mathrm{T}} A v - w^{\mathrm{T}} A w\right) = \frac{1}{2}\left(v^{\mathrm{T}} A w + w^{\mathrm{T}} A v\right)$$

$$= \frac{1}{2}\left(v^{\mathrm{T}} A w + v^{\mathrm{T}} A w\right) = v^{\mathrm{T}} A w$$

für alle $v, w \in \mathbb{R}^n$.
Indem wir mit $\mathbf{e}_k \in \mathbb{R}^n$ den k-ten Einheitsvektor bezeichnen, gilt für $i, j \in \{1, \ldots, n\}$

$$a_{ij} = \mathbf{e}_i^{\mathrm{T}} A \mathbf{e}_j = \frac{1}{2}\left((\mathbf{e}_i + \mathbf{e}_j)^{\mathrm{T}} A (\mathbf{e}_i + \mathbf{e}_j) - \mathbf{e}_i^{\mathrm{T}} A \mathbf{e}_i - \mathbf{e}_j^{\mathrm{T}} A \mathbf{e}_j\right)$$

und wir ermitteln daraus wegen der positiven Semidefinitheit der Matrix A und der Eigenschaft (2.3) einerseits

$$a_{ij} \leq \frac{1}{2}\left((\mathbf{e}_i + \mathbf{e}_j)^{\mathrm{T}} A (\mathbf{e}_i + \mathbf{e}_j)\right) \leq \frac{1}{2} M |\mathbf{e}_i + \mathbf{e}_j|^2 = M$$

sowie andererseits

$$a_{ij} \geq \frac{1}{2}\left(-\mathbf{e}_i^{\mathrm{T}} A \mathbf{e}_i - \mathbf{e}_j^{\mathrm{T}} A \mathbf{e}_j\right) \geq \frac{1}{2}\left(-M |\mathbf{e}_i|^2 - M |\mathbf{e}_j|^2\right) = -M .$$

Dies entspricht der Aussage. $\square$

2.3 Vektorwertige Lebesgue- und Sobolev-Räume

Wir wollen die Theorie über reellwertige Lebesgue- und Sobolev-Räume als bekannt voraussetzen. Für eine grundlegende Einführung in diese Räume empfiehlt sich beispielsweise das Studium von [59] und [60]. Ziel dieses Abschnittes ist es, eine Erweiterung dieser Räume auf den vektorwertigen Fall einzuführen. Es wird sich dabei zeigen, dass sich Eigenschaften dieser aus einer komponentenweisen Betrachtung folgern lassen. Für die Definition vektorwertiger Lebesgue-Räume führen wir mit $\overline{\mathbb{R}} := \mathbb{R} \cup \{\pm\infty\}$ die erweiterte reelle Achse ein.

Definition 2.2. Es seien $q \in [1, +\infty)$ und $\Omega \subset \mathbb{R}^n$ eine beschränkte offene Menge. Zu einer messbaren Funktion $g \colon \Omega \to \overline{\mathbb{R}}^m$ mit $g(y) = (g_1(y), \dots, g_m(y))$ für $y \in \Omega$ erklären wir die $L^q(\Omega)$-Norm durch

$$\|g\|_{L^q(\Omega)} := \left(\int\limits_{\Omega} |g(y)|^q \, dy \right)^{\frac{1}{q}} = \left(\int\limits_{\Omega} \left(\sum_{j=1}^{m} |g_j(y)|^2 \right)^{\frac{q}{2}} dy \right)^{\frac{1}{q}}. \qquad (2.4)$$

Die Menge aller messbaren Funktionen $g \colon \Omega \to \overline{\mathbb{R}}^m$ mit $\|g\|_{L^q(\Omega)} < +\infty$ bildet den Raum $L^q(\Omega, \overline{\mathbb{R}}^m)$ oder kurz $L^q(\Omega)$, wenn der Kontext eindeutig ist. Zudem schreiben wir $g \in L^\infty(\Omega)$ für eine messbare Funktion $g \colon \Omega \to \overline{\mathbb{R}}^m$, sofern $|g| \in L^\infty(\Omega)$ gilt.

Bemerkung 2.1. Nachfolgend untersuchen wir nur die Räume $L^q(\Omega)$ mit $q \in [1, +\infty)$.

Bemerkung 2.2. Streng betrachtet handelt es sich bei der in (2.4) erklärten Funktion um keine echte Norm auf dem Raum $L^q(\Omega)$, da es durch diese nicht möglich ist, zwei Abbildungen aus $L^q(\Omega)$, die lediglich auf einer Menge vom Maß Null voneinander abweichen, zu unterscheiden. Daher wird eine Äquivalenzrelation auf $L^q(\Omega)$ eingeführt, die zwei Funktionen dieselbe Äquivalenzklasse zuordnet, sofern diese fast überall identisch sind. Die Menge dieser Äquivalenzklassen bildet dann den Raum $\mathcal{L}^q(\Omega)$, auf welchem $\|\cdot\|_{L^q(\Omega)}$ zu einer Norm wird.

Bemerkung 2.3. Mit $g \in L^q(\Omega, \overline{\mathbb{R}}^m)$ ist fortan ein unbestimmter Repräsentant der zugehörigen Äquivalenzklasse aus $\mathcal{L}^q(\Omega)$ gemeint. Da eine Funktion $g \in L^q(\Omega, \overline{\mathbb{R}}^m)$ lediglich auf einer Nullmenge die Werte $+\infty$ und $-\infty$ annehmen kann, ist es gerechtfertigt, zukünftig einen Repräsentanten $g \colon \Omega \to \mathbb{R}^m \in L^q(\Omega, \overline{\mathbb{R}}^m)$ auszuwählen und $g \in L^q(\Omega, \mathbb{R}^m)$ zu schreiben.
Wenn wir $g \in L^q(\Omega, \mathbb{R}^m)$ eine gewisse Eigenschaft wie beispielsweise Stetigkeit zuschreiben, ist damit gemeint, dass es einen entsprechenden Repräsentanten der zugehörigen Äquivalenzklasse mit dieser Eigenschaft gibt.

Bemerkung 2.4. Für $g \in L^q(\Omega, \overline{\mathbb{R}}^m)$ folgt aus der Definition 2.2 unmittelbar

$$\|g\|_{L^q(\Omega)} = \||g|\|_{L^q(\Omega)} \,,$$

wobei wir beachten, dass auf der linken Seite die $L^q(\Omega)$-Norm im Sinne von (2.4) vorliegt und uns auf der rechten Seite die wohlbekannte $L^q(\Omega)$-Norm der reellwertigen Funktion $|g| \in L^q(\Omega, \overline{\mathbb{R}})$ begegnet. Dementsprechend gilt $g \in L^q(\Omega, \overline{\mathbb{R}}^m)$ genau dann, wenn $|g| \in L^q(\Omega, \overline{\mathbb{R}})$ erfüllt ist.

Wir notieren die folgende Verallgemeinerung einer Eigenschaft reellwertiger Lebesgue-Funktionen.

Lemma 2.6. *Es sei $g \in L^1(\Omega, \mathbb{R}^m)$. Dann gilt*

$$\left| \int_\Omega g(y) \, dy \right| \leq \int_\Omega |g(y)| \, dy.$$

Beweis. Falls

$$\left| \int_\Omega g(y) \, dy \right| = 0$$

gilt, ist nichts zu zeigen. In allen anderen Fällen berechnen wir mithilfe der Ungleichung von Cauchy-Schwarz

$$\left| \int_\Omega g(y) \, dy \right|^2 = \left(\int_\Omega g(y) \, dy \right) \cdot \left(\int_\Omega g(\tilde{y}) \, d\tilde{y} \right) = \int_\Omega \left(\int_\Omega g(y) \, dy \right) \cdot g(\tilde{y}) \, d\tilde{y}$$

$$\leq \int_\Omega \left| \int_\Omega g(y) \, dy \right| |g(\tilde{y})| \, d\tilde{y}$$

$$= \left| \int_\Omega g(y) \, dy \right| \int_\Omega |g(\tilde{y})| \, d\tilde{y} \, ,$$

woraus sich

$$\left| \int_\Omega g(y) \, dy \right| \leq \int_\Omega |g(\tilde{y})| \, d\tilde{y} = \int_\Omega |g(y)| \, dy$$

ergibt. $\square$

Wir wollen nun eine zu (2.4) äquivalente Norm einführen und mit dieser erkennen, dass sich viele Eigenschaften reellwertiger Funktionen aus $L^q(\Omega)$ durch eine komponentenweise Betrachtung auf den vektorwertigen Fall übertragen lassen.

Lemma 2.7. *Eine Funktion $g \colon \Omega \to \overline{\mathbb{R}}^m$ mit $g(y) = (g_1(y), \ldots, g_m(y))$ für $y \in \Omega$ gehört genau dann zur Klasse $L^q(\Omega)$, $1 \leq q < +\infty$, wenn $g_j \in L^q(\Omega)$ für jedes $j \in \{1, \ldots, m\}$ richtig ist. Zudem existieren Konstanten $0 < C_1 \leq C_2 < +\infty$, sodass*

$$C_1 \sum_{j=1}^m \|g_j\|_{L^q(\Omega)} \leq \|g\|_{L^q(\Omega)} \leq C_2 \sum_{j=1}^m \|g_j\|_{L^q(\Omega)} \tag{2.5}$$

für alle $g = (g_1, \ldots, g_m) \in L^q(\Omega)$ gilt.

Beweis. Wir berechnen mithilfe einer zweimaligen Anwendung des Lemmas 2.4

$$\sum_{j=1}^{m} \|g_j\|_{L^q(\Omega)} \leq m^{1-\frac{1}{q}} \left(\sum_{j=1}^{m} \|g_j\|_{L^q(\Omega)}^q \right)^{\frac{1}{q}} = m^{1-\frac{1}{q}} \left(\int_{\Omega} \left(\sum_{j=1}^{m} |g_j(y)|^q \right)^{\frac{q}{q}} dy \right)^{\frac{1}{q}}$$

$$\leq \max\{m^{1-\frac{1}{q}}, m^{\frac{1}{2}}\} \left(\int_{\Omega} \left(\sum_{j=1}^{m} |g_j(y)|^2 \right)^{\frac{q}{2}} dy \right)^{\frac{1}{q}}$$

$$= \max\{m^{1-\frac{1}{q}}, m^{\frac{1}{2}}\} \|g\|_{L^q(\Omega)}$$

für jedes $g = (g_1, \ldots, g_m) \in L^q(\Omega)$. Indem wir $C_1 = (\max\{m^{1-\frac{1}{q}}, m^{\frac{1}{2}}\})^{-1}$ setzen, ergibt sich daraus

$$C_1 \sum_{j=1}^{m} \|g_j\|_{L^q(\Omega)} \leq \|g\|_{L^q(\Omega)} \tag{2.6}$$

für alle $g = (g_1, \ldots, g_m) \in L^q(\Omega)$.
Umgekehrt erhalten wir unter nochmaliger Verwendung des Lemmas 2.4

$$\|g\|_{L^q(\Omega)} = \left(\int_{\Omega} \left(\sum_{j=1}^{m} |g_j(y)|^2 \right)^{\frac{q}{2}} dy \right)^{\frac{1}{q}}$$

$$\leq \max\{1, m^{\frac{1}{2}-\frac{1}{q}}\} \left(\int_{\Omega} \left(\sum_{j=1}^{m} |g_j(y)|^q \right) dy \right)^{\frac{1}{q}}$$

$$= \max\{1, m^{\frac{1}{2}-\frac{1}{q}}\} \left(\sum_{j=1}^{m} \|g_j\|_{L^q(\Omega)}^q \right)^{\frac{1}{q}} \leq \max\{1, m^{\frac{1}{2}-\frac{1}{q}}\} \sum_{j=1}^{m} \|g_j\|_{L^q(\Omega)}$$

beziehungsweise mit $C_2 = \max\{1, m^{\frac{1}{2}-\frac{1}{q}}\}$

$$\|g\|_{L^q(\Omega)} \leq C_2 \sum_{j=1}^{m} \|g_j\|_{L^q(\Omega)} \tag{2.7}$$

für alle $g = (g_1, \ldots, g_m) \in L^q(\Omega)$.
Aus (2.6) und (2.7) schließen wir (2.5) und damit auch den Rest der Aussage des Lemmas. $\qquad\square$

Bemerkung 2.5. Wir entnehmen dem Lemma 2.7, dass eine Folge von Funktionen aus $L^q(\Omega, \overline{\mathbb{R}}^m)$ genau dann bezüglich der Norm (2.4) konvergiert, wenn die Funktionenfolge in jeder Komponente bezüglich der $L^q(\Omega)$-Norm konvergiert.
Dementsprechend vererben sich Eigenschaften, die im Zusammenhang mit einer Konvergenzaussage bezüglich der $L^q(\Omega)$-Norm stehen, auf den vektorwertigen Fall.

Zusätzlich wollen wir die Höldersche Ungleichung und die Minkowski-Ungleichung auf den vektorwertigen Fall übertragen.

Unter Beachtung der Bemerkung 2.4 erhalten wir mithilfe der Hölderschen Ungleichung aus [59, Kap. II, §7, Satz 1] und der Ungleichung von Cauchy-Schwarz für zwei Funktionen $g \in L^q(\Omega, \mathbb{R}^m)$ und $\tilde{g} \in L^{\tilde{q}}(\Omega, \mathbb{R}^m)$ mit $q^{-1} + \tilde{q}^{-1} = 1$

$$\|g \cdot \tilde{g}\|_{L^1(\Omega)} = \||g \cdot \tilde{g}|\|_{L^1(\Omega)} \leq \||g| |\tilde{g}|\|_{L^1(\Omega)}$$
$$\leq \||g|\|_{L^q(\Omega)} \||\tilde{g}|\|_{L^{\tilde{q}}(\Omega)} = \|g\|_{L^q(\Omega)} \|\tilde{g}\|_{L^{\tilde{q}}(\Omega)} .$$

Damit gelangen wir zu folgender Aussage.

Satz 2.1 (Höldersche Ungleichung). *Es seien* $q, \tilde{q} \in (1, +\infty)$ *mit* $q^{-1} + \tilde{q}^{-1} = 1$ *sowie* $g \in L^q(\Omega, \mathbb{R}^m)$ *und* $\tilde{g} \in L^{\tilde{q}}(\Omega, \mathbb{R}^m)$. *Dann sind* $g \cdot \tilde{g} \in L^1(\Omega, \mathbb{R})$ *und*

$$\|g \cdot \tilde{g}\|_{L^1(\Omega)} \leq \|g\|_{L^q(\Omega)} \|\tilde{g}\|_{L^{\tilde{q}}(\Omega)}$$

richtig.

Ähnlich lässt sich auch die Minkowski-Ungleichung aus dem reellwertigen Fall ableiten.

Satz 2.2 (Minkowski-Ungleichung). *Es seien* $q \in [1, +\infty)$ *und* $g, \tilde{g} \in L^q(\Omega, \mathbb{R}^m)$. *Dann gelten* $g + \tilde{g} \in L^q(\Omega, \mathbb{R}^m)$ *und*

$$\|g + \tilde{g}\|_{L^q(\Omega)} \leq \|g\|_{L^q(\Omega)} + \|\tilde{g}\|_{L^q(\Omega)} .$$

Beweis. Aufgrund der Bemerkung 2.4 ermitteln wir

$$\|g + \tilde{g}\|_{L^q(\Omega)} = \left(\int_\Omega |g(y) + \tilde{g}(y)|^q \, \mathrm{d}y \right)^{\frac{1}{q}} \leq \left(\int_\Omega (|g(y)| + |\tilde{g}(y)|)^q \, \mathrm{d}y \right)^{\frac{1}{q}}$$
$$= \left(\int_\Omega \||g(y)| + |\tilde{g}(y)|\|^q \, \mathrm{d}y \right)^{\frac{1}{q}} \qquad (2.8)$$
$$= \||g| + |\tilde{g}|\|_{L^q(\Omega)} .$$

Die Minkowski-Ungleichung aus [59, Kap. II, §7, Satz 2] liefert uns zudem

$$\||g| + |\tilde{g}|\|_{L^q(\Omega)} \leq \||g|\|_{L^q(\Omega)} + \||\tilde{g}|\|_{L^q(\Omega)} = \|g\|_{L^q(\Omega)} + \|\tilde{g}\|_{L^q(\Omega)} \qquad (2.9)$$

unter zusätzlicher Verwendung der Bemerkung 2.4.
Der Kombination aus (2.8) und (2.9) entnehmen wir die gewünschten Aussagen. $\square$

Wir wollen des Weiteren vektorwertige Sobolev-Räume erklären. Diese führen wir auf die reellwertigen Sobolev-Räume, wie sie beispielsweise in [60, Kap. X, §1] erarbeitet werden, zurück.
Zunächst rekapitulieren wir dafür den Begriff der schwachen Ableitung reellwertiger Funktionen.

Definition 2.3. Es sei $\Omega \subset \mathbb{R}^n$ eine beschränkte offene Menge. Zu einer Funktion $g: \Omega \to \mathbb{R} \in L^q(\Omega)$ und einem Multiindex $\mathbf{a} = (a_1, \ldots, a_n) \in \mathbb{N}_0^n$ mit $|\mathbf{a}| := a_1 + \ldots + a_n$ nennen wir $D^{\mathbf{a}}g \in L^q(\Omega)$ die $\mathbf{a}$-te schwache partielle Ableitung, falls

$$\int_\Omega D^{\mathbf{a}}g(y) \, \varphi(y) \, \mathrm{d}y = (-1)^{|\mathbf{a}|} \int_\Omega g(y) \, \partial^{\mathbf{a}}\varphi(y) \, \mathrm{d}y$$

für alle $\varphi \in C_0^\infty(\Omega)$ richtig ist, wobei wir verkürzend

$$\partial^{\mathbf{a}} := \frac{\partial^{|\mathbf{a}|}}{\partial y_1^{a_1} \cdots \partial y_n^{a_n}}$$

gesetzt haben.

Die schwache Ableitung einer Funktion $g\colon \Omega \to \mathbb{R}^m$ mit $g(y) = (g_1(y), \ldots, g_m(y))$ für $y \in \Omega$ bilden wir durch die Anwendung der schwachen Ableitung auf jede Komponente von g, das heißt $D^{\mathbf{a}}g = (D^{\mathbf{a}}g_1, \ldots, D^{\mathbf{a}}g_m)$, sofern diese für jede Komponente existiert.

Bemerkung 2.6. Für eine Funktion $g \in C^{|\mathbf{a}|}(\Omega)$ stimmen die schwache Ableitung und die (klassische) Ableitung überein. Es gilt also

$$D^{\mathbf{a}}g = \partial^{\mathbf{a}}g$$

für $g \in C^{|\mathbf{a}|}(\Omega)$.

Infolgedessen können wir den Gradienten auch im Kontext schwacher Ableitungen definieren.

Definition 2.4. Zu einer beschränkten offenen Menge $\Omega \subset \mathbb{R}^n$ erklären wir für eine Funktion $g\colon \Omega \to \mathbb{R}^m$ den schwachen Gradienten durch

$$\nabla g := (D^{\mathbf{e}_1}g, \ldots, D^{\mathbf{e}_n}g),$$

sofern alle schwachen Ableitungen existieren.

Damit sind wir in der Lage, vektorwertige Sobolev-Räume wie folgt einzuführen.

Definition 2.5. Es seien $k \in \mathbb{N}_0$ und $q \in [1, +\infty)$ sowie $\Omega \subset \mathbb{R}^n$ eine beschränkte offene Menge. Dann erklären wir durch

$$W^{k,q}(\Omega, \mathbb{R}^m) := \left\{ g = (g_1, \ldots, g_m) \in L^q(\Omega) : g_i \in W^{k,q}(\Omega) \text{ für alle } i \in \{1, \ldots, m\} \right\}$$

den vektorwertigen Sobolev-Raum mit der $W^{k,q}(\Omega)$-Norm

$$\|g\|_{W^{k,q}(\Omega, \mathbb{R}^m)} := \left(\sum_{|\mathbf{a}| \leq k} \|D^{\mathbf{a}}g\|_{L^q(\Omega)}^q \right)^{\frac{1}{q}} = \left(\sum_{|\mathbf{a}| \leq k} \int_\Omega |D^{\mathbf{a}}g(y)|^q \, dy \right)^{\frac{1}{q}}. \tag{2.10}$$

Bemerkung 2.7. Sofern es aus dem Zusammenhang hervorgeht, schreiben wir kurz $W^{k,q}(\Omega)$ anstelle von $W^{k,q}(\Omega, \mathbb{R}^m)$.

Bemerkung 2.8. Es ist $W^{0,q}(\Omega) = L^q(\Omega)$.

Die komponentenweise Betrachtung von Funktionen vektorwertiger Sobolev-Räume ist durch das folgende Lemma gerechtfertigt.

Lemma 2.8. *Es existieren Konstanten $0 < C_1 \leq C_2 < +\infty$, sodass*

$$C_1 \sum_{j=1}^m \|g_j\|_{W^{k,q}(\Omega)} \leq \|g\|_{W^{k,q}(\Omega)} \leq C_2 \sum_{j=1}^m \|g_j\|_{W^{k,q}(\Omega)}$$

für alle $g = (g_1, \ldots, g_m) \in W^{k,q}(\Omega)$ gilt.

Beweis. Wir setzen zunächst

$$\tilde{m} := \sum_{|\mathbf{a}| \le k} 1 \, .$$

Aufgrund des Lemmas 2.7 finden wir Konstanten $\tilde{C}_1 > 0$ und $\tilde{C}_2 > 0$, sodass

$$\sum_{i=1}^{m} \|D^{\mathbf{a}} g_i\|_{L^q(\Omega)} \le \tilde{C}_1 \|D^{\mathbf{a}} g\|_{L^q(\Omega)} \tag{2.11}$$

und

$$\|D^{\mathbf{a}} g\|_{L^q(\Omega)} \le \tilde{C}_2 \sum_{i=1}^{m} \|D^{\mathbf{a}} g_i\|_{L^q(\Omega)} \tag{2.12}$$

für jedes $\mathbf{a} \in \mathbb{N}_0^n$ mit $|\mathbf{a}| \le k$ und alle $g = (g_1, \dots, g_m) \in W^{k,q}(\Omega, \mathbb{R}^m)$ gilt.
Unter Verwendung des Lemmas 2.4 berechnen wir

$$\sum_{i=1}^{m} \|g_i\|_{W^{k,q}(\Omega)} = \sum_{i=1}^{m} \left(\sum_{|\mathbf{a}| \le k} \|D^{\mathbf{a}} g_i\|_{L^q(\Omega)}^q \right)^{\frac{1}{q}} \le \sum_{i=1}^{m} \sum_{|\mathbf{a}| \le k} \|D^{\mathbf{a}} g_i\|_{L^q(\Omega)}$$

$$= \sum_{|\mathbf{a}| \le k} \sum_{i=1}^{m} \|D^{\mathbf{a}} g_i\|_{L^q(\Omega)}$$

für alle $g = (g_1, \dots, g_m) \in W^{k,q}(\Omega)$.
Indem wir (2.11) und nochmals das Lemma 2.4 nutzen, ergibt sich daraus

$$\sum_{i=1}^{m} \|g_i\|_{W^{k,q}(\Omega)} \le \tilde{C}_1 \sum_{|\mathbf{a}| \le k} \|D^{\mathbf{a}} g\|_{L^q(\Omega)}$$

$$\le \tilde{C}_1 \, \tilde{m}^{1-\frac{1}{q}} \left(\sum_{|\mathbf{a}| \le k} \|D^{\mathbf{a}} g\|_{L^q(\Omega)}^q \right)^{\frac{1}{q}}$$

$$= \tilde{C}_1 \, \tilde{m}^{1-\frac{1}{q}} \|g\|_{W^{k,q}(\Omega)}$$

für alle $g = (g_1, \dots, g_m) \in W^{k,q}(\Omega)$. Wir setzen $C_1 = (\tilde{C}_1 \, \tilde{m}^{1-\frac{1}{q}})^{-1}$ und erhalten so

$$C_1 \sum_{j=1}^{m} \|g_j\|_{W^{k,q}(\Omega)} \le \|g\|_{W^{k,q}(\Omega)}$$

für alle $g = (g_1, \dots, g_m) \in W^{k,q}(\Omega)$.
Umgekehrt ergibt sich mithilfe des Lemmas 2.4 zunächst

$$\|g\|_{W^{k,q}(\Omega)} = \left(\sum_{|\mathbf{a}| \le k} \|D^{\mathbf{a}} g\|_{L^q(\Omega)}^q \right)^{\frac{1}{q}} \le \sum_{|\mathbf{a}| \le k} \|D^{\mathbf{a}} g\|_{L^q(\Omega)}$$

und daraus mit (2.12)

$$\|g\|_{W^{k,q}(\Omega)} \leq \tilde{C}_2 \sum_{|a| \leq k} \sum_{i=1}^{m} \|D^{a}g_i\|_{L^q(\Omega)} = \tilde{C}_2 \sum_{i=1}^{m} \sum_{|a| \leq k} \|D^{a}g_i\|_{L^q(\Omega)}$$

für alle $g = (g_1, \ldots, g_m) \in W^{k,q}(\Omega)$.
Durch eine weitere Anwendung des Lemmas 2.4 folgt schließlich

$$\|g\|_{W^{k,q}(\Omega)} \leq \tilde{C}_2 \, \tilde{m}^{1-\frac{1}{q}} \sum_{i=1}^{m} \left(\sum_{|a| \leq k} \|D^{a}g_i\|_{L^q(\Omega)}^q \right)^{\frac{1}{q}} = \tilde{C}_2 \, \tilde{m}^{1-\frac{1}{q}} \sum_{i=1}^{m} \|g_i\|_{W^{k,q}(\Omega)}$$

$$= C_2 \sum_{i=1}^{m} \|g_i\|_{W^{k,q}(\Omega)}$$

für alle $g = (g_1, \ldots, g_m) \in W^{k,q}(\Omega)$, wobei wir $C_2 = \tilde{C}_2 \, \tilde{m}^{1-\frac{1}{q}}$ gesetzt haben. $\square$

Bemerkung 2.9. Das Lemma 2.8 zeigt, dass eine Folge von Funktionen aus $W^{k,q}(\Omega)$ genau dann bezüglich der Norm (2.10) konvergiert, wenn die Funktionenfolge in jeder Komponente bezüglich der $W^{k,q}(\Omega)$-Norm konvergiert.
Eigenschaften, die im Zusammenhang mit einer Konvergenzaussage bezüglich der $W^{k,q}(\Omega)$-Norm stehen, lassen sich demnach vom reellwertigen auf den vektorwertigen Fall übertragen.

Entsprechend können wir auch den Raum der vektorwertigen Sobolev-Funktionen mit Nullrandwerten folgendermaßen einführen.

Definition 2.6. Es seien $k \in \mathbb{N}$ und $q \in [1, +\infty)$ sowie $\Omega \subset \mathbb{R}^n$ eine beschränkte offene Menge. Dann bezeichnet

$$W_0^{k,q}(\Omega) := \left\{ g = (g_1, \ldots, g_m) \in W^{k,q}(\Omega) : g_i \in W_0^{k,q}(\Omega) \text{ für alle } i \in \{1, \ldots, m\} \right\}$$

den Sobolev-Raum mit schwachen Nullrandwerten.

Bemerkung 2.10. Äquivalent zu dieser Definition ist die Bedingung, dass es zu jedem $g \in W_0^{k,q}(\Omega, \mathbb{R}^m)$ eine Funktionenfolge $\{\varphi_l\}_{l=1,2,\ldots}$ in $C_0^{\infty}(\Omega, \mathbb{R}^m)$ mit

$$\lim_{l \to \infty} \|g - \varphi_l\|_{W^{k,q}(\Omega)} = 0$$

gibt. Der Raum $W_0^{k,q}(\Omega, \mathbb{R}^m)$ kann demnach auch als Vervollständigung des Raumes $C_0^{\infty}(\Omega, \mathbb{R}^m)$ unter der $W^{k,q}(\Omega)$-Norm angesehen werden.
Ergänzend beachten wir die Definition lokaler Lebesgue- und Sobolev-Räume.

Definition 2.7. Eine Funktion $g \colon \Omega \to \mathbb{R}^m$ gehört dem Raum $W_{\text{loc}}^{k,q}(\Omega)$ an, sofern $g \in W^{k,q}(\Omega_0)$ für alle $\Omega_0 \subset\subset \Omega$ erfüllt ist. Dabei setzen wir $L_{\text{loc}}^q(\Omega) = W_{\text{loc}}^{0,q}(\Omega)$.

Eine ausführliche Darstellung über Sobolev-Räume lässt sich beispielsweise in [1] und [46] finden. Die im Rahmen dieser Arbeit benötigten spezifischen Eigenschaften von Sobolev-Funktionen wollen wir an den entsprechenden Stellen angeben, sodass ihre Bedeutung im Kontext sichtbar wird.

Wir wollen abschließend unter Berücksichtigung von [60, Kap. X, §1] die im Zusammenhang mit Sobolev-Räumen häufig auftretenden Begriffe der Friedrichs-Glättungsfunktion sowie der Friedrichs-Glättung erklären.

Definition 2.8 (Friedrichs-Glättungsfunktion). Wir bezeichnen eine Funktion $\varphi \colon \mathbb{R}^m \to [0, +\infty)$ mit $\mathrm{supp}(\varphi) = \overline{B(0,1)}$ als Friedrichs-Glättungsfunktion, falls die Bedingungen $\varphi \in C^\infty(\mathbb{R}^m)$ sowie

$$\int_{\mathbb{R}^m} \varphi(y)\,\mathrm{d}y = 1$$

erfüllt sind.

Bemerkung 2.11. Die Funktion $\phi \colon \mathbb{R}^m \to [0, +\infty)$ mit

$$\phi(y) = \begin{cases} C_0 \exp\left(\frac{-1}{1-|y|^2}\right) & \text{für } |y| < 1, \\ 0 & \text{für } |y| \geq 1, \end{cases}$$

wobei die Konstante $C_0 > 0$ als Normierungsfaktor so gewählt ist, dass

$$\int_{\mathbb{R}^m} \phi(y)\,\mathrm{d}y = \int_{B(0,1)} \phi(y)\,\mathrm{d}y = 1$$

gilt, bezeichnen wir auch als Standard-Glättungsfunktion. Diese ist ein Beispiel für eine Friedrichs-Glättungsfunktion.

Definition 2.9 (Friedrichs-Glättung). Es seien eine Friedrichs-Glättungsfunktion $\varphi \colon \mathbb{R}^m \to [0, +\infty)$ mit $\mathrm{supp}(\varphi) = \overline{B(0,1)}$ sowie eine Funktion $X \colon \mathbb{R}^m \to \mathbb{R}^n$ gegeben. Dann nennen wir die zu $\varepsilon > 0$ durch

$$X_\varepsilon(y) := \frac{1}{\varepsilon^m} \int_{\mathbb{R}^m} X(\hat{y})\, \varphi\left(\frac{y - \hat{y}}{\varepsilon}\right) \mathrm{d}\hat{y}$$

für $y \in \mathbb{R}^m$ erklärte Funktion eine Friedrichs-Glättung von X. Wir sprechen auch von der abgeglätteten Funktion X_ε.

Bemerkung 2.12. Liegt in der Definition 2.9 lediglich eine Funktion $X \colon \Omega \to \mathbb{R}^n$ mit $\Omega \subset \mathbb{R}^m$ vor, erweitern wir diese stillschweigend auf den gesamten $\mathbb{R}^m$, indem wir $X(y) = 0$ für alle $y \in \mathbb{R}^m \setminus \Omega$ setzen.

Der Begriff einer Friedrichs-Glättung wird durch das folgende Resultat gerechtfertigt, welches wir [60, Kap. X, §1, Satz 3] ohne Beweis entnehmen wollen.

Satz 2.3. *Es sei $X \in W^{k,q}(\Omega)$. Dann gehört die Friedrichs-Glättung X_ε für jedes $\varepsilon > 0$ zur Regularitätsklasse $C^\infty(\Omega)$ und es gilt für jedes $y \in \Omega$ die Identität*

$$(D^{\mathbf{a}} X)_\varepsilon(y) = \partial^{\mathbf{a}} X_\varepsilon(y)$$

für alle $\mathbf{a} \in \mathbb{N}_0^n$ mit $|\mathbf{a}| \leq k$ und $\varepsilon \in (0, \mathrm{dist}(y, \Omega^C))$.

2.4 Spezielle Stetigkeitsbegriffe

Wir wollen abschließend besondere Formen von Stetigkeit zusammentragen und beginnen mit dem Begriff der Hölder-Stetigkeit.

Definition 2.10 (Hölder-Stetigkeit). Es seien $\Omega \subset \mathbb{R}^n$ eine Menge sowie $0 < \alpha \leq 1$. Eine Funktion $g \colon \Omega \to \mathbb{R}^m$ heißt Hölder-stetig (zum Exponenten α) auf Ω, falls es zu jeder Menge $\tilde{\Omega} \subset\subset \Omega$ eine Konstante $C > 0$ gibt, sodass

$$|g(y_1) - g(y_2)| \leq C\,|y_1 - y_2|^\alpha$$

für alle $y_1, y_2 \in \tilde{\Omega}$ gilt.

Die Menge aller Funktionen, die auf Ω Hölder-stetig zum Exponenten α sind, erklären wir mit $C^{0,\alpha}(\Omega, \mathbb{R}^m)$ oder kurz mit $C^{0,\alpha}(\Omega)$ beziehungsweise $C^\alpha(\Omega)$, sofern der Bildbereich nicht relevant ist oder aus dem Kontext hervorgeht. Die Menge $C^{k,\alpha}(\Omega, \mathbb{R}^m)$ beziehungsweise $C^{k,\alpha}(\Omega)$ bezeichnet die Klasse aller Funktionen aus $C^k(\Omega)$, die zusammen mit all ihren Ableitungen bis zur einschließlich k-ten Ordnung Hölder-stetig zum Exponenten α auf Ω sind.

Diese Form der Stetigkeit wird in manchen Arbeiten auch als lokale Hölder-Stetigkeit definiert. In Abgrenzung dazu beachten wir die folgende Verschärfung der Hölder-Stetigkeit.

Definition 2.11 (Gleichmäßige Hölder-Stetigkeit). Zu $0 < \alpha \leq 1$ und einer Menge $\Omega \subset \mathbb{R}^n$ nennen wir eine Funktion $g \colon \Omega \to \mathbb{R}^m$ gleichmäßig Hölder-stetig (zum Exponenten α) auf Ω, wenn eine Konstante $C > 0$ existiert, sodass

$$|g(y_1) - g(y_2)| \leq C\,|y_1 - y_2|^\alpha$$

für alle $y_1, y_2 \in \Omega$ gilt.

Bemerkung 2.13. Entsprechend den Definitionen 2.10 und 2.11 ist jede (gleichmäßig) Hölder-stetige Funktion auch stetig.

Bemerkung 2.14. Eine auf Ω Hölder-stetige Funktion ist auf jeder kompakten Teilmenge von Ω gleichmäßig Hölder-stetig.

Als Spezialfall der Hölder-Stetigkeit kennzeichnen wir die Lipschitz-Stetigkeit wie folgt.

Definition 2.12 (Lipschitz-Stetigkeit). Eine auf $\Omega \subset \mathbb{R}^n$ zum Exponenten $\alpha = 1$ (gleichmäßig) Hölder-stetige Funktion $g \colon \Omega \to \mathbb{R}^m$ bezeichnen wir als (gleichmäßig) Lipschitz-stetig auf Ω.

Bemerkung 2.15. Wir nennen die in den Definitionen 2.10 und 2.11 auftretende Zahl $\alpha \in (0, 1]$ auch Hölder-Exponent und die Konstante $C > 0$ Hölder-Konstante beziehungsweise im Fall der Definition 2.12 auch Lipschitz-Konstante.

In Anlehnung an die Definition 2.1 über C^k-Gebiete folgen wir [12, Definition 12.10] und erklären Lipschitz-Gebiete.

Definition 2.13 (Lipschitz-Gebiet). Ein Gebiet $G \subset \mathbb{R}^m$ nennen wir Lipschitz-Gebiet, falls für jedes $w_0 \in \partial G$ eine Umgebung Ω von w_0 sowie eine bijektive Abbildung $g \colon \Omega \to B(0,1) \subset \mathbb{R}^m$ existieren, sodass die nachfolgenden Bedingungen erfüllt sind:

a) $g(\Omega \cap G) = \{w = (w_1, \ldots, w_m) \in \mathbb{R}^m : |w| < 1, w_m > 0\}$,

b) $g(\Omega \cap \partial G) = \{w = (w_1, \ldots, w_m) \in \mathbb{R}^m : |w| < 1, w_m = 0\}$ sowie

c) $g \in C^{0,1}(\overline{\Omega})$ und $g^{-1} \in C^{0,1}(\overline{B(0,1)})$.

Lipschitz-Gebiete spielen in vielen Ergebnissen über Sobolev-Räume eine bedeutende Rolle. Wir werden daher oft fordern, dass uns ein Lipschitz-Gebiet vorliegt.

Bemerkung 2.16. Jedes C^k-Gebiet mit $k \in \mathbb{N} \cup \{\infty\}$ ist auch ein Lipschitz-Gebiet.

Schließlich wollen wir noch absolut stetige Funktionen kennzeichnen. Diese stehen in einer engen Verbindung zu Sobolev-Räumen und können historisch gesehen als Vorläufer der Sobolev-Funktionen angesehen werden. Wir folgen [46, Definition 3.1] und gelangen zur nachstehenden Definition.

Definition 2.14 (Absolute Stetigkeit). Sei $I \subset \mathbb{R}$ ein Intervall. Eine Funktion $g \colon I \to \mathbb{R}$ heißt absolut stetig auf I, falls es zu jedem $\varepsilon > 0$ ein $\delta > 0$ derart gibt, dass

$$\sum_{j=1}^{k} |g(b_j) - g(a_j)| < \varepsilon \tag{2.13}$$

für jede endliche Folge disjunkter Teilintervalle $\{(a_j, b_j)\}_{j=1,\ldots,k}$ richtig ist, die den Bedingungen $[a_j, b_j] \subset I$ für $j = 1, \ldots, k$ und

$$\sum_{j=1}^{k} |b_j - a_j| < \delta$$

genügt.

Bemerkung 2.17. Eine absolut stetige Funktion ist gleichmäßig stetig.

Wir wollen sehen, dass die Verkettung einer absolut stetigen Funktion mit einer Lipschitz-stetigen Funktion absolut stetig bleibt.

Lemma 2.9. *Seien* $-\infty < a < b < +\infty$ *und* $-\infty < c < d < +\infty$ *sowie* $g_1 \colon [a, b] \to \mathbb{R}$ *Lipschitz-stetig auf* $[a, b]$ *und* $g_2 \colon [c, d] \to [a, b]$ *absolut stetig auf* $[c, d]$. *Dann ist die Funktion* $g_1 \circ g_2 \colon [c, d] \to \mathbb{R}$ *ebenfalls absolut stetig auf* $[c, d]$.

Beweis. Da $g_1 \colon [a, b] \to \mathbb{R}$ Lipschitz-stetig auf $[a, b]$ ist, gibt es eine Konstante $L > 0$ mit

$$|g_1(y_1) - g_1(y_2)| \le L\,|y_1 - y_2|$$

für alle $y_1, y_2 \in [a, b]$.
Sei nun $\varepsilon > 0$ beliebig gewählt. Entsprechend der Definition 2.14 finden wir zu $\frac{\varepsilon}{L} > 0$ ein $\delta > 0$, sodass

$$\sum_{j=1}^{k} |g_2(b_j) - g_2(a_j)| < \frac{\varepsilon}{L}$$

für jede endliche Folge disjunkter Teilintervalle $\{(a_j, b_j)\}_{j=1,\dots,k}$ mit $[a_j, b_j] \subset [c, d]$ für $j = 1, \dots, k$ und

$$\sum_{j=1}^{k} |b_j - a_j| < \delta$$

erfüllt ist. Wir erhalten demnach unter Verwendung der Lipschitz-Stetigkeit von g_1

$$\sum_{j=1}^{k} |g_1 \circ g_2(b_j) - g_1 \circ g_2(a_j)| = \sum_{j=1}^{k} |g_1(g_2(b_j)) - g_1(g_2(a_j))|$$

$$\leq \sum_{j=1}^{k} L |g_2(b_j) - g_2(a_j)| < L \frac{\varepsilon}{L} = \varepsilon$$

für eine jede endliche Folge disjunkter Teilintervalle $\{(a_j, b_j)\}_{j=1,\dots,k}$ mit $[a_j, b_j] \subset [c, d]$ für $j = 1, \dots, k$ und

$$\sum_{j=1}^{k} |b_j - a_j| < \delta \ .$$

Somit ist die Funktion $g_1 \circ g_2$ absolut stetig auf $[c, d]$. $\qquad\square$

Wir entnehmen [46, Theorem 3.30] ein Teilresultat des Fundamentalsatzes der Analysis für absolut stetige Funktionen. Der zugehörige Beweis findet sich in der angegebenen Literatur.

Lemma 2.10. *Zu* $-\infty < a < b < +\infty$ *sei die absolut stetige Funktion* $g \colon [a, b] \to \mathbb{R}$ *gegeben. Dann ist* g *fast überall in* $[a, b]$ *differenzierbar mit* $g' \in L^1_{\mathrm{loc}}((a, b))$ *und es gilt*

$$g(y) = g(y_0) + \int_{y_0}^{y} g'(\tilde{y}) \, \mathrm{d}\tilde{y}$$

für alle $y, y_0 \in [a, b]$.

In Ergänzung des vorangegangenen Lemmas beachten wir das folgende Ergebnis aus [46, Lemma 3.31], dessen Beweis sich ebenda befindet.

Lemma 2.11. *Es seien das Intervall* $I = (a, b)$ *mit* $-\infty < a < b < +\infty$ *und eine Funktion* $g_0 \colon I \to \mathbb{R} \in L^1(I)$ *vorgelegt. Zudem sei* $y_0 \in I$ *fest gewählt. Dann ist die durch*

$$g(y) := \int_{y_0}^{y} g_0(\tilde{y}) \, \mathrm{d}\tilde{y}$$

für $y \in I$ *erklärte Funktion absolut stetig in* I *und es gilt* $g'(y) = g_0(y)$ *für fast alle* $y \in I$.

Wir wollen noch einen Beweis für ein Ergebnis aus [46, Exercise 3.7 (ii)] liefern. Dieses besagt, dass eine auf einem offenen Intervall absolut stetige Funktion eine stetige Fortsetzung auf den Abschluss des Intervalls besitzt, die auf diesem absolut stetig ist.

Lemma 2.12. *Gegeben seien* $-\infty < a < b < +\infty$, *das Intervall* $I = (a, b)$ *sowie eine auf* I *absolut stetige Funktion* $g: I \to \mathbb{R}$. *Dann ist die Funktion* g *stetig auf* $\overline{I}$ *fortsetzbar und die auf* $\overline{I}$ *fortgesetzte Funktion ist absolut stetig auf* $\overline{I}$.

Beweis. Indem wir die Bedingung (2.13) stets für lediglich ein Teilintervall (a_1, b_1) mit $[a_1, b_1] \subset I$ betrachten, erkennen wir, dass die Funktion g auf I gleichmäßig stetig ist. Insbesondere finden wir zu jedem $\varepsilon > 0$ ein $\delta > 0$, sodass

$$|g(y_2) - g(y_1)| < \varepsilon \qquad (2.14)$$

für alle $y_1, y_2 \in I$ mit $|y_2 - y_1| < \delta$ richtig ist.

Wir zeigen, dass sich g stetig auf $\overline{I}$ fortsetzen lässt und die fortgesetzte Funktion gleichmäßig stetig auf $\overline{I}$ ist.

Dazu wählen wir eine monoton fallende Folge $\{\delta_l\}_{l=1,2,\dots}$ mit $0 < \delta_l < \min\{b - a, \frac{1}{l}\}$ und

$$\lim_{l \to \infty} \delta_l = 0.$$

Wir schließen damit für die Folge $\{a + \delta_l\}_{l=1,2,\dots}$

$$|(a + \delta_l) - (a + \delta_k)| \leq |\delta_l - \delta_k| \leq |\delta_l| + |\delta_k| = \delta_l + \delta_k < \frac{1}{l} + \frac{1}{k} < \delta$$

für alle $k, l > \frac{2}{\delta}$. Entsprechend (2.14) folgt

$$|g(a + \delta_l) - g(a + \delta_k)| < \varepsilon$$

für alle $k, l > \frac{2}{\delta}$, sodass wir die Folge $\{g(a + \delta_l)\}_{l=1,2,\dots}$ als Cauchy-Folge erkennen. Wir setzen die Funktion g mittels

$$g(a) := \lim_{l \to \infty} g(a + \delta_l) \qquad (2.15)$$

auf $I \cup \{a\} = [a, b)$ fort.

Sei nun $\tilde{\varepsilon} > 0$ beliebig gewählt. Aufgrund der gleichmäßigen Stetigkeit von g in I existiert ein $\tilde{\delta} > 0$, sodass

$$|g(y_2) - g(y_1)| < \tilde{\varepsilon} \qquad (2.16)$$

für alle $y_1, y_2 \in I$ mit $|y_2 - y_1| < \tilde{\delta}$ gilt. Für jedes $l \in \mathbb{N}$ mit $a + \delta_l \in (a, a + \tilde{\delta}) \cap I$ und jedes $y \in (a, a + \tilde{\delta}) \cap I$ ermitteln wir dann

$$|g(a) - g(y)| \leq |g(a) - g(a + \delta_l)| + |g(a + \delta_l) - g(y)| < |g(a) - g(a + \delta_l)| + \tilde{\varepsilon}$$

unter Berücksichtigung von (2.16). Der Grenzübergang $l \to \infty$ liefert daraus wegen (2.15)

$$|g(a) - g(y)| < \tilde{\varepsilon}$$

für alle $y \in (a, a + \tilde{\delta}) \cap I$. Somit ist die fortgesetzte Funktion in $[a, b)$ stetig.

Analog dazu kann die Funktion g mittels

$$g(b) := \lim_{l \to \infty} g(b - \delta_l)$$

stetig auf $[a, b) \cup \{b\} = [a, b] = \overline{I}$ fortgesetzt werden. Da die Menge $\overline{I}$ kompakt ist, ergibt sich, dass g auf $\overline{I}$ gleichmäßig stetig sein muss.
Es verbleibt, die absolute Stetigkeit von g auf $\overline{I}$ zu zeigen. Dazu sei ein $\varepsilon > 0$ beliebig gewählt. Wir bemerken zunächst aufgrund der absoluten Stetigkeit von g in I die Existenz eines $\delta_0 > 0$, sodass

$$\sum_{j=1}^{k} |g(b_j) - g(a_j)| < \frac{\varepsilon}{3} \tag{2.17}$$

für jede endliche Folge disjunkter Teilintervalle $\{(a_j, b_j)\}_{j=1,\dots,k}$ gilt, die den Bedingungen $[a_j, b_j] \subset I$ für $j = 1, \dots, k$ und

$$\sum_{j=1}^{k} |b_j - a_j| < \delta_0$$

genügt. Zudem schließen wir aufgrund der gleichmäßigen Stetigkeit von g auf $\overline{I}$, dass es ein $\hat{\delta} > 0$ gibt, sodass

$$|g(\tilde{b}) - g(a)| < \frac{\varepsilon}{3} \tag{2.18}$$

und

$$|g(b) - g(\tilde{a})| < \frac{\varepsilon}{3} \tag{2.19}$$

für alle $\tilde{a}, \tilde{b} \in \overline{I}$ mit $|\tilde{b} - a| < \hat{\delta}$ und $|b - \tilde{a}| < \hat{\delta}$ richtig sind.
Es seien nun eine beliebige endliche Folge disjunkter Teilintervalle $\{(a_j, b_j)\}_{j=1,\dots,k}$ mit $(a_j, b_j) \subset I$ für $j = 1, \dots, k$ sowie das Intervall (a_0, b_0) mit $a_0 := a$ und $b_0 \in [a, b]$ und das Intervall (a_{k+1}, b_{k+1}) mit $a_{k+1} \in [b_0, b]$ und $b_{k+1} := b$ gegeben, sodass

$$(a_0, b_0) \cap (a_j, b_j) = \emptyset = (a_{k+1}, b_{k+1}) \cap (a_j, b_j)$$

für alle $j = 1, \dots, k$ und

$$\sum_{j=0}^{k+1} |b_j - a_j| < \delta := \min\{\delta_0, \hat{\delta}\}$$

erfüllt sind. Wir beachten

$$\sum_{j=1}^{k} |b_j - a_j| < \delta \leq \delta_0$$

sowie $|b_0 - a_0| < \delta \leq \hat{\delta}$ und $|b_{k+1} - a_{k+1}| < \delta \leq \hat{\delta}$.

Infolgedessen erhalten wir

$$\sum_{j=0}^{k+1} |g(b_j) - g(a_j)| = |g(b_0) - g(a_0)| + |g(b_{k+1}) - g(a_{k+1})| + \sum_{j=1}^{k} |g(b_j) - g(a_j)|$$
$$< \frac{\varepsilon}{3} + \frac{\varepsilon}{3} + \frac{\varepsilon}{3} = \varepsilon$$

unter Berücksichtigung von (2.17), (2.18) und (2.19). Wir beachten hierbei, dass die Aussage auch gültig bleibt, falls $a_j = b_j$ beziehungsweise $(a_j, b_j) = \emptyset$ für einige Indizes $j \in \{0, 1, \dots, k, k + 1\}$ gilt.
Dies entspricht der absoluten Stetigkeit von g auf $\overline{I}$. $\quad\square$

Für ein weiterführendes Studium zu absolut stetigen Funktionen empfehlen sich die Ausarbeitungen in [46, Chap. 3] oder auch [58, Chap. 5, Sec. 4].

3 Direkte Methoden der Variationsrechnung

Wir wollen uns in diesem Kapitel zunächst unter Verwendung der sogenannten direkten Methoden der Variationsrechnung mit der Existenz von Minimierern für eine breite Klasse von Variationsproblemen befassen. Mit der Idee des Dirichletschen Prinzips ist es möglich, den Minimierer eines Variationsproblems als Lösung des zugehörigen Randwertproblems zu erkennen. Dies erfordert allerdings, dass der Minimierer ein Element einer bestimmten Klasse differenzierbarer Funktionen ist. Die Existenz eines solchen Minimierers innerhalb der gewünschten Regularitätsklasse kann jedoch nur selten gewährleistet werden. Insbesondere sichert das Vorhandensein einer unteren Schranke für ein zu minimierendes Funktional nicht zwingend die Existenz eines Minimierers innerhalb der entsprechenden Klasse. Infolgedessen haben sich die sogenannten direkten Methoden der Variationsrechnung entwickelt.

Bei dieser Vorgehensweise wird die Menge der zulässigen Funktionen geeignet erweitert. Hierbei sind zwei Anforderungen sicherzustellen. Die Menge zulässiger Funktionen muss einerseits abgeschlossen bezüglich schwacher Konvergenz sein. Andererseits soll das zu minimierende Funktional schwach unterhalbstetig in einem allgemeineren Raum sein, der die Menge der zulässigen Funktionen umfasst. So ergibt sich die Existenz eines Minimierers in einem allgemeineren Raum. Als geeignete Erweiterung der Klasse differenzierbarer Funktionen haben sich die Sobolev-Räume erwiesen.

Dieser Existenznachweis eines Minimierers in einem allgemeineren Raum erfolgt dabei jedoch zulasten der Regularität des erhaltenen Minimierers, sodass die unmittelbare Verknüpfung zur Lösung von Randwertproblemen über die Euler-Lagrange-Gleichung aufgehoben wird. Um diese wiederherzustellen, muss zusätzlich die Regularität eines derartigen Minimierers untersucht werden.

Wir beginnen unsere Ausführungen mit einer Charakterisierung der schwachen Unterhalbstetigkeit. Dabei führen wir gleichzeitig die allgemeine Klasse der zu untersuchenden Funktionale $\mathcal{I}$ ein und erkennen das fundamentale Dirichlet-Integral als Spezialfall. Wir zeigen anschließend die schwache Unterhalbstetigkeit derartiger Funktionale im Sobolev-Raum $W^{1,2}(G)$ unter geeigneten Voraussetzungen an $\mathcal{I}$. Wir nutzen dazu solche Voraussetzungen, die im Einklang mit der späteren Regularitätstheorie stehen und die grundlegende Beweisführung bei einer Abschwächung der Voraussetzungen nicht wesentlich verändern.

Im Anschluss daran nutzen wir die schwache Unterhalbstetigkeit zum Nachweis der Existenz eines Minimierers für eine breite Klasse von Variationsproblemen, die wir in diesem Zusammenhang kennzeichnen. Auch dort sind Verallgemeinerungen möglich, die den Charakter des Beweises allerdings nicht verändern.

Für ein ausgiebiges Studium der Existenzfrage unter verschiedenen Voraussetzungen empfiehlt sich beispielsweise die Monographie [12] von Dacorogna.

© Der/die Autor(en) 2023
A. Künnemann, *Existenz- und Regularitätstheorie der zweidimensionalen Variationsrechnung mit Anwendungen auf das Plateausche Problem für Flächen vorgeschriebener mittlerer Krümmung*, https://doi.org/10.1007/978-3-658-41641-6_3

3.1 Schwache Unterhalbstetigkeit

Wir beginnen mit dem für die direkten Methoden der Variationsrechnung bedeutenden Begriff der schwachen Unterhalbstetigkeit.

Definition 3.1 (Schwach unterhalbstetig). Ein Funktional $\mathcal{I}\colon \mathcal{X} \to \mathbb{R}$ auf einem normierten Raum $\mathcal{X}$ heißt schwach unterhalbstetig, wenn für jedes $X \in \mathcal{X}$ und jede Folge $\{X_n\}_{n=1,2,\dots}$ in $\mathcal{X}$, die gemäß $X_n \rightharpoonup X$ schwach gegen X in $\mathcal{X}$ konvergiert, die Beziehung

$$\mathcal{I}(X) \leq \liminf_{n\to\infty} \mathcal{I}(X_n)$$

gilt.

Konkret wollen wir uns fortan mit Funktionalen der nachfolgenden Art beschäftigen.

Definition 3.2. Wir erklären zu einem beschränkten Gebiet $G \subset \mathbb{R}^2$ und einer Funktion $f\colon G \times \mathbb{R}^3 \times \mathbb{R}^{3\times 2} \to \mathbb{R}$ für $X \in W^{1,1}(G)$ mittels

$$\mathcal{I}(X,G) := \int_G f(w, X(w), \nabla X(w))\, dw$$

das zu f gehörende Funktional $\mathcal{I}$.

Bemerkung 3.1. Eine Verallgemeinerung für Funktionen $f\colon G \times \mathbb{R}^n \times \mathbb{R}^{n\times m} \to \mathbb{R}$ mit $G \subset \mathbb{R}^m$ in der Definition 3.2 ist ohne Weiteres möglich.

Bemerkung 3.2. Wir werden im Verlauf dieser Arbeit sehen, dass die Eigenschaften eines Funktionals $\mathcal{I}$ der Definition 3.2 maßgeblich von den Forderungen an die induzierende Funktion f abhängen.

Als einen elementaren Spezialfall der Definition 3.2 sei $f(w, X, p) = f(p) = |p|^2$ gesetzt. Wir gelangen damit zum Dirichlet-Integral.

Definition 3.3 (Dirichlet-Integral). Es seien $G \subset \mathbb{R}^2$ ein beschränktes Gebiet und $X\colon G \to \mathbb{R}^3 \in W^{1,2}(G)$. Dann bezeichnet

$$\mathcal{D}(X,G) := \|\nabla X\|_{L^2(G)}^2 = \int_G |\nabla X(w)|^2\, dw$$

das Dirichlet-Integral von X.

In Vorbereitung auf einen Satz über die schwache Unterhalbstetigkeit von Funktionalen der Definition 3.2 entnehmen wir [25, Theorem 2.7] das folgende fundamentale Ergebnis über konvexe Funktionen, die differenzierbar sind.

Lemma 3.1. *Es seien $\Omega \subset \mathbb{R}^m$ eine offene konvexe Menge und $g\colon \Omega \to \mathbb{R}$ eine konvexe Funktion der Klasse $C^1(\Omega, \mathbb{R})$. Dann gilt*

$$g(y_1) \geq g(y_2) + \nabla g(y_2) \cdot (y_1 - y_2)$$

für alle $y_1, y_2 \in \Omega$.

Die Ausführungen zu [55, Kap. 1.8, Theorem 1.8.2] sowie [21, Kap. I, Theorem 2.3] erweiternd wollen wir nun eine Aussage zur schwachen Unterhalbstetigkeit von Funktionalen gemäß der Definition 3.2 beweisen.

Satz 3.1 (Schwach unterhalbstetige Funktionale). *Es seien $G \subset \mathbb{R}^2$ ein beschränktes Lipschitz-Gebiet und $f(w, X, p)$ eine Funktion $f\colon G \times \mathbb{R}^3 \times \mathbb{R}^{3 \times 2} \to \mathbb{R}$ derart gegeben, dass*

i) $f(w, X, p) \geq 0$ für jedes $(w, X, p) \in G \times \mathbb{R}^3 \times \mathbb{R}^{3 \times 2}$ gilt,

ii) f sowie alle partiellen Ableitungen $f_{p_j^i}$ stetig auf $G \times \mathbb{R}^3 \times \mathbb{R}^{3 \times 2}$ sind und

iii) f konvex in p für jedes $(w, X) \in G \times \mathbb{R}^3$ ist.

Zudem seien $X \in W^{1,2}(G)$ und eine Folge $\{X_n\}_{n=1,2,\dots}$ in $W^{1,2}(G)$ mit $X_n \rightharpoonup X$ in $W^{1,2}(G)$ vorgelegt. Dann ist

$$\mathcal{I}(X, G) \leq \liminf_{n \to \infty} \mathcal{I}(X_n, G)$$

für das zu f gehörende Funktional $\mathcal{I}$ richtig.

Beweis. Wir nutzen das Theorem von Rellich-Kondrachov aus [1, Theorem 6.2, Part I], welches uns die Kompaktheit der Einbettung

$$W^{1,2}(G) \hookrightarrow L^q(G)$$

für $1 \leq q < +\infty$ liefert. Insbesondere folgt damit aus $X_n \rightharpoonup X$ in $W^{1,2}(G)$ die (starke) Konvergenz $X_n \to X$ in $L^1(G)$ für $n \to \infty$.

Nun wählen wir eine Teilfolge $\{X_{n_k}\}_{k=1,2,\dots}$ von $\{X_n\}_{n=1,2,\dots}$, sodass

$$\lim_{k \to \infty} \mathcal{I}(X_{n_k}, G) = \liminf_{n \to \infty} \mathcal{I}(X_n, G) \tag{3.1}$$

gilt. Ohne Einschränkung können wir für diese Teilfolge auch

$$\lim_{k \to \infty} X_{n_k}(w) = X(w)$$

für fast alle $w \in G$ annehmen, da wir anderenfalls mithilfe des Lebesgueschen Auswahlsatzes [59, Kap. II, §4, Satz 8] zu einer weiteren Teilfolge übergehen könnten. Zunächst nehmen wir nun $\mathcal{I}(X, G) < +\infty$ an. Aufgrund der absoluten Stetigkeit von Maßen können wir dann schließen, dass zu jedem $\varepsilon > 0$ ein $\delta > 0$ existiert, sodass $\mathcal{I}(X, G \setminus G_0) < \varepsilon$ für jede Menge $G_0 \subset G$ mit $|G \setminus G_0| < \delta$ gilt.

Da die Folge $\{X_{n_k}\}_{k=1,2,\dots}$ fast überall punktweise gegen X konvergiert, gibt es nach dem Satz von Egorov [59, Kap. II, §4, Satz 10] eine Teilmenge $S_0 \subset G$ mit $|G \setminus S_0| < \frac{\delta}{2}$, sodass die Konvergenz $X_{n_k} \to X$ gleichmäßig auf S_0 ist.

Zusätzlich können wir mithilfe des Satzes von Lusin [59, Kap. II, §4, Satz 11] die Funktionen X und ∇X als stetig auf einer kompakten Menge $S \subset S_0$ mit $|S_0 \setminus S| < \frac{\delta}{2}$ erkennen. Dazu wenden wir den Satz von Lusin nacheinander auf jede Komponente von X und die schwachen Ableitungen von X an, wodurch beginnend bei S_0 eine endliche Folge von kompakten Teilmengen entsteht. Das letzte Folgenelement entspricht dabei der kompakten Menge S.

Insgesamt erhalten wir also eine kompakte Menge $S \subset G$ mit $|G \setminus S| < \delta$, sodass die Folge $\{X_{n_k}\}_{k=1,2,\ldots}$ auf S gleichmäßig gegen X konvergiert, X sowie ∇X auf S stetig sind und

$$\mathcal{I}(X,G) - \mathcal{I}(X,S) = \mathcal{I}(X, G \setminus S) < \varepsilon$$

beziehungsweise

$$\mathcal{I}(X,G) - \varepsilon < \mathcal{I}(X,S) \tag{3.2}$$

richtig ist.

Aufgrund der Voraussetzung iii) und des Lemmas 3.1 schließen wir nun

$$
\begin{aligned}
f(w, X_{n_k}, \nabla X_{n_k}) &\geq f(w, X_{n_k}, \nabla X) + \nabla_p f(w, X_{n_k}, \nabla X) \cdot (\nabla X_{n_k} - \nabla X) \\
&\pm \nabla_p f(w, X, \nabla X) \cdot (\nabla X_{n_k} - \nabla X) \\
&= f(w, X_{n_k}, \nabla X) + \nabla_p f(w, X, \nabla X) \cdot (\nabla X_{n_k} - \nabla X) \\
&+ [\nabla_p f(w, X_{n_k}, \nabla X) - \nabla_p f(w, X, \nabla X)] \cdot (\nabla X_{n_k} - \nabla X)
\end{aligned}
\tag{3.3}
$$

für $w \in S$, wobei wir hier aus Gründen der Übersichtlichkeit auf das Argument w bei den Funktionen X, ∇X, X_{n_k} sowie ∇X_{n_k} verzichten und verkürzend

$$\nabla_p f(w, X, p) \cdot p = \sum_{i=1}^{2} \nabla_{p_i} f(w, X, p) \cdot p_i$$

schreiben.

Bevor wir die Identität (3.3) über S integrieren und den Grenzübergang $k \to \infty$ vollziehen, wollen wir einzelne Ausdrücke separat betrachten.

Erklären wir die Funktion $g \colon S \to \mathbb{R}^{3 \times 2}$ durch $g(w) := \nabla_p f(w, X(w), \nabla X(w))$, so folgt $g \in C(S)$ aufgrund der Stetigkeit von X und ∇X auf der kompakten Menge S sowie der Voraussetzung ii). Die damit verbundene Beschränktheit von g auf S impliziert gleichzeitig $g \in L^2(S)$ sowie $\|g\|_{L^2(S)} < +\infty$.

Demnach stellt das durch

$$\mathcal{J}(p, S) := \int_S \nabla_p f(w, X(w), \nabla X(w)) \cdot p(w)\, \mathrm{d}w$$

für Funktionen $p \colon S \to \mathbb{R}^{3 \times 2}$ erklärte Funktional $\mathcal{J}$ ein beschränktes lineares Funktional auf $L^2(S)$ dar.

Weil $X_{n_k} \rightharpoonup X$ in $W^{1,2}(G)$ auch $\nabla X_{n_k} \rightharpoonup \nabla X$ in $L^2(G)$ impliziert und somit insbesondere $\nabla X_{n_k} \rightharpoonup \nabla X$ in $L^2(S)$ folgt, gilt entsprechend der Definition der schwachen Konvergenz

$$\lim_{k \to \infty} \mathcal{J}(\nabla X_{n_k}, S) = \mathcal{J}(\nabla X, S)$$

beziehungsweise

$$\lim_{k \to \infty} \int_S \nabla_p f(w, X(w), \nabla X(w)) \cdot (\nabla X_{n_k}(w) - \nabla X(w))\, \mathrm{d}w = 0. \tag{3.4}$$

Zusätzlich gilt wegen der gleichmäßigen Konvergenz der Folge $\{X_{n_k}\}_{k=1,2,\dots}$ gegen X auf S

$$\lim_{k\to\infty} \left(\int_S |\nabla_p f(w, X_{n_k}(w), \nabla X(w)) - \nabla_p f(w, X(w), \nabla X(w))|^2 \, dw \right)^{\frac{1}{2}} = 0 \qquad (3.5)$$

beziehungsweise existiert zu jedem $\varepsilon_0 > 0$ ein $k_0 \in \mathbb{N}$, sodass

$$\|g_{n_k} - g\|_{L^2(S)} < \varepsilon_0$$

für alle $k \geq k_0$ richtig ist. Hierbei haben wir $g_{n_k}(w) := \nabla_p f(w, X_{n_k}(w), \nabla X(w))$ gesetzt.
Infolgedessen erkennen wir wegen

$$\|g_{n_k}\|_{L^2(S)} = \|g_{n_k} - g + g\|_{L^2(S)} \leq \|g_{n_k} - g\|_{L^2(S)} + \|g\|_{L^2(S)} < \varepsilon_0 + \|g\|_{L^2(S)}$$

neben $g \in L^2(S)$ auch $g_{n_k} \in L^2(S)$ für alle $k \geq k_0$. Ohne Einschränkung können wir sogar $k_0 = 1$ fordern, da wir anderenfalls die Teilfolge $\{X_{n_k}\}_{k=1,2,\dots}$ bei k_0 beginnen lassen würden.
Aus der schwachen Konvergenz $\nabla X_{n_k} \rightharpoonup \nabla X$ in $L^2(S)$ folgt zudem die gleichmäßige Beschränktheit der Folge $\{\nabla X_{n_k}\}_{k=1,2,\dots}$ in $L^2(S)$ nach dem Satz von Banach-Steinhaus [2, Satz 5.3 und Bemerkung 6.3 (5)] und wir erhalten

$$\left(\int_S |\nabla X_{n_k}(w) - \nabla X(w)|^2 \, dw \right)^{\frac{1}{2}} = \|\nabla X_{n_k} - \nabla X\|_{L^2(S)}$$

$$\leq \|\nabla X_{n_k}\|_{L^2(S)} + \|\nabla X\|_{L^2(S)} \leq C \qquad (3.6)$$

mit einer Konstanten $C < +\infty$.
Mittels der Ungleichung von Cauchy-Schwarz ergibt sich nun zunächst

$$0 \leq \left| \int_S [\nabla_p f(w, X_{n_k}, \nabla X) - \nabla_p f(w, X, \nabla X)] \cdot (\nabla X_{n_k} - \nabla X) \, dw \right|$$

$$\leq \int_S |[\nabla_p f(w, X_{n_k}, \nabla X) - \nabla_p f(w, X, \nabla X)] \cdot (\nabla X_{n_k} - \nabla X)| \, dw \qquad (3.7)$$

$$\leq \int_S |\nabla_p f(w, X_{n_k}, \nabla X) - \nabla_p f(w, X, \nabla X)| \, |\nabla X_{n_k} - \nabla X| \, dw \,,$$

wobei wir auch hier das Argument w aus Gründen der Übersichtlichkeit teilweise unterdrücken. Da die betreffenden Elemente aufgrund der zuvor gemachten Bemerkungen zur Klasse $L^2(S)$ gehören, können wir auf den letzten Term in (3.7) die Höldersche Ungleichung anwenden.

Wir erhalten daher

$$0 \leq \left| \int_S [\nabla_p f(w, X_{n_k}, \nabla X) - \nabla_p f(w, X, \nabla X)] \cdot (\nabla X_{n_k} - \nabla X) \, dw \right|$$

$$\leq \left(\int_S |\nabla_p f(w, X_{n_k}, \nabla X) - \nabla_p f(w, X, \nabla X)|^2 \, dw \right)^{\frac{1}{2}} \left(\int_S |\nabla X_{n_k} - \nabla X|^2 \, dw \right)^{\frac{1}{2}}$$

$$\leq C \left(\int_S |\nabla_p f(w, X_{n_k}, \nabla X) - \nabla_p f(w, X, \nabla X)|^2 \, dw \right)^{\frac{1}{2}}$$

unter zusätzlicher Beachtung von (3.6).
Mit (3.5) ergibt sich daraus beim Grenzübergang $k \to \infty$

$$\lim_{k \to \infty} \int_S [\nabla_p f(w, X_{n_k}, \nabla X) - \nabla_p f(w, X, \nabla X)] \cdot (\nabla X_{n_k} - \nabla X) \, dw = 0 . \qquad (3.8)$$

Zusätzlich gilt

$$\lim_{k \to \infty} \int_S f(w, X_{n_k}(w), \nabla X(w)) \, dw = \int_S f(w, X(w), \nabla X(w)) \, dw = \mathcal{I}(X, S) \qquad (3.9)$$

aufgrund der gleichmäßigen Konvergenz $X_{n_k} \to X$ auf S.
Wir integrieren nun die Ungleichung (3.3) über S und erkennen unter Verwendung von (3.2), (3.4), (3.8) sowie (3.9)

$$\mathcal{I}(X, G) - \varepsilon < \mathcal{I}(X, S) \leq \lim_{k \to \infty} \mathcal{I}(X_{n_k}, S) \qquad (3.10)$$

beim Grenzübergang $k \to \infty$.
Aus der Voraussetzung i) folgt $\mathcal{I}(X_{n_k}, S) \leq \mathcal{I}(X_{n_k}, G)$ und es ergibt sich aus (3.10)

$$\mathcal{I}(X, G) - \varepsilon < \lim_{k \to \infty} \mathcal{I}(X_{n_k}, S) \leq \lim_{k \to \infty} \mathcal{I}(X_{n_k}, G) = \liminf_{n \to \infty} \mathcal{I}(X_n, G) \qquad (3.11)$$

unter zusätzlicher Beachtung von (3.1).
Da die Abschätzung (3.11) derart für alle $\varepsilon > 0$ gezeigt werden kann, erhalten wir schließlich die gewünschte Aussage.

Für den Fall $\mathcal{I}(X, G) = +\infty$ können wir die kompakte Menge $S \subset G$, auf der die Teilfolge $\{X_{n_k}\}_{k=1,2,\ldots}$ gleichmäßig gegen X konvergiert und X sowie ∇X stetig sind, so wählen, dass $C_0 < \mathcal{I}(X, S)$ für jede beliebige Konstante $C_0 > 0$ richtig ist.
Da die Identitäten (3.3), (3.4), (3.8) und (3.9) ihre Gültigkeit behalten, schließen wir

$$C_0 < \mathcal{I}(X, S) \leq \lim_{k \to \infty} \mathcal{I}(X_{n_k}, S) \leq \lim_{k \to \infty} \mathcal{I}(X_{n_k}, G) = \liminf_{n \to \infty} \mathcal{I}(X_n, G) ,$$

wobei wir die Voraussetzung i) sowie (3.1) beachten.
Schlussendlich erhalten wir

$$\liminf_{n \to \infty} \mathcal{I}(X_n, G) = +\infty$$

aufgrund der beliebigen Wahl der Konstante C_0, woraus sich die Aussage auch für diesen Fall ergibt. $\qquad \Box$

Bemerkung 3.3. Wir entnehmen dem Beweis des Satzes 3.1, dass unter den entsprechenden Voraussetzungen aus $\liminf_{n\to\infty} \mathcal{I}(X_n, G) < +\infty$ stets $\mathcal{I}(X, G) < +\infty$ folgt.

Bemerkung 3.4. Wie in [55] und [21] angegeben, kann der dargestellte Beweis des Satzes 3.1 hinsichtlich der Raumdimensionen sowie des betrachteten Sobolev-Raums verallgemeinert werden. Mit dem Blick auf spätere Anwendungen in dieser Arbeit haben wir die Räume bereits hier entsprechend angepasst.

3.2 Existenz von Minimierern

Bevor wir mithilfe des Satzes 3.1 unter etwas stärkeren Bedingungen an f die Existenz eines Minimierers des zu f gehörenden Funktionals zeigen, benötigen wir eine Poincaré-Ungleichung im Sobolev-Raum mit Nullrandwerten. Diese wird im Existenzsatz (Satz 3.3) die Beschränktheit einer minimierenden Folge sicherstellen. Wir entnehmen die Poincaré-Ungleichung und ihren Beweis aus [55, Theorem 3.2.1]. Bei den Ausführungen des zugehörigen Beweises wollen wir hier allerdings detaillierter vorgehen.

Satz 3.2 (Poincaré-Ungleichung in $W_0^{k,q}(G, \mathbb{R}^m)$). *Es seien $G \subset B(w_0, R) \subset \mathbb{R}^l$ eine offene Menge, $q > 1$ und $g \in W_0^{k,q}(G, \mathbb{R}^m)$. Dann gilt*

$$\int_G |\nabla^j g(w)|^q \, dw \leq q^{j-k} R^{(k-j)q} \int_G |\nabla^k g(w)|^q \, dw$$

für $0 \leq j \leq k$.

Beweis. Wir zeigen die Ungleichung für $j = 0$ und $k = 1$. Der allgemeine Fall folgt dann induktiv unter Beachtung von $\nabla^j g \in W_0^{k-j,q}(G)$.
Zunächst sei $g \in C_0^\infty(G)$. Wir erweitern g in natürlicher Weise durch $g(w) := 0$ für alle $w \in \mathbb{R}^l \setminus G$ und stellen jedes $w \in \overline{B(w_0, R)}$ mittels Polarkoordinaten durch $w = w_0 + \varrho \zeta$ mit $0 \leq \varrho \leq R$ und $\zeta \in \mathcal{S}^{l-1}$ dar. Indem wir $\tilde{g}(\varrho, \zeta) := g(w_0 + \varrho\zeta)$ setzen, ermitteln wir

$$\tilde{g}(r, \zeta) = \tilde{g}(r, \zeta) - \tilde{g}(R, \zeta) = -\int_r^R \tilde{g}_\varrho(\varrho, \zeta) \, d\varrho$$

für $0 < r < R$.
Unter Verwendung des Lemmas 2.6 und der Hölderschen Ungleichung ergibt sich daraus für $0 < r < R$

$$|\tilde{g}(r, \zeta)| \leq \int_r^R |\tilde{g}_\varrho(\varrho, \zeta)| \, d\varrho \leq \left(\int_r^R 1^{\frac{q}{q-1}} \, d\varrho \right)^{\frac{q-1}{q}} \left(\int_r^R |\tilde{g}_\varrho(\varrho, \zeta)|^q \, d\varrho \right)^{\frac{1}{q}}$$

$$= (R - r)^{\frac{q-1}{q}} \left(\int_r^R |\tilde{g}_\varrho(\varrho, \zeta)|^q \, d\varrho \right)^{\frac{1}{q}}$$

beziehungsweise

$$|\tilde{g}(r,\zeta)|^q \leq (R-r)^{q-1} \int\limits_r^R |\tilde{g}_\varrho(\varrho,\zeta)|^q \, d\varrho \; . \tag{3.12}$$

Wir bemerken nun

$$|\tilde{g}_\varrho(\varrho,\zeta)| = |\zeta^{\mathrm{T}} \nabla g(w_0 + \varrho\,\zeta)| \leq |\nabla g(w_0 + \varrho\,\zeta)| \, |\zeta| = |\nabla g(w_0 + \varrho\,\zeta)|$$

aufgrund der Ungleichung von Cauchy-Schwarz und $\zeta \in \mathcal{S}^{l-1}$.
Dementsprechend folgt aus (3.12)

$$|\tilde{g}(r,\zeta)|^q \leq (R-r)^{q-1} \int\limits_r^R |\nabla g(w_0 + \varrho\,\zeta)|^q \, \frac{\varrho^{l-1}}{\varrho^{l-1}} \, d\varrho$$

$$\leq (R-r)^{q-1} \frac{1}{r^{l-1}} \int\limits_r^R |\nabla g(w_0 + \varrho\,\zeta)|^q \, \varrho^{l-1} \, d\varrho$$

$$\leq (R-r)^{q-1} \frac{1}{r^{l-1}} \int\limits_0^R |\nabla g(w_0 + \varrho\,\zeta)|^q \, \varrho^{l-1} \, d\varrho$$

beziehungsweise

$$r^{l-1} |\tilde{g}(r,\zeta)|^q \leq (R-r)^{q-1} \int\limits_0^R |\nabla g(w_0 + \varrho\,\zeta)|^q \, \varrho^{l-1} \, d\varrho$$

für $0 < r < R$.
Infolgedessen erhalten wir unter Nutzung des Oberflächenelements $d\sigma$ der Einheitssphäre $\mathcal{S}^{l-1}$ und des Transformationssatzes für mehrfache Integrale

$$\int\limits_{\mathcal{S}^{l-1}} r^{l-1} |\tilde{g}(r,\zeta)|^q \, d\sigma \leq \int\limits_{\mathcal{S}^{l-1}} (R-r)^{q-1} \int\limits_0^R |\nabla g(w_0 + \varrho\,\zeta)|^q \, \varrho^{l-1} \, d\varrho \, d\sigma$$

$$= (R-r)^{q-1} \int\limits_{B(w_0,R)} |\nabla g(w)|^q \, dw \tag{3.13}$$

$$= (R-r)^{q-1} \int\limits_G |\nabla g(w)|^q \, dw$$

unter Beachtung von $g \in C_0^\infty(G)$.
Da aufgrund des Transformationssatzes für mehrfache Integrale

$$\int\limits_0^R \int\limits_{\mathcal{S}^{l-1}} r^{l-1} |\tilde{g}(r,\zeta)|^q \, d\sigma \, dr = \int\limits_{B(w_0,R)} |g(w)|^q \, dw = \int\limits_G |g(w)|^q \, dw$$

und zusätzlich auch

$$\int\limits_0^R (R-r)^{q-1} \, dr = \frac{1}{q} \, R^q$$

richtig sind, schließen wir aus (3.13) durch Integration bezüglich r von 0 bis R

$$\int\limits_G |g(w)|^q \, dw \leq \frac{1}{q} R^q \int\limits_G |\nabla g(w)|^q \, dw \ . \tag{3.14}$$

Somit gilt (3.14) für $g \in C_0^\infty(G)$.

Wir wollen dieses Ergebnis nun auf den Fall $g \in W_0^{1,q}(G)$ übertragen. Da $C_0^\infty(G)$ dicht im Raum $W_0^{1,q}(G)$ liegt, finden wir eine Folge $\{g_n\}_{n=1,2,\ldots}$ in $C_0^\infty(G)$ mit

$$\lim_{n\to\infty} \|g - g_n\|_{W^{1,q}(G)} = 0$$

und beachten daher besonders

$$\lim_{n\to\infty} \|g - g_n\|_{L^q(G)} = 0$$

sowie

$$\lim_{n\to\infty} \|\nabla g_n\|_{L^q(G)} = \|\nabla g\|_{L^q(G)} \ .$$

Unter Verwendung von (3.14) für $g_n \in C_0^\infty(G)$ ergibt sich

$$\|g\|_{L^q(G)} = \|g - g_n + g_n\|_{L^q(G)} \leq \|g - g_n\|_{L^q(G)} + \|g_n\|_{L^q(G)}$$

$$\leq \|g - g_n\|_{L^q(G)} + \left(\frac{1}{q} R^q\right)^{\frac{1}{q}} \|\nabla g_n\|_{L^q(G)}$$

für jedes $n \in \mathbb{N}$ und der Grenzübergang $n \to \infty$ liefert uns

$$\|g\|_{L^q(G)} \leq \left(\frac{1}{q} R^q\right)^{\frac{1}{q}} \|\nabla g\|_{L^q(G)}$$

beziehungsweise

$$\int\limits_G |g(w)|^q \, dw \leq \frac{1}{q} R^q \int\limits_G |\nabla g(w)|^q \, dw$$

für $g \in W_0^{1,q}(G)$. $\qquad\qquad\qquad\qquad\qquad\qquad\qquad\qquad\qquad\qquad\qquad\qquad\qquad\quad$ $\square$

Schließlich sind wir nun bereit, eine Aussage über die Existenz eines minimierenden Elements in einer gewissen Menge für Funktionale der Definition 3.2 zu zeigen. Dafür orientieren wir uns an [21, Kap. I.3] sowie [55, Theorem 1.9.1].

Anders als in [55] arbeiten wir hier im Sobolev-Raum $W^{1,2}(G)$ anstelle von $W^{1,1}(G)$. Hinsichtlich späterer Ergebnisse ist die Betrachtung in $W^{1,1}(G)$ nicht notwendig. Da der Raum $W^{1,1}(G)$ im Gegensatz zu $W^{1,2}(G)$ nicht reflexiv ist, wäre zudem eine Zusatzbedingung erforderlich, die die Auswahl einer schwach konvergenten Teilfolge aus einer beschränkten Folge gewährleistet. Genauere Betrachtungen dazu finden sich in [21, Kap. I.3].

In Bezug auf die Raumdimensionen ist wie schon beim Satz 3.1 eine Verallgemeinerung möglich.

Satz 3.3 (Existenzsatz). *Es seien $G \subset \mathbb{R}^2$ ein beschränktes Lipschitz-Gebiet und $f(w, X, p)$ eine Funktion $f \colon G \times \mathbb{R}^3 \times \mathbb{R}^{3 \times 2} \to \mathbb{R}$ derart gegeben, dass*

   i) $f(w, X, p) \geq M_0 |p|^2$ für alle $(w, X, p) \in G \times \mathbb{R}^3 \times \mathbb{R}^{3 \times 2}$ mit einer Konstante $M_0 > 0$ gilt,

   ii) f sowie die partiellen Ableitungen $f_{p_j^i}$ nach p_j^i für $j = 1, 2$ und $i = 1, 2, 3$ stetig in $G \times \mathbb{R}^3 \times \mathbb{R}^{3 \times 2}$ sind sowie

   iii) f konvex in p für alle $(w, X) \in G \times \mathbb{R}^3$ ist.

Zusätzlich seien eine Funktion $Y \in W^{1,2}(G)$ vorgelegt und $\mathcal{F} \subset W^{1,2}(G)$ eine bezüglich schwacher Konvergenz in $W^{1,2}(G)$ abgeschlossene Familie, sodass jedes $X \in \mathcal{F}$ mit der Funktion $Y \in W^{1,2}(G)$ auf ∂G im Sinne der L^2-Norm übereinstimmt, das heißt $X - Y \in W_0^{1,2}(G)$ für alle $X \in \mathcal{F}$.
Außerdem sei $\mathcal{I}(X_0, G) < +\infty$ für ein $X_0 \in \mathcal{F}$ erfüllt.

Dann nimmt das Funktional

$$\mathcal{I}(X, G) = \int\limits_G f(w, X(w), \nabla X(w)) \, dw$$

sein Minimum in $\mathcal{F}$ an. Es ist also

$$\mathcal{I}(X^*, G) = \inf_{X \in \mathcal{F}} \mathcal{I}(X, G)$$

für ein $X^* \in \mathcal{F}$ richtig.

Beweis. Wir wählen eine das Funktional $\mathcal{I}$ in $\mathcal{F}$ minimierende Folge $\{X_n\}_{n=1,2,\ldots}$, das heißt

$$\lim_{n \to \infty} \mathcal{I}(X_n, G) = \inf_{X \in \mathcal{F}} \mathcal{I}(X, G) \,.$$

Da nach Voraussetzung ein $X_0 \in \mathcal{F}$ mit $\mathcal{I}(X_0, G) =: M < +\infty$ existiert, können wir ohne Einschränkung

$$\mathcal{I}(X_n, G) \leq \mathcal{I}(X_0, G) = M \tag{3.15}$$

für alle $n \in \mathbb{N}$ annehmen.
Aufgrund der Voraussetzung i) gilt zudem

$$M_0 \, \mathcal{D}(X_n, G) = M_0 \int\limits_G |\nabla X_n(w)|^2 \, dw \leq \int\limits_G f(w, X_n(w), \nabla X_n(w)) \, dw = \mathcal{I}(X_n, G)$$

und wir erhalten so mit (3.15)

$$\mathcal{D}(X_n, G) \leq \frac{M}{M_0} \tag{3.16}$$

für alle $n \in \mathbb{N}$.

Mithilfe des Lemmas 2.4 ermitteln wir

$$\int_G |X_n(w)|^2 \, dw = \int_G |X_n(w) - Y(w) + Y(w)|^2 \, dw$$

$$\leq 2 \int_G |X_n(w) - Y(w)|^2 + |Y(w)|^2 \, dw \qquad (3.17)$$

$$= 2 \int_G |X_n(w) - Y(w)|^2 \, dw + 2 \int_G |Y(w)|^2 \, dw$$

und betrachten nun die Folge $\{Z_n\}_{n=1,2,\ldots}$ mit $Z_n := X_n - Y \in W_0^{1,2}(G)$.
Wegen der Beschränktheit von G finden wir einen Radius $R > 0$ mit $G \subset B(0, R)$
und schließen unter Verwendung der Poincaré-Ungleichung (Satz 3.2) für alle $n \in \mathbb{N}$
zunächst

$$\int_G |Z_n(w)|^2 \, dw \leq 2^{0-1} R^{(1-0)2} \int_G |\nabla Z_n(w)|^2 \, dw = \frac{R^2}{2} \int_G |\nabla Z_n(w)|^2 \, dw. \qquad (3.18)$$

Zusätzlich bemerken wir unter erneuter Verwendung des Lemmas 2.4

$$\int_G |\nabla Z_n(w)|^2 \, dw \leq 2 \int_G |\nabla X_n(w)|^2 \, dw + 2 \int_G |\nabla Y(w)|^2 \, dw. \qquad (3.19)$$

Aus (3.17), (3.18) und (3.19) folgt unter Beachtung von (3.16) sowie $Y \in W^{1,2}(G)$
schließlich

$$\int_G |X_n(w)|^2 \, dw \leq 2R^2 \frac{M}{M_0} + 2\max\{1, R^2\} \, \|Y\|_{W^{1,2}(G)}^2$$

für alle $n \in \mathbb{N}$.
Dementsprechend ist die Folge $\{X_n\}_{n=1,2,\ldots}$ in $W^{1,2}(G)$ beschränkt und wir finden
wegen der Reflexivität des Raumes eine schwach konvergente Teilfolge $\{X_{n_k}\}_{k=1,2,\ldots}$
mit $X_{n_k} \rightharpoonup X^*$ in $W^{1,2}(G)$. Darüber hinaus gilt $X^* \in \mathcal{F}$ aufgrund der Voraussetzung,
dass die Menge $\mathcal{F}$ schwach folgenabgeschlossen ist.
Insbesondere erhalten wir

$$\inf_{X \in \mathcal{F}} \mathcal{I}(X, G) \leq \mathcal{I}(X^*, G). \qquad (3.20)$$

Schlussendlich ermöglichen die Voraussetzungen an die Funktion f die Anwendbarkeit
des Satzes 3.1 über die schwache Unterhalbstetigkeit des zu f gehörenden Funktionals
und wir erkennen

$$\mathcal{I}(X^*, G) \leq \liminf_{k \to \infty} \mathcal{I}(X_{n_k}, G) = \lim_{k \to \infty} \mathcal{I}(X_{n_k}, G) = \lim_{n \to \infty} \mathcal{I}(X_n, G) = \inf_{X \in \mathcal{F}} \mathcal{I}(X, G).$$

Dabei beachten wir, dass die Teilfolge $\{\mathcal{I}(X_{n_k}, G)\}_{k=1,2,\ldots}$ den gleichen Grenzwert wie
die ursprüngliche minimierende Folge $\{\mathcal{I}(X_n, G)\}_{n=1,2,\ldots}$ besitzt. In Verbindung mit
(3.20) ergibt sich hieraus die Aussage des Satzes. $\qquad \square$

Bemerkung 3.5. Das Element $Y \in W^{1,2}(G)$ aus dem Satz 3.3 stellt eine Art Randbedingung dar und bestimmt die Menge der zulässigen Funktionen $\mathcal{F}$. Im Zusammenhang
mit Untersuchungen der Randregularität eines Minimierers X^* wird auch die Regularität von Y entscheidend sein.

4 Regularitätstheorie zur Stetigkeit von Minimierern

Ausgehend von der Existenz eines Minimierers X^* für eine breite Klasse von Variationsproblemen (Satz 3.3) sollen in diesem Kapitel Regularitätsaussagen für diesen sowohl im Inneren des Gebietes G als auch auf dessen Abschluss $\overline{G}$ hergeleitet werden. Die Eigenschaften der dem Funktional $\mathcal{I}$ aus der Definition 3.2 zugrundeliegenden Funktion f verschärfen wir dazu leicht. Gleichermaßen müssen auch die Bedingungen an den Rand des Gebietes G spezialisiert werden.

Von zentraler Bedeutung für die Untersuchungen ist das Dirichletsche Wachstumstheorem, welches ein Kernelement vieler Arbeiten Morreys [z. B. 50–55] bildet. Dieses leitet aus dem Wachstum des Dirichlet-Integrals einer Funktion ein Ergebnis über deren Stetigkeit im Inneren ab. Es wird sich aber auch für das Studium der Randregularität als essenziell herausstellen.

Wir beginnen dieses Kapitel daher mit einer ausführlichen Herleitung des Dirichletschen Wachstumstheorems, die auf einem Ergebnis von Sergio Campanato basiert. Wir lernen dabei eine gleichmäßige und eine lokale Version dieser Sätze kennen. Im Gegensatz zu anderen Arbeiten verwenden wir bei den Sätzen von Campanato eine Friedrichs-Glättung statt des Integralmittels. Dafür ist es allerdings notwendig, eine Poincaré-Ungleichung zu beweisen, die ebenfalls anstelle des Integralmittels die Friedrichs-Glättung nutzt.

Im Anschluss daran führen wir Betrachtungen zum Dirichlet-Integral durch. Dabei verknüpfen wir einerseits Fourierkoeffizienten mit dem Dirichlet-Integral und untersuchen andererseits das Dirichlet-Integral harmonischer Funktionen mit L^2-Randwerten. Insbesondere die eindeutige Darstellbarkeit harmonischer Funktionen mit L^2-Randwerten wird eine entscheidende Rolle spielen, die vermutlich bisher keine Beachtung fand.

Mithilfe des Wachstumslemmas, welches uns die Anwendbarkeit des Dirichletschen Wachstumstheorems gewährleistet, sind wir dann in der Lage, die Hölder-Stetigkeit eines Minimierers zu zeigen.

Nachfolgend nutzen wir eine Methode von Hildebrandt und Kaul [36] zum Beweis der Stetigkeit eines Minimierers bis zum Rand. Allerdings weichen wir dabei wesentlich bei einer Bedingung ab, da uns mit der Voraussetzung von Hildebrandt und Kaul ein Transformationsproblem begegnet. Wir umgehen dies, indem wir auf eine invariante Voraussetzung zurückgreifen.

Abschließend bündeln wir die Ergebnisse dieses Kapitels und gelangen zu einer umfassenden Aussage darüber, unter welchen Bedingungen an die zugrundeliegende Funktion f ein Minimierer des Funktionals $\mathcal{I}$ existiert, der im Inneren Hölder-stetig und bis zum Rand stetig ist.

© Der/die Autor(en) 2023
A. Künnemann, *Existenz- und Regularitätstheorie der zweidimensionalen Variationsrechnung mit Anwendungen auf das Plateausche Problem für Flächen vorgeschriebener mittlerer Krümmung*, https://doi.org/10.1007/978-3-658-41641-6_4

4.1 Das Dirichletsche Wachstumstheorem

Zunächst benötigen wir eine Abschätzung, die sich in [48, Theorem 1.31] finden lässt.

Lemma 4.1. *Seien $G \subset \mathbb{R}^2$ ein beschränktes Gebiet und $1 \leq q < +\infty$. Dann gilt für jedes $g \in L^q(G)$*

$$\int_G \left(\int_G \frac{|g(\hat{w})|}{|w - \hat{w}|} \, d\hat{w} \right)^q dw \leq C^q \int_G |g(\hat{w})|^q \, d\hat{w}$$

mit der Konstante $C = 2\sqrt{\pi} \, |G|^{\frac{1}{2}}$.

Beweis. Mithilfe der Hölderschen Ungleichung ermitteln wir

$$\int_G \frac{|g(\hat{w})|}{|w - \hat{w}|} \, d\hat{w} = \int_G \frac{|g(\hat{w})|}{|w - \hat{w}|^{\frac{1}{q}}} \frac{1}{|w - \hat{w}|^{1 - \frac{1}{q}}} \, d\hat{w}$$

$$\leq \left(\int_G \frac{|g(\hat{w})|^q}{|w - \hat{w}|} \, d\hat{w} \right)^{\frac{1}{q}} \left(\int_G \frac{1}{|w - \hat{w}|} \, d\hat{w} \right)^{1 - \frac{1}{q}} \quad (4.1)$$

für $1 < q < +\infty$.

Entsprechend der Ungleichung von E. Schmidt, welche wir [42, Lemma 4.3] entnehmen, gilt

$$\int_G \frac{1}{|w - \hat{w}|} \, d\hat{w} \leq 2\sqrt{\pi} \, |G|^{\frac{1}{2}} = C \,. \quad (4.2)$$

Damit folgt aus (4.1) unmittelbar

$$\int_G \frac{|g(\hat{w})|}{|w - \hat{w}|} \, d\hat{w} \leq C^{1 - \frac{1}{q}} \left(\int_G \frac{|g(\hat{w})|^q}{|w - \hat{w}|} \, d\hat{w} \right)^{\frac{1}{q}} .$$

Wir bemerken dabei, dass diese Abschätzung auch für $q = 1$ ihre Gültigkeit behält. Davon ausgehend ergibt sich

$$\int_G \left(\int_G \frac{|g(\hat{w})|}{|w - \hat{w}|} \, d\hat{w} \right)^q dw \leq C^{q-1} \int_G \int_G \frac{|g(\hat{w})|^q}{|w - \hat{w}|} \, d\hat{w} \, dw$$

$$= C^{q-1} \int_G |g(\hat{w})|^q \left(\int_G \frac{1}{|w - \hat{w}|} \, dw \right) d\hat{w} \,,$$

wobei wir den Satz von Tonelli aus [61, Kap. VIII, §7, Satz 3] nutzen. Die erneute Anwendung von (4.2) liefert schließlich

$$\int_G \left(\int_G \frac{|g(\hat{w})|}{|w - \hat{w}|} \, d\hat{w} \right)^q dw \leq C^q \int_G |g(\hat{w})|^q \, d\hat{w} \,.$$

Dies entspricht der gesuchten Aussage.   □

Das folgende Resultat ist inspiriert durch Ergebnisse aus [48, Abschnitt 1.3.1]. Da es sich um eine Art von Poincaré-Ungleichung handelt, die statt des üblicherweise verwendeten Integralmittels eine Friedrichs-Glättung nutzt, wollen wir diese als Poincaré-Friedrichs-Ungleichung bezeichnen.

Satz 4.1 (Poincaré-Friedrichs-Ungleichung). *Es seien* $1 \leq q < +\infty$ *und ein beschränktes Gebiet* $G \subset \mathbb{R}^2$ *sowie die Funktion* $X \colon G \to \mathbb{R}^3 \in W^{1,q}(G)$ *gegeben. Zudem sei* $\varphi \colon \mathbb{R}^2 \to [0, +\infty)$ *eine Friedrichs-Glättungsfunktion mit* $\operatorname{supp}(\varphi) \subset \overline{B}(0,1)$. *Dann gilt*

$$\|X - X_{\varepsilon,w_0}\|_{L^q(B(w_0,\varepsilon))} \leq 4\pi\, C_0\, C_1\, \varepsilon\, \|\nabla X\|_{L^q(B(w_0,\varepsilon))}$$

für jede Kreisscheibe $B(w_0, \varepsilon) \subset G$.
Hierbei sind

$$X_{\varepsilon,w_0} := X_\varepsilon(w_0) = \frac{1}{\varepsilon^2} \int\limits_{\mathbb{R}^2} X(\hat{w})\, \varphi\left(\frac{w_0 - \hat{w}}{\varepsilon}\right) \mathrm{d}\hat{w}$$

sowie $C_0 = \sup_{w \in \mathbb{R}^2} \varphi(w)$ *und* $C_1 = C_1(q) = \max\left\{ 6^{\frac{1}{q}-\frac{1}{2}}, 6^{\frac{1}{2}-\frac{1}{q}} \right\}$.

Beweis. Wir zeigen die Aussage zunächst für $X \in W^{1,q}(G) \cap C^\infty(G)$ und verwenden anschließend ein Approximationsverfahren, um die Gültigkeit auch für $X \in W^{1,q}(G)$ zu verifizieren.
Zu $B(w_0, \varepsilon) \subset G$ sei $w \in B(w_0, \varepsilon)$ beliebig gewählt. Bevor wir den vektorwertigen Fall betrachten, ziehen wir uns zunächst auf den skalaren Fall zurück. Für eine Funktion $g \colon G \to \mathbb{R} \in W^{1,q}(G) \cap C^\infty(G)$ und

$$g_\varepsilon(w_0) = \frac{1}{\varepsilon^2} \int\limits_{\mathbb{R}^2} g(\hat{w})\, \varphi\left(\frac{w_0 - \hat{w}}{\varepsilon}\right) \mathrm{d}\hat{w}$$

erhalten wir aufgrund der Eigenschaft, dass die Friedrichs-Glättungsfunktion normiert ist,

$$
\begin{aligned}
|g(w) - g_\varepsilon(w_0)| &= \left| \int\limits_{\mathbb{R}^2} (g(w) - g(\hat{w}))\, \frac{1}{\varepsilon^2}\, \varphi\left(\frac{w_0 - \hat{w}}{\varepsilon}\right) \mathrm{d}\hat{w} \right| \\
&\leq \frac{1}{\varepsilon^2} \int\limits_{B(w_0,\varepsilon)} |g(w) - g(\hat{w})|\, \varphi\left(\frac{w_0 - \hat{w}}{\varepsilon}\right) \mathrm{d}\hat{w} \qquad (4.3) \\
&\leq \frac{C_0}{\varepsilon^2} \int\limits_{B(w_0,\varepsilon)} |g(w) - g(\hat{w})|\, \mathrm{d}\hat{w}
\end{aligned}
$$

mit $C_0 = \sup_{w \in \mathbb{R}^2} \varphi(w)$.
Stellen wir jedes $\hat{w} \in B(w_0, \varepsilon)$ in Polarkoordinaten um w dar, ergibt sich $\hat{w} = w + \varrho\zeta$ mit $\zeta \in \mathcal{S}^1$ und $0 \leq \varrho \leq \varrho_0(\zeta) := \sup\{\varrho \in [0, +\infty) : w + \varrho\zeta \in B(w_0, \varepsilon)\} \leq 2\varepsilon$. Damit folgt

$$g(w) - g(\hat{w}) = g(w) - g(w + \varrho\zeta) = -\int\limits_0^\varrho \frac{\mathrm{d}}{\mathrm{d}t}\, g(w + t\zeta)\, \mathrm{d}t = -\int\limits_0^\varrho \zeta \cdot \nabla g(w + t\zeta)\, \mathrm{d}t$$

beziehungsweise unter Verwendung der Ungleichung von Cauchy-Schwarz

$$|g(w) - g(w + \varrho\zeta)| \leq \int\limits_0^\varrho |\zeta \cdot \nabla g(w + t\zeta)| \, dt \leq |\zeta| \int\limits_0^\varrho |\nabla g(w + t\zeta)| \, dt \tag{4.4}$$
$$\leq \int\limits_0^{\varrho_0(\zeta)} |\nabla g(w + t\zeta)| \, dt \,,$$

wobei wir $|\zeta| = 1$ und die Definition von $\varrho_0(\zeta)$ beachten.
Wir gehen nun in (4.3) wie eben beschrieben zu Polarkoordinaten um w über und erhalten

$$|g(w) - g_\varepsilon(w_0)| \leq \frac{C_0}{\varepsilon^2} \int\limits_{S^1} \int\limits_0^{\varrho_0(\zeta)} |g(w) - g(w + \varrho\zeta)| \, \varrho \, d\varrho \, d\zeta$$

unter Verwendung von $d\hat{w} = \varrho \, d\varrho \, d\zeta$.
Indem wir auf den Integranden der rechten Seite (4.4) anwenden und somit die Abhängigkeit von ϱ vereinfachen, gilt

$$|g(w) - g_\varepsilon(w_0)| \leq \frac{C_0}{\varepsilon^2} \int\limits_{S^1} \int\limits_0^{\varrho_0(\zeta)} \int\limits_0^{\varrho_0(\zeta)} |\nabla g(w + t\zeta)| \, dt \, \varrho \, d\varrho \, d\zeta$$
$$\leq \frac{C_0}{\varepsilon^2} \int\limits_{S^1} \int\limits_0^{2\varepsilon} \varrho \, d\varrho \int\limits_0^{\varrho_0(\zeta)} |\nabla g(w + t\zeta)| \, dt \, d\zeta$$
$$= \frac{C_0}{\varepsilon^2} \frac{1}{2} (2\varepsilon)^2 \int\limits_{S^1} \int\limits_0^{\varrho_0(\zeta)} |\nabla g(w + t\zeta)| \, dt \, d\zeta \,.$$

Schließlich gehen wir zurück zu einer Integration bezüglich $\hat{w} = w + t\zeta$ und ermitteln

$$|g(w) - g_\varepsilon(w_0)| \leq 2\,C_0 \int\limits_{S^1} \int\limits_0^{\varrho_0(\zeta)} \frac{|\nabla g(w + t\zeta)|}{t} \, t \, dt \, d\zeta = 2\,C_0 \int\limits_{B(w_0,\varepsilon)} \frac{|\nabla g(\hat{w})|}{|w - \hat{w}|} \, d\hat{w} \,.$$

Aufgrund des Lemmas 4.1 folgt daraus

$$\int\limits_{B(w_0,\varepsilon)} |g(w) - g_\varepsilon(w_0)|^q \, dw \leq (2\,C_0)^q \int\limits_{B(w_0,\varepsilon)} \left(\int\limits_{B(w_0,\varepsilon)} \frac{|\nabla g(\hat{w})|}{|w - \hat{w}|} \, d\hat{w} \right)^q dw \tag{4.5}$$
$$\leq (2\,C_0\,C)^q \int\limits_{B(w_0,\varepsilon)} |\nabla g(\hat{w})|^q \, d\hat{w}$$

für $g \in W^{1,q}(G) \cap C^\infty(G)$ mit der Konstante $C = 2\sqrt{\pi}\, |B(w_0, \varepsilon)|^{\frac{1}{2}} = 2\pi\,\varepsilon$.

Für $X = (x_1, x_2, x_3) \in W^{1,q}(G) \cap C^\infty(G)$ wollen wir die Aussage (4.5) jetzt auf jede Komponente anwenden. Dazu beachten wir

$$|X(w) - X_\varepsilon(w_0)|^q = \left(\sum_{j=1}^3 |x_j(w) - (x_j)_\varepsilon(w_0)|^2 \right)^{\frac{q}{2}} .$$

Für $1 \le q < +\infty$ ermitteln wir unter Verwendung des Lemmas 2.4

$$|X(w) - X_\varepsilon(w_0)|^q \le \max\left\{ 1, 3^{\frac{q}{2}-1} \right\} \sum_{j=1}^3 |x_j(w) - (x_j)_\varepsilon(w_0)|^q .$$

Damit können wir (4.5) für jeden Summanden einzeln nutzen und erhalten

$$\int\limits_{B(w_0,\varepsilon)} |X(w) - X_\varepsilon(w_0)|^q \, dw \le \max\left\{ 1, 3^{\frac{q}{2}-1} \right\} (2\,C_0\,C)^q \int\limits_{B(w_0,\varepsilon)} \sum_{j=1}^3 |\nabla x_j(\hat{w})|^q \, d\hat{w} .$$

Die mehrmalige Anwendung des Lemmas 2.4 liefert uns

$$\sum_{j=1}^3 |\nabla x_j(\hat{w})|^q = \sum_{j=1}^3 \left(|(x_j)_u(\hat{w})|^2 + |(x_j)_v(\hat{w})|^2 \right)^{\frac{q}{2}}$$

$$\le \max\left\{ 1, 2^{\frac{q}{2}-1} \right\} \sum_{j=1}^3 |(x_j)_u(\hat{w})|^q + |(x_j)_v(\hat{w})|^q$$

$$\le \max\left\{ 1, 2^{\frac{q}{2}-1} \right\} \max\left\{ 1, 6^{1-\frac{q}{2}} \right\} |\nabla X(\hat{w})|^q$$

beziehungsweise

$$\sum_{j=1}^3 |\nabla x_j(\hat{w})|^q \le \max\left\{ 2^{\frac{q}{2}-1}, 6^{1-\frac{q}{2}} \right\} |\nabla X(\hat{w})|^q ,$$

wobei wir

$$\max\left\{ 1, 2^{\frac{q}{2}-1} \right\} \cdot \max\left\{ 1, 6^{1-\frac{q}{2}} \right\} = \max\left\{ 2^{\frac{q}{2}-1}, 6^{1-\frac{q}{2}} \right\}$$

für $1 \le q < +\infty$ bemerken. Somit erhalten wir

$$\|X - X_{\varepsilon,w_0}\|^q_{L^q(B(w_0,\varepsilon))} \le \max\left\{ 6^{1-\frac{q}{2}}, 6^{\frac{q}{2}-1} \right\} (2\,C_0\,C)^q \|\nabla X\|^q_{L^q(B(w_0,\varepsilon))}$$

für $1 \le q < +\infty$ unter Beachtung von

$$\max\left\{ 1, 3^{\frac{q}{2}-1} \right\} \cdot \max\left\{ 2^{\frac{q}{2}-1}, 6^{1-\frac{q}{2}} \right\} = \max\left\{ 6^{1-\frac{q}{2}}, 6^{\frac{q}{2}-1} \right\} .$$

Daraus folgt mit $C = 2\pi\,\varepsilon$ und $C_1 = \max\left\{ 6^{\frac{1}{q}-\frac{1}{2}}, 6^{\frac{1}{2}-\frac{1}{q}} \right\}$

$$\|X - X_{\varepsilon,w_0}\|_{L^q(B(w_0,\varepsilon))} \le 4\pi\,C_0\,C_1\,\varepsilon\,\|\nabla X\|_{L^q(B(w_0,\varepsilon))} \tag{4.6}$$

für jedes $X \in W^{1,q}(G) \cap C^\infty(G)$.

Wir wollen die Gültigkeit der Aussage nun auch für $X = (x_1, x_2, x_3) \in W^{1,q}(G)$ zeigen. Da der Raum $W^{1,q}(G) \cap C^\infty(G)$ dicht in $W^{1,q}(G)$ liegt, gibt es eine Folge $\{X^{(k)}\}_{k=1,2,\dots}$ in $W^{1,q}(G) \cap C^\infty(G)$ mit $X^{(k)} \to X$ in $W^{1,q}(G)$. Aus

$$\left\| X - X_{\varepsilon,w_0} \right\|_{L^q(B(w_0,\varepsilon))} = \left\| X \pm X^{(k)} \pm X_{\varepsilon,w_0}^{(k)} - X_{\varepsilon,w_0} \right\|_{L^q(B(w_0,\varepsilon))}$$

$$\leq \left\| X - X^{(k)} \right\|_{L^q(B(w_0,\varepsilon))} + \left\| X^{(k)} - X_{\varepsilon,w_0}^{(k)} \right\|_{L^q(B(w_0,\varepsilon))}$$

$$+ \left\| X_{\varepsilon,w_0}^{(k)} - X_{\varepsilon,w_0} \right\|_{L^q(B(w_0,\varepsilon))}$$

folgt zunächst

$$\left\| X - X_{\varepsilon,w_0} \right\|_{L^q(B(w_0,\varepsilon))} \leq \left\| X - X^{(k)} \right\|_{L^q(B(w_0,\varepsilon))} + 4\pi\, C_0\, C_1\, \varepsilon \left\| \nabla X^{(k)} \right\|_{L^q(B(w_0,\varepsilon))}$$

$$+ \left\| X_{\varepsilon,w_0}^{(k)} - X_{\varepsilon,w_0} \right\|_{L^q(B(w_0,\varepsilon))} \tag{4.7}$$

unter Verwendung von (4.6) für $X^{(k)} = (x_1^{(k)}, x_2^{(k)}, x_3^{(k)}) \in W^{1,q}(G) \cap C^\infty(G)$. Da es sich bei $X_{\varepsilon,w_0}^{(k)}$ und X_{ε,w_0} um konstante Vektoren handelt, gilt

$$\left\| X_{\varepsilon,w_0}^{(k)} - X_{\varepsilon,w_0} \right\|_{L^q(B(w_0,\varepsilon))}^q = \int\limits_{B(w_0,\varepsilon)} \left| \frac{1}{\varepsilon^2} \int\limits_{B(w_0,\varepsilon)} (X^{(k)}(\hat{w}) - X(\hat{w}))\, \varphi\left(\frac{w_0 - \hat{w}}{\varepsilon} \right) d\hat{w} \right|^q dw$$

$$= \frac{\pi \varepsilon^2}{\varepsilon^{2q}} \left| \int\limits_{B(w_0,\varepsilon)} (X^{(k)}(\hat{w}) - X(\hat{w}))\, \varphi\left(\frac{w_0 - \hat{w}}{\varepsilon} \right) d\hat{w} \right|^q.$$

Hieraus folgt mit dem Lemma 2.4 und der Konstante $\hat{C} = \max\left\{ 1, 3^{\frac{1}{2} - \frac{1}{q}} \right\}$

$$\left\| X_{\varepsilon,w_0}^{(k)} - X_{\varepsilon,w_0} \right\|_{L^q(B(w_0,\varepsilon))}^q \leq \frac{\pi \varepsilon^2}{\varepsilon^{2q}} \hat{C}^q \sum_{j=1}^{3} \left| \int\limits_{B(w_0,\varepsilon)} (x_j^{(k)}(\hat{w}) - x_j(\hat{w}))\, \varphi\left(\frac{w_0 - \hat{w}}{\varepsilon} \right) d\hat{w} \right|^q$$

$$\leq \frac{\pi \varepsilon^2}{\varepsilon^{2q}} (\hat{C}\, C_0)^q \sum_{j=1}^{3} \left(\int\limits_{B(w_0,\varepsilon)} \left| x_j^{(k)}(\hat{w}) - x_j(\hat{w}) \right| d\hat{w} \right)^q$$

beziehungsweise

$$\left\| X_{\varepsilon,w_0}^{(k)} - X_{\varepsilon,w_0} \right\|_{L^q(B(w_0,\varepsilon))}^q \leq \frac{\pi \varepsilon^2}{\varepsilon^{2q}} (\hat{C}\, C_0)^q \sum_{j=1}^{3} \left\| x_j^{(k)} - x_j \right\|_{L^1(B(w_0,\varepsilon))}^q \tag{4.8}$$

für $1 \leq q < +\infty$.
Im Falle von $q > 1$ nutzen wir zusätzlich die Höldersche Ungleichung und erhalten

$$\int\limits_{B(w_0,\varepsilon)} \left| x_j^{(k)}(\hat{w}) - x_j(\hat{w}) \right| d\hat{w} \leq \left(\int\limits_{B(w_0,\varepsilon)} \left| x_j^{(k)}(\hat{w}) - x_j(\hat{w}) \right|^q d\hat{w} \right)^{\frac{1}{q}} \left(\int\limits_{B(w_0,\varepsilon)} 1\, d\hat{w} \right)^{\frac{q-1}{q}}$$

$$= \left\| x_j^{(k)} - x_j \right\|_{L^q(B(w_0,\varepsilon))} \left(\pi \varepsilon^2 \right)^{\frac{q-1}{q}}.$$

Somit ergibt sich für $q > 1$ aus (4.8)

$$\left\| X_{\varepsilon,w_0}^{(k)} - X_{\varepsilon,w_0} \right\|_{L^q(B(w_0,\varepsilon))}^q \leq \frac{\pi \varepsilon^2}{\varepsilon^{2q}} (\hat{C} C_0)^q \sum_{j=1}^{3} \left(\pi \varepsilon^2 \right)^{q-1} \left\| x_j^{(k)} - x_j \right\|_{L^q(B(w_0,\varepsilon))}^q$$

$$= (\pi \hat{C} C_0)^q \sum_{j=1}^{3} \left\| x_j^{(k)} - x_j \right\|_{L^q(B(w_0,\varepsilon))}^q$$

oder mit erneuter Verwendung des Lemmas 2.4

$$\left\| X_{\varepsilon,w_0}^{(k)} - X_{\varepsilon,w_0} \right\|_{L^q(B(w_0,\varepsilon))} \leq \pi \hat{C} C_0 \left(\sum_{j=1}^{3} \left\| x_j^{(k)} - x_j \right\|_{L^q(B(w_0,\varepsilon))}^q \right)^{\frac{1}{q}} \tag{4.9}$$

$$\leq \pi \hat{C} C_0 \sum_{j=1}^{3} \left\| x_j^{(k)} - x_j \right\|_{L^q(B(w_0,\varepsilon))}.$$

Durch einen Vergleich mit (4.8) bemerken wir, dass (4.9) auch für $q = 1$ gültig bleibt. Aus $X^{(k)} \to X$ in $W^{1,q}(G)$ folgt mit (4.9) insbesondere

$$\lim_{k \to \infty} \left\| X_{\varepsilon,w_0}^{(k)} - X_{\varepsilon,w_0} \right\|_{L^q(B(w_0,\varepsilon))} = 0.$$

Mit diesen Überlegungen vollziehen wir in (4.7) den Grenzübergang $k \to \infty$ und erhalten schließlich

$$\left\| X - X_{\varepsilon,w_0} \right\|_{L^q(B(w_0,\varepsilon))} \leq 4\pi C_0 C_1 \varepsilon \left\| \nabla X \right\|_{L^q(B(w_0,\varepsilon))}$$

für jedes $X \in W^{1,q}(G)$.
Dies vervollständigt den Beweis. $\qquad\square$

Bemerkung 4.1. Es ist möglich, die Poincaré-Friedrichs-Ungleichung (Satz 4.1) hinsichtlich der Dimensionen des Definitions- und des Wertebereichs zu verallgemeinern. Der Fall einer reellwertigen Funktion mit einem beschränkten Definitionsbereich in $\mathbb{R}^2$ kann dem Beweis durch ein analoges Approximationsargument ausgehend von (4.5) unmittelbar entnommen werden. Für einen allgemeinen Bildbereich kann die Argumentation unter entsprechender Verwendung des Lemmas 2.4 wie im Beweis für $\mathbb{R}^3$ geschehen aus dem skalaren Fall hergeleitet werden.
Hinsichtlich einer Verallgemeinerung bezüglich der Dimension des Definitionsbereichs G ist zunächst eine Anpassung des Lemmas 4.1 nötig, die gemäß [48, Theorem 1.31] möglich ist.

Um die erste Version des Dirichletschen Wachstumstheorems zu zeigen, benötigen wir zunächst ein Ergebnis, welches auf Campanato zurückgeht. In dieser Version wie auch bei dem daraus folgenden Dirichletschen Wachstumstheorem wird eine im Gebiet gleichmäßige Voraussetzung gefordert.
Für den Beweis orientieren wir uns an dem Vorgehen zu [26, Theorem 3.1]. Im Gegensatz zu [26] und weiterer Literatur wie etwa [48, Theorem 1.54] oder [64, Theorem 1.4.1] nutzen wir hier allerdings nicht das Integralmittel, sondern Friedrichs-Glättungen.

Satz 4.2 (Campanato, 1. Version). *Es seien* $G \subset \mathbb{R}^2$ *ein beschränktes Gebiet,* $\varphi \colon \mathbb{R}^2 \to [0,+\infty)$ *eine Friedrichs-Glättungsfunktion mit* $\operatorname{supp}(\varphi) \subset \overline{B(0,1)}$ *und für* $X = (x_1, x_2, x_3) \colon G \to \mathbb{R}^3 \in L^2(G)$ *die Abschätzung*

$$\|X - X_{\varepsilon,w_0}\|^2_{L^2(B(w_0,\varepsilon))} \leq M^2 \varepsilon^{2+2\alpha} \tag{4.10}$$

für alle $B(w_0, \varepsilon) \subset G$ *mit einem* $\alpha \in (0,1)$ *und einem* $M > 0$ *erfüllt.*
Dann gilt $X \in C^\alpha(G)$ *und für alle* $G' \subset\subset G$ *ist*

$$\sup_{w \in G'} |X(w)| + \sup_{\substack{w_1, w_2 \in G' \\ w_1 \neq w_2}} \frac{|X(w_1) - X(w_2)|}{|w_1 - w_2|^\alpha} \leq C \left(M + C_0 \|X\|_{L^2(G)} \right) \tag{4.11}$$

mit $C_0 := \sup_{w \in \mathbb{R}^2} \varphi(w)$ *und einer Konstante* $C = C(\alpha, G, G') > 0$ *richtig.*
Zudem gibt es eine weitere Konstante $\tilde{C} = \tilde{C}(\alpha) > 0$*, sodass für jedes* $w_0 \in G$ *mit* $\varrho_0 = \operatorname{dist}(w_0, \partial G)$

$$|X(w_0) - X(w)| \leq \tilde{C} M |w_0 - w|^\alpha \tag{4.12}$$

für alle $w \in G$ *mit* $|w_0 - w| \leq \frac{\varrho_0}{2}$ *gilt.*

Beweis. Wegen

$$\|x_{j_0} - (x_{j_0})_{\varepsilon,w_0}\|^2_{L^2(B(w_0,\varepsilon))} \leq \sum_{j=1}^3 \|x_j - (x_j)_{\varepsilon,w_0}\|^2_{L^2(B(w_0,\varepsilon))}$$

$$= \|X - X_{\varepsilon,w_0}\|^2_{L^2(B(w_0,\varepsilon))}$$

für $j_0 \in \{1,2,3\}$ genügt es, den skalaren Fall zu zeigen.
Haben wir eine Aussage der Form (4.11) nämlich für jede Komponente von X, das heißt

$$\sup_{w \in G'} |x_j(w)| + \sup_{\substack{w_1, w_2 \in G' \\ w_1 \neq w_2}} \frac{|x_j(w_1) - x_j(w_2)|}{|w_1 - w_2|^\alpha} \leq C \left(M + C_0 \|x_j\|_{L^2(G)} \right)$$

mit einer Konstante $C = C(\alpha, G, G') > 0$ für jedes $j \in \{1,2,3\}$, folgt unter Verwendung des Lemmas 2.4 aus

$$|X(w)| \leq \sum_{j=1}^3 |x_j(w)| \leq \sum_{j=1}^3 C \left(M + C_0 \|x_j\|_{L^2(G)} \right) = C \left(3M + C_0 \sum_{j=1}^3 \|x_j\|_{L^2(G)} \right)$$

und

$$|X(w_1) - X(w_2)| \leq \sum_{j=1}^3 |x_j(w_1) - x_j(w_2)| \leq C \left(3M + C_0 \sum_{j=1}^3 \|x_j\|_{L^2(G)} \right) |w_1 - w_2|^\alpha$$

für alle $w, w_1, w_2 \in G' \subset\subset G$ auch (4.11) für die Funktion X, wenn wir wiederum mithilfe des Lemmas 2.4 zudem

$$\sum_{j=1}^{3} \|x_j\|_{L^2(G)} \leq \sqrt{3} \left(\sum_{j=1}^{3} \|x_j\|_{L^2(G)}^2 \right)^{\frac{1}{2}} = \sqrt{3} \left(\|X\|_{L^2(G)}^2 \right)^{\frac{1}{2}} = \sqrt{3} \, \|X\|_{L^2(G)}$$

beachten. Insbesondere ergibt sich auch $X \in C^\alpha(G)$.
Gilt des Weiteren eine Aussage der Form (4.12) für jede Komponente von X, das heißt, für jedes $w_0 \in G$ gilt mit $\varrho_0 = \text{dist}(w_0, \partial G)$

$$|x_j(w_0) - x_j(w)| \leq \tilde{C} M \, |w_0 - w|^\alpha$$

für alle $w \in G$ mit $|w_0 - w| \leq \frac{\varrho_0}{2}$ für $j \in \{1, 2, 3\}$, ergibt sich aufgrund des Lemmas 2.4 zusätzlich

$$|X(w_0) - X(w)| \leq \sum_{j=1}^{3} |x_j(w_0) - x_j(w)| \leq \sum_{j=1}^{3} \tilde{C} M \, |w_0 - w|^\alpha = 3\tilde{C} M \, |w_0 - w|^\alpha$$

für $w_0, w \in G$ mit $|w_0 - w| \leq \frac{1}{2} \text{dist}(w_0, \partial G)$. Somit erhalten wir (4.12) auch für X.
Wir betrachten dementsprechend eine Funktion $g \colon G \to \mathbb{R} \in L^2(G)$, die

$$\|g - g_{\varepsilon, w_0}\|_{L^2(B(w_0, \varepsilon))}^2 \leq M^2 \varepsilon^{2+2\alpha} \tag{4.13}$$

für alle $B(w_0, \varepsilon) \subset G$ mit einem $\alpha \in (0, 1)$ und einem $M > 0$ erfüllt.
Es seien $w_0 \in G$ und $\varrho_0 \leq \text{dist}(w_0, \partial G)$ sowie $0 < \varepsilon_1 < \varepsilon_2 \leq \varrho_0$. Unter Verwendung des Lemmas 2.4 ermitteln wir zunächst

$$\begin{aligned}
|g_{\varepsilon_1, w_0} - g_{\varepsilon_2, w_0}|^2 &\leq \left(|g_{\varepsilon_1, w_0} - g(w)| + |g(w) - g_{\varepsilon_2, w_0}| \right)^2 \\
&\leq 2 \left(|g_{\varepsilon_1, w_0} - g(w)|^2 + |g(w) - g_{\varepsilon_2, w_0}|^2 \right)
\end{aligned} \tag{4.14}$$

für jedes $w \in G$.
Eine Integration bezüglich w über $B(w_0, \varepsilon_1)$ liefert uns demnach

$$\begin{aligned}
\pi \varepsilon_1^2 \, |g_{\varepsilon_1, w_0} - g_{\varepsilon_2, w_0}|^2 &\leq 2 \left(\int_{B(w_0, \varepsilon_1)} |g(w) - g_{\varepsilon_1, w_0}|^2 \, dw + \int_{B(w_0, \varepsilon_1)} |g(w) - g_{\varepsilon_2, w_0}|^2 \, dw \right) \\
&\leq 2 \left(\|g - g_{\varepsilon_1, w_0}\|_{L^2(B(w_0, \varepsilon_1))}^2 + \|g - g_{\varepsilon_2, w_0}\|_{L^2(B(w_0, \varepsilon_2))}^2 \right)
\end{aligned}$$

unter Beachtung von $B(w_0, \varepsilon_1) \subset B(w_0, \varepsilon_2)$.
Indem wir (4.13) nutzen, ergibt sich daraus

$$|g_{\varepsilon_1, w_0} - g_{\varepsilon_2, w_0}|^2 \leq \frac{2}{\pi \varepsilon_1^2} M^2 \left(\varepsilon_1^{2+2\alpha} + \varepsilon_2^{2+2\alpha} \right) \tag{4.15}$$

für $0 < \varepsilon_1 < \varepsilon_2 \leq \varrho_0$.

Wir setzen nun $\varepsilon_1 = \frac{\varrho}{2^{j+1}}$ und $\varepsilon_2 = \frac{\varrho}{2^j}$ mit $0 < \varrho \leq \varrho_0$ und erhalten dann

$$
\left| g_{\frac{\varrho}{2^{j+1}},w_0} - g_{\frac{\varrho}{2^j},w_0} \right|^2 \leq \frac{2}{\pi\,\varrho^2} 2^{2(j+1)} M^2 \left(\frac{\varrho^{2+2\alpha}}{2^{(j+1)(2+2\alpha)}} + \frac{\varrho^{2+2\alpha}}{2^{j(2+2\alpha)}} \right)
$$

$$
= \frac{2}{\pi} M^2 \varrho^{2\alpha}\, 2^{2(j+1)} \left(\frac{1 + 2^{2+2\alpha}}{2^{(j+1)(2+2\alpha)}} \right)
$$

$$
= \frac{2}{\pi} M^2 \varrho^{2\alpha} \frac{1 + 2^{2+2\alpha}}{2^{2\alpha(j+1)}}
$$

beziehungsweise

$$
\left| g_{\frac{\varrho}{2^{j+1}},w_0} - g_{\frac{\varrho}{2^j},w_0} \right| \leq \sqrt{\frac{2}{\pi}(1 + 2^{2+2\alpha})}\, M \varrho^\alpha \frac{1}{2^{\alpha(j+1)}}
$$

für jedes $j \in \mathbb{N}_0$.
Mittels einer Teleskopsumme folgern wir daraus

$$
\left| g_{\frac{\varrho}{2^{j+k}},w_0} - g_{\frac{\varrho}{2^j},w_0} \right| \leq \sum_{l=0}^{k-1} \left| g_{\frac{\varrho}{2^{j+l+1}},w_0} - g_{\frac{\varrho}{2^{j+l}},w_0} \right|
$$

$$
\leq \sum_{l=0}^{k-1} \sqrt{\frac{2}{\pi}(1 + 2^{2+2\alpha})}\, M \varrho^\alpha \frac{1}{2^{\alpha(j+l+1)}}
$$

$$
= \sqrt{\frac{2}{\pi}(1 + 2^{2+2\alpha})}\, M \varrho^\alpha \frac{1}{2^{\alpha(j+1)}} \sum_{l=0}^{k-1} \left(\frac{1}{2^\alpha} \right)^l
$$

für jedes $j \in \mathbb{N}_0$ und alle $k \in \mathbb{N}$.
Wegen $\alpha \in (0,1)$ gilt auch $\frac{1}{2^\alpha} \in (0,1)$ und wir schließen

$$
\left| g_{\frac{\varrho}{2^{j+k}},w_0} - g_{\frac{\varrho}{2^j},w_0} \right| \leq \sqrt{\frac{2}{\pi}(1 + 2^{2+2\alpha})}\, M \varrho^\alpha \frac{1}{2^{\alpha(j+1)}} \frac{1 - \left(\frac{1}{2^\alpha} \right)^k}{1 - \frac{1}{2^\alpha}}
$$

$$
\leq \sqrt{\frac{2}{\pi}(1 + 2^{2+2\alpha})}\, \frac{M}{2^\alpha - 1} \varrho^\alpha \left(\frac{1}{2^\alpha} \right)^j
$$

(4.16)

unter Beachtung der Eigenschaften der geometrischen Reihe.
Somit ist die Folge $\{ g_{\frac{\varrho}{2^j},w_0} \}_{j=0,1,2,\dots}$ eine Cauchy-Folge in $\mathbb{R}$. Wir wollen noch erkennen, dass dieser Grenzwert unabhängig von der Wahl von ϱ ist. Dazu bemerken wir, dass (4.15) auch für $\varepsilon_1 = \frac{\varrho}{2^j}$ und $\varepsilon_2 = \frac{\tilde{\varrho}}{2^j}$ mit $0 < \varrho < \tilde{\varrho} \leq \varrho_0$ gültig bleibt und ermitteln

$$
\left| g_{\frac{\varrho}{2^j},w_0} - g_{\frac{\tilde{\varrho}}{2^j},w_0} \right|^2 \leq \frac{2\,M^2}{\pi} \frac{2^{2j}}{\varrho^2} \left(\frac{\varrho^{2+2\alpha}}{2^{j(2+2\alpha)}} + \frac{\tilde{\varrho}^{2+2\alpha}}{2^{j(2+2\alpha)}} \right)
$$

$$
= \frac{2\,M^2}{\pi} \frac{\varrho^{2+2\alpha} + \tilde{\varrho}^{2+2\alpha}}{\varrho^2} \frac{1}{2^{2\alpha j}}
$$

sowie daraus folgend

$$
\lim_{j\to\infty} \left| g_{\frac{\varrho}{2^j},w_0} - g_{\frac{\tilde{\varrho}}{2^j},w_0} \right| = 0 \; .
$$

Dementsprechend ist

$$\hat{g}(w_0) = \lim_{\varepsilon \downarrow 0} g_{\varepsilon,w_0} = \lim_{\varepsilon \downarrow 0} g_\varepsilon(w_0)$$

wohldefiniert und wir entnehmen (4.16)

$$|\hat{g}(w_0) - g_{\varepsilon,w_0}| \leq \sqrt{\frac{2}{\pi}(1 + 2^{2+2\alpha})}\, \frac{M}{2^\alpha - 1}\, \varepsilon^\alpha \qquad (4.17)$$

für $0 < \varepsilon \leq \varrho_0$.

Zu einer Menge $G' \subset\subset G$ mit $\varrho_0 = \mathrm{dist}(G', \partial G)$ erhalten wir (4.17) für jedes $w_0 \in G'$ und damit insbesondere

$$\|\hat{g} - g_\varepsilon\|_{L^2(G')} \to 0$$

für $\varepsilon \to 0+$.

Beachten wir die Konvergenz der Friedrichs-Glättungen aus [60, Kap. X, §1, Satz 2], das heißt

$$\|g - g_\varepsilon\|_{L^2(G)} \to 0$$

für $\varepsilon \to 0+$, folgt wegen

$$\|g - \hat{g}\|_{L^2(G')} \leq \|g - g_\varepsilon\|_{L^2(G')} + \|\hat{g} - g_\varepsilon\|_{L^2(G')} \to 0$$

für $\varepsilon \to 0+$ auch $g = \hat{g}$ fast überall in G'.

Zudem entnehmen wir (4.17) die gleichmäßige Konvergenz der Funktionen g_ε gegen $\hat{g}$ in G' für $\varepsilon \to 0+$. Da die Funktionen g_ε insbesondere stetig in G' sind, ist auch $\hat{g}$ nach dem Konvergenzsatz von Weierstraß, den wir in [61, Kap. II, §2, Satz 1] finden, stetig in G'.

Somit besitzt die auf G' eingeschränkte Funktion g mit $\hat{g}$ einen stetigen Repräsentanten, welchen wir von nun an meinen, wenn auf G' lediglich von g die Rede ist.

Wir wollen erkennen, dass g in G' beschränkt ist. Für jedes $w \in G'$ sehen wir mithilfe der Hölderschen Ungleichung

$$|g_{\varrho_0,w}| = \left| \frac{1}{\varrho_0^2} \int_{B(w,\varrho_0)} g(\hat{w})\, \varphi\left(\frac{w - \hat{w}}{\varrho_0}\right) \mathrm{d}\hat{w} \right| \leq \frac{C_0}{\varrho_0^2} \int_{B(w,\varrho_0)} |g(\hat{w})|\, \mathrm{d}\hat{w}$$
$$\leq \frac{C_0}{\varrho_0^2} \|g\|_{L^2(G)} \sqrt{\pi}\, \varrho_0$$

mit der Konstante $C_0 = \sup_{w \in \mathbb{R}^2} \varphi(w)$ und unter Beachtung von $B(w, \varrho_0) \subset G$.

Aus (4.17) folgern wir daher

$$|g(w)| \leq \sqrt{\frac{2}{\pi}(1 + 2^{2+2\alpha})}\, \frac{M}{2^\alpha - 1}\, \varrho_0^\alpha + \frac{C_0 \sqrt{\pi}}{\varrho_0}\, \|g\|_{L^2(G)}$$

für jedes $w \in G'$ und somit

$$\sup_{w \in G'} |g(w)| \leq \sqrt{\frac{2}{\pi}(1 + 2^{2+2\alpha})}\, \frac{M}{2^\alpha - 1}\, \varrho_0^\alpha + \frac{C_0 \sqrt{\pi}}{\varrho_0}\, \|g\|_{L^2(G)} \,. \qquad (4.18)$$

Wir zeigen noch, dass g Hölder-stetig ist. Es seien dafür zunächst $w_1, w_2 \in G$ mit $0 < \varrho_1 \leq \mathrm{dist}(w_1, \partial G)$ und $\varrho = |w_1 - w_2| \leq \frac{\varrho_1}{2}$ gegeben.
Die Dreiecksungleichung liefert uns

$$|g(w_1) - g(w_2)| \leq |g(w_1) - g_{2\varrho, w_1}| + |g(w_2) - g_{\varrho, w_2}| + |g_{2\varrho, w_1} - g_{\varrho, w_2}| \ .$$

Wir wollen jeden Term auf der rechten Seite getrennt betrachten.
Mit (4.17) folgt sofort

$$
\begin{aligned}
|g(w_1) - g_{2\varrho, w_1}| &\leq \sqrt{\frac{2}{\pi}(1 + 2^{2+2\alpha})} \, \frac{M}{2^\alpha - 1} \, (2\varrho)^\alpha \\
&= \sqrt{\frac{2}{\pi}(1 + 2^{2+2\alpha})} \, \frac{2^\alpha M}{2^\alpha - 1} \, |w_1 - w_2|^\alpha
\end{aligned}
\tag{4.19}
$$

und wegen $\mathrm{dist}(w_2, \partial G) \geq \frac{\varrho_1}{2}$ analog

$$|g(w_2) - g_{\varrho, w_2}| \leq \sqrt{\frac{2}{\pi}(1 + 2^{2+2\alpha})} \, \frac{M}{2^\alpha - 1} \, |w_1 - w_2|^\alpha \ . \tag{4.20}$$

Ähnlich wie bereits in (4.14) schließen wir mithilfe des Lemmas 2.4

$$|g_{2\varrho, w_1} - g_{\varrho, w_2}|^2 \leq 2 \left(|g_{2\varrho, w_1} - g(\tilde{w})|^2 + |g_{\varrho, w_2} - g(\tilde{w})|^2 \right) \tag{4.21}$$

für beliebiges $\tilde{w} \in G$.
Wegen $|\tilde{w}_2 - w_1| \leq |\tilde{w}_2 - w_2| + |w_1 - w_2| < \varrho + \varrho = 2\varrho$ für alle $\tilde{w}_2 \in B(w_2, \varrho)$ beachten wir $B(w_2, \varrho) \subset B(w_1, 2\varrho)$. Eine Integration von (4.21) bezüglich $\tilde{w}$ liefert dann

$$
\begin{aligned}
\int_{B(w_2, \varrho)} |g_{2\varrho, w_1} - g_{\varrho, w_2}|^2 \, \mathrm{d}\tilde{w} &\leq 2 \int_{B(w_2, \varrho)} \left(|g_{2\varrho, w_1} - g(\tilde{w})|^2 + |g_{\varrho, w_2} - g(\tilde{w})|^2 \right) \mathrm{d}\tilde{w} \\
&\leq 2 \, \|g - g_{2\varrho, w_1}\|^2_{L^2(B(w_1, 2\varrho))} + 2 \, \|g - g_{\varrho, w_2}\|^2_{L^2(B(w_2, \varrho))}
\end{aligned}
$$

beziehungsweise unter zusätzlicher Verwendung von (4.13)

$$\pi \varrho^2 \, |g_{2\varrho, w_1} - g_{\varrho, w_2}|^2 \leq 2M^2 (2\varrho)^{2+2\alpha} + 2M^2 \varrho^{2+2\alpha} = 2M^2 \left(2^{2+2\alpha} + 1 \right) \varrho^{2+2\alpha} \ .$$

Demnach gilt

$$|g_{2\varrho, w_1} - g_{\varrho, w_2}| \leq \sqrt{\frac{2}{\pi}(1 + 2^{2+2\alpha})} \, M \varrho^\alpha = \sqrt{\frac{2}{\pi}(1 + 2^{2+2\alpha})} \, M \, |w_1 - w_2|^\alpha \ .$$

Zusammen mit (4.19) und (4.20) erhalten wir

$$|g(w_1) - g(w_2)| \leq C_1(\alpha) \, M \, |w_1 - w_2|^\alpha \tag{4.22}$$

für alle $w_1, w_2 \in G$ mit $0 < \varrho_1 \leq \mathrm{dist}(w_1, \partial G)$ und $|w_1 - w_2| \leq \frac{\varrho_1}{2}$, wobei wir

$$C_1(\alpha) := \sqrt{\frac{2}{\pi}(1 + 2^{2+2\alpha})} \, \frac{2^{1+\alpha}}{2^\alpha - 1}$$

gesetzt haben. Daraus folgt unmittelbar (4.12).

Zu $G' \subset\subset G$ mit $\varrho_0 = \operatorname{dist}(G', \partial G)$ gilt (4.22) insbesondere für alle $w_1, w_2 \in G'$ mit $|w_1 - w_2| \leq \frac{\varrho_0}{2}$.

Im Gegensatz dazu betrachten wir noch $w_1, w_2 \in G'$ mit $|w_1 - w_2| > \frac{\varrho_0}{2}$ und erinnern uns an (4.18). Wegen

$$\sup_{w \in G'} |g(w)| \leq \sqrt{\frac{2}{\pi}(1 + 2^{2+2\alpha})} \, \frac{M}{2^\alpha - 1} \, \varrho_0^\alpha + \frac{C_0 \sqrt{\pi}}{\varrho_0} \, \|g\|_{L^2(G)}$$

$$= \left(\sqrt{\frac{2}{\pi}(1 + 2^{2+2\alpha})} \, \frac{2^\alpha M}{2^\alpha - 1} + \frac{2^\alpha C_0 \sqrt{\pi}}{\varrho_0^{1+\alpha}} \, \|g\|_{L^2(G)} \right) \left(\frac{\varrho_0}{2} \right)^\alpha$$

$$< C_2(\alpha, \varrho_0) \left(M + C_0 \|g\|_{L^2(G)} \right) |w_1 - w_2|^\alpha$$

mit einer entsprechenden Konstante $C_2(\alpha, \varrho_0)$ folgern wir in diesem Fall

$$|g(w_1) - g(w_2)| \leq |g(w_1)| + |g(w_2)| \leq 2 \sup_{w \in G'} |g(w)|$$

$$< 2 \, C_2(\alpha, \varrho_0) \left(M + C_0 \|g\|_{L^2(G)} \right) |w_1 - w_2|^\alpha \ .$$

Insgesamt erhalten wir daraus unter gleichzeitiger Beachtung von (4.22)

$$|g(w_1) - g(w_2)| \leq \hat{C}(\alpha, \varrho_0) \left(M + C_0 \|g\|_{L^2(G)} \right) |w_1 - w_2|^\alpha \tag{4.23}$$

für alle $w_1, w_2 \in G'$ mit einer entsprechenden Konstante $\hat{C}(\alpha, \varrho_0)$. Da die Größe ϱ_0 lediglich von G und G' abhängt, finden wir schließlich eine Konstante $C(\alpha, G, G') > 0$, sodass aus (4.18) und (4.23)

$$\sup_{w \in G'} |g(w)| + \sup_{\substack{w_1, w_2 \in G' \\ w_1 \neq w_2}} \frac{|g(w_1) - g(w_2)|}{|w_1 - w_2|^\alpha} \leq C(\alpha, G, G') \left(M + C_0 \|g\|_{L^2(G)} \right)$$

folgt. $\qquad\qquad\qquad\qquad\qquad\qquad\qquad\qquad\qquad\qquad\qquad\qquad\qquad\qquad\qquad\quad\square$

Wir sind damit in der Lage, eine erste Version des fundamentalen Theorems Morreys [55, Theorem 3.5.2] zu beweisen, welches als „Dirichlet growth theorem" in der englischsprachigen Literatur zu finden ist. Wie auch später bei der zweiten Version haben wir hier die Beweisführung über den Satz von Campanato gewählt, da dessen wesentliche Ideen zusammen mit denen der Poincaré-Friedrichs-Ungleichung (Satz 4.1) implizit in den recht kurzen Ausführungen zu [55, Theorem 3.5.2] enthalten sind. Wie in [26, Corollary 3.2] gelangen wir durch die Sätze 4.1 und 4.2 unmittelbar zu dem folgenden Resultat. Wir beachten die hier verwendete Friedrichs-Glättungsfunktion.

Satz 4.3 (Dirichletsches Wachstumstheorem, 1. Version). *Seien $G \subset \mathbb{R}^2$ ein beschränktes Gebiet sowie $X \colon G \to \mathbb{R}^3 \in W^{1,2}(G)$ und*

$$\mathcal{D}(X, B(w_0, \varepsilon)) = \|\nabla X\|_{L^2(B(w_0, \varepsilon))}^2 = \int\limits_{B(w_0, \varepsilon)} |\nabla X(w)|^2 \, dw \leq M^2 \varepsilon^{2\alpha} \tag{4.24}$$

für alle $B(w_0, \varepsilon) \subset G$ mit einem $\alpha \in (0, 1)$ und einem $M > 0$ erfüllt.

Dann gilt die Aussage des Satzes 4.2 mit der Konstante $4\pi C_0 M$ anstelle von M, wobei $C_0 := \sup_{w \in \mathbb{R}^2} \varphi(w)$ durch eine Friedrichs-Glättungsfunktion $\varphi \colon \mathbb{R}^2 \to [0, +\infty)$ mit $\operatorname{supp}(\varphi) \subset \overline{B(0, 1)}$ gegeben ist.

Beweis. Der Poincaré-Friedrichs-Ungleichung (Satz 4.1) entnehmen wir

$$\|X - X_{\varepsilon,w_0}\|^2_{L^2(B(w_0,\varepsilon))} \leq (4\pi\,C_0)^2\varepsilon^2\,\|\nabla X\|^2_{L^2(B(w_0,\varepsilon))} \leq (4\pi\,C_0\,M)^2\varepsilon^{2+2\alpha}$$

für alle $B(w_0,\varepsilon) \subset G$, woraus mithilfe des Satzes 4.2 sofort die Aussage folgt. $\square$

Indem wir die Voraussetzung (4.10) im Satz 4.2 durch

$$\|X - X_{\varepsilon,w_0}\|^2_{L^2(B(w_0,\varepsilon))} \leq \frac{M^2}{\delta^{2\alpha}}\,\varepsilon^{2+2\alpha}$$

beziehungsweise die Voraussetzung (4.24) im Satz 4.3 durch

$$\|\nabla X\|^2_{L^2(B(w_0,\varepsilon))} = \int\limits_{B(w_0,\varepsilon)} |\nabla X(w)|^2\,\mathrm{d}w \leq M^2\left(\frac{\varepsilon}{\delta}\right)^{2\alpha}$$

für alle $B(w_0,\varepsilon) \subset G$ und $\delta = \mathrm{dist}(w_0,\partial G)$ ersetzen und in den Beweisen der Sätze verwenden, kann ebenfalls $X \in C^\alpha(G)$ und (4.11) sowie in diesem Fall

$$|X(w_0) - X(w)| \leq \tilde{C}\,M\left(\frac{|w_0 - w|}{\delta}\right)^\alpha$$

für alle $w_0, w \in G$ mit $|w_0 - w| \leq \frac{1}{2}\,\mathrm{dist}(w_0,\partial G) = \frac{1}{2}\,\delta$ gezeigt werden.
Wir erhalten damit eine zweite Version der Sätze 4.2 und 4.3. Die Grundidee der Beweise ist dabei die gleiche. Aufgrund vieler Unterschiede in den Details wollen wir sie zusätzlich ausführen. Insbesondere können wir einem Vergleich der Beweise auch entnehmen, dass die auftretenden Konstanten durchaus verschieden sind.

Satz 4.4 (Campanato, 2. Version). *Es seien $G \subset \mathbb{R}^2$ ein beschränktes Gebiet und $\varphi\colon \mathbb{R}^2 \to [0,+\infty)$ eine Friedrichs-Glättungsfunktion mit $\mathrm{supp}(\varphi) \subset \overline{B(0,1)}$. Zu einem $X = (x_1,x_2,x_3)\colon G \to \mathbb{R}^3 \in L^2(G)$ mögen zudem ein $\alpha \in (0,1)$ und ein $M > 0$ existieren, sodass für jedes $w_0 \in G$ die Abschätzung*

$$\|X - X_{\varepsilon,w_0}\|^2_{L^2(B(w_0,\varepsilon))} \leq M^2\left(\frac{1}{\delta}\right)^{2\alpha}\varepsilon^{2+2\alpha} \tag{4.25}$$

für $0 < \varepsilon \leq \delta = \mathrm{dist}(w_0,\partial G)$ erfüllt ist.
Dann gilt $X \in C^\alpha(G)$ und für alle $G' \subset\subset G$ ist

$$\sup_{w \in G'}|X(w)| + \sup_{\substack{w_1,w_2 \in G' \\ w_1 \neq w_2}}\frac{|X(w_1) - X(w_2)|}{|w_1 - w_2|^\alpha} \leq C\left(M + C_0\,\|X\|_{L^2(G)}\right) \tag{4.26}$$

mit $C_0 := \sup_{w \in \mathbb{R}^2}\varphi(w)$ und einer Konstante $C = C(\alpha,G,G') > 0$ richtig.
Zudem gibt es eine positive Konstante $\tilde{C} = \tilde{C}(\alpha) > 0$, sodass für jedes $w_0 \in G$ mit $\delta = \mathrm{dist}(w_0,\partial G)$

$$|X(w_0) - X(w)| \leq \tilde{C}\,M\left(\frac{|w_0 - w|}{\delta}\right)^\alpha \tag{4.27}$$

für alle $w \in G$ mit $|w_0 - w| \leq \frac{\delta}{2}$ gilt.

Beweis. Wegen

$$\|x_{j_0} - (x_{j_0})_{\varepsilon,w_0}\|^2_{L^2(B(w_0,\varepsilon))} \leq \sum_{j=1}^{3} \|x_j - (x_j)_{\varepsilon,w_0}\|^2_{L^2(B(w_0,\varepsilon))}$$

$$= \|X - X_{\varepsilon,w_0}\|^2_{L^2(B(w_0,\varepsilon))}$$

für $j_0 \in \{1,2,3\}$ genügt es, den skalaren Fall zu zeigen.
Haben wir eine Aussage der Form (4.26) nämlich für jede Komponente von X, das heißt

$$\sup_{w \in G'} |x_j(w)| + \sup_{\substack{w_1,w_2 \in G' \\ w_1 \neq w_2}} \frac{|x_j(w_1) - x_j(w_2)|}{|w_1 - w_2|^\alpha} \leq C \left(M + C_0 \|x_j\|_{L^2(G)} \right)$$

mit einer Konstante $C = C(\alpha, G, G') > 0$ für jedes $j \in \{1,2,3\}$, folgt unter Verwendung des Lemmas 2.4 aus

$$|X(w)| \leq \sum_{j=1}^{3} |x_j(w)| \leq \sum_{j=1}^{3} C \left(M + C_0 \|x_j\|_{L^2(G)} \right) = C \left(3M + C_0 \sum_{j=1}^{3} \|x_j\|_{L^2(G)} \right)$$

und

$$|X(w_1) - X(w_2)| \leq \sum_{j=1}^{3} |x_j(w_1) - x_j(w_2)| \leq C \left(3M + C_0 \sum_{j=1}^{3} \|x_j\|_{L^2(G)} \right) |w_1 - w_2|^\alpha$$

für alle $w, w_1, w_2 \in G' \subset\subset G$ auch (4.26) für die Funktion X, wenn wir wiederum mithilfe des Lemmas 2.4 zudem

$$\sum_{j=1}^{3} \|x_j\|_{L^2(G)} \leq \sqrt{3} \left(\sum_{j=1}^{3} \|x_j\|^2_{L^2(G)} \right)^{\frac{1}{2}} = \sqrt{3} \left(\|X\|^2_{L^2(G)} \right)^{\frac{1}{2}} = \sqrt{3} \|X\|_{L^2(G)}$$

beachten. Insbesondere ergibt sich auch $X \in C^\alpha(G)$.
Gilt des Weiteren eine Aussage der Form (4.27) für jede Komponente von X, das heißt, für jedes $w_0 \in G$ gilt mit $\delta = \text{dist}(w_0, \partial G)$

$$|x_j(w_0) - x_j(w)| \leq \tilde{C} M \left(\frac{|w_0 - w|}{\delta} \right)^\alpha$$

für alle $w \in G$ mit $|w_0 - w| \leq \frac{\delta}{2}$ für $j \in \{1,2,3\}$, ergibt sich aufgrund des Lemmas 2.4

$$|X(w_0) - X(w)| \leq \sum_{j=1}^{3} |x_j(w_0) - x_j(w)| \leq \sum_{j=1}^{3} \tilde{C} M \left(\frac{|w_0 - w|}{\delta} \right)^\alpha$$

$$= 3\tilde{C} M \left(\frac{|w_0 - w|}{\delta} \right)^\alpha$$

für $w_0, w \in G$ mit $|w_0 - w| \leq \frac{1}{2} \text{dist}(w_0, \partial G)$. Somit erhalten wir (4.27) auch für X.

Wir betrachten dementsprechend eine Funktion $g\colon G \to \mathbb{R} \in L^2(G)$, die

$$\|g - g_{\varepsilon,w_0}\|^2_{L^2(B(w_0,\varepsilon))} \leq M^2 \left(\frac{1}{\delta}\right)^{2\alpha} \varepsilon^{2+2\alpha} \tag{4.28}$$

für alle $w_0 \in G$ und $0 < \varepsilon \leq \delta = \operatorname{dist}(w_0, \partial G)$ mit einem $\alpha \in (0,1)$ und einem $M > 0$ erfüllt.

Es seien $w_0 \in G$ und $\varrho_0 \leq \operatorname{dist}(w_0, \partial G)$ sowie $0 < \varepsilon_1 < \varepsilon_2 \leq \varrho_0 \leq \delta$. Wegen $\varrho_0 \leq \delta$ entnehmen wir (4.28) insbesondere, dass

$$\|g - g_{\varepsilon,w_0}\|^2_{L^2(B(w_0,\varepsilon))} \leq M^2 \left(\frac{1}{\varrho_0}\right)^{2\alpha} \varepsilon^{2+2\alpha} \tag{4.29}$$

für $0 < \varepsilon \leq \varrho_0 \leq \delta$ gilt.

Mithilfe des Lemmas 2.4 ermitteln wir zunächst

$$
\begin{aligned}
|g_{\varepsilon_1,w_0} - g_{\varepsilon_2,w_0}|^2 &\leq (|g_{\varepsilon_1,w_0} - g(w)| + |g(w) - g_{\varepsilon_2,w_0}|)^2 \\
&\leq 2\left(|g_{\varepsilon_1,w_0} - g(w)|^2 + |g(w) - g_{\varepsilon_2,w_0}|^2\right)
\end{aligned}
\tag{4.30}
$$

für jedes $w \in G$.

Eine Integration bezüglich w über $B(w_0, \varepsilon_1)$ liefert

$$\pi\,\varepsilon_1^2\,|g_{\varepsilon_1,w_0} - g_{\varepsilon_2,w_0}|^2 \leq 2\left(\int\limits_{B(w_0,\varepsilon_1)} |g(w) - g_{\varepsilon_1,w_0}|^2\,\mathrm{d}w + \int\limits_{B(w_0,\varepsilon_1)} |g(w) - g_{\varepsilon_2,w_0}|^2\,\mathrm{d}w\right)$$

$$\leq 2\left(\|g - g_{\varepsilon_1,w_0}\|^2_{L^2(B(w_0,\varepsilon_1))} + \|g - g_{\varepsilon_2,w_0}\|^2_{L^2(B(w_0,\varepsilon_2))}\right)$$

unter Beachtung von $B(w_0, \varepsilon_1) \subset B(w_0, \varepsilon_2)$.

Indem wir (4.29) nutzen, ergibt sich daraus

$$|g_{\varepsilon_1,w_0} - g_{\varepsilon_2,w_0}|^2 \leq \frac{2}{\pi\,\varepsilon_1^2} M^2 \left(\frac{1}{\varrho_0}\right)^{2\alpha}\left(\varepsilon_1^{2+2\alpha} + \varepsilon_2^{2+2\alpha}\right) \tag{4.31}$$

für $0 < \varepsilon_1 < \varepsilon_2 \leq \varrho_0 \leq \delta$.

Wir setzen $\varepsilon_1 = \frac{\varrho}{2^{j+1}}$ und $\varepsilon_2 = \frac{\varrho}{2^j}$ mit $0 < \varrho \leq \varrho_0 \leq \delta$ und erhalten für jedes $j \in \mathbb{N}_0$

$$\left|g_{\frac{\varrho}{2^{j+1}},w_0} - g_{\frac{\varrho}{2^j},w_0}\right|^2 \leq \frac{2}{\pi\,\varrho^2}\,2^{2(j+1)} M^2 \left(\frac{1}{\varrho_0}\right)^{2\alpha}\left(\frac{\varrho^{2+2\alpha}}{2^{(j+1)(2+2\alpha)}} + \frac{\varrho^{2+2\alpha}}{2^{j(2+2\alpha)}}\right)$$

$$= \frac{2}{\pi} M^2 \left(\frac{\varrho}{\varrho_0}\right)^{2\alpha} 2^{2(j+1)}\left(\frac{1 + 2^{2+2\alpha}}{2^{(j+1)(2+2\alpha)}}\right)$$

$$= \frac{2}{\pi} M^2 \left(\frac{\varrho}{\varrho_0}\right)^{2\alpha} \frac{1 + 2^{2+2\alpha}}{2^{2\alpha(j+1)}}$$

beziehungsweise

$$\left|g_{\frac{\varrho}{2^{j+1}},w_0} - g_{\frac{\varrho}{2^j},w_0}\right| \leq \sqrt{\frac{2}{\pi}(1 + 2^{2+2\alpha})}\, M \left(\frac{\varrho}{\varrho_0}\right)^{\alpha} \frac{1}{2^{\alpha(j+1)}}\,.$$

Mittels einer Teleskopsumme folgern wir daraus für jedes $j \in \mathbb{N}_0$ und alle $k \in \mathbb{N}$

$$\left| g_{\frac{\varrho}{2^{j+k}},w_0} - g_{\frac{\varrho}{2^j},w_0} \right| \leq \sum_{l=0}^{k-1} \left| g_{\frac{\varrho}{2^{j+l+1}},w_0} - g_{\frac{\varrho}{2^{j+l}},w_0} \right|$$

$$\leq \sum_{l=0}^{k-1} \sqrt{\frac{2}{\pi}(1+2^{2+2\alpha})}\, M \left(\frac{\varrho}{\varrho_0} \right)^\alpha \frac{1}{2^{\alpha(j+l+1)}}$$

$$= \sqrt{\frac{2}{\pi}(1+2^{2+2\alpha})}\, M \left(\frac{\varrho}{\varrho_0} \right)^\alpha \frac{1}{2^{\alpha(j+1)}} \sum_{l=0}^{k-1} \left(\frac{1}{2^\alpha} \right)^l .$$

Wegen $\alpha \in (0,1)$ gilt auch $\frac{1}{2^\alpha} \in (0,1)$ und wir schließen

$$\left| g_{\frac{\varrho}{2^{j+k}},w_0} - g_{\frac{\varrho}{2^j},w_0} \right| \leq \sqrt{\frac{2}{\pi}(1+2^{2+2\alpha})}\, M \left(\frac{\varrho}{\varrho_0} \right)^\alpha \frac{1}{2^{\alpha(j+1)}} \frac{1 - \left(\frac{1}{2^\alpha} \right)^k}{1 - \frac{1}{2^\alpha}}$$

$$\leq \sqrt{\frac{2}{\pi}(1+2^{2+2\alpha})}\, \frac{M}{2^\alpha - 1} \left(\frac{\varrho}{\varrho_0} \right)^\alpha \left(\frac{1}{2^\alpha} \right)^j \qquad (4.32)$$

unter Beachtung der Eigenschaften der geometrischen Reihe.

Somit ist die Folge $\{ g_{\frac{\varrho}{2^j},w_0} \}_{j=0,1,2,\dots}$ eine Cauchy-Folge in $\mathbb{R}$. Wir wollen noch erkennen, dass dieser Grenzwert unabhängig von der Wahl von ϱ ist. Dazu bemerken wir, dass (4.31) auch für $\varepsilon_1 = \frac{\varrho}{2^j}$ und $\varepsilon_2 = \frac{\tilde{\varrho}}{2^j}$ mit $0 < \varrho < \tilde{\varrho} \leq \varrho_0 \leq \delta$ gültig bleibt und ermitteln

$$\left| g_{\frac{\varrho}{2^j},w_0} - g_{\frac{\tilde{\varrho}}{2^j},w_0} \right|^2 \leq \frac{2\,M^2}{\pi} \left(\frac{1}{\varrho_0} \right)^{2\alpha} \frac{2^{2j}}{\varrho^2} \left(\frac{\varrho^{2+2\alpha}}{2^{j(2+2\alpha)}} + \frac{\tilde{\varrho}^{2+2\alpha}}{2^{j(2+2\alpha)}} \right)$$

$$= \frac{2\,M^2}{\pi} \left(\frac{1}{\varrho_0} \right)^{2\alpha} \frac{\varrho^{2+2\alpha} + \tilde{\varrho}^{2+2\alpha}}{\varrho^2} \frac{1}{2^{2\alpha j}}$$

sowie daraus folgend

$$\lim_{j \to \infty} \left| g_{\frac{\varrho}{2^j},w_0} - g_{\frac{\tilde{\varrho}}{2^j},w_0} \right| = 0 .$$

Dementsprechend ist

$$\hat{g}(w_0) = \lim_{\varepsilon \downarrow 0} g_{\varepsilon,w_0} = \lim_{\varepsilon \downarrow 0} g_\varepsilon(w_0)$$

wohldefiniert und wir entnehmen (4.32)

$$|\hat{g}(w_0) - g_{\varepsilon,w_0}| \leq \sqrt{\frac{2}{\pi}(1+2^{2+2\alpha})}\, \frac{M}{2^\alpha - 1} \left(\frac{\varepsilon}{\varrho_0} \right)^\alpha \qquad (4.33)$$

für $0 < \varepsilon \leq \varrho_0 \leq \delta$.

Zu einer Menge $G' \subset\subset G$ mit $\varrho_0 = \text{dist}(G', \partial G)$ erhalten wir (4.33) für jedes $w_0 \in G'$ und damit insbesondere

$$\| \hat{g} - g_\varepsilon \|_{L^2(G')} \to 0$$

für $\varepsilon \to 0+$.

Beachten wir die Konvergenz der Friedrichs-Glättungen aus [60, Kap. X, §1, Satz 2], das heißt

$$\|g - g_\varepsilon\|_{L^2(G)} \to 0$$

für $\varepsilon \to 0+$, folgt wegen

$$\|g - \hat{g}\|_{L^2(G')} \leq \|g - g_\varepsilon\|_{L^2(G')} + \|\hat{g} - g_\varepsilon\|_{L^2(G')} \to 0$$

für $\varepsilon \to 0+$ auch $g = \hat{g}$ fast überall in G'.

Zudem entnehmen wir (4.33) die gleichmäßige Konvergenz der Funktionen g_ε gegen $\hat{g}$ in G' für $\varepsilon \to 0+$. Da die Funktionen g_ε insbesondere stetig in G' sind, ist auch $\hat{g}$ nach dem Konvergenzsatz von Weierstraß aus [61, Kap. II, §2, Satz 1] stetig in G'.

Somit besitzt die auf G' eingeschränkte Funktion g mit $\hat{g}$ einen stetigen Repräsentanten, welchen wir von nun an meinen, wenn auf G' lediglich von g die Rede ist.

Wir wollen erkennen, dass g in G' beschränkt ist. Für jedes $w \in G'$ sehen wir mithilfe der Hölderschen Ungleichung

$$|g_{\varrho_0,w}| = \left| \frac{1}{\varrho_0^2} \int_{B(w,\varrho_0)} g(\hat{w}) \, \varphi\left(\frac{w - \hat{w}}{\varrho_0}\right) d\hat{w} \right| \leq \frac{C_0}{\varrho_0^2} \int_{B(w,\varrho_0)} |g(\hat{w})| \, d\hat{w}$$

$$\leq \frac{C_0}{\varrho_0^2} \|g\|_{L^2(G)} \sqrt{\pi} \, \varrho_0$$

mit der Konstante $C_0 = \sup_{w \in \mathbb{R}^2} \varphi(w)$ und unter Beachtung von $B(w, \varrho_0) \subset G$.

Aus (4.33) folgern wir daher

$$|g(w)| \leq \sqrt{\frac{2}{\pi}(1 + 2^{2+2\alpha})} \frac{M}{2^\alpha - 1} + \frac{C_0\sqrt{\pi}}{\varrho_0} \|g\|_{L^2(G)}$$

für jedes $w \in G'$ und somit

$$\sup_{w \in G'} |g(w)| \leq \sqrt{\frac{2}{\pi}(1 + 2^{2+2\alpha})} \frac{M}{2^\alpha - 1} + \frac{C_0\sqrt{\pi}}{\varrho_0} \|g\|_{L^2(G)} \ . \tag{4.34}$$

Wir zeigen noch, dass g Hölder-stetig ist. Es seien dafür zunächst $w_1, w_2 \in G$ mit $0 < \varrho_1 \leq \delta_1 = \text{dist}(w_1, \partial G)$ und $\varrho = |w_1 - w_2| \leq \frac{\varrho_1}{2}$ gegeben.

Die Dreiecksungleichung liefert uns

$$|g(w_1) - g(w_2)| \leq |g(w_1) - g_{2\varrho,w_1}| + |g(w_2) - g_{\varrho,w_2}| + |g_{2\varrho,w_1} - g_{\varrho,w_2}| \ .$$

Wir wollen jeden Term auf der rechten Seite getrennt betrachten.

Mit (4.33) folgt sofort

$$|g(w_1) - g_{2\varrho,w_1}| \leq \sqrt{\frac{2}{\pi}(1 + 2^{2+2\alpha})} \frac{M}{2^\alpha - 1} \left(\frac{2\varrho}{\varrho_1}\right)^\alpha$$

$$= \sqrt{\frac{2}{\pi}(1 + 2^{2+2\alpha})} \frac{2^\alpha M}{2^\alpha - 1} \left(\frac{|w_1 - w_2|}{\varrho_1}\right)^\alpha \tag{4.35}$$

für $0 < 2\varrho \leq \varrho_1 \leq \delta_1$.

Wegen $\mathrm{dist}(w_2, \partial G) \geq \frac{\delta_1}{2} \geq \frac{\varrho_1}{2} \geq \varrho > 0$ ergibt sich mit (4.33) analog

$$
|g(w_2) - g_{\varrho, w_2}| \leq \sqrt{\frac{2}{\pi}(1 + 2^{2+2\alpha})}\, \frac{M}{2^\alpha - 1}\left(\frac{2\varrho}{\varrho_1}\right)^\alpha
$$
$$
= \sqrt{\frac{2}{\pi}(1 + 2^{2+2\alpha})}\, \frac{2^\alpha M}{2^\alpha - 1}\left(\frac{|w_1 - w_2|}{\varrho_1}\right)^\alpha
$$

(4.36)

für $0 < \varrho \leq \frac{\varrho_1}{2} \leq \frac{\delta_1}{2}$.

Ähnlich wie bereits in (4.30) schließen wir mithilfe des Lemmas 2.4

$$
|g_{2\varrho, w_1} - g_{\varrho, w_2}|^2 \leq 2\left(|g_{2\varrho, w_1} - g(\tilde{w})|^2 + |g_{\varrho, w_2} - g(\tilde{w})|^2\right)
$$

(4.37)

für beliebiges $\tilde{w} \in G$.

Wegen $|\tilde{w}_2 - w_1| \leq |\tilde{w}_2 - w_2| + |w_1 - w_2| < \varrho + \varrho = 2\varrho$ für alle $\tilde{w}_2 \in B(w_2, \varrho)$ beachten wir $B(w_2, \varrho) \subset B(w_1, 2\varrho)$. Eine Integration von (4.37) bezüglich $\tilde{w}$ liefert dann

$$
\int_{B(w_2, \varrho)} |g_{2\varrho, w_1} - g_{\varrho, w_2}|^2\, \mathrm{d}\tilde{w} \leq 2\int_{B(w_2, \varrho)} \left(|g_{2\varrho, w_1} - g(\tilde{w})|^2 + |g_{\varrho, w_2} - g(\tilde{w})|^2\right) \mathrm{d}\tilde{w}
$$
$$
\leq 2\,\|g - g_{2\varrho, w_1}\|^2_{L^2(B(w_1, 2\varrho))} + 2\,\|g - g_{\varrho, w_2}\|^2_{L^2(B(w_2, \varrho))}
$$

beziehungsweise unter zusätzlicher Verwendung von (4.29)

$$
\pi\,\varrho^2\,|g_{2\varrho, w_1} - g_{\varrho, w_2}|^2 \leq 2M^2\left(\frac{1}{\varrho_1}\right)^{2\alpha}(2\varrho)^{2+2\alpha} + 2M^2\left(\frac{2}{\varrho_1}\right)^{2\alpha}\varrho^{2+2\alpha}
$$
$$
= 2M^2\left(\frac{1}{\varrho_1}\right)^{2\alpha}\left(2^{2+2\alpha} + 2^{2\alpha}\right)\varrho^{2+2\alpha}
$$
$$
= 10 M^2\left(\frac{1}{\varrho_1}\right)^{2\alpha} 2^{2\alpha}\varrho^{2+2\alpha}
$$

für $0 < \varrho \leq \frac{\varrho_1}{2} \leq \frac{\delta_1}{2}$. Demnach gilt

$$
|g_{2\varrho, w_1} - g_{\varrho, w_2}| \leq \sqrt{\frac{10}{\pi}}\,2^\alpha M\left(\frac{\varrho}{\varrho_1}\right)^\alpha = \sqrt{\frac{10}{\pi}}\,2^\alpha M\left(\frac{|w_1 - w_2|}{\varrho_1}\right)^\alpha
$$

für $0 < 2\varrho \leq \varrho_1 \leq \delta_1$.

Zusammen mit (4.35) und (4.36) erhalten wir

$$
|g(w_1) - g(w_2)| \leq C_1(\alpha)\,M\left(\frac{|w_1 - w_2|}{\varrho_1}\right)^\alpha
$$

(4.38)

für alle $w_1, w_2 \in G$ mit $0 < \varrho_1 \leq \delta_1 = \mathrm{dist}(w_1, \partial G)$ und $|w_1 - w_2| \leq \frac{\varrho_1}{2}$, wobei wir

$$
C_1(\alpha) := \frac{2^\alpha}{\sqrt{\pi}}\left(\sqrt{10} + \sqrt{2(1 + 2^{2+2\alpha})}\,\frac{2}{2^\alpha - 1}\right)
$$

gesetzt haben. Speziell für $\varrho_1 = \delta_1$ folgt aus (4.38) unmittelbar (4.27).

Zu $G' \subset\subset G$ mit $\varrho_0 = \mathrm{dist}(G', \partial G)$ gilt (4.38) insbesondere für alle $w_1, w_2 \in G'$ mit $|w_1 - w_2| \leq \frac{\varrho_0}{2}$. Wir erhalten dementsprechend für $w_1, w_2 \in G'$ mit $|w_1 - w_2| \leq \frac{\varrho_0}{2}$

$$
|g(w_1) - g(w_2)| \leq \frac{C_1(\alpha)}{\varrho_0^\alpha}\,M\,|w_1 - w_2|^\alpha .
$$

(4.39)

Im Gegensatz dazu betrachten wir noch $w_1, w_2 \in G'$ mit $|w_1 - w_2| > \frac{\varrho_0}{2}$ und erinnern uns an (4.34). Wegen

$$\sup_{w \in G'} |g(w)| \leq \sqrt{\frac{2}{\pi}(1 + 2^{2+2\alpha})} \, \frac{M}{2^\alpha - 1} + \frac{C_0\sqrt{\pi}}{\varrho_0} \, \|g\|_{L^2(G)}$$

$$= \left(\sqrt{\frac{2}{\pi}(1 + 2^{2+2\alpha})} \, \frac{M}{2^\alpha - 1} \left(\frac{2}{\varrho_0}\right)^\alpha + \frac{2^\alpha C_0 \sqrt{\pi}}{\varrho_0^{1+\alpha}} \, \|g\|_{L^2(G)} \right) \left(\frac{\varrho_0}{2}\right)^\alpha$$

$$< C_2(\alpha, \varrho_0) \left(M + C_0 \, \|g\|_{L^2(G)} \right) |w_1 - w_2|^\alpha$$

mit einer entsprechenden Konstante $C_2(\alpha, \varrho_0)$ folgern wir in diesem Fall

$$|g(w_1) - g(w_2)| \leq |g(w_1)| + |g(w_2)| \leq 2 \sup_{w \in G'} |g(w)|$$

$$< 2\, C_2(\alpha, \varrho_0) \left(M + C_0 \, \|g\|_{L^2(G)} \right) |w_1 - w_2|^\alpha \; .$$

Insgesamt erhalten wir daraus unter gleichzeitiger Beachtung von (4.39)

$$|g(w_1) - g(w_2)| \leq \hat{C}(\alpha, \varrho_0) \left(M + C_0 \, \|g\|_{L^2(G)} \right) |w_1 - w_2|^\alpha \qquad (4.40)$$

für alle $w_1, w_2 \in G'$ mit einer entsprechenden Konstante $\hat{C}(\alpha, \varrho_0)$. Da die Größe ϱ_0 lediglich von G und G' abhängt, finden wir schließlich eine Konstante $C(\alpha, G, G') > 0$, sodass aus (4.34) und (4.40)

$$\sup_{w \in G'} |g(w)| + \sup_{\substack{w_1, w_2 \in G' \\ w_1 \neq w_2}} \frac{|g(w_1) - g(w_2)|}{|w_1 - w_2|^\alpha} \leq C(\alpha, G, G') \left(M + C_0 \, \|g\|_{L^2(G)} \right)$$

folgt. $\square$

Satz 4.5 (Dirichletsches Wachstumstheorem, 2. Version). *Es seien $G \subset \mathbb{R}^2$ ein beschränktes Gebiet sowie $X: G \to \mathbb{R}^3 \in W^{1,2}(G)$. Zusätzlich gelte mit einem $\alpha \in (0,1)$ und einem $M > 0$, dass für jedes $w_0 \in G$*

$$\mathcal{D}(X, B(w_0, \varepsilon)) = \|\nabla X\|_{L^2(B(w_0, \varepsilon))}^2 = \int_{B(w_0, \varepsilon)} |\nabla X(w)|^2 \, \mathrm{d}w \leq M^2 \left(\frac{\varepsilon}{\delta}\right)^{2\alpha} \qquad (4.41)$$

für $0 < \varepsilon \leq \delta = \mathrm{dist}(w_0, \partial G)$ erfüllt ist.
Dann gilt die Aussage des Satzes 4.4 mit der Konstante $4\pi C_0 M$ anstelle von M, wobei $C_0 := \sup_{w \in \mathbb{R}^2} \varphi(w)$ durch eine Friedrichs-Glättungsfunktion $\varphi: \mathbb{R}^2 \to [0, +\infty)$ mit $\mathrm{supp}(\varphi) \subset \overline{B(0,1)}$ gegeben ist.

Beweis. Für jedes $w_0 \in G$ folgt mithilfe der Poincaré-Friedrichs-Ungleichung (Satz 4.1)

$$\|X - X_{\varepsilon, w_0}\|_{L^2(B(w_0, \varepsilon))}^2 \leq (4\pi C_0)^2 \varepsilon^2 \, \|\nabla X\|_{L^2(B(w_0, \varepsilon))}^2 \leq (4\pi C_0 M)^2 \left(\frac{1}{\delta}\right)^{2\alpha} \varepsilon^{2+2\alpha}$$

für $0 < \varepsilon \leq \delta = \mathrm{dist}(w_0, \partial G)$, woraus sich unter Verwendung des Satzes 4.4 direkt die Aussage ergibt. $\square$

Bemerkung 4.2. Bei den Sätzen 4.4 und 4.5 liegen mit den Bedingungen (4.25) beziehungsweise (4.41) lokale Voraussetzungen an X vor. Im Gegensatz dazu stellen die Bedingungen (4.10) und (4.24) aus den Sätzen 4.2 beziehungsweise 4.3 gleichmäßige Voraussetzungen an X in ganz G dar. Insofern ist die Bezeichnung der Sätze 4.2 und 4.3 als gleichmäßige Version und die Bezeichnung der Sätze 4.4 und 4.5 als lokale Version gegeben.

Bemerkung 4.3. Die lokale Version des Dirichletschen Wachstumstheorems hat sich durch Morrey mit [55, Theorem 3.5.2] etabliert. Zudem entwickelte sich in späteren Arbeiten wie [26, 48, 64] eine gleichmäßige Version des Dirichletschen Wachstumstheorems als Folgerung aus einer gleichmäßigen Version des Satzes von Campanato. Andere Quellen wie etwa [21, Chap. III, Theorem 1.1] beweisen die lokale Version des Dirichletschen Wachstumstheorems unter Berücksichtigung des Vorgehens aus [55]. Wir haben hier beide Aspekte kombiniert, indem wir einen Satz von Campanato in seiner lokalen Version (Satz 4.4) hergeleitet haben.

Bemerkung 4.4. Bezüglich der Raumdimension des Gebietes $G \subset \mathbb{R}^2$ und der Wahl von X aus $W^{1,2}(G)$ liegt hier ein Grenzfall vor, der nicht gestattet, die Stetigkeit von X mithilfe des Einbettungssatzes von Sobolev [1, Theorem 5.4] zu folgern. Durch die Zusatzbedingungen (4.24) beziehungsweise (4.41) kann dies gewährleistet werden.

4.2 Hölder-Stetigkeit im Inneren

Mithilfe der lokalen Version des Dirichletschen Wachstumstheorems (Satz 4.5) wird es uns in diesem Abschnitt möglich sein, die Hölder-Stetigkeit eines Minimierers X^* aus dem Satz 3.3 herzuleiten. Dafür spezialisieren wir die Voraussetzung an die Funktion f, die das Funktional $\mathcal{I}$ gemäß der Definition 3.2 induziert, leicht.
Zur Anwendbarkeit des Satzes 4.5 wird es erforderlich sein, dass ein Minimierer X^* der Wachstumsbedingung (4.41) genügt. Hierzu ist die Untersuchung des Zusammenhangs des Dirichlet-Integrals und der Fourierreihe auf Kreisringen für eine Funktion wichtig. Anschließend werden wir den Begriff der harmonischen Ersetzung kennenlernen und mithilfe des Dirichlet-Integrals dieser einen Vergleich mit dem Dirichlet-Integral des Minimierers X^* vornehmen. Daraus folgt dann die Herleitung der Bedingung (4.41) und damit auch die Hölder-Stetigkeit für X^*.
Zunächst beachten wir das folgende Ergebnis zur Transformation von Variablen bei Funktionen aus $W^{1,q}(G)$, das wir [46, Theorem 11.51] oder auch [70, Theorem 2.2.2] entnehmen.

Satz 4.6 (Variablentransformation). *Seien $G, \tilde{G} \subset \mathbb{R}^m$ offen und die Abbildung $\mathcal{K} \colon \tilde{G} \to G$ bijektiv sowie $\mathcal{K}$ und $\mathcal{K}^{-1}$ gleichmäßig Lipschitz-stetig in $\tilde{G}$ beziehungsweise G. Zudem sei $g \in W^{1,q}(G)$ mit $1 \leq q < +\infty$.*
Dann gilt $g \circ \mathcal{K} \in W^{1,q}(\tilde{G})$ und für alle $j \in \{1, \ldots, m\}$ und fast alle $\tilde{y} \in \tilde{G}$ ist

$$\frac{\partial(g \circ \mathcal{K})}{\partial \tilde{y}_j}(\tilde{y}) = \sum_{l=1}^{m} \frac{\partial g}{\partial y_l}(\mathcal{K}(\tilde{y})) \frac{\partial \mathcal{K}_l}{\partial \tilde{y}_j}(\tilde{y})$$

richtig.

Wir kommen nun zu einem Ergebnis von Morrey aus [51, Chap. III, Lemma 6.1]. Dieses stellt eine bemerkenswerte Verknüpfung zwischen den Fourierkoeffizienten entlang von Kreisringen und dem Dirichlet-Integral einer Funktion $g \in W^{1,2}(B(w_0, R))$ her. Im Gegensatz zum Beweis in [51] gehen wir hier deutlich stärker ins Detail.

Lemma 4.2 (Fourierreihe und Dirichlet-Integral). *Es seien $B(w_0, R) \subset \mathbb{R}^2$ und $g \in W^{1,2}(B(w_0, R), \mathbb{R})$. Dann existieren Funktionen $a_0(\varrho)$, $a_k(\varrho)$ und $b_k(\varrho)$, $k \in \mathbb{N}$, die zu jedem $\varrho_0 \in (0, R)$ absolut stetig auf (ϱ_0, R) sind, sodass die Reihe*

$$\frac{a_0(\varrho)}{2} + \sum_{k=1}^{\infty} \Big(a_k(\varrho) \cos(k\theta) + b_k(\varrho) \sin(k\theta) \Big)$$

für jedes $\varrho \in (0, R)$ in $L^2((0, 2\pi))$ gegen eine Funktion $g_0(\varrho, \cdot)$ konvergiert. Die Konvergenz ist dabei absolut und gleichmäßig in θ für fast alle festen $\varrho \in (0, R)$. Zusätzlich gehören g_0 und die durch $\tilde{g}(\varrho, \theta) := g(w_0 + \varrho \exp(i\theta))$ gegebene Funktion $\tilde{g}$ für jedes $\varrho_0 \in (0, R)$ der gleichen Äquivalenzklasse in $W^{1,2}((\varrho_0, R) \times (0, 2\pi))$ an und die Identität

$$\mathcal{D}(g, B(w_0, R)) = \pi \int_0^R \varrho \left[\frac{a_0'(\varrho)^2}{2} + \sum_{k=1}^{\infty} \left(a_k'(\varrho)^2 + b_k'(\varrho)^2 + \frac{k^2 \, (a_k(\varrho)^2 + b_k(\varrho)^2)}{\varrho^2} \right) \right] d\varrho$$

ist richtig.

Beweis. Zunächst nehmen wir $\varrho_0 \in (0, \frac{R}{2})$ an und leiten daraus später den allgemeinen Fall $\varrho_0 \in (0, R)$ her.

Wir beachten, dass mit $g \in W^{1,2}(B(w_0, R))$ auch $g \in W^{1,2}(B(w_0, R) \setminus \overline{B(w_0, \varrho_0)})$ richtig ist. Durch die Koordinatentransformation $(\varrho, \theta) \mapsto w_0 + \varrho \, e^{i\theta}$ erhalten wir daher für die mittels

$$\tilde{g}(\varrho, \theta) := g(w_0 + \varrho \, e^{i\theta}) \tag{4.42}$$

gegebene Funktion $\tilde{g} \in W^{1,2}((\varrho_0, R) \times (0, 2\pi))$ unter Beachtung des Satzes 4.6. Infolgedessen erhalten wir $\tilde{g}_\varrho, \tilde{g}_\theta \in L^2((\varrho_0, R) \times (0, 2\pi))$ und mit dem Satz von Fubini, welchen wir [61, Kap. VIII, §7, Satz 2] entnehmen, $\tilde{g}_\varrho(\varrho, \cdot), \tilde{g}_\theta(\varrho, \cdot) \in L^2((0, 2\pi))$ für fast alle $\varrho \in (\varrho_0, R)$ sowie $\tilde{g}_\varrho(\cdot, \theta), \tilde{g}_\theta(\cdot, \theta) \in L^2((\varrho_0, R))$ für fast alle $\theta \in (0, 2\pi)$. Gemäß [46, Theorem 10.35] können wir annehmen, dass $\tilde{g}$ für fast alle $\theta \in (0, 2\pi)$ absolut stetig bezüglich ϱ in (ϱ_0, R) ist und für fast alle $\varrho \in (\varrho_0, R)$ absolut stetig bezüglich θ in $(0, 2\pi)$. Die absolute Stetigkeit bezüglich ϱ liefert mit dem Lemma 2.10

$$\tilde{g}(\varrho, \theta) = \tilde{g}(\varrho_1, \theta) + \int_{\varrho_1}^{\varrho} \tilde{g}_\varrho(r, \theta) \, dr \tag{4.43}$$

für alle $\varrho \in (\varrho_0, R)$ und für fast alle $\theta \in (0, 2\pi)$, wobei $\varrho_1 \in (\frac{R}{2}, R)$ so gewählt wird, dass $\tilde{g}(\varrho_1, \cdot)$ absolut stetig in $(0, 2\pi)$ ist und $\tilde{g}_\theta(\varrho_1, \cdot) \in L^2((0, 2\pi))$ gilt. Speziell können wir $\tilde{g}(\varrho_1, \cdot)$ aufgrund des Lemmas 2.12 zu einer auf $[0, 2\pi]$ absolut stetigen Funktion fortsetzen, wobei wir die Bezeichnung $\tilde{g}$ der Einfachheit halber beibehalten.

Für alle $\varrho \in (\varrho_0, R)$ und für fast alle $\theta \in (0, 2\pi)$ ermitteln wir

$$|\tilde{g}(\varrho, \theta)| \leq |\tilde{g}(\varrho_1, \theta)| + \int_{\varrho_1}^{\varrho} |\tilde{g}_\varrho(r, \theta)| \, dr$$

und daraus

$$|\tilde{g}(\varrho,\theta)|^2 \leq |\tilde{g}(\varrho_1,\theta)|^2 + 2\,|\tilde{g}(\varrho_1,\theta)| \int\limits_{\varrho_1}^{\varrho} |\tilde{g}_\varrho(r,\theta)|\,\mathrm{d}r + \left(\int\limits_{\varrho_1}^{\varrho} |\tilde{g}_\varrho(r,\theta)|\,\mathrm{d}r \right)^2 .$$

Da $\tilde{g}(\varrho_1,\cdot)$ eine stetige Fortsetzung auf $[0,2\pi]$ besitzt, finden wir ein $M_0 > 0$, sodass

$$\sup_{\theta\in(0,2\pi)} |\tilde{g}(\varrho_1,\theta)| \leq \sup_{\theta\in[0,2\pi]} |\tilde{g}(\varrho_1,\theta)| = \max_{\theta\in[0,2\pi]} |\tilde{g}(\varrho_1,\theta)| \leq M_0$$

erfüllt ist.
Mit der Hölderschen Ungleichung beachten wir noch

$$\left(\int\limits_{\varrho_1}^{\varrho} |\tilde{g}_\varrho(r,\theta)|\,\mathrm{d}r \right)^2 \leq \left(\int\limits_{\varrho_1}^{\varrho} 1^2\,\mathrm{d}r \right)\left(\int\limits_{\varrho_1}^{\varrho} |\tilde{g}_\varrho(r,\theta)|^2\,\mathrm{d}r \right) \leq R\left(\int\limits_{\varrho_1}^{\varrho} |\tilde{g}_\varrho(r,\theta)|^2\,\mathrm{d}r \right)$$

für alle $\varrho \in (\varrho_0, R)$ und für fast alle $\theta \in (0, 2\pi)$.
Somit erhalten wir

$$\int\limits_0^{2\pi} |\tilde{g}(\varrho,\theta)|^2\,\mathrm{d}\theta \leq \int\limits_0^{2\pi} M_0^2\,\mathrm{d}\theta + 2M_0 \int\limits_0^{2\pi}\int\limits_{\varrho_1}^{\varrho} |\tilde{g}_\varrho(r,\theta)|\,\mathrm{d}r\,\mathrm{d}\theta + R \int\limits_0^{2\pi}\int\limits_{\varrho_1}^{\varrho} |\tilde{g}_\varrho(r,\theta)|^2\,\mathrm{d}r\,\mathrm{d}\theta$$

für alle $\varrho \in (\varrho_0, R)$, woraus $\tilde{g}(\varrho,\cdot) \in L^2((0,2\pi))$ für alle $\varrho \in (\varrho_0, R)$ folgt.
Für jedes feste $\varrho \in (\varrho_0, R)$ setzen wir nun

$$a_0(\varrho) := \frac{1}{\pi} \int\limits_0^{2\pi} \tilde{g}(\varrho,\theta)\,\mathrm{d}\theta \,, \tag{4.44}$$

$$a_k(\varrho) := \frac{1}{\pi} \int\limits_0^{2\pi} \tilde{g}(\varrho,\theta)\cos(k\theta)\,\mathrm{d}\theta \,, \tag{4.45}$$

$$b_k(\varrho) := \frac{1}{\pi} \int\limits_0^{2\pi} \tilde{g}(\varrho,\theta)\sin(k\theta)\,\mathrm{d}\theta \tag{4.46}$$

für $k \in \mathbb{N}$ und schließen wegen $\tilde{g}(\varrho,\cdot) \in L^2((0,2\pi))$ gemäß [27, Theorem 21]

$$\lim_{l\to\infty} \int\limits_0^{2\pi} \left| \tilde{g}(\varrho,\theta) - \left(\frac{a_0(\varrho)}{2} + \sum_{k=1}^{l} (a_k(\varrho)\cos(k\theta) + b_k(\varrho)\sin(k\theta)) \right) \right|^2 \mathrm{d}\theta = 0$$

für alle $\varrho \in (\varrho_0, R)$.
Indem wir (4.43) in (4.45) beziehungsweise (4.46) verwenden, erhalten wir mithilfe des Satzes von Fubini

$$a_k(\varrho) = \frac{1}{\pi} \int\limits_0^{2\pi} \tilde{g}(\varrho_1,\theta)\cos(k\theta)\,\mathrm{d}\theta + \frac{1}{\pi} \int\limits_0^{2\pi}\int\limits_{\varrho_1}^{\varrho} \tilde{g}_\varrho(r,\theta)\,\mathrm{d}r\cos(k\theta)\,\mathrm{d}\theta$$

$$= a_k(\varrho_1) + \frac{1}{\pi} \int\limits_{\varrho_1}^{\varrho}\int\limits_0^{2\pi} \tilde{g}_\varrho(r,\theta)\cos(k\theta)\,\mathrm{d}\theta\,\mathrm{d}r \tag{4.47}$$

beziehungsweise

$$b_k(\varrho) = \frac{1}{\pi} \int\limits_0^{2\pi} \tilde{g}(\varrho_1, \theta) \sin(k\theta) \, d\theta + \frac{1}{\pi} \int\limits_0^{2\pi} \int\limits_{\varrho_1}^{\varrho} \tilde{g}_\varrho(r, \theta) \, dr \sin(k\theta) \, d\theta$$

$$= b_k(\varrho_1) + \frac{1}{\pi} \int\limits_{\varrho_1}^{\varrho} \int\limits_0^{2\pi} \tilde{g}_\varrho(r, \theta) \sin(k\theta) \, d\theta \, dr \tag{4.48}$$

für jedes $\varrho \in (\varrho_0, R)$ und $k \in \mathbb{N}$ sowie mit (4.43) in (4.44)

$$a_0(\varrho) = \frac{1}{\pi} \int\limits_0^{2\pi} \tilde{g}(\varrho_1, \theta) \, d\theta + \frac{1}{\pi} \int\limits_0^{2\pi} \int\limits_{\varrho_1}^{\varrho} \tilde{g}_\varrho(r, \theta) \, dr \, d\theta$$

$$= a_0(\varrho_1) + \frac{1}{\pi} \int\limits_{\varrho_1}^{\varrho} \int\limits_0^{2\pi} \tilde{g}_\varrho(r, \theta) \, d\theta \, dr \tag{4.49}$$

für alle $\varrho \in (\varrho_0, R)$.
Insbesondere gehören die Funktionen

$$\phi_0(r) = \int\limits_0^{2\pi} \tilde{g}_\varrho(r, \theta) \, d\theta \ ,$$

$$\phi_{1,k}(r) = \int\limits_0^{2\pi} \tilde{g}_\varrho(r, \theta) \cos(k\theta) \, d\theta \ ,$$

$$\phi_{2,k}(r) = \int\limits_0^{2\pi} \tilde{g}_\varrho(r, \theta) \sin(k\theta) \, d\theta$$

für $k \in \mathbb{N}$ zur Klasse $L^1((\varrho_0, R))$ und folglich sind die Funktionen $a_0(\varrho)$, $a_k(\varrho)$ und $b_k(\varrho)$ für $k \in \mathbb{N}$ gemäß Lemma 2.11 absolut stetig auf (ϱ_0, R).
Wir erinnern daran, dass $\tilde{g}(\varrho, \cdot)$ für fast alle $\varrho \in (\varrho_0, R)$ ebenfalls absolut stetig auf $(0, 2\pi)$ ist. Insbesondere können wir $\tilde{g}(\varrho, \cdot)$ für fast alle $\varrho \in (\varrho_0, R)$ zu einer auf $[0, 2\pi]$ absolut stetigen Funktion mithilfe des Lemmas 2.12 fortsetzen.
Aufgrund von (4.42) und $g \in W^{1,2}(B(w_0, R))$ in Kombination mit der absoluten Stetigkeit entlang achsenparalleler Linien nach [46, Theorem 10.35] gilt zusätzlich

$$\tilde{g}(\varrho, 0) = \tilde{g}(\varrho, 2\pi) \tag{4.50}$$

für fast alle $\varrho \in (\varrho_0, R)$.
Infolgedessen berechnen wir

$$a_k(\varrho) = \frac{1}{\pi} \int\limits_0^{2\pi} \tilde{g}(\varrho, \theta) \cos(k\theta) \, d\theta$$

$$= \frac{1}{\pi k} \left(\tilde{g}(\varrho, 2\pi) \sin(2\pi k) - \tilde{g}(\varrho, 0) \sin(0) \right) - \frac{1}{\pi} \int\limits_0^{2\pi} \tilde{g}_\theta(\varrho, \theta) \frac{1}{k} \sin(k\theta) \, d\theta$$

beziehungsweise

$$\frac{1}{\pi} \int_0^{2\pi} \tilde{g}_\theta(\varrho, \theta) \sin(k\theta) \, d\theta = -k \, a_k(\varrho) \tag{4.51}$$

und analog

$$b_k(\varrho) = \frac{1}{\pi} \int_0^{2\pi} \tilde{g}(\varrho, \theta) \sin(k\theta) \, d\theta$$

$$= -\frac{1}{\pi k} \left(\tilde{g}(\varrho, 2\pi) \cos(2\pi k) - \tilde{g}(\varrho, 0) \cos(0) \right) + \frac{1}{\pi} \int_0^{2\pi} \tilde{g}_\theta(\varrho, \theta) \frac{1}{k} \cos(k\theta) \, d\theta$$

beziehungsweise

$$\frac{1}{\pi} \int_0^{2\pi} \tilde{g}_\theta(\varrho, \theta) \cos(k\theta) \, d\theta = k \, b_k(\varrho) \tag{4.52}$$

für fast alle $\varrho \in (\varrho_0, R)$.
Zudem ergibt sich aufgrund von (4.50)

$$\frac{1}{\pi} \int_0^{2\pi} \tilde{g}_\theta(\varrho, \theta) \, d\theta = \frac{1}{\pi} \left(\tilde{g}(\varrho, 2\pi) - \tilde{g}(\varrho, 0) \right) = 0 \tag{4.53}$$

für fast alle $\varrho \in (\varrho_0, R)$.
Da $\tilde{g}_\theta(\varrho, \cdot) \in L^2((0, 2\pi))$ für fast alle $\varrho \in (\varrho_0, R)$ gilt, erhalten wir mit

$$\hat{a}_0(\varrho) := \frac{1}{\pi} \int_0^{2\pi} \tilde{g}_\theta(\varrho, \theta) \, d\theta \ ,$$

$$\hat{a}_k(\varrho) := \frac{1}{\pi} \int_0^{2\pi} \tilde{g}_\theta(\varrho, \theta) \cos(k\theta) \, d\theta \ ,$$

$$\hat{b}_k(\varrho) := \frac{1}{\pi} \int_0^{2\pi} \tilde{g}_\theta(\varrho, \theta) \sin(k\theta) \, d\theta$$

für fast jedes feste $\varrho \in (\varrho_0, R)$ die Fourierkoeffizienten von $\tilde{g}_\theta(\varrho, \cdot)$ und schließen unter Beachtung von (4.51), (4.52) und (4.53)

$$\hat{a}_0(\varrho) = 0 \ , \tag{4.54}$$
$$\hat{a}_k(\varrho) = k \, b_k(\varrho) \ , \tag{4.55}$$
$$\hat{b}_k(\varrho) = -k \, a_k(\varrho) \tag{4.56}$$

für fast jedes feste $\varrho \in (\varrho_0, R)$, was auch durch [27, Theorem 27] bestätigt wird.

Gleichzeitig folgern wir mithilfe der Parsevalschen Gleichung, die wir beispielsweise in [20, Theorem 5.27] finden,

$$\frac{|\hat{a}_0(\varrho)|^2}{2} + \sum_{k=1}^{\infty} \left(|\hat{a}_k(\varrho)|^2 + |\hat{b}_k(\varrho)|^2 \right) = \frac{1}{\pi} \int_0^{2\pi} (\tilde{g}_\theta(\varrho, \theta))^2 \, d\theta < +\infty \qquad (4.57)$$

und speziell

$$\sum_{k=1}^{\infty} k^2 \left(|a_k(\varrho)|^2 + |b_k(\varrho)|^2 \right) < +\infty$$

für fast jedes $\varrho \in (\varrho_0, R)$.
Die Höldersche Ungleichung für Reihen liefert uns somit

$$\sum_{k=1}^{\infty} \sqrt{|a_k(\varrho)|^2 + |b_k(\varrho)|^2} = \sum_{k=1}^{\infty} \frac{1}{k} \, k \, \sqrt{|a_k(\varrho)|^2 + |b_k(\varrho)|^2}$$

$$\leq \left(\sum_{k=1}^{\infty} k^2 \left(|a_k(\varrho)|^2 + |b_k(\varrho)|^2 \right) \right)^{\frac{1}{2}} \left(\sum_{k=1}^{\infty} \frac{1}{k^2} \right)^{\frac{1}{2}} < +\infty$$

für fast alle $\varrho \in (\varrho_0, R)$.
Wir beachten noch

$$|a_k(\varrho)| + |b_k(\varrho)| \leq 2\sqrt{|a_k(\varrho)|^2 + |b_k(\varrho)|^2}$$

für alle $k \in \mathbb{N}$ und fast alle $\varrho \in (\varrho_0, R)$ unter Nutzung der Ungleichung vom arithmetischen und geometrischen Mittel. Infolgedessen erhalten wir mithilfe des Weierstraßschen M-Tests, den wir beispielsweise in [61, Kap. II, §2, Satz 3] finden, die absolute und gleichmäßige Konvergenz der Reihe

$$\frac{a_0(\varrho)}{2} + \sum_{k=1}^{\infty} \left(a_k(\varrho) \cos(k\theta) + b_k(\varrho) \sin(k\theta) \right)$$

auf $[0, 2\pi]$ für fast alle $\varrho \in (\varrho_0, R)$.
Wir erinnern uns an die Darstellungen (4.47), (4.48) und (4.49) für die auf (ϱ_0, R) absolut stetigen Funktionen $a_0(\varrho)$, $a_k(\varrho)$ und $b_k(\varrho)$. Diese sind dementsprechend fast überall auf (ϱ_0, R) differenzierbar und wir ermitteln

$$a_0'(\varrho) = \frac{1}{\pi} \int_0^{2\pi} \tilde{g}_\varrho(\varrho, \theta) \, d\theta \, , \qquad (4.58)$$

$$a_k'(\varrho) = \frac{1}{\pi} \int_0^{2\pi} \tilde{g}_\varrho(\varrho, \theta) \cos(k\theta) \, d\theta \, , \qquad (4.59)$$

$$b_k'(\varrho) = \frac{1}{\pi} \int_0^{2\pi} \tilde{g}_\varrho(\varrho, \theta) \sin(k\theta) \, d\theta \qquad (4.60)$$

für fast alle $\varrho \in (\varrho_0, R)$.

Da $\tilde{g}_\varrho(\varrho, \cdot) \in L^2((0, 2\pi))$ für fast alle $\varrho \in (\varrho_0, R)$ gilt, erkennen wir in (4.58), (4.59) und (4.60) die Fourierkoeffizienten von $\tilde{g}_\varrho(\varrho, \cdot)$ für fast alle $\varrho \in (\varrho_0, R)$. Die Parsevalsche Gleichung liefert uns daher

$$\frac{1}{\pi} \int_0^{2\pi} (\tilde{g}_\varrho(\varrho, \theta))^2 \, d\theta = \frac{a_0'(\varrho)^2}{2} + \sum_{k=1}^\infty \left(a_k'(\varrho)^2 + b_k'(\varrho)^2 \right) \tag{4.61}$$

für fast alle $\varrho \in (\varrho_0, R)$.
Zusammenfassend ergibt sich aus (4.61) und (4.57) unter Beachtung von (4.54), (4.55) sowie (4.56)

$$\int_0^{2\pi} (\tilde{g}_\varrho(\varrho, \theta))^2 + \frac{1}{\varrho^2} (\tilde{g}_\theta(\varrho, \theta))^2 \, d\theta$$
$$= \pi \left[\frac{a_0'(\varrho)^2}{2} + \sum_{k=1}^\infty \left(a_k'(\varrho)^2 + b_k'(\varrho)^2 + \frac{k^2 (a_k(\varrho)^2 + b_k(\varrho)^2)}{\varrho^2} \right) \right] \tag{4.62}$$

für fast alle $\varrho \in (\varrho_0, R)$.
Wir bemerken, dass alle bisherigen Ergebnisse für beliebiges $\varrho_0 \in (0, \frac{R}{2})$ richtig sind. Die Ergebnisse lassen sich ohne Probleme auch für $\varrho_0 \in [\frac{R}{2}, R)$ übertragen, da in diesem Fall insbesondere $(\varrho_0, R) \subset (\frac{R}{4}, R)$ gilt und die für $\varrho_0 \in (0, \frac{R}{2})$ hergeleiteten Eigenschaften stets auf Teilmengen gültig bleiben. Die ursprüngliche Einschränkung $\varrho_0 \in (0, \frac{R}{2})$ hatte lediglich Auswirkungen auf die Wahl von ϱ_1 in (4.43) und diente der Vereinfachung des Beweises.
Um schließlich den Beweis zu beenden, führen wir zu beliebigem $\varrho_0 \in (0, R)$ mittels

$$\chi_{(\varrho_0, R)}(\varrho) := \begin{cases} 1 & \text{für } \varrho \in (\varrho_0, R), \\ 0 & \text{für } \varrho \notin (\varrho_0, R) \end{cases}$$

die charakteristische Funktion für das Intervall (ϱ_0, R) ein.
Wir beachten aufgrund des Transformationssatzes aus [46, Corollary 8.23]

$$\int_0^R \int_0^{2\pi} \chi_{(\varrho_0, R)}(\varrho) \left[\varrho \left((\tilde{g}_\varrho(\varrho, \theta))^2 + \frac{1}{\varrho^2} (\tilde{g}_\theta(\varrho, \theta))^2 \right) \right] d\theta \, d\varrho$$
$$= \int_{\varrho_0}^R \int_0^{2\pi} \varrho \left((\tilde{g}_\varrho(\varrho, \theta))^2 + \frac{1}{\varrho^2} (\tilde{g}_\theta(\varrho, \theta))^2 \right) d\theta \, d\varrho \tag{4.63}$$
$$= \mathcal{D}(g, B(w_0, R) \setminus \overline{B(w_0, \varrho_0)})$$
$$\leq \mathcal{D}(g, B(w_0, R))$$

für alle $\varrho_0 \in (0, R)$.
Indem wir (4.62) in (4.63) verwenden, ergibt sich mithilfe des allgemeinen Konvergenzsatzes von Beppo Levi, welchen wir beispielsweise [61, Kap. VIII, §4, Satz 5] entnehmen können, durch den Grenzübergang $\varrho_0 \downarrow 0$ die gewünschte Formel. Dies vervollständigt den Beweis. $\qquad\Box$

Bevor wir uns mit der harmonischen Ersetzung und ihrem Dirichlet-Integral befassen, ist es hilfreich, zunächst einige vorbereitende Ergebnisse zu sammeln. Diese gehen der Frage einer sinnvollen Begriffsbildung für Randwerte von Funktionen aus dem Sobolev-Raum $W^{1,q}(G)$ nach. Wir notieren zunächst den folgenden Satz aus [18, Chap. 5.3, Theorem 3].

Satz 4.7 (Dichtheit von $C^\infty(\overline{G})$ in $W^{1,q}(G)$). *Es sei $G \subset \mathbb{R}^m$ ein beschränktes C^1-Gebiet und $q \in [1, +\infty)$. Dann liegt der Raum $C^\infty(\overline{G}) \cap W^{1,q}(G)$ dicht in $W^{1,q}(G)$.*

Von zentraler Bedeutung für die Untersuchung von Randwerten ist die Existenz des sogenannten Spuroperators. Dazu wollen wir [18, Chap. 5.5, Theorem 1] die nachstehende Aussage entnehmen.

Satz 4.8 (Spuroperator). *Sei $G \subset \mathbb{R}^m$ ein beschränktes C^1-Gebiet und $q \in [1, +\infty)$. Dann existiert ein beschränkter, linearer Operator $\mathrm{Tr}: W^{1,q}(G) \to L^q(\partial G)$, sodass*

$$\mathrm{Tr}[g] = g|_{\partial G} \tag{4.64}$$

für alle $g \in W^{1,q}(G) \cap C^0(\overline{G})$ und

$$\|\mathrm{Tr}[g]\|_{L^q(\partial G)} \le C_{\mathrm{Tr}}(G,q) \, \|g\|_{W^{1,q}(G)}$$

für alle $g \in W^{1,q}(G)$ gilt, wobei C_{Tr} eine Konstante ist, die nur von G und q abhängig ist.

Dementsprechend erhalten wir den Begriff der Spur.

Definition 4.1 (Spur). Wir nennen $\mathrm{Tr}[g]$ die Spur von $g \in W^{1,q}(G)$ auf ∂G.

Ergänzend dazu beachten wir das folgende Ergebnis aus [18, Chap. 5.5, Theorem 2], welches ein Kriterium für eine verschwindende Spur einer Funktion aus $W^{1,q}(G)$ liefert.

Satz 4.9 (Spur-Charakterisierung von $W_0^{1,q}(G)$). *Seien $G \subset \mathbb{R}^m$ ein beschränktes C^1-Gebiet und $g \in W^{1,q}(G)$, $1 \le q < +\infty$. Dann gilt $\mathrm{Tr}[g] = 0$ genau dann, wenn $g \in W_0^{1,q}(G)$ richtig ist.*

Bemerkung 4.5. Die Sätze 4.7, 4.8 und 4.9 können hinsichtlich der betrachteten Mengen verallgemeinert werden. Es genügt, wenn diese einen Lipschitz-Rand besitzen beziehungsweise einer sogenannten Segmenteigenschaft genügen. Untersuchungen dazu können [1, Theorem 3.18] und [46, Theorem 10.29, Theorem 15.23, Theorem 15.29] entnommen werden.

Wir möchten noch den folgenden Gedanken aus dem Beweis des Satzes 4.8, der sich in [18, Chap. 5.5, Theorem 1] befindet, aufgreifen. Für ein beschränktes C^1-Gebiet G und ein $g \in W^{1,q}(G)$ können wir aufgrund des Satzes 4.7 eine Folge $\{g_l\}_{l=1,2,\dots}$ in $C^\infty(\overline{G}) \cap W^{1,q}(G)$ mit

$$\lim_{l \to \infty} \|g - g_l\|_{W^{1,q}(G)} = 0$$

finden. Insbesondere bildet die Folge $\{g_l\}_{l=1,2,\dots}$ eine Cauchy-Folge in $W^{1,q}(G)$. Wir erhalten daher mithilfe des Satzes 4.8

$$\|g_l - g_k\|_{L^q(\partial G)} = \|\mathrm{Tr}[g_l] - \mathrm{Tr}[g_k]\|_{L^q(\partial G)} \le C_{\mathrm{Tr}}(G,q) \, \|g_l - g_k\|_{W^{1,q}(G)}$$

und erkennen, dass die Folge $\{g_l\}_{l=1,2,\ldots}$ auch in $L^q(\partial G)$ eine Cauchy-Folge ist. Den Grenzwert definieren wir schließlich als $\mathrm{Tr}[g]$ und bemerken, dass dieser unabhängig von der Wahl der approximierenden Folge $\{g_l\}_{l=1,2,\ldots}$ ist. Unter zusätzlicher Berücksichtigung des Satzes 4.9 erweitern wir den Begriff der Spur wie folgt.

Definition 4.2 (L^q-Randwerte). Zwei Funktionen $g_1, g_2 \in W^{1,q}(G)$ stimmen im Sinne der L^q-Norm auf dem Rand ∂G überein, wenn $g_1 - g_2 \in W_0^{1,q}(G)$ gilt. Ist G ein beschränktes C^1-Gebiet, bezeichnen wir $\mathrm{Tr}[g]$ auch als L^q-Randwerte von $g \in W^{1,q}(G)$.

Wir können damit die harmonische Ersetzung einer Funktion erklären.

Definition 4.3 (Harmonische Ersetzung). Es seien $G \subset \mathbb{R}^m$ ein beschränktes Lipschitz-Gebiet und $g_0 \in W^{1,2}(G)$. Wir bezeichnen die Funktion $\mathcal{H}(g_0, G)$ als harmonische Ersetzung von g_0 in G, die auf dem Rand ∂G mit g_0 im Sinne der L^2-Norm übereinstimmt, falls

i) $\mathcal{H}(g_0, G)$ in G harmonisch ist und

ii) $\mathcal{H}(g_0, G) - g_0 \in W_0^{1,2}(G)$ gilt.

Bemerkung 4.6. Gemäß den Darstellungen in [11, S. 117-118] ist es stets möglich, eine eindeutige Funktion zu finden, die den Bedingungen i) und ii) der Definition 4.3 genügt. Dazu wird das Variationsproblem für das Dirichlet-Integral auf der Menge $\{g \in W^{1,2}(G) : g - g_0 \in W_0^{1,2}(G)\}$ eindeutig gelöst und mithilfe des Lemmas von Weyl gezeigt, dass diese Lösung harmonisch ist. Die harmonische Ersetzung ist somit wohldefiniert.

Wir wollen nun das Dirichlet-Integral der harmonischen Ersetzung herleiten. Dafür orientieren wir uns an der knappen Ausführung in [51, Chap. III, Lemma 6.2], welche das Dirichlet-Integral einer harmonischen Funktion mit L^2-Randwerten beinhaltet. Im entsprechenden Beweis wird eine Darstellung der harmonischen Funktion vorausgesetzt und anschließend das Lemma 4.2 angewendet. Unbetrachtet bleibt dort allerdings, ob diese Darstellung der Definition einer harmonischen Ersetzung genügt. Die Bemerkung 4.6 liefert uns zwar die Existenz und die Eindeutigkeit einer harmonischen Ersetzung, lässt jedoch die Frage nach ihrer Darstellung unbeantwortet. Wir wollen diese Lücke daher in unserem Beweis schließen. Hierfür nutzen wir Ergebnisse über harmonische Hardy-Räume. Wir beachten, dass uns das Maximumprinzip für harmonische Funktionen verwehrt bleibt, da Randstetigkeit nicht gegeben ist.

Lemma 4.3 (Dirichlet-Integral der harmonischen Ersetzung). *Vorgelegt seien* $B(w_0, R) \subset \mathbb{R}^2$ *und* $g_0 \in W^{1,2}(B(w_0, R), \mathbb{R})$. *Zudem besitze* g_0 *Randwerte im Sinne der* L^2*-Norm, die auf* $\partial B(w_0, R)$ *durch*

$$\frac{a_0}{2} + \sum_{k=1}^{\infty} a_k \cos(k\theta) + b_k \sin(k\theta)$$

mit gewissen Koeffizienten a_0, a_k *und* b_k *darstellbar sind.*
Dann gilt für die harmonische Ersetzung $g := \mathcal{H}(g_0, B(w_0, R))$ *von* g_0 *in* $B(w_0, R)$

$$\mathcal{D}(g, B(w_0, R)) = \pi \sum_{k=1}^{\infty} k \left(a_k^2 + b_k^2 \right).$$

Beweis. Entsprechend [11, Theorem 3.1, Remark 3.2, Theorem 4.7 und Remark 4.8] gibt es genau eine harmonische Funktion $g \in W^{1,2}(B(w_0, R)) \cap C^\infty(B(w_0, R))$ mit $g - g_0 \in W_0^{1,2}(B(w_0, R))$.

Zunächst bemerken wir mit Polarkoordinaten um w_0

$$\|g\|_{L^2(\partial B(w_0, \varrho))}^2 = \int\limits_{\partial B(w_0, \varrho)} |g(w)|^2 \, \mathrm{d}s(w) = \varrho \int\limits_0^{2\pi} |g(w_0 + \varrho\, \mathrm{e}^{\mathrm{i}\theta})|^2 \, \mathrm{d}\theta \qquad (4.65)$$

für $0 < \varrho < R$.

Indem wir $\hat{g}_\varrho(w) := g(w_0 + \varrho w)$ für jedes $\varrho \in (0, R)$ setzen, erhalten wir insbesondere $\hat{g}_\varrho \in W^{1,2}(B(0, \frac{R}{\varrho})) \cap C^\infty(B(0, \frac{R}{\varrho}))$ unter Verwendung des Satzes 4.6 und somit auch $\hat{g}_\varrho \in W^{1,2}(B(0,1)) \cap C^\infty(\overline{B(0,1)})$ für alle $\varrho \in (0, R)$.

Mithilfe des Satzes 4.8 und einer entsprechenden Konstante $C_{\mathrm{Tr}} := C_{\mathrm{Tr}}(B(0,1))$ folgt daher

$$\int\limits_0^{2\pi} |g(w_0 + \varrho\, \mathrm{e}^{\mathrm{i}\theta})|^2 \, \mathrm{d}\theta = \int\limits_0^{2\pi} |\hat{g}_\varrho(\mathrm{e}^{\mathrm{i}\theta})|^2 \, \mathrm{d}\theta = \|\hat{g}_\varrho\|_{L^2(\partial B(0,1))}^2$$
$$\leq C_{\mathrm{Tr}}^2 \, \|\hat{g}_\varrho\|_{W^{1,2}(B(0,1))}^2 \qquad (4.66)$$

für jedes $\varrho \in (0, R)$.

Wir erhalten zudem

$$\|\hat{g}_\varrho\|_{W^{1,2}(B(0,1))}^2 = \int\limits_{B(0,1)} |\hat{g}_\varrho(w)|^2 \, \mathrm{d}w + \int\limits_{B(0,1)} |\nabla \hat{g}_\varrho(w)|^2 \, \mathrm{d}w$$
$$= \int\limits_{B(0,1)} |g(w_0 + \varrho w)|^2 \, \mathrm{d}w + \int\limits_{B(0,1)} |\nabla g(w_0 + \varrho w)\, \varrho|^2 \, \mathrm{d}w$$
$$= \frac{1}{\varrho^2} \int\limits_{B(w_0, \varrho)} |g(w)|^2 \, \mathrm{d}w + \int\limits_{B(w_0, \varrho)} |\nabla g(w)|^2 \, \mathrm{d}w$$
$$\leq \left(\frac{1}{\varrho^2} + 1 \right) \|g\|_{W^{1,2}(B(w_0, R))}^2$$

und schließen daher aus (4.66)

$$\int\limits_0^{2\pi} |g(w_0 + \varrho\, \mathrm{e}^{\mathrm{i}\theta})|^2 \, \mathrm{d}\theta \leq C_{\mathrm{Tr}}^2 \left(\frac{1}{\varrho^2} + 1 \right) \|g\|_{W^{1,2}(B(w_0, R))}^2 \qquad (4.67)$$

sowie unter zusätzlicher Beachtung von (4.65)

$$\|g\|_{L^2(\partial B(w_0, \varrho))}^2 \leq C_{\mathrm{Tr}}^2 \left(\frac{1}{\varrho} + \varrho \right) \|g\|_{W^{1,2}(B(w_0, R))}^2$$

für alle $\varrho \in (0, R)$.

Wegen [17, Chap. 1.3, Example 2] erkennen wir $|g|^2$ als subharmonisch in $B(w_0, R)$ und folgern unter Verwendung von [17, Theorem 1.6] für $0 \leq \varrho_1 < \varrho_2 < R$

$$\int\limits_0^{2\pi} |g(w_0 + \varrho_1\, \mathrm{e}^{\mathrm{i}\theta})|^2 \, \mathrm{d}\theta \leq \int\limits_0^{2\pi} |g(w_0 + \varrho_2\, \mathrm{e}^{\mathrm{i}\theta})|^2 \, \mathrm{d}\theta \, . \qquad (4.68)$$

Damit ergibt sich aus der Kombination von (4.67) und (4.68)

$$\sup_{0 \leq \varrho < R} \int_0^{2\pi} |g(w_0 + \varrho\, e^{i\theta})|^2 \, d\theta \leq \sup_{\frac{R}{2} \leq \varrho < R} \int_0^{2\pi} |g(w_0 + \varrho\, e^{i\theta})|^2 \, d\theta$$

$$\leq C_{\mathrm{Tr}}^2 \left(\frac{4}{R^2} + 1 \right) \|g\|_{W^{1,2}(B(w_0,R))}^2 < +\infty$$

unter Ausnutzung von $g \in W^{1,2}(B(w_0, R))$.

Infolgedessen erkennen wir die Funktion g als ein Element eines harmonischen Hardy-Raumes gemäß [3, S. 103]. Speziell finden wir auf der Grundlage von [3, Theorem 6.12] ein eindeutig bestimmtes Element $\tilde{g} \in L^2(\partial B(w_0, R))$, sodass

$$g(w) = \frac{1}{2\pi R} \int_{\partial B(w_0,R)} \frac{|\zeta - w_0|^2 - |w - w_0|^2}{|w - \zeta|^2} \, \tilde{g}(\zeta) \, ds(\zeta)$$

$$= \frac{1}{2\pi} \int_0^{2\pi} \frac{R^2 - \varrho^2}{R^2 - 2\varrho R \cos(\tau - \theta) + \varrho^2} \, \tilde{g}(w_0 + R\, e^{i\tau}) \, d\tau \tag{4.69}$$

für $w = w_0 + \varrho\, e^{i\theta} \in B(w_0, R)$ gilt.

Analog zur Darstellung in [59, Kap. V, §4] berechnen wir mit $\zeta = w_0 + R\, e^{i\tau}$ und $w = w_0 + \varrho\, e^{i\theta}$ für $0 \leq \varrho < R$

$$\frac{|\zeta - w_0|^2 - |w - w_0|^2}{|w - \zeta|^2} = \frac{R^2 - \varrho^2}{|\varrho\, e^{i\theta} - R\, e^{i\tau}|^2} = \frac{1 - \left(\frac{\varrho}{R}\right)^2}{|1 - \frac{\varrho}{R}\, e^{i(\theta - \tau)}|^2}$$

$$= \frac{1 - \left(\frac{\varrho}{R}\right)^2}{\left(1 - \frac{\varrho}{R}\, e^{i(\theta-\tau)}\right)\left(1 - \frac{\varrho}{R}\, e^{-i(\theta-\tau)}\right)}$$

und mithilfe der geometrischen Reihe

$$\frac{1 - \left(\frac{\varrho}{R}\right)^2}{\left(1 - \frac{\varrho}{R}\, e^{i(\theta-\tau)}\right)\left(1 - \frac{\varrho}{R}\, e^{-i(\theta-\tau)}\right)} = -1 + \frac{1}{1 - \frac{\varrho}{R}\, e^{i(\theta-\tau)}} + \frac{1}{1 - \frac{\varrho}{R}\, e^{-i(\theta-\tau)}}$$

$$= -1 + \sum_{k=0}^{\infty} \left(\frac{\varrho}{R}\right)^k e^{ik(\theta-\tau)} + \sum_{k=0}^{\infty} \left(\frac{\varrho}{R}\right)^k e^{-ik(\theta-\tau)}$$

$$= 1 + 2\sum_{k=1}^{\infty} \left(\frac{\varrho}{R}\right)^k \cos(k(\theta - \tau)) \, .$$

Nutzen wir zusätzlich

$$\cos(k(\theta - \tau)) = \cos(k\theta)\cos(k\tau) + \sin(k\theta)\sin(k\tau)$$

für jedes $k \in \mathbb{N}$, ermitteln wir

$$\frac{|\zeta - w_0|^2 - |w - w_0|^2}{|w - \zeta|^2} = 1 + 2\sum_{k=1}^{\infty} \left(\frac{\varrho}{R}\right)^k \left(\cos(k\theta)\cos(k\tau) + \sin(k\theta)\sin(k\tau)\right)$$

für $w = w_0 + \varrho\, e^{i\theta} \in B(w_0, R)$ und $\zeta = w_0 + R\, e^{i\tau} \in \partial B(w_0, R)$.

Aus (4.69) erhalten wir demnach

$$g(w_0 + \varrho\, e^{i\theta}) = \frac{1}{2\pi} \int\limits_0^{2\pi} \tilde{g}(w_0 + R\, e^{i\tau})\, d\tau$$

$$+ \sum_{k=1}^{\infty} \left(\frac{\varrho}{R}\right)^k \cos(k\theta) \left(\frac{1}{\pi} \int\limits_0^{2\pi} \cos(k\tau)\tilde{g}(w_0 + R\, e^{i\tau})\, d\tau\right)$$

$$+ \sum_{k=1}^{\infty} \left(\frac{\varrho}{R}\right)^k \sin(k\theta) \left(\frac{1}{\pi} \int\limits_0^{2\pi} \sin(k\tau)\tilde{g}(w_0 + R\, e^{i\tau})\, d\tau\right)$$

für $w = w_0 + \varrho\, e^{i\theta} \in B(w_0, R)$.
Durch die Setzungen

$$\alpha_0 := \frac{1}{\pi} \int\limits_0^{2\pi} \tilde{g}(w_0 + R\, e^{i\tau})\, d\tau\ ,$$

$$\alpha_k := \frac{1}{\pi} \int\limits_0^{2\pi} \tilde{g}(w_0 + R\, e^{i\tau}) \cos(k\tau)\, d\tau\ ,$$

$$\beta_k := \frac{1}{\pi} \int\limits_0^{2\pi} \tilde{g}(w_0 + R\, e^{i\tau}) \sin(k\tau)\, d\tau$$

folgern wir die Darstellung

$$g(w_0 + \varrho\, e^{i\theta}) = \frac{\alpha_0}{2} + \sum_{k=1}^{\infty} \left(\frac{\varrho}{R}\right)^k (\alpha_k \cos(k\theta) + \beta_k \sin(k\theta))$$

für $w = w_0 + \varrho\, e^{i\theta} \in B(w_0, R)$.
Gleichzeitig entspricht

$$\frac{\alpha_0}{2} + \sum_{k=1}^{\infty} (\alpha_k \cos(k\theta) + \beta_k \sin(k\theta))$$

der Fourier-Darstellung von $\tilde{g} \in L^2(\partial B(w_0, R))$.
Wir wollen nun erkennen, dass $\tilde{g}$ und $\mathrm{Tr}[g]$ auf $\partial B(w_0, R)$ im Sinne der L^2-Norm übereinstimmen. Dafür bemerken wir wegen des glatten Randes von $B(w_0, R)$, dass es aufgrund des Satzes 4.7 eine Folge $\{g_l\}_{l=1,2,\dots}$ in $W^{1,2}(B(w_0, R)) \cap C^{\infty}(\overline{B(w_0, R)})$ mit

$$\lim_{l\to\infty} \|g - g_l\|_{W^{1,2}(B(w_0,R))} = 0 \tag{4.70}$$

gibt.
Analog zu (4.65) beachten wir

$$\|\tilde{g} - \mathrm{Tr}[g]\|_{L^2(\partial B(w_0,R))}^2 = R \int\limits_0^{2\pi} |\tilde{g}(w_0 + R\, e^{i\theta}) - \mathrm{Tr}[g](w_0 + R\, e^{i\theta})|^2\, d\theta$$

und fügen innerhalb des Betrags auf der rechten Seite $\pm g(w_0 + \varrho\,\mathrm{e}^{\mathrm{i}\theta})$, $\pm g_l(w_0 + \varrho\,\mathrm{e}^{\mathrm{i}\theta})$ sowie $\pm g_l(w_0 + R\,\mathrm{e}^{\mathrm{i}\theta})$ ein, wobei $\varrho \in (0, R)$ und $l \in \mathbb{N}$ zunächst beliebig sind.
Unter mehrfacher Verwendung des Lemmas 2.2 ergibt sich dann

$$
\begin{aligned}
\|\tilde{g} - \mathrm{Tr}[g]\|_{L^2(\partial B(w_0,R))}^2 \leq{} & 4R \int_0^{2\pi} |\tilde{g}(w_0 + R\,\mathrm{e}^{\mathrm{i}\theta}) - g(w_0 + \varrho\,\mathrm{e}^{\mathrm{i}\theta})|^2 \,\mathrm{d}\theta \\
& + 4R \int_0^{2\pi} |g(w_0 + \varrho\,\mathrm{e}^{\mathrm{i}\theta}) - g_l(w_0 + \varrho\,\mathrm{e}^{\mathrm{i}\theta})|^2 \,\mathrm{d}\theta \\
& + 4R \int_0^{2\pi} |g_l(w_0 + \varrho\,\mathrm{e}^{\mathrm{i}\theta}) - g_l(w_0 + R\,\mathrm{e}^{\mathrm{i}\theta})|^2 \,\mathrm{d}\theta \\
& + 4R \int_0^{2\pi} |g_l(w_0 + R\,\mathrm{e}^{\mathrm{i}\theta}) - \mathrm{Tr}[g](w_0 + R\,\mathrm{e}^{\mathrm{i}\theta})|^2 \,\mathrm{d}\theta
\end{aligned}
\tag{4.71}
$$

für jedes $\varrho \in (0, R)$ und $l \in \mathbb{N}$.
Analog zu (4.67) erhalten wir

$$
\int_0^{2\pi} |g(w_0 + \varrho\,\mathrm{e}^{\mathrm{i}\theta}) - g_l(w_0 + \varrho\,\mathrm{e}^{\mathrm{i}\theta})|^2 \,\mathrm{d}\theta \leq C_{\mathrm{Tr}}^2 \left(\frac{1}{\varrho^2} + 1 \right) \|g - g_l\|_{W^{1,2}(B(w_0,R))}^2
$$

für alle $\varrho \in (0, R)$ und $l \in \mathbb{N}$ beziehungsweise

$$
\int_0^{2\pi} |g(w_0 + \varrho\,\mathrm{e}^{\mathrm{i}\theta}) - g_l(w_0 + \varrho\,\mathrm{e}^{\mathrm{i}\theta})|^2 \,\mathrm{d}\theta \leq C_{\mathrm{Tr}}^2 \left(\frac{4}{R^2} + 1 \right) \|g - g_l\|_{W^{1,2}(B(w_0,R))}^2 \tag{4.72}
$$

für $\varrho \in [\frac{R}{2}, R)$ und $l \in \mathbb{N}$.
Der Satz 4.8 liefert uns

$$
\begin{aligned}
R \int_0^{2\pi} |g_l(w_0 + R\,\mathrm{e}^{\mathrm{i}\theta}) - \mathrm{Tr}[g](w_0 + R\,\mathrm{e}^{\mathrm{i}\theta})|^2 \,\mathrm{d}\theta &= \|g_l - \mathrm{Tr}[g]\|_{L^2(\partial B(w_0,R))}^2 \\
&= \|\mathrm{Tr}[g_l - g]\|_{L^2(\partial B(w_0,R))}^2 \\
&\leq \tilde{C}_{\mathrm{Tr}}^2 \|g_l - g\|_{W^{1,2}(B(w_0,R))}^2
\end{aligned}
\tag{4.73}
$$

mit $\tilde{C}_{\mathrm{Tr}} := C_{\mathrm{Tr}}(B(w_0, R))$.
Daher erhalten wir aus (4.71) mit (4.72) und (4.73) für alle $\varrho \in [\frac{R}{2}, R)$ und $l \in \mathbb{N}$

$$
\begin{aligned}
\|\tilde{g} - \mathrm{Tr}[g]\|_{L^2(\partial B(w_0,R))}^2 \leq{} & 4R \int_0^{2\pi} |\tilde{g}(w_0 + R\,\mathrm{e}^{\mathrm{i}\theta}) - g(w_0 + \varrho\,\mathrm{e}^{\mathrm{i}\theta})|^2 \,\mathrm{d}\theta \\
& + 4R \int_0^{2\pi} |g_l(w_0 + \varrho\,\mathrm{e}^{\mathrm{i}\theta}) - g_l(w_0 + R\,\mathrm{e}^{\mathrm{i}\theta})|^2 \,\mathrm{d}\theta \\
& + 4 \left(C_{\mathrm{Tr}}^2 \left(\frac{4}{R} + R \right) + \tilde{C}_{\mathrm{Tr}}^2 \right) \|g - g_l\|_{W^{1,2}(B(w_0,R))}^2 \ .
\end{aligned}
\tag{4.74}
$$

Es sei nun $\varepsilon > 0$ beliebig gewählt. Wegen (4.70) finden wir ein $l_0 \in \mathbb{N}$, sodass

$$4 \left(C_{\mathrm{Tr}}^2 \left(\frac{4}{R} + R \right) + \tilde{C}_{\mathrm{Tr}}^2 \right) \|g - g_{l_0}\|_{W^{1,2}(B(w_0,R))}^2 < \frac{\varepsilon}{2} \tag{4.75}$$

richtig ist.

Da zudem $g_{l_0} \in C^\infty(\overline{B(w_0,R)})$ gilt und g_{l_0} somit insbesondere gleichmäßig stetig auf $\overline{B(w_0,R)}$ ist, folgt unmittelbar

$$\lim_{\varrho \to R} \int_0^{2\pi} |g_{l_0}(w_0 + \varrho \, \mathrm{e}^{\mathrm{i}\theta}) - g_{l_0}(w_0 + R \, \mathrm{e}^{\mathrm{i}\theta})|^2 \, \mathrm{d}\theta = 0 \, .$$

Unter Beachtung von [41, S. 9] ist zudem

$$\lim_{\varrho \to R} \int_0^{2\pi} |\tilde{g}(w_0 + R \, \mathrm{e}^{\mathrm{i}\theta}) - g(w_0 + \varrho \, \mathrm{e}^{\mathrm{i}\theta})|^2 \, \mathrm{d}\theta = 0$$

gegeben.

Demnach finden wir ein $\varrho_0 \in [\frac{R}{2}, R)$, sodass

$$4R \int_0^{2\pi} |\tilde{g}(w_0 + R \, \mathrm{e}^{\mathrm{i}\theta}) - g(w_0 + \varrho_0 \, \mathrm{e}^{\mathrm{i}\theta})|^2 \, \mathrm{d}\theta < \frac{\varepsilon}{4} \tag{4.76}$$

und

$$4R \int_0^{2\pi} |g_{l_0}(w_0 + \varrho_0 \, \mathrm{e}^{\mathrm{i}\theta}) - g_{l_0}(w_0 + R \, \mathrm{e}^{\mathrm{i}\theta})|^2 \, \mathrm{d}\theta < \frac{\varepsilon}{4} \tag{4.77}$$

gültig sind.

Infolgedessen ergibt sich mit (4.75), (4.76) und (4.77) in (4.74)

$$\|\tilde{g} - \mathrm{Tr}[g]\|_{L^2(\partial B(w_0,R))}^2 < \varepsilon$$

und aufgrund der beliebigen Wahl von ε muss schließlich

$$\|\tilde{g} - \mathrm{Tr}[g]\|_{L^2(\partial B(w_0,R))} = 0$$

erfüllt sein.

Somit erhalten wir unter Verwendung des Satzes 4.9 wegen $g - g_0 \in W_0^{1,2}(B(w_0,R))$

$$\alpha_0 = a_0 \, ,$$
$$\alpha_k = a_k \, ,$$
$$\beta_k = b_k$$

und dementsprechend für jedes $w = w_0 + \varrho \, \mathrm{e}^{\mathrm{i}\theta} \in B(w_0, R)$

$$g(w_0 + \varrho \, \mathrm{e}^{\mathrm{i}\theta}) = \frac{a_0}{2} + \sum_{k=1}^{\infty} \left(\frac{\varrho}{R} \right)^k \left(a_k \cos(k\theta) + b_k \sin(k\theta) \right) \, .$$

Wir setzen $\tilde{a}_0(\varrho) := a_0$,

$$\tilde{a}_k(\varrho) := \left(\frac{\varrho}{R}\right)^k a_k \quad \text{sowie} \quad \tilde{b}_k(\varrho) := \left(\frac{\varrho}{R}\right)^k b_k$$

und verwenden diese Koeffizienten im Lemma 4.2. Es ergibt sich

$$\mathcal{D}(g, B(w_0, r)) = \pi \int\limits_0^r \varrho \left[\sum_{k=1}^\infty \left(\left(\frac{k\,a_k}{R^k}\varrho^{k-1}\right)^2 + \left(\frac{k\,b_k}{R^k}\varrho^{k-1}\right)^2 + \frac{k^2\varrho^{2k}(a_k^2 + b_k^2)}{R^{2k}\varrho^2}\right)\right] d\varrho$$

$$= \pi \int\limits_0^r \left[\sum_{k=1}^\infty \frac{k^2}{R^{2k}}\left(a_k^2 + b_k^2\right)2\,\varrho^{2k-1}\right] d\varrho$$

für $0 < r < R$. Da die Reihe für $0 < \varrho \leq r < R$ absolut und gleichmäßig konvergiert, können wir die Integration auf jeden einzelnen Summanden anwenden und es folgt

$$\mathcal{D}(g, B(w_0, r)) = \pi \sum_{k=1}^\infty \frac{2k^2}{R^{2k}}\left(a_k^2 + b_k^2\right) \int\limits_0^r \varrho^{2k-1} d\varrho$$

$$= \pi \sum_{k=1}^\infty \frac{2k^2}{R^{2k}}\left(a_k^2 + b_k^2\right)\left[\frac{1}{2k}\varrho^{2k}\right]_{\varrho=0}^r = \pi \sum_{k=1}^\infty k\left(\frac{r}{R}\right)^{2k}\left(a_k^2 + b_k^2\right)$$

für $0 < r < R$.
Wegen

$$\mathcal{D}(g, B(w_0, r)) = \pi \sum_{k=1}^\infty k\left(\frac{r}{R}\right)^{2k}\left(a_k^2 + b_k^2\right) \leq \mathcal{D}(g, B(w_0, R)) < +\infty$$

für $0 < r < R$ folgt durch den Grenzübergang $r \to R$ die gewünschte Aussage. $\square$

Bemerkung 4.7. Gemäß dem Satz 4.7 finden wir zu einem beschränkten C^1-Gebiet G und einem $g \in W^{1,2}(G)$ stets eine Folge $\{g_l\}_{l=1,2,\dots}$ in $C^\infty(\overline{G}) \cap W^{1,2}(G)$, die in $W^{1,2}(G)$ gegen g konvergiert. Wie im Zusammenhang mit der Beweisidee zum Satz 4.8 angedeutet ergeben sich daraus die Randwerte von g als $\text{Tr}[g] \in L^2(\partial G)$. Handelt es sich bei G insbesondere um eine Kreisscheibe, können wir $\text{Tr}[g]$ stets als Fourierreihe

$$\frac{a_0}{2} + \sum_{k=1}^\infty a_k \cos(k\theta) + b_k \sin(k\theta)$$

auf dem Rand der Kreisscheibe mit gewissen Koeffizienten a_0, a_k und b_k auffassen und das Lemma 4.3 entsprechend anwenden.

Auf dem Weg zum Beweis der Hölder-Stetigkeit eines Minimierers X^* aus dem Satz 3.3 gelangen wir nun zu einem Ergebnis aus [51, Chap. III, Theorem 6.1]. Dieses verknüpft die Lemmata 4.2 und 4.3. Es kann als ein hinreichendes Kriterium für eine Funktion $X \in W^{1,2}(G)$ angesehen werden, um zu prüfen, dass X die Voraussetzung (4.41) des Dirichletschen Wachstumstheorems (Satz 4.5) erfüllt.
Im Vergleich zu [51] gehen wir hier präziser auf die Lösung der auftretenden Differentialgleichung ein.

Lemma 4.4 (Wachstumslemma). *Es seien die Kreisscheibe $B(w_0, R) \subset \mathbb{R}^2$ sowie* $X \colon B(w_0, R) \to \mathbb{R}^3 \in W^{1,2}(B(w_0, R))$ *mit*

$$\mathcal{D}(X, B(w_0, R)) = \|\nabla X\|^2_{L^2(B(w_0,R))} =: M_0 < +\infty$$

vorgelegt. Mit einer Konstante $C \geq 1$ sei zudem

$$\mathcal{D}(X, B(w_0, \varrho)) \leq C\, \mathcal{D}(\mathcal{H}(X, B(w_0, \varrho)), B(w_0, \varrho)) \qquad (4.78)$$

für alle $0 < \varrho \leq R$ richtig.
Dann gilt

$$\mathcal{D}(X, B(w_0, \varrho)) \leq M_0 \left(\frac{\varrho}{R}\right)^{\frac{1}{C}} \qquad (4.79)$$

für $0 \leq \varrho \leq R$.

Beweis. Zunächst bemerken wir für $X = (X_1, X_2, X_3)^{\mathrm{T}}$

$$\mathcal{D}(X, B(w_0, \varrho)) = \sum_{i=1}^{3} \mathcal{D}(X_i, B(w_0, \varrho))\,.$$

Unter Verwendung des Lemmas 4.2 für jede Komponente X_i erklären wir damit die gemäß Lemmata 2.11 und 2.12 auf $[0, R]$ absolut stetige Funktion

$$\Psi(\varrho) := \mathcal{D}(X, B(w_0, \varrho))$$
$$= \sum_{i=1}^{3} \pi \int_0^{\varrho} \tilde{\varrho} \left[\frac{a_{0,i}'(\tilde{\varrho})^2}{2} + \sum_{k=1}^{\infty} \left(a_{k,i}'(\tilde{\varrho})^2 + b_{k,i}'(\tilde{\varrho})^2 + \frac{k^2\left(a_{k,i}(\tilde{\varrho})^2 + b_{k,i}(\tilde{\varrho})^2\right)}{\tilde{\varrho}^2} \right) \right] \mathrm{d}\tilde{\varrho}$$

und beachten

$$\Psi'(\varrho) = \sum_{i=1}^{3} \pi \varrho \left[\frac{a_{0,i}'(\varrho)^2}{2} + \sum_{k=1}^{\infty} \left(a_{k,i}'(\varrho)^2 + b_{k,i}'(\varrho)^2 + \frac{k^2\left(a_{k,i}(\varrho)^2 + b_{k,i}(\varrho)^2\right)}{\varrho^2} \right) \right]$$

für fast alle $\varrho \in (0, R)$.
Mithilfe von (4.78) und der Lemmata 4.2 und 4.3 erhalten wir für fast alle $\varrho \in (0, R)$

$$\Psi(\varrho) \leq C\, \mathcal{D}(\mathcal{H}(X, B(w_0, \varrho)), B(w_0, \varrho)) = C \sum_{i=1}^{3} \pi \sum_{k=1}^{\infty} k \left(a_{k,i}(\varrho)^2 + b_{k,i}(\varrho)^2 \right)$$
$$\leq C \sum_{i=1}^{3} \pi \varrho^2 \sum_{k=1}^{\infty} \frac{k^2 \left(a_{k,i}(\varrho)^2 + b_{k,i}(\varrho)^2 \right)}{\varrho^2}$$
$$\leq C \sum_{i=1}^{3} \pi \varrho^2 \left[\frac{a_{0,i}'(\varrho)^2}{2} + \sum_{k=1}^{\infty} \left(\frac{k^2 \left(a_{k,i}(\varrho)^2 + b_{k,i}(\varrho)^2 \right)}{\varrho^2} + a_{k,i}'(\varrho)^2 + b_{k,i}'(\varrho)^2 \right) \right]$$
$$= C\, \varrho\, \Psi'(\varrho)$$

beziehungsweise kurz

$$\Psi(\varrho) \leq C\, \varrho\, \Psi'(\varrho)\,. \qquad (4.80)$$

Wir bemerken, dass Ψ auf $[0, R]$ schwach monoton steigend ist, da der Integrand in der Definition der Funktion Ψ stets nichtnegativ ist. Insbesondere gilt dementsprechend $\Psi(\varrho) = 0$ für alle $\varrho \in [0, \varrho_0]$, falls $\Psi(\varrho_0) = 0$ richtig ist.

Da im Falle von $\Psi(R) = M_0 = 0$ somit nichts zu zeigen wäre, wollen wir $M_0 > 0$ annehmen.

Wegen $\Psi(0) = 0$ sowie der Monotonie und der Stetigkeit der Funktion Ψ gibt es ein $\varrho_0 \in [0, R)$ mit

$$\Psi(\varrho) = 0 \qquad \text{für alle } \varrho \in [0, \varrho_0] \quad \text{und}$$
$$\Psi(\varrho) > 0 \qquad \text{für alle } \varrho \in (\varrho_0, R] \, ,$$

wobei der Fall $\varrho_0 = 0$ keine Einschränkung darstellt.

Für alle $\varrho \in [0, \varrho_0]$ ist die Abschätzung (4.79) somit direkt gegeben und wir beschränken die weiteren Betrachtungen auf das Intervall $(\varrho_0, R]$.

Wir erhalten aus (4.80)

$$\frac{1}{C} \frac{1}{\varrho} \leq \frac{\Psi'(\varrho)}{\Psi(\varrho)} = \frac{\mathrm{d}}{\mathrm{d}\varrho} \ln(\Psi(\varrho)) \tag{4.81}$$

für fast alle $\varrho \in (\varrho_0, R)$.

Sei nun $\varepsilon \in (0, R - \varrho_0)$ beliebig gewählt. Aus (4.81) folgt dann

$$\frac{1}{C} \left(\ln R - \ln \tilde{\varrho} \right) = \int_{\tilde{\varrho}}^{R} \frac{1}{C} \frac{1}{\varrho} \, \mathrm{d}\varrho \leq \int_{\tilde{\varrho}}^{R} \frac{\mathrm{d}}{\mathrm{d}\varrho} \ln(\Psi(\varrho)) \, \mathrm{d}\varrho \tag{4.82}$$

für jedes $\tilde{\varrho} \in [\varrho_0 + \varepsilon, R]$.

Da der natürliche Logarithmus auf dem Intervall $[\Psi(\varrho_0 + \varepsilon), \Psi(R)]$ eine beschränkte erste Ableitung besitzt und daher insbesondere auch Lipschitz-stetig auf dem Intervall $[\Psi(\varrho_0 + \varepsilon), \Psi(R)]$ ist, liefert uns das Lemma 2.9 die absolute Stetigkeit der Funktion $\ln \circ \Psi$ auf $[\varrho_0 + \varepsilon, R]$. Somit können wir auf das Integral der rechten Seite von (4.82) das Lemma 2.10 anwenden und ermitteln

$$\frac{1}{C} \left(\ln R - \ln \tilde{\varrho} \right) \leq \ln(\Psi(R)) - \ln(\Psi(\tilde{\varrho}))$$

beziehungsweise

$$\ln(\Psi(\tilde{\varrho})) \leq \ln(\Psi(R)) - \frac{1}{C} \ln \left(\frac{R}{\tilde{\varrho}} \right) = \ln \left(\Psi(R) \left(\frac{\tilde{\varrho}}{R} \right)^{\frac{1}{C}} \right)$$

oder auch

$$\Psi(\tilde{\varrho}) \leq \Psi(R) \left(\frac{\tilde{\varrho}}{R} \right)^{\frac{1}{C}} \tag{4.83}$$

für jedes $\tilde{\varrho} \in [\varrho_0 + \varepsilon, R]$.

Da die Wahl von $\varepsilon \in (0, R - \varrho_0)$ beliebig war, bleibt (4.83) für alle $\tilde{\varrho} \in (\varrho_0, R]$ richtig. Unter Beachtung von $\Psi(R) = \mathcal{D}(X, B(w_0, R)) = M_0$ und wegen $\Psi(\varrho) = 0$ für alle $\varrho \in [0, \varrho_0]$ ergibt sich schließlich die gewünschte Aussage. $\qquad \square$

Für den Beweis der Hölder-Stetigkeit eines Minimierers X^* des Satzes 3.3 wollen wir gemäß dem Wachstumslemma einen Vergleich von X^* mit seiner harmonischen Ersetzung auf Kreisscheiben vornehmen. Dabei werden wir verwenden, dass es sich bei X^* um einen Minimierer des betrachteten Funktionals $\mathcal{I}$ handelt.

Zu beachten ist jedoch, dass die Menge $\mathcal{F}$, auf der wir minimieren, durch die harmonische Ersetzung nicht verlassen wird. Wir gewährleisten diesen oft vernachlässigten Umstand durch das folgende Lemma, welches durch [55, Theorem 3.2.2 (b)] inspiriert ist.

Lemma 4.5 (Zulässigkeit harmonischer Ersetzung). *Es seien $G \subset \mathbb{R}^m$ ein beschränktes Gebiet sowie $X, Y \in W^{1,2}(G)$ mit $X - Y \in W_0^{1,2}(G)$ gegeben. Zu einem Lipschitz-Gebiet $G_0 \subset G$ erklären wir durch*

$$\tilde{X}(w) := \begin{cases} \mathcal{H}(X, G_0)(w) & \text{für } w \in G_0, \\ X(w) & \text{für } w \in G \setminus G_0 \end{cases}$$

die in G_0 harmonisch ersetzte Funktion $\tilde{X}$.
Dann gilt $\tilde{X} \in W^{1,2}(G)$ sowie $\tilde{X} - Y \in W_0^{1,2}(G)$.

Beweis. Aufgrund von $\mathcal{H}(X, G_0) - X \in W_0^{1,2}(G_0)$ existiert eine Folge $\{Z_l\}_{l=1,2,\ldots}$ mit $Z_l \in C_0^\infty(G_0)$ für jedes $l \in \mathbb{N}$, sodass

$$\lim_{l \to \infty} \|Z_l - (\mathcal{H}(X, G_0) - X)\|_{W^{1,2}(G_0)} = 0 \tag{4.84}$$

richtig ist. Indem wir Z_l auf G durch $Z_l(w) = 0$ für alle $w \in G \setminus G_0$ fortsetzen, ergibt sich $Z_l \in C_0^\infty(G)$. Infolgedessen erhalten wir für die durch

$$Z(w) := \begin{cases} \mathcal{H}(X, G_0)(w) - X(w) & \text{für } w \in G_0, \\ 0 & \text{für } w \in G \setminus G_0 \end{cases}$$

definierte Funktion

$$\lim_{l \to \infty} \|Z_l - Z\|_{W^{1,2}(G)} = \lim_{l \to \infty} \|Z_l - (\mathcal{H}(X, G_0) - X)\|_{W^{1,2}(G_0)} = 0$$

unter Verwendung von (4.84) und erkennen $Z \in W_0^{1,2}(G) \subset W^{1,2}(G)$. Wir erhalten daher $\tilde{X} = X + Z \in W^{1,2}(G)$ beziehungsweise $\tilde{X} - X = Z \in W_0^{1,2}(G)$. Schließlich ergibt sich $\tilde{X} - Y = \tilde{X} - X + X - Y = (\tilde{X} - X) + (X - Y) \in W_0^{1,2}(G)$, da $W_0^{1,2}(G)$ ein abgeschlossener linearer Unterraum von $W^{1,2}(G)$ ist. $\qquad\square$

Wir verknüpfen schließlich das Wachstumslemma (Lemma 4.4) mit dem Dirichletschen Wachstumstheorem (Satz 4.5), um die Hölder-Stetigkeit eines Minimierers X^* des Funktionals $\mathcal{I}$ aus der Definition 3.2 herzuleiten. Um eine vom Satz 3.3 unabhängige Aussage zu treffen, wollen wir die Voraussetzungen an die das Funktional $\mathcal{I}$ induzierende Funktion f zunächst außer Acht lassen und stattdessen die Existenz eines Minimierers voraussetzen.

Die grundlegende Idee für den Vergleich des Minimierers mit seiner harmonischen Ersetzung findet sich in [55, Theorem 1.10.2]. Unser Beweis stellt sich aufgrund der vorangegangenen Ergebnisse jedoch deutlich klarer dar.

Satz 4.10 (Hölder-Stetigkeit eines Minimierers). *Seien $G \subset \mathbb{R}^2$ ein beschränktes Lipschitz-Gebiet und $f(w, X, p)$ eine Funktion $f \colon G \times \mathbb{R}^3 \times \mathbb{R}^{3 \times 2} \to \mathbb{R}$, sodass mit Konstanten $0 < M_1 \leq M_2 < +\infty$*

$$M_1 \, |p|^2 \leq f(w, X, p) \leq M_2 \, |p|^2 \tag{4.85}$$

für alle $(w, X, p) \in G \times \mathbb{R}^3 \times \mathbb{R}^{3 \times 2}$ richtig ist.
Zusätzlich seien $Y \in W^{1,2}(G)$ und $\mathcal{F} \subset W^{1,2}(G)$ die Menge aller $X \in W^{1,2}(G)$ mit $X - Y \in W_0^{1,2}(G)$ sowie

$$\mathcal{I}(X, G) = \int\limits_G f(w, X(w), \nabla X(w)) \, \mathrm{d}w$$

das zu f gehörende Funktional $\mathcal{I}$.
Aus

$$\mathcal{I}(X_0, G) = \inf_{X \in \mathcal{F}} \mathcal{I}(X, G)$$

für ein $X_0 \in \mathcal{F}$ folgt dann $X_0 \in C^\alpha(G)$ mit $\alpha = \frac{M_1}{2M_2}$. Des Weiteren existiert eine Konstante $C = C(\alpha) > 0$, sodass für jedes $w_0 \in G$ mit $\varrho_0 = \mathrm{dist}(w_0, \partial G)$

$$|X_0(w_0) - X_0(w)| \leq C \sqrt{\mathcal{D}(X_0, G)} \left(\frac{|w_0 - w|}{\varrho_0} \right)^\alpha$$

für alle $w \in G$ mit $|w_0 - w| \leq \frac{\varrho_0}{2}$ gilt.

Beweis. Aufgrund der Bedingung (4.85) und der Minimumeigenschaft von X_0 gilt

$$\begin{aligned} M_1 \, \mathcal{D}(X_0, B(w, \varrho)) &\leq \mathcal{I}(X_0, B(w, \varrho)) \\ &\leq \mathcal{I}(\mathcal{H}(X_0, B(w, \varrho)), B(w, \varrho)) \\ &\leq M_2 \, \mathcal{D}(\mathcal{H}(X_0, B(w, \varrho)), B(w, \varrho)) \end{aligned} \tag{4.86}$$

für jede Kreisscheibe $B(w, \varrho) \subset G$, wobei $\mathcal{H}(X_0, B(w, \varrho))$ gemäß Definition 4.3 die harmonische Ersetzung von X_0 in $B(w, \varrho)$ ist. Wäre dies nicht der Fall, könnten wir X_0 in $B(w, \varrho)$ durch $\mathcal{H}(X_0, B(w, \varrho))$ ersetzen und X_0 wäre unter Beachtung des Lemmas 4.5 kein Minimierer des Funktionals $\mathcal{I}$. Insbesondere folgt aus (4.86)

$$\mathcal{D}(X_0, B(w, \varrho)) \leq \frac{M_2}{M_1} \mathcal{D}(\mathcal{H}(X_0, B(w, \varrho)), B(w, \varrho)) \tag{4.87}$$

für jede Kreisscheibe $B(w, \varrho) \subset G$.
Sei nun $w_0 \in G$ beliebig gewählt und $\varrho_0 = \mathrm{dist}(w_0, \partial G)$. Wegen $X_0 \in W^{1,2}(G)$ folgt insbesondere auch $X_0 \in W^{1,2}(B(w_0, \varrho_0))$. Aus (4.87) erhalten wir dann unter Verwendung des Wachstumslemmas (Lemma 4.4)

$$\mathcal{D}(X_0, B(w_0, \varrho)) \leq \mathcal{D}(X_0, B(w_0, \varrho_0)) \left(\frac{\varrho}{\varrho_0} \right)^{\frac{M_1}{M_2}} \leq \mathcal{D}(X_0, G) \left(\frac{\varrho}{\varrho_0} \right)^{\frac{M_1}{M_2}}$$

für $0 < \varrho \leq \varrho_0$.
Aufgrund der beliebigen Wahl von $w_0 \in G$ wird die Bedingung (4.41) der zweiten Version des Dirichletschen Wachstumstheorems (Satz 4.5) mit $\alpha = \frac{M_1}{2M_2} \in (0, 1)$ und $M^2 = \mathcal{D}(X_0, G)$ erfüllt. Somit können wir die zweite Version des Dirichletschen Wachstumstheorems (Satz 4.5) auf X_0 anwenden und erhalten unmittelbar die gewünschte Aussage. $\qquad\square$

4.3 Stetigkeit bis zum Rand

Wir wollen das zentrale Ergebnis des letzten Abschnitts, die Hölder-Stetigkeit eines Minimierers, erweitern und zeigen, dass zusätzlich Stetigkeit bis zum Rand möglich ist. Von entscheidender Bedeutung ist es dabei, die Menge $\mathcal{F}$ der zulässigen Elemente zu konkretisieren. Hierzu wird die Stetigkeit der Funktion $Y \in W^{1,2}(G)$, welche $\mathcal{F}$ klassifiziert, auf dem Rand ∂G gefordert.

Wir spezialisieren unsere Untersuchung der Stetigkeit bis zum Rand auf Gebiete, die einer Kreisscheibe entsprechen. Dies wird erforderlich, da durch eine konforme Transformation eine Teilmenge des Randes ∂G auf eine Gerade abgebildet werden muss. Vorbereitend befassen wir uns mit einigen Aussagen im Zusammenhang mit konformen Transformationen. Wir beginnen zunächst mit der folgenden Begriffsbildung zu Halbkreisscheiben.

Definition 4.4 (Halbkreisscheibe). Zu einer Kreisscheibe $B(w_0, R) \subset \mathbb{R}^2$ und einem zugehörigen Randpunkt $\hat{w} \in \partial B(w_0, R)$ bezeichnen wir mit

$$\hat{B}(w_0, R, \hat{w}) := \{w \in B(w_0, R) : \langle \hat{w} - w_0, w - w_0 \rangle > 0\}$$

die Halbkreisscheibe von $B(w_0, R)$ mit Pol $\hat{w}$.

Das folgende Lemma ist inspiriert durch die Möbiustransformation, die die Einheitskreisscheibe in $\mathbb{C}$ auf die obere Halbebene abbildet. Da diese allerdings nicht die später benötigte gleichmäßige Lipschitz-Stetigkeit auf der kompletten Kreisscheibe gewährleisten kann, wollen wir eine Lokalisierung vornehmen. Wir bilden lediglich eine Teilmenge der Kreisscheibe konform und insbesondere gleichmäßig Lipschitz-stetig auf eine Teilmenge der oberen Halbebene ab. Wichtig ist dabei, dass die Punkte des Halbkreisrings $w \in \partial \hat{B}(w_0, R, \hat{w})$ mit $|w - w_0| = R$ auf eine Gerade abgebildet werden. Es folgt sogar, dass jede beliebige Halbkreisscheibe derart auf die oberen Einheitshalbkreisscheibe abgebildet werden kann.

Lemma 4.6 (Halbkreis-Transformation). *Es existiert eine bijektive Transformation* $\mathcal{K} \colon \hat{B}(w_0, R, \hat{w}) \to \hat{B}(0, 1, (0, 1))$ *derart, dass*

i) $\mathcal{K}(\{w \in \partial B(w_0, R) : \langle \hat{w} - w_0, w - w_0 \rangle \geq 0\}) = \{(u, v) \in \overline{B(0, 1)} : v = 0\}$,

ii) $\mathcal{K}(\{w \in \overline{B(w_0, R)} : \langle \hat{w} - w_0, w - w_0 \rangle = 0\}) = \{(u, v) \in \partial B(0, 1) : v \geq 0\}$,

iii) $\mathcal{K} \in C^1(\overline{\hat{B}(w_0, R, \hat{w})})$ *sowie* $\mathcal{K}^{-1} \in C^1(\overline{\hat{B}(0, 1, (0, 1))})$ *richtig sind,*

iv) $\mathcal{K} \colon \hat{B}(w_0, R, \hat{w}) \to \hat{B}(0, 1, (0, 1))$ *konform ist und*

v) $\mathcal{K}$ *Kreisscheiben in* $\hat{B}(w_0, R, \hat{w})$ *auf Kreisscheiben in* $\hat{B}(0, 1, (0, 1))$ *abbildet.*

Beweis. Zunächst bemerken wir, dass Translationen und Drehstreckungen und ihre jeweiligen Umkehrabbildungen zur Klasse $C^1(\mathbb{R}^2)$ gehören. Außerdem sind sie konform und bilden Kreisscheiben auf Kreisscheiben ab.

Da stets eine Abbildung $\mathcal{K}_0$ existiert, die aus einer Translation und einer anschließenden Drehstreckung besteht, $\hat{B}(w_0, R, \hat{w})$ bijektiv auf $\hat{B}(0, 1, (-1, 0))$ abbildet sowie $\mathcal{K}_0(\{w \in \partial B(w_0, R) : \langle \hat{w} - w_0, w - w_0 \rangle \geq 0\}) = \{w \in \partial B(0, 1) : \langle (-1, 0), w \rangle \geq 0\}$ und $\mathcal{K}_0(\{w \in \overline{B(w_0, R)} : \langle \hat{w} - w_0, w - w_0 \rangle = 0\}) = \{w \in \overline{B(0, 1)} : \langle (-1, 0), w \rangle = 0\}$

erfüllt, beschränken wir uns auf den Fall, dass $\hat{B}(w_0, R, \hat{w}) = \hat{B}(0, 1, (-1, 0))$ gilt. Haben wir nämlich eine entsprechende Abbildung $\mathcal{K} \colon \hat{B}(0, 1, (-1, 0)) \to \hat{B}(0, 1, (0, 1))$ gefunden, ergibt sich der allgemeine Fall durch die Verkettung $\mathcal{K} \circ \mathcal{K}_0$.

Ausgangspunkt unserer Betrachtung ist die natürliche Korrespondenz von $\mathbb{R}^2$ und $\mathbb{C}$, wobei wir einen Punkt $w = (u, v) \in \mathbb{R}^2$ auch als komplexe Zahl $w = u + iv \in \mathbb{C}$ auffassen und umgekehrt. Wir wählen die Möbiustransformation $\tilde{\mathcal{K}}$, welche die Einheitskreisscheibe auf die obere Halbebene abbildet und durch

$$\tilde{\mathcal{K}}(-1) = 0 , \qquad \tilde{\mathcal{K}}(i) = -1 \qquad \text{sowie} \qquad \tilde{\mathcal{K}}(-i) = 1$$

eindeutig bestimmt ist. Diese wird durch

$$\tilde{\mathcal{K}}(w) = \frac{iw + i}{-w + 1} \tag{4.88}$$

gegeben. Wir beachten, dass $\tilde{\mathcal{K}}$ die Menge $\mathbb{C} \setminus \{1\}$ bijektiv auf $\mathbb{C} \setminus \{-i\}$ abbildet und als Möbiustransformation eine holomorphe Funktion auf $\mathbb{C} \setminus \{1\}$ ist. Zudem ist die Umkehrabbildung $\tilde{\mathcal{K}}^{-1} \colon \mathbb{C} \setminus \{-i\} \to \mathbb{C} \setminus \{1\}$ ebenfalls eine Möbiustransformation, die auf ihrem Definitionsbereich auch holomorph ist. Diese wird gemäß

$$\tilde{\mathcal{K}}^{-1}(w) = \frac{w - i}{w + i} \tag{4.89}$$

für alle $w \in \mathbb{C} \setminus \{-i\}$ erklärt.

Ausgehend von (4.88) ermitteln wir

$$\frac{iw + i}{-w + 1} = i\frac{1 + w}{1 - w} = i\frac{(1 + w)(1 - \overline{w})}{(1 - w)(1 - \overline{w})} = i\frac{1 + w - \overline{w} - w\overline{w}}{1 - w - \overline{w} + w\overline{w}}$$

$$= i\frac{1 + 2iv - u^2 - v^2}{1 - 2u + u^2 + v^2}$$

$$= \frac{-2v}{(u - 1)^2 + v^2} + i\frac{1 - u^2 - v^2}{(u - 1)^2 + v^2}$$

für $w = u + iv \in \mathbb{C} \setminus \{1\}$ und gelangen so zur entsprechenden reellen Transformation

$$\mathcal{K}(u, v) = \left(\frac{-2v}{(u - 1)^2 + v^2}, \frac{1 - u^2 - v^2}{(u - 1)^2 + v^2} \right)$$

für $(u, v) \in \mathbb{R}^2 \setminus \{(1, 0)\}$. Aus der Konstruktion folgt, dass $\mathcal{K}$ die Menge $\mathbb{R}^2 \setminus \{(1, 0)\}$ bijektiv auf $\mathbb{R}^2 \setminus \{(0, -1)\}$ abbildet.

Aufgrund der Holomorphie von $\tilde{\mathcal{K}}$ auf $\mathbb{C} \setminus \{1\}$ gehören $\operatorname{Re}\tilde{\mathcal{K}}$ und $\operatorname{Im}\tilde{\mathcal{K}}$ zur Klasse $C^1(\mathbb{R}^2 \setminus \{(1, 0)\})$ und die Funktion $\mathcal{K}$ insbesondere zur Klasse $C^1(\hat{B}(0, 1, (-1, 0)))$. Wir berechnen

$$(-2v)^2 + (1 - u^2 - v^2)^2 = 4v^2 + (1 - u^2)^2 - 2v^2(1 - u^2) + v^4$$

$$= (1 + u)^2(1 - u)^2 + 2v^2(1 + u^2) + v^4 \tag{4.90}$$

$$= (1 + u)^2(1 - u)^2 + 2v^2(1 - u)^2 + 4v^2 u + v^4$$

für $(u, v) \in \hat{B}(0, 1, (-1, 0))$.

Wegen $(u,v) \in \hat{B}(0,1,(-1,0))$ folgt $-1 < u < 0$ oder auch $0 < u+1 < 1$ sowie $u-1 < -1$, woraus wir wiederum $|u+1| < |u-1|$ und $(1+u)^2 < (1-u)^2$ schließen. Aus (4.90) erhalten wir damit

$$(-2v)^2 + (1-u^2-v^2)^2 < (1-u)^4 + 2v^2(1-u)^2 + v^4 + 4v^2u$$
$$= ((u-1)^2 + v^2)^2 + 4v^2u$$
$$\leq ((u-1)^2 + v^2)^2$$

für $(u,v) \in \hat{B}(0,1,(-1,0))$. Dementsprechend gilt

$$|\mathcal{K}(u,v)|^2 = \frac{(-2v)^2}{((u-1)^2+v^2)^2} + \frac{(1-u^2-v^2)^2}{((u-1)^2+v^2)^2} < 1$$

für $(u,v) \in \hat{B}(0,1,(-1,0))$. Da zudem

$$1 - u^2 - v^2 > 0$$

für $(u,v) \in \hat{B}(0,1,(-1,0)) \subset B(0,1)$ richtig ist, ergibt sich $\mathcal{K}(u,v) \in \hat{B}(0,1,(0,1))$ für jedes $(u,v) \in \hat{B}(0,1,(-1,0))$. Es gilt also $\mathcal{K}(\hat{B}(0,1,(-1,0))) \subset \hat{B}(0,1,(0,1))$.
Um einzusehen, dass die Transformation $\mathcal{K}$ die Menge $\hat{B}(0,1,(-1,0))$ bijektiv auf $\hat{B}(0,1,(0,1))$ abbildet, nutzen wir die Umkehrabbildung $\tilde{\mathcal{K}}^{-1}$ und bestimmen auf der Grundlage dieser zunächst $\mathcal{K}^{-1}$. Aus (4.89) berechnen wir

$$\frac{w-\mathrm{i}}{w+\mathrm{i}} = \frac{(w-\mathrm{i})(\overline{w}-\mathrm{i})}{(w+\mathrm{i})(\overline{w}-\mathrm{i})} = \frac{w\overline{w} - \mathrm{i}(w+\overline{w}) - 1}{w\overline{w} - \mathrm{i}(w-\overline{w}) + 1}$$
$$= \frac{u^2+v^2-2\mathrm{i}u-1}{u^2+v^2+2v+1} = \frac{u^2+v^2-1}{u^2+(v+1)^2} + \mathrm{i}\frac{-2u}{u^2+(v+1)^2}$$

für $w = u + \mathrm{i}v \in \mathbb{C} \setminus \{-\mathrm{i}\}$ und erhalten mit

$$\mathcal{K}^{-1}(u,v) = \left(\frac{u^2+v^2-1}{u^2+(v+1)^2}, \frac{-2u}{u^2+(v+1)^2} \right)$$

für $(u,v) \in \mathbb{R}^2 \setminus \{(0,-1)\}$ die Umkehrabbildung $\mathcal{K}^{-1}$. Da $\tilde{\mathcal{K}}^{-1}$ holomorph auf $\mathbb{C} \setminus \{-\mathrm{i}\}$ ist, gehören $\operatorname{Re}\tilde{\mathcal{K}}^{-1}$ und $\operatorname{Im}\tilde{\mathcal{K}}^{-1}$ zur Klasse $C^1(\mathbb{R}^2 \setminus \{(0,-1)\})$. Infolgedessen gilt auch $\mathcal{K}^{-1} \in C^1(\overline{\hat{B}(0,1,(0,1))})$.
Wir zeigen nun $\mathcal{K}^{-1}(u,v) \in \hat{B}(0,1,(-1,0))$ für $(u,v) \in \hat{B}(0,1,(0,1))$. Dazu berechnen wir für alle $(u,v) \in \hat{B}(0,1,(0,1))$

$$(u^2+v^2-1)^2 + (-2u)^2 = v^4 + (u^2-1)^2 + 2v^2(u^2-1) + 4u^2$$
$$= v^4 + u^4 + 2u^2 + 1 + 2v^2(u^2-1)$$
$$= v^4 + (u^2+1)^2 + 2v^2(u^2-1)$$

und schließen unter Beachtung von $u^2 - 1 < u^2 + 1$ und $v > 0$

$$(u^2+v^2-1)^2 + (-2u)^2 < v^4 + (u^2+1)^2 + 2v^2(u^2+1)$$
$$= (v^2 + (u^2+1))^2$$
$$< (u^2+v^2+2v+1)^2 = (u^2+(v+1)^2)^2 .$$

Somit ergibt sich

$$|\mathcal{K}^{-1}(u,v)|^2 = \frac{(u^2+v^2-1)^2}{(u^2+(v+1)^2)^2} + \frac{(-2u)^2}{(u^2+(v+1)^2)^2} < 1$$

für alle $(u,v) \in \hat{B}(0,1,(0,1))$. Da gleichzeitig $u^2+v^2-1 < 0$ aus $(u,v) \in \hat{B}(0,1,(0,1))$
folgt, erhalten wir $\mathcal{K}^{-1}(u,v) \in \hat{B}(0,1,(-1,0))$ für jedes $(u,v) \in \hat{B}(0,1,(0,1))$, das
heißt $\mathcal{K}^{-1}(\hat{B}(0,1,(0,1))) \subset \hat{B}(0,1,(-1,0))$. Zu jedem Punkt $(u,v) \in \hat{B}(0,1,(0,1))$
existiert mit $(u_0,v_0) = \mathcal{K}^{-1}(u,v) \in \hat{B}(0,1,(-1,0))$ demnach also ein Punkt, sodass
$\mathcal{K}(u_0,v_0) = \mathcal{K}(\mathcal{K}^{-1}(u,v)) = (u,v)$ gilt.
Indem wir uns erinnern, dass $\mathcal{K}(\hat{B}(0,1,(-1,0))) \subset \hat{B}(0,1,(0,1))$ richtig ist, schließen
wir insgesamt

$$\mathcal{K}(\hat{B}(0,1,(-1,0))) = \hat{B}(0,1,(0,1)) \, . \tag{4.91}$$

Da $\mathcal{K} \colon \mathbb{R}^2 \setminus \{(1,0)\} \to \mathbb{R}^2 \setminus \{(0,-1)\}$ entsprechend der Konstruktion bijektiv und somit
auch injektiv ist, ergibt sich die Bijektivität von $\mathcal{K} \colon \hat{B}(0,1,(-1,0)) \to \hat{B}(0,1,(0,1))$
unter Verwendung von (4.91).

Um die Eigenschaft i) zu zeigen, bemerken wir, dass sich jedes $w = (u,v) \in \partial B(0,1)$
mit $-u = \langle(-1,0),w\rangle \geq 0$ beziehungsweise $u \leq 0$ eineindeutig mit einem $\varphi \in [\frac{\pi}{2}, \frac{3\pi}{2}]$
durch $w = (u,v) = (\cos\varphi, \sin\varphi)$ darstellen lässt.
Dementsprechend betrachten wir

$$\mathcal{K}(u,v) = \mathcal{K}(\cos\varphi, \sin\varphi) = \left(\frac{-2\sin\varphi}{(\cos\varphi-1)^2 + \sin^2\varphi}, \frac{1-\cos^2\varphi-\sin^2\varphi}{(\cos\varphi-1)^2 + \sin^2\varphi} \right)$$

$$= \left(\frac{-2\sin\varphi}{(\cos\varphi-1)^2 + \sin^2\varphi}, 0 \right)$$

und bemerken für die erste Komponente

$$\frac{-2\sin\varphi}{(\cos\varphi-1)^2 + \sin^2\varphi} = \frac{-2\sin\varphi}{\cos^2\varphi - 2\cos\varphi + 1 + \sin^2\varphi} = \frac{-2\sin\varphi}{2 - 2\cos\varphi}$$

$$= -\frac{\sin\varphi}{1-\cos\varphi} = -\cot\frac{\varphi}{2}$$

für jedes $\varphi \in [\frac{\pi}{2}, \frac{3\pi}{2}]$.
Da der Kotangens auf dem Intervall $[\frac{\pi}{4}, \frac{3\pi}{4}]$ eine streng monoton fallende und stetige
Funktion mit

$$\cot\frac{\pi}{4} = 1 \quad \text{und} \quad \cot\frac{3\pi}{4} = -1$$

ist, erhalten wir mittels

$$\varphi \mapsto -\cot\frac{\varphi}{2}$$

eine bijektive Abbildung des Intervalls $[\frac{\pi}{2}, \frac{3\pi}{2}]$ auf das Intervall $[-1,1]$. Infolgedessen
ergibt sich $\mathcal{K}(\{w \in \partial B(0,1) : \langle(-1,0),w\rangle \geq 0\}) = \{(u,v) \in \overline{B(0,1)} : v = 0\}$, was der
Eigenschaft i) entspricht.

Wir kommen zur Eigenschaft ii). Dafür wählen wir einen Punkt $w = (u, v) \in \overline{B(0,1)}$ mit $-u = \langle (-1,0), w \rangle = 0$. Es gilt also $w = (0, v)$ mit $v \in [-1, 1]$. Insbesondere finden wir zu jedem $v \in [-1, 1]$ genau ein $\vartheta \in [0, \pi]$, sodass $v = -\cos \vartheta$ gilt. Damit berechnen wir

$$\mathcal{K}(0, v) = \mathcal{K}(0, -\cos \vartheta) = \left(\frac{2 \cos \vartheta}{1 + \cos^2 \vartheta}, \frac{1 - \cos^2 \vartheta}{1 + \cos^2 \vartheta} \right)$$

für jedes $\vartheta \in [0, \pi]$.

Wir beachten $1 - \cos^2 \vartheta \geq 0$ für alle $\vartheta \in [0, \pi]$, woraus folgt, dass die zweite Komponente für alle $\vartheta \in [0, \pi]$ nichtnegativ ist. Die erste Komponente ist eine auf $[0, \pi]$ stetige Funktion, die wegen

$$\begin{aligned}
\frac{\mathrm{d}}{\mathrm{d}\vartheta} \left(\frac{2 \cos \vartheta}{1 + \cos^2 \vartheta} \right) &= \frac{-2 \sin \vartheta \, (1 + \cos^2 \vartheta) - 2 \cos \vartheta \, (-\sin \vartheta) \, 2 \cos \vartheta}{(1 + \cos^2 \vartheta)^2} \\
&= \frac{-2 \sin \vartheta - 2 \sin \vartheta \cos^2 \vartheta + 4 \sin \vartheta \, \cos^2 \vartheta}{(1 + \cos^2 \vartheta)^2} \\
&= \frac{-2 \sin \vartheta + 2 \sin \vartheta \cos^2 \vartheta}{(1 + \cos^2 \vartheta)^2} = \frac{2 \sin \vartheta \, (\cos^2 \vartheta - 1)}{(1 + \cos^2 \vartheta)^2} < 0
\end{aligned}$$

für alle $\vartheta \in (0, \pi)$ zudem streng monoton fallend auf dem Intervall $(0, \pi)$ ist. Des Weiteren gilt

$$0 \leq (1 - \cos \vartheta)^2 = 1 - 2 \cos \vartheta + \cos^2 \vartheta$$

und dementsprechend auch

$$\frac{2 \cos \vartheta}{1 + \cos^2 \vartheta} \leq 1$$

für alle $\vartheta \in [0, \pi]$, wobei Gleichheit nur für $\vartheta = 0$ eintritt. Analog schließen wir

$$\frac{2 \cos \vartheta}{1 + \cos^2 \vartheta} \geq -1$$

aus

$$0 \leq (1 + \cos \vartheta)^2 = 1 + 2 \cos \vartheta + \cos^2 \vartheta$$

für alle $\vartheta \in [0, \pi]$, wobei Gleichheit hier lediglich für $\vartheta = \pi$ richtig ist. Zusätzlich berechnen wir

$$\begin{aligned}
|\mathcal{K}(0, -\cos \vartheta)|^2 &= \left(\frac{2 \cos \vartheta}{1 + \cos^2 \vartheta} \right)^2 + \left(\frac{1 - \cos^2 \vartheta}{1 + \cos^2 \vartheta} \right)^2 \\
&= \frac{4 \cos^2 \vartheta + 1 - 2 \cos^2 \vartheta + \cos^4 \vartheta}{(1 + \cos^2 \vartheta)^2} \\
&= \frac{(1 + \cos^2 \vartheta)^2}{(1 + \cos^2 \vartheta)^2} = 1
\end{aligned}$$

für jedes $\vartheta \in [0, \pi]$.

Zusammenfassend ergibt sich, dass jeder Punkt $w = (0, v)$ mit $v \in [-1, 1]$ durch $\mathcal{K}$ eineindeutig auf einen Punkt der Einheitskreislinie mit nichtnegativer zweiter Komponente abgebildet wird, das heißt

$$\mathcal{K}(\{w \in \overline{B(0,1)} : \langle (-1,0), w \rangle = 0\}) = \{(u,v) \in \partial B(0,1) : v \geq 0\} .$$

Somit ist die Eigenschaft ii) ebenfalls erfüllt.

Den Herleitungen der Eigenschaften i) und ii) entnehmen wir insbesondere, dass $\mathcal{K}$ den Rand $\partial \hat{B}(0, 1, (-1, 0))$ bijektiv auf den Rand $\partial \hat{B}(0, 1, (0, 1))$ abbildet. Infolgedessen ist $\mathcal{K} \colon \hat{B}(0, 1, (-1, 0)) \to \hat{B}(0, 1, (0, 1))$ unter Berücksichtigung der vorangegangenen Erkenntnisse eine bijektive Transformation.

Da $\mathcal{K} \in C^1(\hat{B}(0, 1, (-1, 0)))$ und $\mathcal{K}^{-1} \in C^1(\hat{B}(0, 1, (0, 1)))$ mithilfe der zugrundeliegenden Möbiustransformationen bereits gezeigt wurde, erhalten wir unmittelbar die Eigenschaft iii).

Unter Berücksichtigung der Tatsache, dass eine Möbiustransformation stets konform ist, vererbt sich dies von $\tilde{\mathcal{K}}$ auf $\mathcal{K}$. Demnach ist auch die Eigenschaft iv) gewährleistet.

Es verbleibt, die Eigenschaft v) zu beweisen. Dafür ziehen wir uns zunächst auf die komplexwertige Darstellung zurück und betrachten eine beliebige Kreisscheibe mit dem Mittelpunkt $\zeta_0 = \xi_0 + i\eta_0 \in \hat{B}(0, 1, (-1, 0))$ und dem Radius $\varrho > 0$, sodass $B(\zeta_0, \varrho) \subset \hat{B}(0, 1, (-1, 0))$ richtig ist. Demnach gilt

$$|w - \zeta_0|^2 < \varrho^2$$

beziehungsweise

$$\begin{aligned}(w - \zeta_0)\overline{(w - \zeta_0)} &= |w|^2 - w\overline{\zeta_0} - \overline{w}\,\zeta_0 + |\zeta_0|^2 \\ &= |w|^2 - 2\operatorname{Re}(w\,\overline{\zeta_0}) + |\zeta_0|^2 < \varrho^2\end{aligned} \tag{4.92}$$

für alle $w \in B(\zeta_0, \varrho)$. Zu jedem $w \in B(\zeta_0, \varrho)$ gibt es gemäß der vorangegangenen Argumentation genau ein $z = \tilde{\mathcal{K}}(w) \in \tilde{\mathcal{K}}(B(\zeta_0, \varrho)) \subset \hat{B}(0, 1, (0, 1))$. Umgekehrt erhalten wir für jedes $w \in B(\zeta_0, \varrho)$ genau ein $z \in \tilde{\mathcal{K}}(B(\zeta_0, \varrho))$ mit

$$w = \tilde{\mathcal{K}}^{-1}(z) = \frac{z - i}{z + i} .$$

Indem wir $z_0 := \tilde{\mathcal{K}}(\zeta_0)$ setzen, folgt

$$\zeta_0 = \tilde{\mathcal{K}}^{-1}(z_0) = \frac{z_0 - i}{z_0 + i} .$$

Wir berechnen damit

$$\begin{aligned}w\overline{\zeta_0} &= \frac{z - i}{z + i} \frac{\overline{z_0} + i}{\overline{z_0} - i} \\ &= \frac{z\,\overline{z_0} + iz - i\overline{z_0} + 1}{z\,\overline{z_0} - iz + i\overline{z_0} + 1} \\ &= \frac{z\,\overline{z_0} + 1 + i(z - \overline{z_0})}{z\,\overline{z_0} + 1 - i(z - \overline{z_0})} \frac{\overline{z}\,z_0 + 1 + i(\overline{z} - z_0)}{\overline{z}\,z_0 + 1 + i(\overline{z} - z_0)} \\ &= \frac{|z\,\overline{z_0} + 1|^2 + i[(z\,\overline{z_0} + 1)(\overline{z} - z_0) + (\overline{z}\,z_0 + 1)(z - \overline{z_0})] - |z - \overline{z_0}|^2}{|z\,\overline{z_0} + 1|^2 + i[(z\,\overline{z_0} + 1)(\overline{z} - z_0) - (\overline{z}\,z_0 + 1)(z - \overline{z_0})] + |z - \overline{z_0}|^2}\end{aligned} \tag{4.93}$$

und bemerken

$$(z\,\overline{z_0} + 1)(\overline{z} - z_0) + (\overline{z}\,z_0 + 1)(z - \overline{z_0}) = 2\,\mathrm{Re}((z\,\overline{z_0} + 1)(\overline{z} - z_0)) \in \mathbb{R} \qquad (4.94)$$

sowie

$$\begin{aligned}
(z\,\overline{z_0} + 1)(\overline{z} - z_0) - (\overline{z}\,z_0 + 1)(z - \overline{z_0}) &= 2\mathrm{i}\,\mathrm{Im}((z\,\overline{z_0} + 1)(\overline{z} - z_0)) \\
&= 2\mathrm{i}\,\mathrm{Im}(|z|^2\,\overline{z_0} - |z_0|^2\,z + \overline{z} - z_0) \\
&= -2\mathrm{i}\left((|z|^2 + 1)\,\mathrm{Im}(z_0) + (|z_0|^2 + 1)\,\mathrm{Im}(z)\right).
\end{aligned} \qquad (4.95)$$

Dementsprechend schließen wir aus (4.93)

$$\mathrm{Re}(w\,\overline{\zeta_0}) = \frac{|z\,\overline{z_0} + 1|^2 - |z - \overline{z_0}|^2}{|z\,\overline{z_0} + 1|^2 + |z - \overline{z_0}|^2 + 2\left((|z|^2 + 1)\,\mathrm{Im}(z_0) + (|z_0|^2 + 1)\,\mathrm{Im}(z)\right)} \qquad (4.96)$$

unter Verwendung von (4.94) und (4.95).
Wir wollen den Zähler und den Nenner in (4.96) zunächst getrennt untersuchen und bemerken dafür

$$|z\,\overline{z_0} + 1|^2 = |z|^2\,|z_0|^2 + 2\,\mathrm{Re}(z\,\overline{z_0}) + 1$$

sowie

$$|z - \overline{z_0}|^2 = |z|^2 - 2\,\mathrm{Re}(z\,z_0) + |z_0|^2\ .$$

Für den Zähler ergibt sich damit

$$\begin{aligned}
|z\,\overline{z_0} + 1|^2 - |z - \overline{z_0}|^2 &= |z|^2\,|z_0|^2 + 2\,\mathrm{Re}(z\,\overline{z_0}) + 1 - |z|^2 + 2\,\mathrm{Re}(z\,z_0) - |z_0|^2 \\
&= (|z|^2 - 1)(|z_0|^2 - 1) + 2\,\mathrm{Re}(z(z_0 + \overline{z_0})) \\
&= (|z|^2 - 1)(|z_0|^2 - 1) + 4\,\mathrm{Re}(z)\,\mathrm{Re}(z_0)\ .
\end{aligned}$$

Unter Berücksichtigung von

$$\begin{aligned}
\mathrm{Re}(z\,\overline{z_0}) - \mathrm{Re}(z\,z_0) = \mathrm{Re}(-z\,(z_0 - \overline{z_0})) = \mathrm{Re}(-2\mathrm{i}z\,\mathrm{Im}(z_0)) &= 2\,\mathrm{Im}(z_0)\,\mathrm{Re}(-\mathrm{i}z) \\
&= 2\,\mathrm{Im}(z_0)\,\mathrm{Im}(z)
\end{aligned}$$

ermitteln wir für den Nenner

$$\begin{aligned}
|z\,\overline{z_0} + 1|^2 + |z - \overline{z_0}|^2 + 2&\left((|z|^2 + 1)\,\mathrm{Im}(z_0) + (|z_0|^2 + 1)\,\mathrm{Im}(z)\right) \\
&= (|z|^2 + 1)(|z_0|^2 + 1) + 4\,\mathrm{Im}(z)\,\mathrm{Im}(z_0) \\
&\quad + 2\left((|z|^2 + 1)\,\mathrm{Im}(z_0) + (|z_0|^2 + 1)\,\mathrm{Im}(z)\right) \\
&= (|z|^2 + 2\,\mathrm{Im}(z) + 1)(|z_0|^2 + 1) \\
&\quad + 2(|z|^2 + 2\,\mathrm{Im}(z) + 1)\,\mathrm{Im}(z_0) \\
&= (|z|^2 + 2\,\mathrm{Im}(z) + 1)(|z_0|^2 + 2\,\mathrm{Im}(z_0) + 1) \\
&= |z + \mathrm{i}|^2\,|z_0 + \mathrm{i}|^2\ .
\end{aligned}$$

Infolgedessen ergibt sich

$$\operatorname{Re}(w\,\overline{\zeta_0}) = \frac{(|z|^2 - 1)(|z_0|^2 - 1) + 4\operatorname{Re}(z)\operatorname{Re}(z_0)}{|z + \mathrm{i}|^2\,|z_0 + \mathrm{i}|^2}.$$

Für die Kreisgleichung (4.92) erhalten wir somit

$$\frac{|z - \mathrm{i}|^2}{|z + \mathrm{i}|^2} - 2\,\frac{(|z|^2 - 1)(|z_0|^2 - 1) + 4\operatorname{Re}(z)\operatorname{Re}(z_0)}{|z + \mathrm{i}|^2\,|z_0 + \mathrm{i}|^2} + \frac{|z_0 - \mathrm{i}|^2}{|z_0 + \mathrm{i}|^2} - \varrho^2 < 0$$

beziehungsweise

$$\begin{aligned}
0 > &\;|z - \mathrm{i}|^2\,|z_0 + \mathrm{i}|^2 - 2\,(|z|^2 - 1)(|z_0|^2 - 1) - 8\operatorname{Re}(z)\operatorname{Re}(z_0) \\
&+ |z_0 - \mathrm{i}|^2\,|z + \mathrm{i}|^2 - \varrho^2\,|z + \mathrm{i}|^2\,|z_0 + \mathrm{i}|^2
\end{aligned} \tag{4.97}$$

für jedes $z \in \tilde{\mathcal{K}}(B(\zeta_0, \varrho))$.
Wegen $|z - \mathrm{i}|^2 = |z|^2 - 2\operatorname{Im}(z) + 1$ und $|z + \mathrm{i}|^2 = |z|^2 + 2\operatorname{Im}(z) + 1$ entspricht (4.97)

$$\begin{aligned}
0 > &\;\left(|z_0 + \mathrm{i}|^2 - 2\,|z_0|^2 + 2 + |z_0 - \mathrm{i}|^2 - \varrho^2\,|z_0 + \mathrm{i}|^2\right)|z|^2 \\
&- 8\operatorname{Re}(z_0)\operatorname{Re}(z) + \left(-2\,|z_0 + \mathrm{i}|^2 + 2\,|z_0 - \mathrm{i}|^2 - 2\varrho^2\,|z_0 + \mathrm{i}|^2\right)\operatorname{Im}(z) \\
&+ |z_0 + \mathrm{i}|^2 + 2\,|z_0|^2 - 2 + |z_0 - \mathrm{i}|^2 - \varrho^2\,|z_0 + \mathrm{i}|^2
\end{aligned} \tag{4.98}$$

für jedes $z \in \tilde{\mathcal{K}}(B(\zeta_0, \varrho))$.
Indem wir mit $|z_0 - \mathrm{i}|^2 = |z_0|^2 - 2\operatorname{Im}(z_0) + 1$ und $|z_0 + \mathrm{i}|^2 = |z_0|^2 + 2\operatorname{Im}(z_0) + 1$

$$|z_0 + \mathrm{i}|^2 - 2\,|z_0|^2 + 2 + |z_0 - \mathrm{i}|^2 = 4$$

und

$$-2\,|z_0 + \mathrm{i}|^2 + 2\,|z_0 - \mathrm{i}|^2 = -8\operatorname{Im}(z_0)$$

sowie

$$|z_0 + \mathrm{i}|^2 + 2\,|z_0|^2 - 2 + |z_0 - \mathrm{i}|^2 = 4\,|z_0|^2$$

berechnen, erscheint (4.98) äquivalent zu

$$\begin{aligned}
0 > &\;\left(4 - \varrho^2\,|z_0 + \mathrm{i}|^2\right)|z|^2 \\
&- 8\operatorname{Re}(z_0)\operatorname{Re}(z) + \left(-8\operatorname{Im}(z_0) - 2\varrho^2\,|z_0 + \mathrm{i}|^2\right)\operatorname{Im}(z) \\
&+ 4\,|z_0|^2 - \varrho^2\,|z_0 + \mathrm{i}|^2
\end{aligned} \tag{4.99}$$

für jedes $z \in \tilde{\mathcal{K}}(B(\zeta_0, \varrho))$.
Unter Beachtung von $0 < |z_0 + \mathrm{i}| < 2$ für $z_0 \in \hat{B}(0, 1, (0, 1))$ sowie $\varrho < 1$ folgt

$$\varrho^2\,|z_0 + \mathrm{i}|^2 < |z_0 + \mathrm{i}|^2 < 4$$

beziehungsweise

$$4 - \varrho^2\,|z_0 + \mathrm{i}|^2 > 0$$

und dementsprechend folgt aus (4.99)

$$0 > |z|^2 + \frac{-8\,\mathrm{Re}(z_0)}{4 - \varrho^2\,|z_0 + \mathrm{i}|^2}\,\mathrm{Re}(z) + \frac{-8\,\mathrm{Im}(z_0) - 2\varrho^2\,|z_0 + \mathrm{i}|^2}{4 - \varrho^2\,|z_0 + \mathrm{i}|^2}\,\mathrm{Im}(z)$$
$$+ \frac{4\,|z_0|^2 - \varrho^2\,|z_0 + \mathrm{i}|^2}{4 - \varrho^2\,|z_0 + \mathrm{i}|^2} \tag{4.100}$$

für jedes $z \in \tilde{\mathcal{K}}(B(\zeta_0, \varrho))$.
Wir setzen nun

$$z_C := \frac{4\,\mathrm{Re}(z_0)}{4 - \varrho^2\,|z_0 + \mathrm{i}|^2} + \mathrm{i}\,\frac{4\,\mathrm{Im}(z_0) + \varrho^2\,|z_0 + \mathrm{i}|^2}{4 - \varrho^2\,|z_0 + \mathrm{i}|^2} = \frac{4z_0 + \mathrm{i}\varrho^2\,|z_0 + \mathrm{i}|^2}{4 - \varrho^2\,|z_0 + \mathrm{i}|^2} \tag{4.101}$$

und ermitteln

$$|z_C|^2 = \frac{16\,|z_0|^2 + 8\varrho^2\,|z_0 + \mathrm{i}|^2\,\mathrm{Im}(z_0) + \varrho^4\,|z_0 + \mathrm{i}|^4}{(4 - \varrho^2\,|z_0 + \mathrm{i}|^2)^2}\ .$$

Unter Beachtung von

$$\frac{4\,|z_0|^2 - \varrho^2\,|z_0 + \mathrm{i}|^2}{4 - \varrho^2\,|z_0 + \mathrm{i}|^2} = \frac{(4\,|z_0|^2 - \varrho^2\,|z_0 + \mathrm{i}|^2)(4 - \varrho^2\,|z_0 + \mathrm{i}|^2)}{(4 - \varrho^2\,|z_0 + \mathrm{i}|^2)^2}$$
$$= \frac{16\,|z_0|^2 + \varrho^4\,|z_0 + \mathrm{i}|^4 - 4\varrho^2\,|z_0 + \mathrm{i}|^2\,(|z_0|^2 + 1)}{(4 - \varrho^2\,|z_0 + \mathrm{i}|^2)^2}$$

berechnen wir daher

$$\frac{4\,|z_0|^2 - \varrho^2\,|z_0 + \mathrm{i}|^2}{4 - \varrho^2\,|z_0 + \mathrm{i}|^2} - |z_C|^2 = \frac{-4\varrho^2\,|z_0 + \mathrm{i}|^2\,(|z_0|^2 + 2\,\mathrm{Im}(z_0) + 1)}{(4 - \varrho^2\,|z_0 + \mathrm{i}|^2)^2}$$
$$= \frac{-4\varrho^2\,|z_0 + \mathrm{i}|^4}{(4 - \varrho^2\,|z_0 + \mathrm{i}|^2)^2}\ . \tag{4.102}$$

Zusätzlich bemerken wir

$$|z - z_C|^2 = |z|^2 - 2\,\mathrm{Re}(z\,\overline{z_C}) + |z_C|^2$$
$$= |z|^2 - 2\,\mathrm{Re}(z_C)\,\mathrm{Re}(z) - 2\,\mathrm{Im}(z_C)\,\mathrm{Im}(z) + |z_C|^2$$

beziehungsweise

$$|z - z_C|^2 - |z_C|^2 = |z|^2 + \frac{-8\,\mathrm{Re}(z_0)}{4 - \varrho^2\,|z_0 + \mathrm{i}|^2}\,\mathrm{Re}(z) + \frac{-8\,\mathrm{Im}(z_0) - 2\varrho^2\,|z_0 + \mathrm{i}|^2}{4 - \varrho^2\,|z_0 + \mathrm{i}|^2}\,\mathrm{Im}(z)$$

unter Verwendung von (4.101). Mit (4.102) ergibt sich daraus, dass (4.100) äquivalent
zu

$$0 > |z - z_C|^2 - \frac{4\varrho^2\,|z_0 + \mathrm{i}|^4}{(4 - \varrho^2\,|z_0 + \mathrm{i}|^2)^2}$$

beziehungsweise

$$|z - z_C| < \frac{2\varrho \, |z_0 + \mathrm{i}|^2}{4 - \varrho^2 \, |z_0 + \mathrm{i}|^2} =: \tilde{\varrho}$$

für jedes $z \in \tilde{\mathcal{K}}(B(\zeta_0, \varrho))$ ist.
Wir berechnen noch

$$
\begin{aligned}
\tilde{\mathcal{K}}^{-1}(z_C) = \frac{z_C - \mathrm{i}}{z_C + \mathrm{i}} &= \frac{\frac{4z_0 + \mathrm{i}\varrho^2 |z_0 + \mathrm{i}|^2}{4 - \varrho^2 |z_0 + \mathrm{i}|^2} - \mathrm{i}}{\frac{4z_0 + \mathrm{i}\varrho^2 |z_0 + \mathrm{i}|^2}{4 - \varrho^2 |z_0 + \mathrm{i}|^2} + \mathrm{i}} \\
&= \frac{4z_0 + \mathrm{i}\varrho^2 \, |z_0 + \mathrm{i}|^2 - \mathrm{i}(4 - \varrho^2 \, |z_0 + \mathrm{i}|^2)}{4z_0 + \mathrm{i}\varrho^2 \, |z_0 + \mathrm{i}|^2 + \mathrm{i}(4 - \varrho^2 \, |z_0 + \mathrm{i}|^2)} \\
&= \frac{4z_0 - 4\mathrm{i}}{4z_0 + 4\mathrm{i}} + \frac{2\mathrm{i}\varrho^2 \, |z_0 + \mathrm{i}|^2}{4z_0 + 4\mathrm{i}} \\
&= \zeta_0 + \frac{1}{2} \frac{\mathrm{i}\varrho^2 \, |z_0 + \mathrm{i}|^2}{z_0 + \mathrm{i}}
\end{aligned}
$$

und bemerken

$$\left| \frac{1}{2} \frac{\mathrm{i}\varrho^2 \, |z_0 + \mathrm{i}|^2}{z_0 + \mathrm{i}} \right| = \frac{1}{2} \varrho^2 \, |z_0 + \mathrm{i}| < \varrho^2 < \varrho$$

wegen $|z_0 + \mathrm{i}| < 2$ und $0 < \varrho < 1$. Demnach folgt $\tilde{\mathcal{K}}^{-1}(z_C) \in B(\zeta_0, \varrho)$.
Indem wir das $<$ in (4.92) durch ein $\geq$ ersetzen, ergibt sich analog zur vorangegangenen Argumentation $|\tilde{\mathcal{K}}(\tilde{w}) - z_C| \geq \tilde{\varrho}$ für jedes $\tilde{w} \in \hat{B}(0, 1, (-1, 0)) \setminus B(\zeta_0, \varrho)$.
Insgesamt schließen wir so $\tilde{\mathcal{K}}(B(\zeta_0, \varrho)) = B(z_C, \tilde{\varrho}) \subset \hat{B}(0, 1, (0, 1))$, womit auch die Eigenschaft v) bewiesen ist. $\qquad\square$

Bemerkung 4.8. Die Richtigkeit der Eigenschaft v) im Lemma 4.6 kann auch direkt aus der Kreistreue von Möbiustransformationen gewonnen werden. Wir entnehmen dem hier explizit ausgeführten Beweis der Eigenschaft v) aber, dass konzentrische Kreisscheiben in $\hat{B}(w_0, R, \hat{w})$ unter der Transformation $\mathcal{K} \colon \hat{B}(w_0, R, \hat{w}) \to \hat{B}(0, 1, (0, 1))$ im Allgemeinen nicht auf konzentrische Kreisscheiben in $\hat{B}(0, 1, (0, 1))$ abgebildet werden.

Wir wollen nun auf zwei bekanntere Ergebnisse im Zusammenhang mit konformen Transformationen eingehen. Zunächst wollen wir sehen, dass eine harmonische Funktion bei konformer Transformation der unabhängigen Variablen harmonisch bleibt.
Dies wird später wichtig, um zu erkennen, dass die harmonische Ersetzung unter einer konformen Transformation die Eigenschaft harmonisch zu sein behält. Wir notieren daher das folgende Lemma.

Lemma 4.7. *Es seien $G, \tilde{G} \subset \mathbb{R}^2$ Gebiete und $g \colon G \to \mathbb{R}$ eine harmonische Funktion. Zusätzlich sei $\mathcal{K} \colon \tilde{G} \to G$ eine konforme Abbildung. Dann ist die Funktion $\tilde{g} := g \circ \mathcal{K} \colon \tilde{G} \to \mathbb{R}$ harmonisch in $\tilde{G}$.*

Beweis. Es seien $(u, v) \in G$ und $(\tilde{u}, \tilde{v}) \in \tilde{G}$ mit $(u(\tilde{u}, \tilde{v}), v(\tilde{u}, \tilde{v})) = \mathcal{K}(\tilde{u}, \tilde{v})$ gegeben. Wir berechnen dann

$$\frac{\partial \tilde{g}(\tilde{u}, \tilde{v})}{\partial \tilde{u}} = g_u(\mathcal{K}(\tilde{u}, \tilde{v})) \frac{\partial u}{\partial \tilde{u}}(\tilde{u}, \tilde{v}) + g_v(\mathcal{K}(\tilde{u}, \tilde{v})) \frac{\partial v}{\partial \tilde{u}}(\tilde{u}, \tilde{v})$$

und

$$\frac{\partial \tilde{g}(\tilde{u}, \tilde{v})}{\partial \tilde{v}} = g_u(\mathcal{K}(\tilde{u}, \tilde{v})) \frac{\partial u}{\partial \tilde{v}}(\tilde{u}, \tilde{v}) + g_v(\mathcal{K}(\tilde{u}, \tilde{v})) \frac{\partial v}{\partial \tilde{v}}(\tilde{u}, \tilde{v})$$

mithilfe der Kettenregel.
Infolgedessen ergeben sich

$$\begin{aligned}
\frac{\partial^2 \tilde{g}(\tilde{u}, \tilde{v})}{\partial \tilde{u}^2} &= g_{uu}(\mathcal{K}(\tilde{u}, \tilde{v})) \left(\frac{\partial u}{\partial \tilde{u}}(\tilde{u}, \tilde{v}) \right)^2 + g_{uv}(\mathcal{K}(\tilde{u}, \tilde{v})) \left(\frac{\partial u}{\partial \tilde{u}}(\tilde{u}, \tilde{v}) \right) \left(\frac{\partial v}{\partial \tilde{u}}(\tilde{u}, \tilde{v}) \right) \\
&\quad + g_u(\mathcal{K}(\tilde{u}, \tilde{v})) \frac{\partial^2 u}{\partial \tilde{u}^2}(\tilde{u}, \tilde{v}) \\
&\quad + g_{vu}(\mathcal{K}(\tilde{u}, \tilde{v})) \left(\frac{\partial v}{\partial \tilde{u}}(\tilde{u}, \tilde{v}) \right) \left(\frac{\partial u}{\partial \tilde{u}}(\tilde{u}, \tilde{v}) \right) + g_{vv}(\mathcal{K}(\tilde{u}, \tilde{v})) \left(\frac{\partial v}{\partial \tilde{u}}(\tilde{u}, \tilde{v}) \right)^2 \\
&\quad + g_v(\mathcal{K}(\tilde{u}, \tilde{v})) \frac{\partial^2 v}{\partial \tilde{u}^2}(\tilde{u}, \tilde{v})
\end{aligned}$$

beziehungsweise

$$\begin{aligned}
\frac{\partial^2 \tilde{g}(\tilde{u}, \tilde{v})}{\partial \tilde{u}^2} &= g_{uu}(\mathcal{K}(\tilde{u}, \tilde{v})) \left(\frac{\partial u}{\partial \tilde{u}}(\tilde{u}, \tilde{v}) \right)^2 + g_{vv}(\mathcal{K}(\tilde{u}, \tilde{v})) \left(\frac{\partial v}{\partial \tilde{u}}(\tilde{u}, \tilde{v}) \right)^2 \\
&\quad + g_u(\mathcal{K}(\tilde{u}, \tilde{v})) \frac{\partial^2 u}{\partial \tilde{u}^2}(\tilde{u}, \tilde{v}) + g_v(\mathcal{K}(\tilde{u}, \tilde{v})) \frac{\partial^2 v}{\partial \tilde{u}^2}(\tilde{u}, \tilde{v}) \qquad (4.103) \\
&\quad + 2 g_{uv}(\mathcal{K}(\tilde{u}, \tilde{v})) \left(\frac{\partial u}{\partial \tilde{u}}(\tilde{u}, \tilde{v}) \right) \left(\frac{\partial v}{\partial \tilde{u}}(\tilde{u}, \tilde{v}) \right)
\end{aligned}$$

und analog

$$\begin{aligned}
\frac{\partial^2 \tilde{g}(\tilde{u}, \tilde{v})}{\partial \tilde{v}^2} &= g_{uu}(\mathcal{K}(\tilde{u}, \tilde{v})) \left(\frac{\partial u}{\partial \tilde{v}}(\tilde{u}, \tilde{v}) \right)^2 + g_{vv}(\mathcal{K}(\tilde{u}, \tilde{v})) \left(\frac{\partial v}{\partial \tilde{v}}(\tilde{u}, \tilde{v}) \right)^2 \\
&\quad + g_u(\mathcal{K}(\tilde{u}, \tilde{v})) \frac{\partial^2 u}{\partial \tilde{v}^2}(\tilde{u}, \tilde{v}) + g_v(\mathcal{K}(\tilde{u}, \tilde{v})) \frac{\partial^2 v}{\partial \tilde{v}^2}(\tilde{u}, \tilde{v}) \qquad (4.104) \\
&\quad + 2 g_{uv}(\mathcal{K}(\tilde{u}, \tilde{v})) \left(\frac{\partial u}{\partial \tilde{v}}(\tilde{u}, \tilde{v}) \right) \left(\frac{\partial v}{\partial \tilde{v}}(\tilde{u}, \tilde{v}) \right)
\end{aligned}$$

für $(\tilde{u}, \tilde{v}) \in \tilde{G}$.
Da die Abbildung $\mathcal{K} \colon \tilde{G} \to G$ konform ist, erfüllen die Funktionen u und v dementsprechend das Cauchy-Riemannsche Differentialgleichungssystem, das heißt

$$\frac{\partial u}{\partial \tilde{u}}(\tilde{u}, \tilde{v}) = \frac{\partial v}{\partial \tilde{v}}(\tilde{u}, \tilde{v}) \quad \text{und} \quad \frac{\partial u}{\partial \tilde{v}}(\tilde{u}, \tilde{v}) = -\frac{\partial v}{\partial \tilde{u}}(\tilde{u}, \tilde{v})$$

für alle $(\tilde{u}, \tilde{v}) \in \tilde{G}$. Insbesondere sind u und v harmonische Funktionen in $\tilde{G}$.

Somit erhalten wir aus (4.103) und (4.104)

$$\frac{\partial^2 \tilde{g}(\tilde{u},\tilde{v})}{\partial \tilde{u}^2} + \frac{\partial^2 \tilde{g}(\tilde{u},\tilde{v})}{\partial \tilde{v}^2} = g_{uu}(\mathcal{K}(\tilde{u},\tilde{v})) \left[\left(\frac{\partial u}{\partial \tilde{u}}(\tilde{u},\tilde{v}) \right)^2 + \left(\frac{\partial u}{\partial \tilde{v}}(\tilde{u},\tilde{v}) \right)^2 \right]$$

$$+ g_{vv}(\mathcal{K}(\tilde{u},\tilde{v})) \left[\left(\frac{\partial v}{\partial \tilde{u}}(\tilde{u},\tilde{v}) \right)^2 + \left(\frac{\partial v}{\partial \tilde{v}}(\tilde{u},\tilde{v}) \right)^2 \right]$$

$$+ g_u(\mathcal{K}(\tilde{u},\tilde{v})) \, \Delta u(\tilde{u},\tilde{v}) + g_v(\mathcal{K}(\tilde{u},\tilde{v})) \, \Delta v(\tilde{u},\tilde{v})$$

$$+ 2\, g_{uv}(\mathcal{K}(\tilde{u},\tilde{v})) \left(\frac{\partial u}{\partial \tilde{u}}(\tilde{u},\tilde{v}) \right) \left(\frac{\partial v}{\partial \tilde{u}}(\tilde{u},\tilde{v}) \right)$$

$$+ 2\, g_{uv}(\mathcal{K}(\tilde{u},\tilde{v})) \left(\frac{\partial u}{\partial \tilde{v}}(\tilde{u},\tilde{v}) \right) \left(\frac{\partial v}{\partial \tilde{v}}(\tilde{u},\tilde{v}) \right)$$

$$= (g_{uu}(\mathcal{K}(\tilde{u},\tilde{v})) + g_{vv}(\mathcal{K}(\tilde{u},\tilde{v}))) \left[\left(\frac{\partial u}{\partial \tilde{u}}(\tilde{u},\tilde{v}) \right)^2 + \left(\frac{\partial u}{\partial \tilde{v}}(\tilde{u},\tilde{v}) \right)^2 \right]$$

$$= 0$$

für alle $(\tilde{u},\tilde{v}) \in \tilde{G}$, wobei wir zusätzlich die Voraussetzung verwenden, dass g in G harmonisch ist. Demnach ist auch $\tilde{g}$ harmonisch in $\tilde{G}$. □

Wir kommen zu einem Satz, der sich beispielsweise in [10, Chap. I, Theorem 1.1] findet. Dieser stellt eine fundamentale Aussage für die Variationsrechnung und insbesondere für die Theorie der Minimalflächen dar. Es sei angemerkt, dass wir den Satz im Unterschied zu [10] für Funktionen aus dem Sobolev-Raum zeigen.

Satz 4.11 (Konforme Invarianz des Dirichlet-Integrals). *Es seien* $G, \tilde{G} \subset \mathbb{R}^2$ *Gebiete und* $g \in W^{1,2}(G, \mathbb{R})$. *Zudem sei* $\mathcal{K} \colon \tilde{G} \to G$ *mit* $\mathcal{K}(\tilde{u},\tilde{v}) = (u(\tilde{u},\tilde{v}), v(\tilde{u},\tilde{v}))$ *eine konforme Abbildung, sodass* $\mathcal{K}$ *und* $\mathcal{K}^{-1}$ *auf* $\tilde{G}$ *beziehungsweise* G *gleichmäßig Lipschitz-stetig sind.*
Dann gilt für $\tilde{g}(\tilde{u},\tilde{v}) := g(\mathcal{K}(\tilde{u},\tilde{v}))$ *die Transformationsformel*

$$\mathcal{D}(g,G) = \int\limits_G g_u^2(u,v) + g_v^2(u,v)\, \mathrm{d}u\, \mathrm{d}v = \int\limits_{\tilde{G}} \tilde{g}_{\tilde{u}}^2(\tilde{u},\tilde{v}) + \tilde{g}_{\tilde{v}}^2(\tilde{u},\tilde{v})\, \mathrm{d}\tilde{u}\, \mathrm{d}\tilde{v} = \mathcal{D}(\tilde{g},\tilde{G})\,.$$

Beweis. Es bezeichne

$$J_{\mathcal{K}}(\tilde{u},\tilde{v}) = \begin{pmatrix} \dfrac{\partial u}{\partial \tilde{u}}(\tilde{u},\tilde{v}) & \dfrac{\partial u}{\partial \tilde{v}}(\tilde{u},\tilde{v}) \\[2mm] \dfrac{\partial v}{\partial \tilde{u}}(\tilde{u},\tilde{v}) & \dfrac{\partial v}{\partial \tilde{v}}(\tilde{u},\tilde{v}) \end{pmatrix}$$

die Jacobi-Matrix von $\mathcal{K}$ im Punkt $(\tilde{u},\tilde{v}) \in \tilde{G}$.
Mithilfe des Cauchy-Riemannschen Differentialgleichungssystems, das heißt

$$\frac{\partial u}{\partial \tilde{u}}(\tilde{u},\tilde{v}) = \frac{\partial v}{\partial \tilde{v}}(\tilde{u},\tilde{v}) \quad \text{und} \quad \frac{\partial u}{\partial \tilde{v}}(\tilde{u},\tilde{v}) = -\frac{\partial v}{\partial \tilde{u}}(\tilde{u},\tilde{v})\,,$$

erhalten wir die zugehörige Funktionaldeterminante als

$$\det J_{\mathcal{K}}(\tilde{u}, \tilde{v}) = \frac{\partial u}{\partial \tilde{u}}(\tilde{u}, \tilde{v}) \frac{\partial v}{\partial \tilde{v}}(\tilde{u}, \tilde{v}) - \frac{\partial v}{\partial \tilde{u}}(\tilde{u}, \tilde{v}) \frac{\partial u}{\partial \tilde{v}}(\tilde{u}, \tilde{v})$$

$$= \left(\frac{\partial u}{\partial \tilde{u}}(\tilde{u}, \tilde{v})\right)^2 + \left(\frac{\partial u}{\partial \tilde{v}}(\tilde{u}, \tilde{v})\right)^2 \qquad (4.105)$$

$$= \left(\frac{\partial v}{\partial \tilde{u}}(\tilde{u}, \tilde{v})\right)^2 + \left(\frac{\partial v}{\partial \tilde{v}}(\tilde{u}, \tilde{v})\right)^2 .$$

Mithilfe des Satzes 4.6 ergibt sich

$$\tilde{g}_{\tilde{u}}(\tilde{u}, \tilde{v}) = g_u(u(\tilde{u}, \tilde{v}), v(\tilde{u}, \tilde{v})) \frac{\partial u}{\partial \tilde{u}}(\tilde{u}, \tilde{v}) + g_v(u(\tilde{u}, \tilde{v}), v(\tilde{u}, \tilde{v})) \frac{\partial v}{\partial \tilde{u}}(\tilde{u}, \tilde{v}) ,$$

$$\tilde{g}_{\tilde{v}}(\tilde{u}, \tilde{v}) = g_u(u(\tilde{u}, \tilde{v}), v(\tilde{u}, \tilde{v})) \frac{\partial u}{\partial \tilde{v}}(\tilde{u}, \tilde{v}) + g_v(u(\tilde{u}, \tilde{v}), v(\tilde{u}, \tilde{v})) \frac{\partial v}{\partial \tilde{v}}(\tilde{u}, \tilde{v})$$

und unter zusätzlicher Verwendung des Cauchy-Riemannschen Differentialgleichungssystems

$$\tilde{g}_{\tilde{u}}^2 + \tilde{g}_{\tilde{v}}^2 = \left(g_u \frac{\partial u}{\partial \tilde{u}}\right)^2 + \left(g_v \frac{\partial v}{\partial \tilde{u}}\right)^2 + \left(g_u \frac{\partial u}{\partial \tilde{v}}\right)^2 + \left(g_v \frac{\partial v}{\partial \tilde{v}}\right)^2$$

$$= g_u^2 \left(\left(\frac{\partial u}{\partial \tilde{u}}\right)^2 + \left(\frac{\partial u}{\partial \tilde{v}}\right)^2\right) + g_v^2 \left(\left(\frac{\partial v}{\partial \tilde{u}}\right)^2 + \left(\frac{\partial v}{\partial \tilde{v}}\right)^2\right)$$

für fast alle $(\tilde{u}, \tilde{v}) \in \tilde{G}$, wobei wir hier aus Gründen der Übersichtlichkeit die Argumente unterdrücken.
Mit (4.105) gelangen wir zu

$$\tilde{g}_{\tilde{u}}^2(\tilde{u}, \tilde{v}) + \tilde{g}_{\tilde{v}}^2(\tilde{u}, \tilde{v}) = \left(g_u^2(u(\tilde{u}, \tilde{v}), v(\tilde{u}, \tilde{v})) + g_v^2(u(\tilde{u}, \tilde{v}), v(\tilde{u}, \tilde{v}))\right) \det J_{\mathcal{K}}(\tilde{u}, \tilde{v})$$

für fast alle $(\tilde{u}, \tilde{v}) \in \tilde{G}$.
Der Transformationssatz aus [46, Corollary 8.23] liefert uns mithilfe der letzten Identität schließlich

$$\int_G g_u^2(u, v) + g_v^2(u, v) \, du \, dv$$

$$= \int_{\tilde{G}} \left(g_u^2(u(\tilde{u}, \tilde{v}), v(\tilde{u}, \tilde{v})) + g_v^2(u(\tilde{u}, \tilde{v}), v(\tilde{u}, \tilde{v}))\right) \det J_{\mathcal{K}}(\tilde{u}, \tilde{v}) \, d\tilde{u} \, d\tilde{v}$$

$$= \int_{\tilde{G}} \tilde{g}_{\tilde{u}}^2(\tilde{u}, \tilde{v}) + \tilde{g}_{\tilde{v}}^2(\tilde{u}, \tilde{v}) \, d\tilde{u} \, d\tilde{v} .$$

Dies entspricht der gesuchten Behauptung.   □

Schließlich sind wir in der Lage, die Stetigkeit bis zum Rand für einen Minimierer eines Funktionals gemäß Definition 3.2 zu beweisen. Dafür orientieren wir uns an dem Beweis zu [36, Lemma 3] beziehungsweise [16, Chap. 4.7, Theorem 4]. Wir weichen dabei allerdings entscheidend von einer in [36] und [16] gemachten Voraussetzung ab, die der Bedingung (4.41) aus der zweiten Version des Dirichletschen Wachstumstheorems (Satz 4.5) entspricht. Unter Berücksichtigung der Bemerkung 4.8 wird in [36] und [16] nicht klar, dass eine konform transformierte Funktion ebenfalls eine Bedingung der Form (4.41) erfüllt, da eine Schar konzentrischer Kreise durch eine konforme Abbildung im Allgemeinen nicht auf eine Schar konzentrischer Kreise abgebildet wird. Insbesondere kommt es zu einer Verzerrung der Mittelpunkte. Indem wir eine Bedingung aus [51, Chap. III, Theorem 6.2] nutzen, die mit (4.78) aus dem Wachstumslemma (Lemma 4.4) übereinstimmt, umgehen wir diese Problematik. Ausgehend von (4.78) transformieren wir die Funktion erst konform und leiten anschließend die Bedingung (4.41) für die transformierte Funktion mithilfe des Wachstumslemmas her.

Satz 4.12. *Sei $X \in W^{1,2}(B(w_0, R))$ mit $g := \mathrm{Tr}[X] \in C(\partial B(w_0, R))$ gegeben, sodass mit einer Konstante $\alpha \in (0,1)$*

$$\mathcal{D}(X, B(w, \varrho)) \leq \frac{1}{\alpha} \mathcal{D}(\mathcal{H}(X, B(w, \varrho)), B(w, \varrho)) \tag{4.106}$$

für alle $B(w, \varrho) \subset B(w_0, R)$ gilt.
Dann folgt $X \in W^{1,2}(B(w_0, R)) \cap C(\overline{B(w_0, R)})$.

Beweis. Indem wir die Argumentation ab der Gleichung (4.87) im Beweis des Satzes 4.10 aufgreifen, schließen wir zunächst $X \in C(B(w_0, R))$ aus der Voraussetzung (4.106) auf der Grundlage des Wachstumslemmas (Lemma 4.4) und der zweiten Version des Dirichletschen Wachstumstheorems (Satz 4.5).
Sei $\hat{w} \in \partial B(w_0, R)$ ein beliebiger Randpunkt. Dann gibt es gemäß Lemma 4.6 eine bijektive Transformation $\mathcal{K} \colon \hat{B}(w_0, R, \hat{w}) \to \hat{B}(0, 1, (0, 1))$ mit den dort aufgeführten Eigenschaften.
Insbesondere folgern wir $\tilde{X} := X \circ \mathcal{K}^{-1} \in W^{1,2}(\hat{B}(0, 1, (0, 1)))$ aufgrund des Satzes 4.6 und $\tilde{g} := g \circ \mathcal{K}^{-1} \in C([-1, 1])$. Mit $\Omega := \{w = (u, v) \in \mathbb{R}^2 : |u| < \frac{1}{2}, 0 < v \leq \frac{1}{2}\}$ gilt demnach auch $\tilde{X} \in W^{1,2}(\Omega)$, wobei wir $\Omega \subset \hat{B}(0, 1, (0, 1))$ beachten.
Indem wir $\tilde{X} \in C(\Omega \cup ((-\frac{1}{4}, \frac{1}{4}) \times \{0\}))$ zeigen, erhalten wir die gewünschte Aussage für X. Wegen $\mathcal{K}(\Omega) \subset \hat{B}(w_0, R, \hat{w})$ sowie $X \in C(B(w_0, R))$ ergibt sich unmittelbar $\tilde{X} \in C(\Omega)$.
Wir betrachten eine beliebige Kreisscheibe $B(w, \varrho) \subset \hat{B}(w_0, R, \hat{w})$. Aufgrund des Lemmas 4.7 folgt unter Beachtung des Satzes 4.6, dass

$$\mathcal{H}(\tilde{X}, \mathcal{K}(B(w, \varrho))) = \mathcal{H}(X, B(w, \varrho)) \circ \mathcal{K}^{-1}$$

gemäß Definition 4.3 die harmonische Ersetzung von $\tilde{X}$ in $\mathcal{K}(B(w, \varrho))$ ist, die auf dem Rand $\partial \mathcal{K}(B(w, \varrho))$ mit $\tilde{X}$ im Sinne der L^2-Norm übereinstimmt.
Unter Beachtung der Invarianz des Dirichlet-Integrals unter konformen Abbildungen (Satz 4.11) erhalten wir zusätzlich

$$\mathcal{D}(X, B(w, \varrho)) = \mathcal{D}(\tilde{X}, \mathcal{K}(B(w, \varrho)))$$

sowie

$$\mathcal{D}(\mathcal{H}(X, B(w, \varrho)), B(w, \varrho)) = \mathcal{D}(\mathcal{H}(\tilde{X}, \mathcal{K}(B(w, \varrho))), \mathcal{K}(B(w, \varrho)))$$

und dementsprechend wegen (4.106)

$$\mathcal{D}(\tilde{X}, \mathcal{K}(B(w,\varrho))) = \mathcal{D}(X, B(w,\varrho)) \leq \frac{1}{\alpha}\,\mathcal{D}(\mathcal{H}(X, B(w,\varrho)), B(w,\varrho))$$

$$= \frac{1}{\alpha}\,\mathcal{D}(\mathcal{H}(\tilde{X}, \mathcal{K}(B(w,\varrho))), \mathcal{K}(B(w,\varrho)))$$

für $B(w,\varrho) \subset \hat{B}(w_0, R, \hat{w})$.
Da $\mathcal{K}\colon \hat{B}(w_0, R, \hat{w}) \to \hat{B}(0, 1, (0, 1))$ konform ist und somit jeder Kreis in $\hat{B}(w_0, R, \hat{w})$ zu genau einem Kreis in $\hat{B}(0, 1, (0, 1))$ korrespondiert, ergibt sich

$$\mathcal{D}(\tilde{X}, B(\tilde{w}, r)) \leq \frac{1}{\alpha}\,\mathcal{D}(\mathcal{H}(\tilde{X}, B(\tilde{w}, r)), B(\tilde{w}, r)) \tag{4.107}$$

für alle $B(\tilde{w}, r) \subset \hat{B}(0, 1, (0, 1))$.
Es sei nun $(u, h) \in \mathbb{R}^2$ mit $|u| < \frac{1}{4}$ und $0 < h < \frac{1}{4}$ beliebig gewählt. Zusätzlich betrachten wir das Quadrat $(u - h, u + h) \times (0, 2h) \subset \Omega \subset \hat{B}(0, 1, (0, 1))$ und erklären die Größe

$$\delta(\tilde{X}, u, h) := \left(\int\limits_{u-h}^{u+h} \int\limits_{0}^{2h} |\nabla \tilde{X}(\hat{u}, \hat{v})|^2 \, \mathrm{d}\hat{v}\, \mathrm{d}\hat{u} \right)^{\frac{1}{2}}.$$

Offensichtlich gilt die Bedingung (4.107) für alle $B(\tilde{w}, r) \subset (u - h, u + h) \times (0, 2h)$ und es ist $\tilde{X} \in W^{1,2}((u - h, u + h) \times (0, 2h))$ richtig.
Nochmals nutzen wir die Argumentation ab der Gleichung (4.87) im Beweis des Satzes 4.10 und erhalten damit auf der Grundlage des Wachstumslemmas (Lemma 4.4) und der zweiten Version des Dirichletschen Wachstumstheorems (Satz 4.5)

$$|\tilde{X}(u, h) - \tilde{X}(u_1, h)| \leq C\,\delta(\tilde{X}, u, h) \left(\frac{|u - u_1|}{h} \right)^{\frac{\alpha}{2}} \tag{4.108}$$

für alle $u_1 \in [u - \frac{h}{2}, u + \frac{h}{2}]$. Dabei ist $C > 0$ eine Konstante, die von u, u_1 und h unabhängig ist. Zudem haben wir $\mathrm{dist}((u, h), \partial((u - h, u + h) \times (0, 2h))) = h$ verwendet. Wegen $|u - u_1| \leq \frac{h}{2}$ schließen wir aus (4.108) insbesondere auch

$$|\tilde{X}(u, h) - \tilde{X}(u_1, h)| \leq C\,\delta(\tilde{X}, u, h) \left(\frac{1}{2} \right)^{\frac{\alpha}{2}} = \tilde{C}\,\delta(\tilde{X}, u, h) \tag{4.109}$$

mit einer entsprechenden Konstante $\tilde{C}$.
Außerdem finden wir ein $u_2 \in [-\frac{1}{4}, \frac{1}{4}]$ mit $|u - u_2| < \frac{h}{2}$, sodass

i) $\tilde{X}(u_2, \cdot) \in W^{1,2}((0, \frac{1}{2}))$ auf der Grundlage des Satzes von Fubini entsprechend [61, Kap. VIII, §7, Satz 2] gilt,

ii) $\tilde{X}(u_2, \cdot)$ absolut stetig in $(0, \frac{1}{2})$ gemäß [46, Theorem 10.35] ist und

iii) $\tilde{X}(u_2, v) \to \tilde{g}(u_2)$ für $v \to 0+$ unter der Berücksichtigung der Ausführungen in [50, Abschnitt 7, insbesondere Theorem 7.3] richtig ist.

Gleichzeitig können wir dabei unter Beachtung des Satzes von Fubini einen Mittelwertsatz für Lebesgue-Integrale aus [47, Theorem 3.1] nutzen und

$$h \int_0^h |\tilde{X}_v(u_2, \hat{v})|^2 \, d\hat{v} \leq \int_{u-\frac{h}{2}}^{u+\frac{h}{2}} \int_0^h |\tilde{X}_v(\hat{u}, \hat{v})|^2 \, d\hat{v} \, d\hat{u}$$

annehmen, woraus insbesondere

$$h \int_0^h |\tilde{X}_v(u_2, \hat{v})|^2 \, d\hat{v} \leq [\delta(\tilde{X}, u, h)]^2 \tag{4.110}$$

folgt. Aus ii) und iii) erhalten wir mithilfe der Lemmata 2.10 und 2.12 zusätzlich

$$\tilde{X}(u_2, h) - \tilde{g}(u_2) = \int_0^h \tilde{X}_v(u_2, \hat{v}) \, d\hat{v}$$

und schließen damit aufgrund von (4.110)

$$|\tilde{X}(u_2, h) - \tilde{g}(u_2)| \leq \int_0^h |\tilde{X}_v(u_2, \hat{v})| \, d\hat{v} \leq \sqrt{h} \left(\int_0^h |\tilde{X}_v(u_2, \hat{v})|^2 \, d\hat{v} \right)^{\frac{1}{2}} \tag{4.111}$$

$$\leq \delta(\tilde{X}, u, h)$$

unter Verwendung von i), des Lemmas 2.6 und der Hölderschen Ungleichung. Speziell gilt für ein derartiges $u_2 \in [-\frac{1}{4}, \frac{1}{4}]$ mit $|u - u_2| < \frac{h}{2}$ stets auch die Abschätzung (4.109). Wir erklären noch die Größe

$$\varsigma(\tilde{g}, h) := \sup \{ |\tilde{g}(u_1) - \tilde{g}(u_2)| : u_1, u_2 \in [-1, 1], |u_1 - u_2| \leq h \}$$

und bemerken unmittelbar

$$\varsigma(\tilde{g}, h_1) \leq \varsigma(\tilde{g}, h_2) \tag{4.112}$$

für $0 < h_1 \leq h_2$.

Es sei nun $u_0 \in (-\frac{1}{4}, \frac{1}{4})$ beliebig. Zu einem vorgegebenen $\varepsilon > 0$ können wir aufgrund der gleichmäßigen Stetigkeit von $\tilde{g}$ auf $[-1, 1]$ zunächst ein $\bar{h} \in (0, \frac{1}{4})$ wählen, sodass

$$\varsigma(\tilde{g}, \bar{h}) < \frac{\varepsilon}{3} \tag{4.113}$$

gilt. Des Weiteren finden wir wegen $\tilde{X} \in W^{1,2}(\Omega)$ ein $h_0 \in \left(0, \frac{\bar{h}}{2}\right]$, sodass

$$(1 + \tilde{C}) \left(\int_{u_0-\bar{h}}^{u_0+\bar{h}} \int_0^{2h_0} |\nabla \tilde{X}(\hat{u}, \hat{v})|^2 \, d\hat{v} \, d\hat{u} \right)^{\frac{1}{2}} < \frac{\varepsilon}{3} \tag{4.114}$$

richtig ist.

Zu jedem $u \in (-\frac{1}{4}, \frac{1}{4})$ mit $|u - u_0| < \frac{\tilde{h}}{2}$ und jedem $h \in (0, h_0)$ existiert gemäß den vorangegangenen Ausführungen ein $u_2 \in [-\frac{1}{4}, \frac{1}{4}]$ mit $|u - u_2| < \frac{h}{2}$, welches insbesondere die Bedingungen (4.109) und (4.111) erfüllt. Dementsprechend erhalten wir

$$|\tilde{X}(u, h) - \tilde{g}(u_0)| \leq |\tilde{X}(u, h) - \tilde{X}(u_2, h)| + |\tilde{X}(u_2, h) - \tilde{g}(u_2)|$$
$$+ |\tilde{g}(u_2) - \tilde{g}(u)| + |\tilde{g}(u) - \tilde{g}(u_0)|$$
$$\leq \left(1 + \tilde{C}\right) \delta(\tilde{X}, u, h) + \varsigma(\tilde{g}, h) + \varsigma(\tilde{g}, \tilde{h})$$
$$\leq \left(1 + \tilde{C}\right) \delta(\tilde{X}, u, h) + 2\varsigma(\tilde{g}, \tilde{h})$$

unter zusätzlicher Beachtung von (4.112).
Infolgedessen ergibt sich

$$|\tilde{X}(u, h) - \tilde{g}(u_0)| \leq \left(1 + \tilde{C}\right) \delta(\tilde{X}, u, h) + 2\varsigma(\tilde{g}, \tilde{h}) \qquad (4.115)$$

für alle $u \in (-\frac{1}{4}, \frac{1}{4})$ mit $|u - u_0| < \frac{\tilde{h}}{2}$ und alle $h \in (0, h_0)$.
Wegen $0 < h < h_0 \leq \frac{\tilde{h}}{2}$ bemerken wir zudem $(u - h, u + h) \subset (u_0 - \tilde{h}, u_0 + \tilde{h})$ für alle $u \in (u_0 - \frac{\tilde{h}}{2}, u_0 + \frac{\tilde{h}}{2})$ und schließen

$$\delta(\tilde{X}, u, h) \leq \left(\int_{u_0 - \tilde{h}}^{u_0 + \tilde{h}} \int_0^{2h_0} |\nabla \tilde{X}(\hat{u}, \hat{v})|^2 \, d\hat{v} \, d\hat{u} \right)^{\frac{1}{2}} \qquad (4.116)$$

für $|u - u_0| < \frac{\tilde{h}}{2}$ und $0 < h < h_0 \leq \frac{\tilde{h}}{2}$.
Damit erhalten wir aus (4.115) unter Verwendung von (4.116) und (4.114) sowie (4.113)

$$|\tilde{X}(u, h) - \tilde{g}(u_0)| < \varepsilon$$

für alle $u \in (-\frac{1}{4}, \frac{1}{4})$ mit $|u - u_0| < \frac{\tilde{h}}{2}$ und alle $h \in (0, h_0)$.
Aufgrund der beliebigen Wahl von $u_0 \in (-\frac{1}{4}, \frac{1}{4})$ ergibt sich die Behauptung. $\qquad \square$

Zum Ende dieses Kapitels wollen wir die Aussagen über die Existenz eines Minimierers (Satz 3.3), die Hölder-Stetigkeit im Inneren (Satz 4.10) und die Stetigkeit bis zum Rand (Satz 4.12) miteinander verknüpfen. Als Gebiete betrachten wir hier aufgrund des Satzes 4.12 ausschließlich Kreisscheiben.
Auf die Voraussetzung aus dem Satz 3.3, dass das Funktional $\mathcal{I}$ für ein Element der zulässigen Menge $\mathcal{F}$ endlich ist, kann unter Beachtung der Voraussetzung (4.85) aus dem Satz 4.10 verzichtet werden. Aufgrund von (4.85) gilt nämlich

$$\mathcal{I}(X, G) \leq M_2 \, \mathcal{D}(X, G) \leq M_2 \, \|X\|^2_{W^{1,2}(G)} < +\infty$$

mit einer Konstante $M_2 > 0$ für jedes $X \in W^{1,2}(G)$.
Zusätzlich müssen wir dafür Sorge tragen, dass die im Satz 4.10 erklärte Menge $\mathcal{F}$ den Anforderungen des Satzes 3.3 genügt. Dies wird gewährleistet, indem wir zeigen, dass $\mathcal{F}$ schwach folgenabgeschlossen ist.
Die im Satz 4.12 auftretende Bedingung (4.106) wird nicht explizit in den Voraussetzungen des nachfolgenden Satzes erwähnt. Wie bereits im Beweis zum Satz 4.10 kann diese aus der Voraussetzung (4.85) abgeleitet werden.

Bevor wir den Satz zur Existenz eines stetigen Minimierers formulieren und beweisen, beachten wir noch die folgende Definition in Abgrenzung zur Menge $W^{1,q}(G) \cap C(\overline{G})$.

Definition 4.5 (Stetige Spur). Es sei $G \subset \mathbb{R}^m$ ein beschränktes C^1-Gebiet. Wir schreiben $g \in W^{1,q}(G) \cap C(\partial G)$, sofern $g \in W^{1,q}(G)$ und $\mathrm{Tr}[g] \in C(\partial G)$ erfüllt sind. Wir bezeichnen $\mathrm{Tr}[g]$ in diesem Fall als die stetige Spur von $g \in W^{1,q}(G)$ auf ∂G.

Satz 4.13 (Stetiger Minimierer). *Es seien $B(w_0, R) \subset \mathbb{R}^2$ und $f(w, X, p)$ eine Funktion $f \colon B(w_0, R) \times \mathbb{R}^3 \times \mathbb{R}^{3 \times 2} \to \mathbb{R}$ derart gegeben, dass*

i) $M_1 |p|^2 \leq f(w, X, p) \leq M_2 |p|^2$ für alle $(w, X, p) \in B(w_0, R) \times \mathbb{R}^3 \times \mathbb{R}^{3 \times 2}$ mit Konstanten $0 < M_1 \leq M_2 < +\infty$ gilt,

ii) f sowie die partiellen Ableitungen $f_{p_j^i}$ nach p_j^i für $j = 1, 2, i = 1, 2, 3$ stetig in $B(w_0, R) \times \mathbb{R}^3 \times \mathbb{R}^{3 \times 2}$ sind und

iii) f konvex in p für alle $(w, X) \in B(w_0, R) \times \mathbb{R}^3$ ist.

Zusätzlich seien $Y \in W^{1,2}(B(w_0, R)) \cap C(\partial B(w_0, R))$ und

$$\mathcal{F} := \left\{ X \in W^{1,2}(B(w_0, R)) : X - Y \in W_0^{1,2}(B(w_0, R)) \right\} \subset W^{1,2}(B(w_0, R))$$

sowie

$$\mathcal{I}(X, B(w_0, R)) = \int_{B(w_0,R)} f(w, X(w), \nabla X(w)) \, \mathrm{d}w$$

das zu f gehörende Funktional $\mathcal{I}$.

Dann existiert ein $X^* \in \mathcal{F} \cap C^\alpha(B(w_0, R)) \cap C(\overline{B(w_0, R)})$ mit $\alpha = \frac{M_1}{2M_2}$, sodass

$$\mathcal{I}(X^*, B(w_0, R)) = \inf_{X \in \mathcal{F}} \mathcal{I}(X, B(w_0, R))$$

gilt.
Des Weiteren gibt es eine Konstante $C_0 = C_0(\alpha) > 0$, sodass für jedes $w_1 \in B(w_0, R)$ mit $\varrho_0 = \mathrm{dist}(w_1, \partial B(w_0, R))$

$$|X^*(w_1) - X^*(w_2)| \leq C_0 \sqrt{\mathcal{D}(X^*, B(w_0, R))} \left(\frac{|w_1 - w_2|}{\varrho_0} \right)^\alpha \tag{4.117}$$

für alle $w_2 \in B(w_0, R)$ mit $|w_1 - w_2| \leq \frac{\varrho_0}{2}$ richtig ist.
Zudem ist die Randbedingung

$$X^*(w) = \mathrm{Tr}[Y](w) \tag{4.118}$$

für alle $w \in \partial B(w_0, R)$ erfüllt.

Beweis. Zunächst betrachten wir die Menge $\mathcal{F}$ und wollen diese als schwach folgenabgeschlossen erkennen. Sei dazu $\{X_l\}_{l=1,2,\dots}$ eine Folge in $\mathcal{F}$ mit $X_l \to X$ in $W^{1,2}(B(w_0, R))$. Wir wollen $X \in \mathcal{F}$ zeigen.

Dafür setzen wir $Z_l = X_l - Y$ für $l \in \mathbb{N}$ und bemerken $Z_l \in W_0^{1,2}(B(w_0, R))$ sowie

$$\|Z_l - Z_k\|_{W^{1,2}(B(w_0,R))} = \|(X_l - Y) - (X_k - Y)\|_{W^{1,2}(B(w_0,R))} \qquad (4.119)$$
$$= \|X_l - X_k\|_{W^{1,2}(B(w_0,R))} \to 0$$

für $k, l \to \infty$. Da der Raum $W_0^{1,2}(B(w_0, R))$ ein abgeschlossener linearer Teilraum von $W^{1,2}(B(w_0, R))$ ist und die Folge $\{Z_l\}_{l=1,2,\dots}$ gemäß (4.119) eine Cauchy-Folge bildet, folgt $Z_l \to Z \in W_0^{1,2}(B(w_0, R))$. Zusätzlich ermitteln wir

$$\|Z - (X - Y)\|_{W^{1,2}(B(w_0,R))} = \|Z - Z_l + Z_l - (X - Y)\|_{W^{1,2}(B(w_0,R))}$$
$$\leq \|Z - Z_l\|_{W^{1,2}(B(w_0,R))} + \|X_l - X\|_{W^{1,2}(B(w_0,R))} ,$$

woraus sich $X - Y = Z \in W_0^{1,2}(B(w_0, R))$ durch den Grenzübergang $l \to \infty$ und damit $X \in \mathcal{F}$ ergeben.
Gleichzeitig ist die Menge $\mathcal{F}$ konvex, da mit $\hat{X}, \tilde{X} \in \mathcal{F}$ auch stets

$$(\lambda \hat{X} + (1 - \lambda)\tilde{X}) - Y = \lambda(\hat{X} - Y) + (1 - \lambda)(\tilde{X} - Y) \in W_0^{1,2}(B(w_0, R))$$

und somit $\lambda \hat{X} + (1 - \lambda)\tilde{X} \in \mathcal{F}$ für alle $\lambda \in [0, 1]$ gilt.
Entsprechend [2, Satz 6.13] ist die konvexe und abgeschlossene Menge $\mathcal{F}$ demnach auch schwach folgenabgeschlossen.
In Ergänzung dazu ist $Y \in \mathcal{F}$ richtig und wir erhalten

$$\mathcal{I}(Y, B(w_0, R)) \leq M_2 \mathcal{D}(Y, B(w_0, R)) \leq M_2 \|Y\|_{W^{1,2}(B(w_0,R))}^2 < +\infty$$

aufgrund der Voraussetzung i).
Infolgedessen sind alle Voraussetzungen des Satzes 3.3 erfüllt. Es existiert also ein $X^* \in \mathcal{F}$ mit

$$\mathcal{I}(X^*, B(w_0, R)) = \inf_{X \in \mathcal{F}} \mathcal{I}(X, B(w_0, R)) .$$

Folglich können wir auch den Satz 4.10 auf X^* anwenden. Es ergeben sich (4.117) sowie $X^* \in C^\alpha(B(w_0, R))$ mit $\alpha = \frac{M_1}{2M_2}$.
Indem wir uns an den Beweis des Satzes 4.10 erinnern, erhalten wir aus der Minimumeigenschaft von X^* und der Voraussetzung i)

$$\mathcal{D}(X^*, B(w, \varrho)) \leq \frac{M_2}{M_1} \mathcal{D}(\mathcal{H}(X^*, B(w, \varrho)), B(w, \varrho))$$

für jede Kreisscheibe $B(w, \varrho) \subset B(w_0, R)$.
Da zusätzlich $X^* - Y \in W_0^{1,2}(B(w_0, R))$ wegen $X^* \in \mathcal{F}$ richtig ist, schließen wir $\mathrm{Tr}[X^*] = \mathrm{Tr}[Y] \in C(\partial B(w_0, R))$ aufgrund des Satzes 4.9. Somit können wir auch den Satz 4.12 nutzen und erkennen $X^* \in C(\overline{B(w_0, R)})$.
Infolgedessen ergibt sich unter Verwendung von (4.64) aus dem Satz 4.8

$$X^*|_{\partial B(w_0, R)} = \mathrm{Tr}[X^*] = \mathrm{Tr}[Y] ,$$

wodurch auch (4.118) gewährleistet wird.
Dementsprechend sind alle Aussagen gezeigt.   □

5 Höhere Regularität von Minimierern im Inneren

Im vorangegangenen Kapitel konnte die Hölder-Stetigkeit im Inneren eines Gebietes G und die Stetigkeit auf dessen Abschluss $\overline{G}$, sofern G eine Kreisscheibe ist, für einen Minimierer X^* in einer breiten Klasse von Variationsproblemen (Satz 4.13) gezeigt werden. Darüber hinausgehend wollen wir in diesem Kapitel eine höhere Regularität von X^* in G erreichen. Unter einer Verschärfung der Voraussetzungen an das Variationsproblem können wir die Hölder-Stetigkeit der ersten Ableitungen zeigen.

Dafür soll zunächst eine Brücke zwischen einem Minimierer X^* des Variationsproblems und der Lösung einer zugehörigen Differentialgleichung, der sogenannten schwachen Euler-Lagrange-Gleichung, gebaut werden. Hierzu ist die Untersuchung der ersten Variation des zu f gehörenden Funktionals $\mathcal{I}$ erforderlich. Wir benötigen in diesem Zusammenhang stärkere Anforderungen an die Funktion f. Als bemerkenswert stellt sich heraus, dass sich je nach Wahl der Voraussetzungen an f auch die Klasse der Testfunktionen, für die wir die erste Variation berechnen können, gemäß der Darstellung von Dacorogna [12, Chap. 3.4.2] ändert.

Wir betrachten hier den Fall, der uns später die Möglichkeit bietet, höhere Regularität eines Minimierers aus der ersten Variation beziehungsweise der zugehörigen schwachen Euler-Lagrange-Gleichung zu folgern. Dafür müssen der Minimierer und die Testfunktionen neben der Regularitätsklasse $W^{1,2}(G)$ beziehungsweise $W_0^{1,2}(G)$ zusätzlich zur Klasse $L^\infty(G)$ gehören. Insbesondere bilden bestimmte Modifikationen des Minimierers Testfunktionen, sodass mit diesen zunächst $X^* \in W_{\mathrm{loc}}^{2,2}(G)$ und anschließend $X^* \in C^{1,\sigma}(G)$ für ein $\sigma \in (0,1)$ gezeigt werden kann. Wir folgen dabei der zweiteiligen Beweisführung von Hildebrandt und von der Mosel [37], erweitern die Darstellung auf konvexe Gebiete und gestalten beide Beweise deutlich detailreicher.

Vorbereitend dazu untersuchen wir einige Eigenschaften von Differenzenquotienten in Sobolev-Räumen. Speziell die Verbindung zwischen schwachen Ableitungen und Differenzenquotienten wird hierbei entscheidend sein.

Im Anschluss daran tragen wir weiterführende Ergebnisse zum Wachstum des Dirichlet-Integrals zusammen. Außerdem weisen wir die Existenz einer sogenannten Abschneidefunktion nach und gehen in diesem Zusammenhang besonders auf die Abschätzung ihres Gradienten ein.

Zusätzlich werden wir für den Nachweis der Hölder-Stetigkeit der ersten Ableitungen eines Minimierers X^* das Konvergenzverhalten des Translationsoperators in Lebesgue-Räumen betrachten sowie eine Poincaré-Ungleichung für Kreisringe beweisen.

© Der/die Autor(en) 2023
A. Künnemann, *Existenz- und Regularitätstheorie der zweidimensionalen Variationsrechnung mit Anwendungen auf das Plateausche Problem für Flächen vorgeschriebener mittlerer Krümmung*, https://doi.org/10.1007/978-3-658-41641-6_5

5.1 Erste Variation und schwache Euler-Lagrange-Gleichung

Den Ausführungen zu [12, Theorem 3.37] folgend untersuchen wir die Differenzierbarkeit des zu f gehörenden Funktionals $\mathcal{I}$. Diese ist abhängig von den Eigenschaften der Funktion f. Jede auftretende Richtungsableitung in einem Minimierer X^* für eine zulässige Richtung, die erste Variation, werden wir dabei als verschwindend erkennen und gleichzeitig mit der schwachen Euler-Lagrange-Gleichung eine Verbindung zu Differentialgleichungen herstellen. Wir konzentrieren uns hier auf den Fall, der es uns später ermöglichen wird, höhere Regularität eines Minimierers mithilfe der schwachen Euler-Lagrange-Gleichung zu erzielen.

Satz 5.1 (Erste Variation). *Gegeben seien ein Gebiet $G \subset \mathbb{R}^2$ und eine Funktion $f \colon G \times \mathbb{R}^3 \times \mathbb{R}^{3 \times 2} \to \mathbb{R} \in C^1(G \times \mathbb{R}^3 \times \mathbb{R}^{3 \times 2}, \mathbb{R})$ mit $f(w, X, p)$ derart, dass mit einer Funktion $g_0 \in L^1(G)$ und einer Konstante $M_0 \geq 0$*

$$|f(w, X, p)| \leq g_0(w) + M_0 \left(|X|^2 + |p|^2 \right) \tag{5.1}$$

für fast alle $w \in G$ und alle $(X, p) \in \mathbb{R}^3 \times \mathbb{R}^{3 \times 2}$ gelte.
Zudem mögen zu jedem $R > 0$ Funktionen $g_1 \in L^1(G)$ und $g_2 \in L^2(G)$ sowie eine Konstante $M_1 = M_1(R) \geq 0$ existieren, sodass

$$|\nabla_X f(w, X, p)| \leq g_1(w) + M_1(R)\,|p|^2 \;, \tag{5.2}$$

$$|\nabla_p f(w, X, p)| \leq g_2(w) + M_1(R)\,|p| \tag{5.3}$$

für fast alle $w \in G$ und alle $(X, p) \in \mathbb{R}^3 \times \mathbb{R}^{3 \times 2}$ mit $|X| \leq R$ richtig ist.
Des Weiteren seien $Y_0 \in W^{1,2}(G)$ gegeben und $X^* \in W^{1,2}(G) \cap L^\infty(G)$ ein Minimierer des zu f gehörenden Funktionals $\mathcal{I}$ über der Menge $\mathcal{F}$ aller zulässigen $X \in W^{1,2}(G)$, die der Bedingung $X - Y_0 \in W_0^{1,2}(G)$ genügen.

Dann ist die Funktion $\iota(\lambda) := \mathcal{I}(X^* + \lambda Y, G)$ für jedes $Y \in W^{1,2}(G) \cap L^\infty(G)$ differenzierbar an der Stelle $\lambda = 0$ und es gilt

$$\iota'(0) = \int\limits_G \left\{ \nabla_X f(w, X^*, \nabla X^*) \cdot Y + \nabla_p f(w, X^*, \nabla X^*) \cdot \nabla Y \right\} \mathrm{d}w = 0 \tag{5.4}$$

für alle $Y \in W_0^{1,2}(G) \cap L^\infty(G)$.
Hierbei verwenden wir die Kurzschreibweisen

$$\nabla_X f(w, X^*, \nabla X^*) \cdot Y = \sum_{j=1}^{3} f_{X_j}(w, X^*(w), \nabla X^*(w))\, Y_j(w)$$

sowie

$$\nabla_p f(w, X^*, \nabla X^*) \cdot \nabla Y = \sum_{j=1}^{3} [f_{p_{1,j}}(w, X^*(w), \nabla X^*(w))\, Y_{u,j}(w)$$
$$+ f_{p_{2,j}}(w, X^*(w), \nabla X^*(w))\, Y_{v,j}(w)].$$

Ist f zusätzlich für fast alle $w \in G$ konvex in (X, p), folgt für ein $X_0 \in \mathcal{F} \cap L^\infty(G)$, welches (5.4) für alle $Y \in W_0^{1,2}(G) \cap L^\infty(G)$ genügt, stets

$$\mathcal{I}(X_0, G) = \inf_{X \in \mathcal{F} \cap L^\infty(G)} \mathcal{I}(X, G) \;. \tag{5.5}$$

Beweis. Aus Gründen der Übersichtlichkeit werden wir das Argument w von X^*, Y, ∇X^* und ∇Y im Verlauf dieses Beweises des Öfteren unterdrücken.

Zunächst wollen wir feststellen, dass die Funktion $\iota(\lambda) = \mathcal{I}(X^* + \lambda Y, G)$ für alle $Y \in W^{1,2}(G)$ und alle $\lambda \in \mathbb{R}$ wohldefiniert ist.

Aufgrund der Wachstumsbedingung (5.1) bemerken wir dafür

$$|\mathcal{I}(X^* + \lambda Y, G)| \leq \int_G |f(w, X^*(w) + \lambda Y(w), \nabla X^*(w) + \lambda \nabla Y(w))| \, dw \qquad (5.6)$$

$$\leq \int_G g_0(w) + M_0 \left(|X^*(w) + \lambda Y(w)|^2 + |\nabla X^*(w) + \lambda \nabla Y(w)|^2 \right) dw$$

$$= \|g_0\|_{L^1(G)} + M_0 \left(\|X^* + \lambda Y\|^2_{L^2(G)} + \|\nabla X^* + \lambda \nabla Y\|^2_{L^2(G)} \right) < +\infty$$

für jedes $Y \in W^{1,2}(G)$ und alle $\lambda \in \mathbb{R}$.

Da $X^* \in W^{1,2}(G) \cap L^\infty(G)$ ein Minimierer des Funktionals $\mathcal{I}$ über der Menge aller zulässigen Funktionen ist, gilt insbesondere

$$\mathcal{I}(X^* + \lambda Y, G) \geq \mathcal{I}(X^*, G)$$

für alle $Y \in W^{1,2}_0(G) \cap L^\infty(G)$ und alle $\lambda \in \mathbb{R}$.

Dementsprechend gilt notwendig

$$\lim_{\lambda \to 0} \frac{\iota(\lambda) - \iota(0)}{\lambda} = \lim_{\lambda \to 0} \frac{\mathcal{I}(X^* + \lambda Y, G) - \mathcal{I}(X^*, G)}{\lambda} = 0 \qquad (5.7)$$

für alle $Y \in W^{1,2}_0(G) \cap L^\infty(G)$, falls dieser Grenzwert existiert.

Wir wollen nun den Nachweis für die Existenz dieses Grenzwertes erbringen und gleichzeitig die Gültigkeit von (5.4) zeigen. Dazu beachten wir

$$\frac{\iota(\lambda) - \iota(0)}{\lambda} = \frac{\mathcal{I}(X^* + \lambda Y, G) - \mathcal{I}(X^*, G)}{\lambda}$$

$$= \int_G \frac{f(w, X^* + \lambda Y, \nabla X^* + \lambda \nabla Y) - f(w, X^*, \nabla X^*)}{\lambda} \, dw \qquad (5.8)$$

$$= \int_G h_\lambda(w) \, dw$$

für $\lambda \neq 0$ mit

$$h_\lambda(w) := \frac{f(w, X^*(w) + \lambda Y(w), \nabla X^*(w) + \lambda \nabla Y(w)) - f(w, X^*(w), \nabla X^*(w))}{\lambda}$$

für fast alle $w \in G$. Ähnlich wie in (5.6) erkennen wir aufgrund der Bedingung (5.1) $h_\lambda \in L^1(G)$ für jedes $\lambda \neq 0$.

Da die Funktion f in X und p stetig differenzierbar ist, gilt für fast alle $w \in G$ insbesondere

$$\lim_{\lambda \to 0} h_\lambda(w) = \lim_{\lambda \to 0} \frac{f(w, X^* + \lambda Y, \nabla X^* + \lambda \nabla Y) - f(w, X^*, \nabla X^*)}{\lambda}$$

$$= \nabla_X f(w, X^*, \nabla X^*) \cdot Y + \nabla_p f(w, X^*, \nabla X^*) \cdot \nabla Y \, . \qquad (5.9)$$

Gleichzeitig ermitteln wir aber auch

$$
\frac{\iota(\lambda) - \iota(0)}{\lambda} = \int\limits_G \frac{f(w, X^* + \lambda Y, \nabla X^* + \lambda \nabla Y) - f(w, X^*, \nabla X^*)}{\lambda} \, dw
$$

$$
= \int\limits_G h_\lambda(w) \, dw \tag{5.10}
$$

$$
= \int\limits_G \frac{1}{\lambda} \int\limits_0^1 \frac{d}{dt} \left[f(w, X^* + t\lambda Y, \nabla X^* + t\lambda \nabla Y) \right] dt \, dw
$$

für $\lambda \neq 0$.
Mithilfe unserer bekannten Kurzschreibweise berechnen wir

$$
\frac{d}{dt} \left[f(w, X^* + t\lambda Y, \nabla X^* + t\lambda \nabla Y) \right] = \nabla_X f(w, X^* + t\lambda Y, \nabla X^* + t\lambda \nabla Y) \cdot \lambda Y
$$
$$
+ \nabla_p f(w, X^* + t\lambda Y, \nabla X^* + t\lambda \nabla Y) \cdot \lambda \nabla Y
$$

für fast alle $w \in G$.
Im Folgenden wollen wir die beiden Terme auf der rechten Seite untersuchen.
Wegen $X^*, Y \in L^\infty(G)$ finden wir eine Konstante $R > 0$, sodass für jedes $t \in [0,1]$
und jedes $\lambda \in [-1,1]$ die Abschätzungen

$$
|X^*(w) + t\lambda Y(w)| \leq R \, ,
$$
$$
|Y(w)| \leq R \tag{5.11}
$$

für fast alle $w \in G$ erfüllt sind.
Demnach gilt mithilfe der Ungleichung von Cauchy-Schwarz sowie unter Verwendung
der Wachstumsbedingungen (5.2) beziehungsweise (5.3)

$$
|\nabla_X f(w, X^* + t\lambda Y, \nabla X^* + t\lambda \nabla Y) \cdot Y| \leq \left[g_1(w) + M_1(R) \, |\nabla X^* + t\lambda \nabla Y|^2 \right] |Y|
$$

beziehungsweise

$$
|\nabla_p f(w, X^* + t\lambda Y, \nabla X^* + t\lambda \nabla Y) \cdot \nabla Y| \leq \left[g_2(w) + M_1(R) \, |\nabla X^* + t\lambda \nabla Y| \right] |\nabla Y|
$$

für fast alle $w \in G$, wobei wir auch hier aus Gründen der Übersichtlichkeit das Argument w von X^*, Y, ∇X^* und ∇Y unterdrücken.
Des Weiteren berechnen wir für fast alle $w \in G$

$$
|\nabla X^*(w) + t\lambda \nabla Y(w)| \leq |\nabla X^*(w)| + |t\lambda| \, |\nabla Y(w)| \leq |\nabla X^*(w)| + |\nabla Y(w)|
$$

und daraus unter Verwendung des Lemmas 2.1

$$
|\nabla X^*(w) + t\lambda \nabla Y(w)|^2 \leq (|\nabla X^*(w)| + |\nabla Y(w)|)^2
$$
$$
= |\nabla X^*(w)|^2 + 2 \, |\nabla X^*(w)| \, |\nabla Y(w)| + |\nabla Y(w)|^2
$$
$$
\leq 2 \, |\nabla X^*(w)|^2 + 2 \, |\nabla Y(w)|^2
$$

für alle $t \in [0,1]$ und alle $\lambda \in [-1,1]$.

Wir erhalten damit sowohl

$$|\nabla_X f(w, X^* + t\lambda Y, \nabla X^* + t\lambda \nabla Y) \cdot Y| \leq \left[g_1(w) + M_1(R) |\nabla X^* + t\lambda \nabla Y|^2\right] |Y|$$
$$\leq \left[g_1(w) + 2M_1(R) \left(|\nabla X^*|^2 + |\nabla Y|^2\right)\right] |Y|$$

als auch

$$|\nabla_p f(w, X^* + t\lambda Y, \nabla X^* + t\lambda \nabla Y) \cdot \nabla Y| \leq [g_2(w) + M_1(R) |\nabla X^* + t\lambda \nabla Y|] |\nabla Y|$$
$$\leq [g_2(w) + M_1(R) (|\nabla X^*| + |\nabla Y|)] |\nabla Y|$$

für fast alle $w \in G$ sowie für alle $t \in [0,1]$ und alle $\lambda \in [-1,1]$.
Aufgrund der Abschätzung (5.11) folgt unmittelbar

$$\int_G |g_1(w)| \, |Y(w)| \, dw \leq R \int_G |g_1(w)| \, dw = R \, \|g_1\|_{L^1(G)} < +\infty$$

und daher $g_1 |Y| \in L^1(G)$.
Zudem ermitteln wir

$$\int_G \left(|\nabla X^*(w)|^2 + |\nabla Y(w)|^2\right) |Y(w)| \, dw \leq R \int_G |\nabla X^*(w)|^2 + |\nabla Y(w)|^2 \, dw$$
$$= R \, \|\nabla X^*\|_{L^2(G)}^2 + R \, \|\nabla Y\|_{L^2(G)}^2 < +\infty$$

und infolgedessen auch $2M_1(R) \left(|\nabla X^*|^2 + |\nabla Y|^2\right) |Y| \in L^1(G)$.
Da aus $X^*, Y \in W^{1,2}(G) \cap L^\infty(G)$ insbesondere auch $\nabla X^*, \nabla Y \in L^2(G)$ folgt, erhalten wir mithilfe der Hölderschen Ungleichung zusätzlich

$$\int_G |g_2(w)| \, |\nabla Y(w)| \, dw = \|g_2 |\nabla Y|\|_{L^1(G)} \leq \|g_2\|_{L^2(G)} \|\nabla Y\|_{L^2(G)} < +\infty$$

und

$$\int_G (|\nabla X^*(w)| + |\nabla Y(w)|) \, |\nabla Y(w)| \, dw = \int_G |\nabla X^*(w)| \, |\nabla Y(w)| \, dw + \|\nabla Y\|_{L^2(G)}^2$$
$$\leq \|\nabla X^*\|_{L^2(G)} \|\nabla Y\|_{L^2(G)} + \|\nabla Y\|_{L^2(G)}^2$$
$$< +\infty \, .$$

Somit ergeben sich $g_2 |\nabla Y| \in L^1(G)$ und $M_1(R) (|\nabla X^*| + |\nabla Y|) |\nabla Y| \in L^1(G)$.
Indem wir für fast alle $w \in G$

$$\tilde{h}(w) = \left[g_1(w) + 2M_1(R) \left(|\nabla X^*(w)|^2 + |\nabla Y(w)|^2\right)\right] |Y(w)|$$
$$+ [g_2(w) + M_1(R) (|\nabla X^*(w)| + |\nabla Y(w)|)] |\nabla Y(w)|$$

setzen, finden wir eine Funktion $\tilde{h} \in L^1(G)$, sodass wegen

$$\left|\frac{1}{\lambda} \frac{d}{dt} [f(w, X^* + t\lambda Y, \nabla X^* + t\lambda \nabla Y)]\right| \leq |\nabla_X f(w, X^* + t\lambda Y, \nabla X^* + t\lambda \nabla Y) \cdot Y|$$
$$+ |\nabla_p f(w, X^* + t\lambda Y, \nabla X^* + t\lambda \nabla Y) \cdot \nabla Y|$$

aufgrund der vorangegangenen Ausführungen

$$\left| \frac{1}{\lambda} \frac{d}{dt} \left[f(w, X^* + t\lambda Y, \nabla X^* + t\lambda \nabla Y) \right] \right| \leq \tilde{h}(w)$$

für fast alle $w \in G$ und für alle $t \in [0,1]$ sowie alle $\lambda \in [-1,1] \setminus \{0\}$ richtig ist. Unter Beachtung von (5.10) ergibt sich damit

$$|h_\lambda(w)| = \left| \frac{1}{\lambda} \int_0^1 \frac{d}{dt} \left[f(w, X^* + t\lambda Y, \nabla X^* + t\lambda \nabla Y) \right] dt \right| \leq \int_0^1 \tilde{h}(w) \, dt \leq \tilde{h}(w)$$

für fast alle $w \in G$ und alle $\lambda \in [-1,1] \setminus \{0\}$.
Es gelten also $h_\lambda \in L^1(G)$ sowie mit einem $\tilde{h} \in L^1(G)$

$$|h_\lambda(w)| \leq \tilde{h}(w)$$

für fast alle $w \in G$ und alle $\lambda \in [-1,1] \setminus \{0\}$. Unter Beachtung von (5.8) und (5.9) erhalten wir daher mithilfe des allgemeinen Konvergenzsatzes von Lebesgue, welchen wir [61, Kap. VIII, §4, Satz 7] entnehmen,

$$\lim_{\lambda \to 0} \frac{\iota(\lambda) - \iota(0)}{\lambda} = \lim_{\lambda \to 0} \int_G h_\lambda(w) \, dw$$

$$= \int_G \nabla_X f(w, X^*, \nabla X^*) \cdot Y + \nabla_p f(w, X^*, \nabla X^*) \cdot \nabla Y \, dw \, .$$

Dementsprechend ist die Funktion $\iota(\lambda)$ für jedes $Y \in W^{1,2}(G) \cap L^\infty(G)$ an der Stelle $\lambda = 0$ differenzierbar und es folgt

$$\iota'(0) = \lim_{\lambda \to 0} \frac{\iota(\lambda) - \iota(0)}{\lambda} = \int_G \nabla_X f(w, X^*, \nabla X^*) \cdot Y + \nabla_p f(w, X^*, \nabla X^*) \cdot \nabla Y \, dw \, ,$$

woraus wir unter zusätzlicher Verwendung von (5.7) schließlich die gewünschte Aussage in (5.4) für alle $Y \in W_0^{1,2}(G) \cap L^\infty(G)$ erhalten.

Wir betrachten noch den Fall, dass die Funktion f zusätzlich für fast alle $w \in G$ konvex in (X, p) ist und $X_0 \in \mathcal{F} \cap L^\infty(G)$ die Gleichung (5.4) für alle $Y \in W_0^{1,2}(G) \cap L^\infty(G)$ erfüllt. Mithilfe des Lemmas 3.1 ergibt sich für jedes $X \in \mathcal{F} \cap L^\infty(G)$

$$f(w, X, \nabla X) \geq f(w, X_0, \nabla X_0) + \nabla_X f(w, X_0, \nabla X_0) \cdot (X - X_0) \qquad (5.12)$$
$$+ \nabla_p f(w, X_0, \nabla X_0) \cdot (\nabla X - \nabla X_0)$$

für fast alle $w \in G$.
Wir bemerken $X - X_0 \in W_0^{1,2}(G) \cap L^\infty(G)$ wegen $X, X_0 \in \mathcal{F}$ und erhalten

$$\int_G \nabla_X f(w, X_0, \nabla X_0) \cdot (X - X_0) + \nabla_p f(w, X_0, \nabla X_0) \cdot \nabla(X - X_0) \, dw = 0 \quad (5.13)$$

für alle $X \in \mathcal{F} \cap L^\infty(G)$. Eine Integration von (5.12) über G liefert uns unter Verwendung von (5.13) folglich die Aussage (5.5). $\square$

Diesem Satz entsprechend wollen wir die folgenden Begriffe festhalten.

Definition 5.1 (Schwache Euler-Lagrange-Gleichung und schwache Lösung).
Wir bezeichnen die Bedingung (5.4) als schwache Euler-Lagrange-Gleichung und nennen ein $X \in W^{1,2}(G) \cap L^\infty(G)$, welches der Bedingung (5.4) genügt, schwache Lösung der zugehörigen schwachen Euler-Lagrange-Gleichung.

Bemerkung 5.1. Gemäß dem Satz 5.1 ist ein Minimierer X^* des zu f gehörenden Funktionals $\mathcal{I}$ eine schwache Lösung der schwachen Euler-Lagrange-Gleichung, wenn zusätzlich $X^* \in L^\infty(G)$ gewährleistet ist. Umgekehrt ist jede schwache Lösung der schwachen Euler-Lagrange-Gleichung, sofern f die Konvexitätsbedingung des Satzes 5.1 erfüllt, lediglich ein Minimierer von $\mathcal{I}$ auf der Teilmenge $\mathcal{F} \cap L^\infty(G)$. Ursächlich dafür sind die an die Ableitungen von f gestellten Wachstumsbedingungen.
Entsprechend den anderen Fällen in [12, Theorem 3.37] bietet eine Anpassung dieser Bedingungen die Möglichkeit, alle Zugehörigkeiten zur Klasse $L^\infty(G)$ zu vernachlässigen. Insbesondere wird eine schwache Lösung $X_0 \in W^{1,2}(G)$ der schwachen Euler-Lagrange-Gleichung dann zu einem Minimierer von $\mathcal{I}$ in ganz $\mathcal{F}$.

5.2 Differenzenquotienten in Sobolev-Räumen

Wir folgen [23, Definition 8.1] und kommen zu den nachstehenden Begriffsbildungen.

Definition 5.2. Zu einer offenen Menge $\Omega \subset \mathbb{R}^m$ und einer reellen Zahl $h \in \mathbb{R}$ erklären wir die Mengen

$$\widetilde{\triangle}_{j,h}\,\Omega := \{y \in \mathbb{R}^m : y - h\mathbf{e}_j \in \Omega\}$$

und

$$\triangle_{j,h}\,\Omega := \{y \in \Omega : y + h\mathbf{e}_j \in \Omega\} = \Omega \cap \widetilde{\triangle}_{j,-h}\,\Omega \subset \Omega$$

unter Verwendung des Einheitsvektors $\mathbf{e}_j \in \mathbb{R}^m$ in Richtung der j-ten Komponente. Zudem bezeichnen wir mit

$$\Omega_{|h|} := \{y \in \Omega : \operatorname{dist}(y, \partial\Omega) > |h|\} \subset \triangle_{j,h}\,\Omega$$

das h-Innere der Menge Ω.

Definition 5.3 (Differenzenquotient). Es seien eine auf der offenen Menge $\Omega \subset \mathbb{R}^m$ erklärte Funktion g sowie $h \in \mathbb{R}$ gegeben. Dann bezeichnen wir mit

$$\triangle_{j,h}\,g(y) := \frac{1}{h}\,(g(y + h\mathbf{e}_j) - g(y))$$

für $y \in \triangle_{j,h}\,\Omega$ den Differenzenquotienten von g bezüglich der j-ten Komponente.

Bemerkung 5.2. Falls es aus dem Kontext hervorgeht oder die explizite Bezeichnung einer Richtung nicht erforderlich ist, schreiben wir lediglich $\triangle_h$ beziehungsweise $\widetilde{\triangle}_h$ anstelle von $\triangle_{j,h}$ beziehungsweise $\widetilde{\triangle}_{j,h}$ und nutzen in diesem Fall den unbestimmten Einheitsvektor $\mathbf{e}$.

Bevor wir uns eingehender mit den Eigenschaften von Differenzenquotienten befassen, wollen wir nachweisen, dass sich die Konvexität einer Menge auf ihr h-Inneres überträgt.

Lemma 5.1. *Sei Ω eine konvexe Menge. Dann ist auch die Menge $\Omega_{|h|}$ für jedes $h \in \mathbb{R}$ konvex.*

Beweis. Im Fall $\Omega_{|h|} = \emptyset$ ist die Menge $\Omega_{|h|}$ unmittelbar konvex. Es sei im Folgenden also $\Omega_{|h|} \neq \emptyset$ vorausgesetzt. Aufgrund der Definition 5.2 gilt $\Omega_{|h|} \subset \Omega^\circ$. Wir zeigen die gewünschte Aussage mithilfe eines Widerspruchsbeweises.
Angenommen $\Omega_{|h|}$ sei nicht konvex. Dann existieren zwei Punkte $w_1, w_2 \in \Omega_{|h|}$ mit $w_1 \neq w_2$, sodass

$$w_0 := \lambda_0 w_1 + (1 - \lambda_0) w_2 \notin \Omega_{|h|} \tag{5.14}$$

für ein $\lambda_0 \in (0,1)$ gilt. Da mit Ω auch Ω° konvex ist, folgt aber $w_0 \in \Omega^\circ$. Wir erhalten $\text{dist}(w_0, \partial\Omega) \leq |h|$ und finden daher ein $\tilde{w} \in (\Omega^\circ)^C$ mit $|\tilde{w} - w_0| \leq |h|$.
Setzen wir nun

$$\tilde{w}_1 := w_1 + (\tilde{w} - w_0) \,,$$
$$\tilde{w}_2 := w_2 + (\tilde{w} - w_0) \,,$$

so erkennen wir $\tilde{w}_1, \tilde{w}_2 \in \Omega^\circ$. Aufgrund der Konvexität von Ω° erhalten wir unter Beachtung von (5.14)

$$\tilde{w} = \lambda_0 \tilde{w}_1 + (1 - \lambda_0) \tilde{w}_2 \in \Omega^\circ$$

und somit einen Widerspruch zu $\tilde{w} \in (\Omega^\circ)^C$. Das h-Innere $\Omega_{|h|}$ der Menge Ω muss dementsprechend konvex sein. $\square$

Wir zeigen zunächst einige elementare Eigenschaften der Differenzenquotienten, die sich ohne Beweis in [23, S. 263] finden lassen.

Lemma 5.2. *Seien $\Omega \subset \mathbb{R}^m$ offen und $h \in \mathbb{R}$. Dann besitzen die Differenzenquotienten folgende Eigenschaften:*

a) Aus $g \in W^{1,q}(\Omega)$ folgt $\triangle_h g \in W^{1,q}(\Omega_{|h|})$ und es gilt

$$D^{\mathbf{e}_k}(\triangle_h g) = \triangle_h(D^{\mathbf{e}_k} g)$$

in $\Omega_{|h|}$ für $k = 1, \ldots, m$.

b) Seien $g_k \colon \Omega \to \mathbb{R}$, $k = 1, 2$ zwei Funktionen. Zudem existiere ein $h_0 > 0$, sodass $\Omega_{h_0} \neq \emptyset$ sowie $\text{supp}(g_k) \subset \Omega_{h_0}$ für ein $k \in \{1, 2\}$ richtig sind. Dann gilt

$$\int_\Omega g_1(y) \, \triangle_h \, g_2(y) \, \mathrm{d}y = - \int_\Omega g_2(y) \, \triangle_{-h} \, g_1(y) \, \mathrm{d}y$$

für $0 < |h| \leq h_0$.

c) *Für zwei Funktionen* $g_k \colon \Omega \to \mathbb{R}$, $k = 1, 2$ *ergibt sich*

$$\triangle_h (g_1\, g_2)(y) = g_1(y + h\mathbf{e})\, \triangle_h\, g_2(y) + g_2(y)\, \triangle_h\, g_1(y)$$

für alle $y \in \triangle_h\, \Omega$.

Beweis.

a) Da für jede offene Teilmenge $\Omega_0 \subset \Omega$ die Inklusion $W^{1,q}(\Omega_0) \subset W^{1,q}(\Omega)$ folgt, erhalten wir unmittelbar $g \in W^{1,q}(\Omega_{|h|})$. Ebenso gilt $g \in W^{1,q}(\widetilde{\triangle}_h\, \Omega_{|h|})$ und es ergibt sich daher für die auf $\widetilde{\triangle}_{-h}\, \Omega$ durch $\tilde{g}(y) = g(y + h\mathbf{e})$ erklärte Funktion $\tilde{g} \in W^{1,q}(\widetilde{\triangle}_{-h}\, \widetilde{\triangle}_h\, \Omega_{|h|})$. Wir beachteten noch $\widetilde{\triangle}_{-h}\widetilde{\triangle}_h\Omega_{|h|} = \Omega_{|h|}$ und schließen somit auch $\tilde{g} \in W^{1,q}(\Omega_{|h|})$. Aufgrund der Linearität des Raumes $W^{1,q}(\Omega_{|h|})$ folgt

$$\triangle_h\, g = \frac{1}{h}\, \tilde{g} - \frac{1}{h}\, g \in W^{1,q}(\Omega_{|h|})$$

sowie insbesondere für $k = 1, \ldots, m$

$$D^{\mathbf{e}_k}(\triangle_h\, g(y)) = D^{\mathbf{e}_k} \frac{1}{h}\, (g(y + h\mathbf{e}) - g(y))$$

$$= \frac{1}{h}\, (D^{\mathbf{e}_k} g(y + h\mathbf{e}) - D^{\mathbf{e}_k} g(y)) = \triangle_h(D^{\mathbf{e}_k} g(y))$$

für fast alle $y \in \Omega_{|h|}$ unter Verwendung der Linearität der schwachen Ableitung.

b) Ohne Einschränkung sei $\mathrm{supp}(g_2) \subset \Omega_{h_0}$ richtig. Dementsprechend setzen wir g_2 durch $g_2(y) = 0$ für alle $y \in \mathbb{R}^m \setminus \Omega$ in das Komplement von Ω fort, sodass wir $\triangle_h g_2$ sinnvoll auf ganz Ω erklären können.
Zunächst ermitteln wir unter Beachtung von $\mathrm{supp}(g_2) \subset \Omega_{h_0}$

$$\int\limits_{\Omega} g_1(y)\, \triangle_h\, g_2(y)\, \mathrm{d}y = \frac{1}{h} \int\limits_{\Omega} g_1(y)\, g_2(y + h\mathbf{e})\, \mathrm{d}y - \frac{1}{h} \int\limits_{\Omega_{h_0}} g_1(y)\, g_2(y)\, \mathrm{d}y$$

für $0 < |h| \le h_0$.
Wir betrachten die durch $\tilde{g}_2(y) := g_2(y + h\mathbf{e})$ erklärte Funktion und bemerken $\mathrm{supp}(\tilde{g}_2) \subset \widetilde{\triangle}_{-h}\, \Omega_{h_0}$. So ergibt sich

$$\int\limits_{\Omega} g_1(y)\, g_2(y + h\mathbf{e})\, \mathrm{d}y = \int\limits_{\widetilde{\triangle}_{-h}\, \Omega_{h_0}} g_1(y)\, \tilde{g}_2(y)\, \mathrm{d}y$$

und unter Verwendung der Translation $y \mapsto y - h\mathbf{e}$

$$\int\limits_{\Omega} g_1(y)\, g_2(y + h\mathbf{e})\, \mathrm{d}y = \int\limits_{\widetilde{\triangle}_h\, \widetilde{\triangle}_{-h}\, \Omega_{h_0}} g_1(y - h\mathbf{e})\, \tilde{g}_2(y - h\mathbf{e})\, \mathrm{d}y$$

$$= \int\limits_{\Omega_{h_0}} g_1(y - h\mathbf{e})\, g_2(y)\, \mathrm{d}y$$

für $0 < |h| \le h_0$.

Insgesamt erhalten wir damit

$$\int_\Omega g_1(y)\,\triangle_h\, g_2(y)\,\mathrm{d}y = \frac{1}{h}\int_{\Omega_{h_0}} g_1(y-he)\,g_2(y)\,\mathrm{d}y - \frac{1}{h}\int_{\Omega_{h_0}} g_1(y)\,g_2(y)\,\mathrm{d}y$$

$$= -\int_{\Omega_{h_0}} g_2(y)\,\triangle_{-h}\, g_1(y)\,\mathrm{d}y$$

für $0 < |h| \le h_0$.

Da $\mathrm{supp}(g_2) \subset \Omega_{h_0}$ gilt, setzen wir g_1 im Komplement von Ω stillschweigend zu 0 fort, falls g_1 außerhalb von Ω nicht definiert ist, sodass wir

$$\int_{\Omega_{h_0}} g_2(y)\,\triangle_{-h}\, g_1(y)\,\mathrm{d}y = \int_\Omega g_2(y)\,\triangle_{-h}\, g_1(y)\,\mathrm{d}y$$

für $0 < |h| \le h_0$ schreiben können.

c) Wir berechnen direkt

$$\triangle_h\,(g_1 g_2)(y) = \frac{1}{h}\left(g_1(y+he)\,g_2(y+he) - g_1(y)\,g_2(y)\right)$$

$$= \frac{1}{h}\left(g_1(y+he)\,g_2(y+he) - g_1(y+he)\,g_2(y)\right)$$

$$+ \frac{1}{h}\left(g_1(y+he)\,g_2(y) - g_1(y)\,g_2(y)\right)$$

$$= g_1(y+he)\,\triangle_h\, g_2(y) + g_2(y)\,\triangle_h\, g_1(y)$$

für $y \in \triangle_h\,\Omega$, indem wir $\pm\frac{1}{h}\,g_1(y+he)\,g_2(y)$ einfügen.

$\square$

Wir werden noch ein Ergebnis benötigen, welches die Verbindung zwischen schwachen Ableitungen und Differenzenquotienten herstellt. Für den Beweis folgen wir den Ideen von [18, Chap. 5.8.2, Theorem 3] und [23, Lemma 8.2].

Satz 5.2 (Schwache Ableitung und Differenzenquotient). *Es seien $\Omega \subset \mathbb{R}^m$ und $\Omega_0 \subset\subset \Omega$ offen.*

a) Seien $1 \le q < +\infty$ und $g \in W^{1,q}(\Omega)$. Dann gilt

$$\|\triangle_{j,h}\, g\|_{L^q(\Omega_0)} \le \|D^{e_j} g\|_{L^q(\Omega)}$$

für alle $0 < |h| < \mathrm{dist}(\Omega_0, \partial\Omega)$.

b) Seien $1 < q < +\infty$ und $g \in L^q(\Omega)$. Zudem existieren Konstanten $M > 0$ und $h_0 \in (0, \mathrm{dist}(\Omega_0, \partial\Omega))$, sodass

$$\|\triangle_{j,h}\, g\|_{L^q(\Omega_0)} \le M$$

für alle $0 < |h| < h_0$ richtig ist. Dann folgen $D^{e_j} g \in L^q(\Omega_0)$ sowie

$$\|D^{e_j} g\|_{L^q(\Omega_0)} \le M\ .$$

Beweis.

a) Sei zunächst $g \in C^\infty(\Omega) \cap W^{1,q}(\Omega)$. Es gilt dann

$$g(y + h\mathbf{e}_j) - g(y) = \int_0^1 \frac{d}{dt} g(y + t h\mathbf{e}_j) \, dt = \int_0^1 \frac{\partial}{\partial y_j} g(y + t h\mathbf{e}_j) \, h \, dt$$

und somit unter Beachtung des Lemmas 2.6

$$|\triangle_{j,h} g(y)| = \left| \int_0^1 \frac{\partial}{\partial y_j} g(y + t h\mathbf{e}_j) \, dt \right| \leq \int_0^1 \left| \frac{\partial}{\partial y_j} g(y + t h\mathbf{e}_j) \right| \, dt \qquad (5.15)$$

für alle $y \in \Omega_0$ und $0 < |h| < \mathrm{dist}(\Omega_0, \partial\Omega)$.
Falls $q > 1$ gilt, verwenden wir die Höldersche Ungleichung mit

$$\frac{1}{q} + \frac{1}{\tilde{q}} = 1$$

und erhalten aus (5.15)

$$|\triangle_{j,h} g(y)|^q \leq \left(\int_0^1 1^{\tilde{q}} \, dt \right)^{\frac{q}{\tilde{q}}} \left(\int_0^1 \left| \frac{\partial}{\partial y_j} g(y + t h\mathbf{e}_j) \right|^q \, dt \right)$$

$$= \int_0^1 \left| \frac{\partial}{\partial y_j} g(y + t h\mathbf{e}_j) \right|^q \, dt \qquad (5.16)$$

für jedes $y \in \Omega_0$ und für $0 < |h| < \mathrm{dist}(\Omega_0, \partial\Omega)$.
Somit folgt aufgrund des Satzes von Tonelli aus [61, Kap. VIII, §7, Satz 3]

$$\int_{\Omega_0} |\triangle_{j,h} g(y)|^q \, dy \leq \int_{\Omega_0} \int_0^1 \left| \frac{\partial}{\partial y_j} g(y + t h\mathbf{e}_j) \right|^q \, dt \, dy$$

$$= \int_0^1 \int_{\Omega_0} \left| \frac{\partial}{\partial y_j} g(y + t h\mathbf{e}_j) \right|^q \, dy \, dt$$

für $0 < |h| < \mathrm{dist}(\Omega_0, \partial\Omega)$ und $1 \leq q < +\infty$ aus (5.15) beziehungsweise (5.16).
Indem wir

$$\int_{\Omega_0} \left| \frac{\partial}{\partial y_j} g(y + t h\mathbf{e}_j) \right|^q \, dy \leq \int_\Omega \left| \frac{\partial}{\partial y_j} g(y) \right|^q \, dy$$

bemerken, ergibt sich

$$\int_{\Omega_0} |\triangle_{j,h} g(y)|^q \, dy \leq \int_0^1 \int_\Omega \left| \frac{\partial}{\partial y_j} g(y) \right|^q \, dy \, dt = \int_\Omega \left| \frac{\partial}{\partial y_j} g(y) \right|^q \, dy$$

beziehungsweise

$$\|\triangle_{j,h}\, g\|_{L^q(\Omega_0)} \leq \|D^{\mathbf{e}_j} g\|_{L^q(\Omega)}$$

für $0 < |h| < \mathrm{dist}(\Omega_0, \partial\Omega)$, wobei wir

$$\frac{\partial}{\partial y_j}\, g(y) = D^{\mathbf{e}_j} g(y)$$

für $y \in \Omega$ wegen $g \in C^\infty(\Omega) \cap W^{1,q}(\Omega)$ beachten.

Sei nun $g \in W^{1,q}(\Omega)$. Dann gibt es aufgrund des Satzes von Meyers-Serrin eine Folge $\{g_k\}_{k=1,2,\ldots}$ in $C^\infty(\Omega) \cap W^{1,q}(\Omega)$ mit $g_k \to g$ in $W^{1,q}(\Omega)$. Zudem ist aufgrund der vorangegangenen Argumentation

$$\|\triangle_{j,h}\, g_k\|_{L^q(\Omega_0)} \leq \|D^{\mathbf{e}_j} g_k\|_{L^q(\Omega)} \tag{5.17}$$

für $k = 1, 2, \ldots$ und $0 < |h| < \mathrm{dist}(\Omega_0, \partial\Omega)$ richtig.
Unter Verwendung von (5.17) gilt

$$
\begin{aligned}
\|\triangle_{j,h}\, g\|_{L^q(\Omega_0)} &= \|\triangle_{j,h}\, g - \triangle_{j,h}\, g_k + \triangle_{j,h}\, g_k\|_{L^q(\Omega_0)} \\
&\leq \|\triangle_{j,h}\, g_k\|_{L^q(\Omega_0)} + \|\triangle_{j,h}\, g - \triangle_{j,h}\, g_k\|_{L^q(\Omega_0)} \\
&\leq \|D^{\mathbf{e}_j} g_k\|_{L^q(\Omega)} + \|\triangle_{j,h}\, g - \triangle_{j,h}\, g_k\|_{L^q(\Omega_0)}
\end{aligned}
\tag{5.18}
$$

für $k = 1, 2, \ldots$ und $0 < |h| < \mathrm{dist}(\Omega_0, \partial\Omega)$.
Die Dreiecksungleichung und das Lemma 2.2 mit $\varepsilon = 1$ liefern uns

$$
\begin{aligned}
&\int_{\Omega_0} \Big| g(y + h\mathbf{e}_j) - g(y) - \big(g_k(y + h\mathbf{e}_j) - g_k(y)\big)\Big|^q \, \mathrm{d}y \\
&\leq \int_{\Omega_0} \Big(\big|g(y + h\mathbf{e}_j) - g_k(y + h\mathbf{e}_j)\big| + \big|g(y) - g_k(y)\big|\Big)^q \, \mathrm{d}y \\
&\leq \int_{\Omega_0} 2^{q-1}\Big(\big|g(y + h\mathbf{e}_j) - g_k(y + h\mathbf{e}_j)\big|^q + \big|g(y) - g_k(y)\big|^q\Big) \, \mathrm{d}y
\end{aligned}
$$

für $0 < |h| < \mathrm{dist}(\Omega_0, \partial\Omega)$.
Wegen

$$\int_{\Omega_0} |g(y + h\mathbf{e}_j) - g_k(y + h\mathbf{e}_j)|^q \, \mathrm{d}y \leq \int_{\Omega} |g(y) - g_k(y)|^q \, \mathrm{d}y$$

für $0 < |h| < \mathrm{dist}(\Omega_0, \partial\Omega)$ und

$$\int_{\Omega_0} |g(y) - g_k(y)|^q \, \mathrm{d}y \leq \int_{\Omega} |g(y) - g_k(y)|^q \, \mathrm{d}y$$

folgt daraus

$$\int_{\Omega_0} \Big| g(y + h\mathbf{e}_j) - g(y) - g_k(y + h\mathbf{e}_j) + g_k(y)\Big|^q \mathrm{d}y \leq 2^q \int_{\Omega} |g(y) - g_k(y)|^q \, \mathrm{d}y$$

beziehungsweise

$$\|\triangle_{j,h}\, g - \triangle_{j,h}\, g_k\|_{L^q(\Omega_0)} \le \frac{2}{|h|}\, \|g - g_k\|_{L^q(\Omega)} \qquad (5.19)$$

für $k = 1, 2, \ldots$ und $0 < |h| < \mathrm{dist}(\Omega_0, \partial\Omega)$.
Da aus $g_k \to g$ in $W^{1,q}(\Omega)$ auch $g_k \to g$ in $L^q(\Omega)$ sowie $D^{\mathbf{e}_j} g_k \to D^{\mathbf{e}_j} g$ in $L^q(\Omega)$
und insbesondere

$$\|D^{\mathbf{e}_j} g_k\|_{L^q(\Omega)} \to \|D^{\mathbf{e}_j} g\|_{L^q(\Omega)}$$

für $k \to \infty$ folgt, ergibt sich unter Verwendung von (5.19) in (5.18) durch den
Grenzübergang $k \to \infty$ die entsprechende Aussage für $g \in W^{1,q}(\Omega)$.

b) Wegen $h_0 \in (0, \mathrm{dist}(\Omega_0, \partial\Omega))$ bemerken wir zunächst $\Omega_0 \subset \Omega_{h_0} \subset \Omega$. Für ein
beliebiges $\varphi \in C_0^\infty(\Omega_0)$, welches wir durch $\varphi(y) = 0$ für alle $y \in \mathbb{R}^m \setminus \Omega_0$ auf den
ganzen $\mathbb{R}^m$ fortsetzen, gilt daher insbesondere $\mathrm{supp}(\varphi) \subset \Omega_0 \subset \Omega_{h_0}$, sodass wir
aufgrund des Teils b) von Lemma 5.2

$$\int\limits_\Omega g(y)\, \triangle_{j,h}\, \varphi(y)\, \mathrm{d}y = -\int\limits_{\Omega_0} \varphi(y)\, \triangle_{j,-h}\, g(y)\, \mathrm{d}y \qquad (5.20)$$

für $0 < |h| \le h_0$ erhalten.
Da uns die Voraussetzung

$$\sup_{0<|h|<h_0} \|\triangle_{j,h}\, g\|_{L^q(\Omega_0)} \le M$$

liefert und der Raum $L^q(\Omega_0)$ für $1 < q < +\infty$ reflexiv ist, finden wir eine Teilfolge
$\{h_l\}_{l=1,2,\ldots}$ mit $0 < |h_l| < h_0$ und $h_l \to 0$ sowie ein $\tilde{g}_j \in L^q(\Omega_0)$, sodass

$$\triangle_{j,-h_l}\, g \rightharpoonup \tilde{g}_j$$

in $L^q(\Omega_0)$ richtig ist. Dementsprechend gilt auch

$$\lim_{l\to\infty} \int\limits_{\Omega_0} \varphi(y)\, \triangle_{j,-h_l}\, g(y)\, \mathrm{d}y = \int\limits_{\Omega_0} \tilde{g}_j(y)\, \varphi(y)\, \mathrm{d}y \qquad (5.21)$$

für $\varphi \in C_0^\infty(\Omega_0)$.
Gleichzeitig ergibt sich

$$\|\tilde{g}_j\|_{L^q(\Omega_0)} \le \liminf_{l\to\infty} \|\triangle_{j,-h_l}\, g\|_{L^q(\Omega_0)} \le M \qquad (5.22)$$

aufgrund der schwachen Unterhalbstetigkeit der Norm in $L^q(\Omega_0)$.
Wegen $\varphi \in C_0^\infty(\Omega_0)$ beachten wir noch

$$\lim_{l\to\infty} \triangle_{j,h_l}\varphi(y) = \frac{\partial}{\partial y_j}\, \varphi(y)$$

für alle $y \in \Omega$. Zudem setzen wir

$$\tilde{\Omega}(\varphi, h_0) := \{y \in \mathbb{R}^m\ :\ \mathrm{dist}(y, \mathrm{supp}(\varphi)) \le h_0\} \subset \Omega$$

und erkennen diese Menge als kompakt. Es gilt dann $\triangle_{j,h_l}\,\varphi(y) = 0$ für alle $y \in \Omega \setminus \tilde{\Omega}(\varphi, h_0)$ und alle $l \in \mathbb{N}$ sowie unter Anwendung des Mittelwertsatzes der Differentialrechnung

$$\left| \triangle_{j,h_l}\,\varphi(y) \right| = \left| \frac{1}{h_l}\,\varphi_{y_j}(y + \kappa\,h_l \mathbf{e}_j)\,h_l \right| \le \sup_{y \in \Omega_0} \left| \varphi_{y_j}(y) \right| =: M_0 < +\infty$$

mit einem $\kappa = \kappa(y, l) \in (0, 1)$ für jedes $y \in \tilde{\Omega}(\varphi, h_0)$ und jedes $l \in \mathbb{N}$. Somit sind die Voraussetzungen des allgemeinen Konvergenzsatzes von Lebesgue aus [61, Kap. VIII, §4, Satz 7] für die Funktionenfolge $\{g \cdot \triangle_{j,h_l}\,\varphi\}_{l=1,2,\ldots}$ erfüllt und es gilt

$$\lim_{l \to \infty} \int_{\Omega} g(y)\,\triangle_{j,h_l}\,\varphi(y)\,\mathrm{d}y = \int_{\Omega} g(y)\frac{\partial}{\partial y_j}\,\varphi(y)\,\mathrm{d}y = \int_{\Omega_0} g(y)\frac{\partial}{\partial y_j}\,\varphi(y)\,\mathrm{d}y\,, \quad (5.23)$$

wobei wir $\varphi_{y_j} \in C_0^\infty(\Omega_0)$ bemerken.
Zusammenfassend ergibt sich damit aus (5.20), (5.21) und (5.23)

$$\int_{\Omega_0} g(y)\frac{\partial}{\partial y_j}\,\varphi(y)\,\mathrm{d}y = \lim_{l \to \infty} \int_{\Omega} g(y)\,\triangle_{j,h_l}\,\varphi(y)\,\mathrm{d}y$$

$$= -\lim_{l \to \infty} \int_{\Omega_0} \varphi(y)\,\triangle_{j,-h_l}\,g(y)\,\mathrm{d}y$$

$$= -\int_{\Omega_0} \tilde{g}_j(y)\,\varphi(y)\,\mathrm{d}y\,.$$

Da die Wahl von $\varphi \in C_0^\infty(\Omega_0)$ beliebig war, folgt $\tilde{g}_j = D^{\mathbf{e}_j}g \in L^q(\Omega_0)$ und wegen (5.22) zudem $\|D^{\mathbf{e}_j}g\|_{L^q(\Omega_0)} \le M$.

$\square$

In Ergänzung zum Satz 5.2 zeigen wir noch das folgende Lemma, welches sich an der Beweisidee von [23, Lemma 8.2] orientiert. Die hier gezeigte Aussage ist allerdings eine etwas andere.

Lemma 5.3 (Konvergenz der Differenzenquotienten). *Es seien $\Omega \subset \mathbb{R}^m$ offen sowie $1 \le q < +\infty$ und $g \in W^{1,q}(\Omega)$. Dann gilt*

$$\lim_{h \to 0} \|\triangle_{j,h}\,g - D^{\mathbf{e}_j}g\|_{L^q(\Omega_0)} = 0$$

für jede offene Menge $\Omega_0 \subset\subset \Omega$ und jedes $j \in \{1, \ldots, m\}$.

Beweis. Wir wählen eine offene Menge $\Omega_0 \subset\subset \Omega$. Sei $\varepsilon > 0$ beliebig. Dann gibt es aufgrund des Satzes von Meyers-Serrin ein $\tilde{g} \in C^\infty(\Omega) \cap W^{1,q}(\Omega)$, sodass

$$\|g - \tilde{g}\|_{W^{1,q}(\Omega)} < \varepsilon \qquad (5.24)$$

richtig ist.

Wir beachten

$$\left\|\triangle_{j,h}\, g - D^{\mathbf{e}_j} g\right\|_{L^q(\Omega_0)} = \left\|\triangle_{j,h}\, g \pm \triangle_{j,h}\, \tilde{g} \pm D^{\mathbf{e}_j}\tilde{g} - D^{\mathbf{e}_j} g\right\|_{L^q(\Omega_0)}$$

$$\leq \left\|\triangle_{j,h}\, g - \triangle_{j,h}\, \tilde{g}\right\|_{L^q(\Omega_0)} + \left\|\triangle_{j,h}\, \tilde{g} - D^{\mathbf{e}_j}\tilde{g}\right\|_{L^q(\Omega_0)} \qquad (5.25)$$

$$+ \left\|D^{\mathbf{e}_j}\tilde{g} - D^{\mathbf{e}_j} g\right\|_{L^q(\Omega_0)}$$

für $0 < |h| < \mathrm{dist}(\Omega_0, \partial\Omega)$.
Mithilfe des Teils a) des Satzes 5.2 erkennen wir

$$\left\|\triangle_{j,h}\, g - \triangle_{j,h}\, \tilde{g}\right\|_{L^q(\Omega_0)} = \left\|\triangle_{j,h}\, (g - \tilde{g})\right\|_{L^q(\Omega_0)} \leq \left\|D^{\mathbf{e}_j}(g - \tilde{g})\right\|_{L^q(\Omega)}$$

für $0 < |h| < \mathrm{dist}(\Omega_0, \partial\Omega)$. Da gleichzeitig

$$\left\|D^{\mathbf{e}_j}\tilde{g} - D^{\mathbf{e}_j} g\right\|_{L^q(\Omega_0)} = \left\|D^{\mathbf{e}_j}(g - \tilde{g})\right\|_{L^q(\Omega_0)} \leq \left\|D^{\mathbf{e}_j}(g - \tilde{g})\right\|_{L^q(\Omega)}$$

gilt, erhalten wir aus (5.25)

$$\left\|\triangle_{j,h}\, g - D^{\mathbf{e}_j} g\right\|_{L^q(\Omega_0)} \leq \left\|\triangle_{j,h}\, \tilde{g} - D^{\mathbf{e}_j}\tilde{g}\right\|_{L^q(\Omega_0)} + 2\left\|D^{\mathbf{e}_j}(g - \tilde{g})\right\|_{L^q(\Omega)}$$

$$< \left\|\triangle_{j,h}\, \tilde{g} - D^{\mathbf{e}_j}\tilde{g}\right\|_{L^q(\Omega_0)} + 2\,\varepsilon \qquad (5.26)$$

für $0 < |h| < \mathrm{dist}(\Omega_0, \partial\Omega)$, wobei wir gemäß (5.24)

$$\left\|D^{\mathbf{e}_j}(g - \tilde{g})\right\|_{L^q(\Omega)} \leq \left\|g - \tilde{g}\right\|_{W^{1,q}(\Omega)} < \varepsilon$$

verwenden.
Wie im Beweis des Teils b) des Satzes 5.2 ergibt sich aufgrund des Mittelwertsatzes der Differentialrechnung mit einem $\kappa = \kappa(y, h) \in (0, 1)$

$$\triangle_{j,h}\, \tilde{g}(y) = \frac{1}{h}\, \tilde{g}_{y_j}(y + \kappa\, h\mathbf{e}_j)\, h = \tilde{g}_{y_j}(y + \kappa\, h\mathbf{e}_j) \qquad (5.27)$$

für jedes $y \in \Omega_0$ und $0 < |h| < \mathrm{dist}(\Omega_0, \partial\Omega)$.
Wir setzen nun

$$\tilde{\Omega} := \left\{ y \in \Omega : \mathrm{dist}(y, \Omega_0) \leq \frac{1}{2}\, \mathrm{dist}(\Omega_0, \partial\Omega) \right\} \subset \Omega$$

und bemerken, dass diese Menge insbesondere kompakt ist.
Wegen $\tilde{g} \in C^\infty(\Omega) \cap W^{1,q}(\Omega) \subset C^\infty(\Omega) \subset C^1(\tilde{\Omega})$ erkennen wir die Funktion $\tilde{g}_{y_j}$ nach einem bekannten Ergebnis, welches wir beispielsweise [61, Kap. II, §1, Satz 7] entnehmen können, als gleichmäßig stetig auf $\tilde{\Omega}$. Daher finden wir zu dem beliebig gewählten $\varepsilon > 0$ stets ein $h_0 \in (0, \frac{1}{2}\, \mathrm{dist}(\Omega_0, \partial\Omega))$, sodass

$$\left|\tilde{g}_{y_j}(y + \kappa\, h\mathbf{e}_j) - \tilde{g}_{y_j}(y)\right| < \varepsilon$$

für alle $y \in \Omega_0$, $\kappa \in (0, 1)$ und alle $0 < |h| \leq h_0$ richtig ist. Mit (5.27) folgt daraus

$$\left|\triangle_{j,h}\, \tilde{g}(y) - \tilde{g}_{y_j}(y)\right| < \varepsilon$$

für alle $y \in \Omega_0$ und alle $0 < |h| \leq h_0$.

Somit erhalten wir

$$\|\triangle_{j,h}\,\tilde{g} - D^{\mathbf{e}_j}\tilde{g}\|_{L^q(\Omega_0)} = \left(\int\limits_{\Omega_0} \left|\triangle_{j,h}\,\tilde{g}(y) - \tilde{g}_{y_j}(y)\right|^q \mathrm{d}y\right)^{\frac{1}{q}} < |\Omega_0|^{\frac{1}{q}}\,\varepsilon$$

für alle $0 < |h| \le h_0$.
Wir verwenden dies in (5.26) und ermitteln

$$\|\triangle_{j,h}\,g - D^{\mathbf{e}_j}g\|_{L^q(\Omega_0)} < \left(|\Omega_0|^{\frac{1}{q}} + 2\right)\varepsilon \tag{5.28}$$

für alle $0 < |h| \le h_0$.
Da die Wahl der Menge Ω_0 beliebig war und wir den Ausführungen entsprechend zu jedem $\varepsilon > 0$ ein $h_0 \in (0, \frac{1}{2}\,\mathrm{dist}(\Omega_0, \partial\Omega))$ finden, sodass (5.28) für $0 < |h| \le h_0$ gültig ist, folgt daraus die Aussage. $\qquad\square$

5.3 Weitere Ergebnisse zum Dirichletschen Wachstum

In der Vorbereitung auf den ersten Beweis zur höheren Regularität im nächsten Abschnitt stellen wir Ergebnisse zusammen, die das Wachstum des Dirichlet-Integrals weiterführend untersuchen. Die aufgeführten Erkenntnisse stehen in einer engen Verbindung zum Abschnitt 4.1 und bilden eine gewisse Weiterentwicklung.
Wir erinnern uns zunächst an eine wesentliche Idee aus dem Beweis des Satzes 4.10. Diese wollen wir im folgenden Lemma noch einmal festhalten.

Lemma 5.4. *Seien $G \subset \mathbb{R}^2$ ein beschränktes Lipschitz-Gebiet und $f(w, X, p)$ eine Funktion $f\colon G \times \mathbb{R}^3 \times \mathbb{R}^{3 \times 2} \to \mathbb{R}$, sodass mit Konstanten $0 < M_1 \le M_2 < +\infty$*

$$M_1\,|p|^2 \le f(w, X, p) \le M_2\,|p|^2 \tag{5.29}$$

für alle $(w, X, p) \in G \times \mathbb{R}^3 \times \mathbb{R}^{3 \times 2}$ gilt. Zudem seien $Y \in W^{1,2}(G)$ und

$$\mathcal{F} := \left\{ X \in W^{1,2}(G) \,:\, X - Y \in W_0^{1,2}(G) \right\}$$

gegeben sowie mit dem zu f gehörenden Funktional $\mathcal{I}$

$$\mathcal{I}(X_0, G) = \inf_{X \in \mathcal{F}} \mathcal{I}(X, G)$$

für ein $X_0 \in \mathcal{F}$ richtig.
Dann gilt für jede Menge $G_0 \subset G$ mit $\overline{G_0} \subset G$

$$\int\limits_{B(w_0, \varrho)} |\nabla X_0(w)|^2\,\mathrm{d}w \le \int\limits_{B(w_0, \varrho_0)} |\nabla X_0(w)|^2\,\mathrm{d}w \left(\frac{\varrho}{\varrho_0}\right)^{\frac{M_1}{M_2}}$$

für alle $w_0 \in \overline{G_0}$ und $0 \le \varrho \le \varrho_0 \le \mathrm{dist}(\overline{G_0}, \partial G)$.

Beweis. Wir bemerken für beliebiges $w_0 \in \overline{G_0}$ zunächst $B(w_0, \varrho_0) \subset G$. Aufgrund der Minimaleigenschaft von X_0 und der Eigenschaft (5.29) schließen wir

$$
\begin{aligned}
M_1 \, \mathcal{D}(X_0, B(w_0, \varrho)) &\leq \mathcal{I}(X_0, B(w_0, \varrho)) \\
&\leq \mathcal{I}(\mathcal{H}(X_0, B(w_0, \varrho)), B(w_0, \varrho)) \\
&\leq M_2 \, \mathcal{D}(\mathcal{H}(X_0, B(w_0, \varrho)), B(w_0, \varrho))
\end{aligned}
\tag{5.30}
$$

für $0 < \varrho \leq \varrho_0$. Wäre dies nämlich nicht der Fall, könnten wir X_0 in $B(w_0, \varrho)$ durch $\mathcal{H}(X_0, B(w_0, \varrho))$ ersetzen und X_0 wäre aufgrund des Lemmas 4.5 kein Minimierer des Funktionals $\mathcal{I}$.
Aus (5.30) folgt somit

$$
\mathcal{D}(X_0, B(w_0, \varrho)) \leq \frac{M_2}{M_1} \, \mathcal{D}(\mathcal{H}(X_0, B(w_0, \varrho)), B(w_0, \varrho))
$$

für alle $0 < \varrho \leq \varrho_0$. Das Wachstumslemma (Lemma 4.4) liefert uns

$$
\mathcal{D}(X_0, B(w_0, \varrho)) \leq \mathcal{D}(X_0, B(w_0, \varrho_0)) \left(\frac{\varrho}{\varrho_0} \right)^{\frac{M_1}{M_2}}
\tag{5.31}
$$

für $0 \leq \varrho \leq \varrho_0$. Dies entspricht der Aussage. $\qquad\square$

Unter Verwendung von $B(w_0, \varrho_0) \subset G$ schließen wir aus (5.31)

$$
\mathcal{D}(X_0, B(w_0, \varrho)) \leq \mathcal{D}(X_0, G) \left(\frac{\varrho}{\varrho_0} \right)^{\frac{M_1}{M_2}}
$$

für $0 \leq \varrho \leq \varrho_0$. Wir setzen $\alpha := \frac{M_1}{M_2}$ und $M_0 := \mathcal{D}(X_0, G) \, \varrho_0^{-\alpha}$ und bemerken, dass die Konstanten α, ϱ_0 sowie M_0 nicht von $w_0 \in \overline{G_0}$ abhängen.
Schließlich ergibt sich wegen $G_0 \cap B(w_0, \varrho) \subset B(w_0, \varrho)$

$$
\int_{G_0 \cap B(w_0, \varrho)} |\nabla X_0(w)|^2 \, dw \leq \int_{B(w_0, \varrho)} |\nabla X_0(w)|^2 \, dw = \mathcal{D}(X_0, B(w_0, \varrho)) \leq M_0 \, \varrho^\alpha
$$

für alle $w_0 \in \overline{G_0}$ und alle $\varrho \in (0, \varrho_0)$.
Insofern gelangen wir auch zu der folgenden Aussage.

Folgerung 5.1. *Unter den Voraussetzungen des Lemmas 5.4 existieren zu jeder Menge $G_0 \subset G$ mit $\overline{G_0} \subset G$ Konstanten $M_0 > 0$, $\alpha > 0$ und $\varrho_0 > 0$, sodass*

$$
\int_{G_0 \cap B(w_0, \varrho)} |\nabla X_0(w)|^2 \, dw \leq M_0 \, \varrho^\alpha
$$

für alle $w_0 \in \overline{G_0}$ und alle $\varrho \in (0, \varrho_0)$ gilt.

Dass die Einschränkungen an w_0 und ϱ in der Folgerung 5.1 aufgehoben werden können, falls die Menge G_0 zusätzlich konvex ist, entnehmen wir dem nächsten Lemma. Wir zeigen in diesem eine Verallgemeinerung des Ergebnisses aus [37, Proposition 4.2]. Dabei übertragen wir die Idee aus [37] von Kreisscheiben auf beschränkte, konvexe Mengen.

Lemma 5.5. *Es seien $G \subset \mathbb{R}^2$ eine beschränkte, konvexe Menge und die Konstanten $M > 0$, $\alpha > 0$ sowie $\varrho_0 > 0$ derart gegeben, dass für $X \in W^{1,2}(G)$*

$$\int\limits_{G \cap B(w_0, \varrho)} |\nabla X(w)|^2 \, dw \le M \varrho^\alpha$$

für alle $w_0 \in \overline{G}$ und alle $\varrho \in (0, \varrho_0)$ richtig ist.
Dann gilt mit $M_0 := \max\{M, \varrho_0^{-\alpha} \mathcal{D}(X, G)\}$ auch

$$\int\limits_{G \cap B(w_0, \varrho)} |\nabla X(w)|^2 \, dw \le M_0 \varrho^\alpha$$

für alle $w_0 \in \mathbb{R}^2$ und alle $\varrho > 0$.

Beweis. Für den Fall $w_0 \in \overline{G}$ und $\varrho \in (0, \varrho_0)$ entnehmen wir die Aussage unmittelbar der Voraussetzung.
Im Falle $w_0 \in \overline{G}$ und $\varrho \ge \varrho_0$ berechnen wir

$$\int\limits_{G \cap B(w_0, \varrho)} |\nabla X(w)|^2 \, dw \le \mathcal{D}(X, G) \le \left(\frac{\varrho}{\varrho_0}\right)^\alpha \mathcal{D}(X, G) \le M_0 \varrho^\alpha$$

unter Beachtung von $G \cap B(w_0, \varrho) \subset G$.
Es verbleibt, die Aussage für $w_0 \notin \overline{G}$ zu zeigen. Zunächst bemerken wir, dass genau ein Punkt $w_0^* \in \overline{G}$ existiert, sodass

$$\inf_{w \in \overline{G}} |w_0 - w| = |w_0 - w_0^*| \tag{5.32}$$

gilt. Die Existenz eines solchen Punktes wird dabei durch den Fundamentalsatz von Weierstraß über Maxima und Minima gesichert. Um die Eindeutigkeit einzusehen, nehmen wir an, es gäbe einen zweiten Punkte $w_0^{**} \in \overline{G}$, sodass

$$\inf_{w \in \overline{G}} |w_0 - w| = |w_0 - w_0^{**}|$$

richtig ist. Dann gilt aufgrund der Konvexität des Abschlusses $\overline{G}$ für jedes $\lambda \in [0, 1]$ insbesondere $\lambda w_0^* + (1 - \lambda) w_0^{**} \in \overline{G}$ und

$$|w_0 - (\lambda w_0^* + (1 - \lambda) w_0^{**})| = |\lambda w_0 + (1 - \lambda) w_0 - (\lambda w_0^* + (1 - \lambda) w_0^{**})|$$
$$\le \lambda |w_0 - w_0^*| + (1 - \lambda) |w_0 - w_0^{**}| = \inf_{w \in \overline{G}} |w_0 - w| \, .$$

Somit hätte auch jeder Punkt auf der Verbindungsstrecke von w_0^* nach w_0^{**} minimalen Abstand zu w_0, was im Widerspruch dazu steht, dass die orthogonale Projektion eines Punktes auf eine Gerade und somit auch der minimale Abstand eines Punktes zu einer Strecke eindeutig ist.
Wir zeigen nun $G \cap B(w_0, \varrho) \subset G \cap B(w_0^*, \varrho)$ für alle $\varrho > 0$. Für $\varrho \in (0, |w_0 - w_0^*|)$ ist die Aussage wegen $G \cap B(w_0, \varrho) = \emptyset$ klar. Im Falle von $\varrho \ge |w_0 - w_0^*|$ müssen wir ausführlicher argumentieren. Dazu betrachten wir die Menge

$$G(w_0) := \left\{ w \in \mathbb{R}^2 : \langle w_0 - w_0^*, w - w_0^* \rangle \le 0 \right\}$$

und weisen zunächst $\overline{G} \subset G(w_0)$ nach. Hierfür nehmen wir an, es existiert ein Punkt $\tilde{w} \in \overline{G}$ mit $\tilde{w} \notin G(w_0)$. Es folgt dann

$$\langle w_0 - w_0^*, \tilde{w} - w_0^* \rangle > 0 \ . \tag{5.33}$$

Wir untersuchen die orthogonale Projektion des Punktes w_0 auf die Gerade, die durch die Punkte w_0^* und $\tilde{w}$ verläuft. Dazu setzen wir

$$g(\lambda) := |w_0 - (\lambda\tilde{w} + (1-\lambda)w_0^*)|^2$$
$$= \langle (w_0 - w_0^*) - \lambda(\tilde{w} - w_0^*), (w_0 - w_0^*) - \lambda(\tilde{w} - w_0^*) \rangle$$
$$= |w_0 - w_0^*|^2 - 2\lambda \langle w_0 - w_0^*, \tilde{w} - w_0^* \rangle + \lambda^2 |\tilde{w} - w_0^*|^2$$

und ermitteln

$$g'(\lambda) = 2\lambda |\tilde{w} - w_0^*|^2 - 2 \langle w_0 - w_0^*, \tilde{w} - w_0^* \rangle \ ,$$
$$g''(\lambda) = 2 |\tilde{w} - w_0^*|^2$$

für alle $\lambda \in \mathbb{R}$. Wegen $\tilde{w} \neq w_0^*$ gilt $g''(\lambda) > 0$ für alle $\lambda \in \mathbb{R}$. Somit ist jeder kritische Punkt von g stets ein Minimierer. Es ist $g'(\lambda^*) = 0$ genau dann, wenn

$$\lambda^* = \frac{\langle w_0 - w_0^*, \tilde{w} - w_0^* \rangle}{|\tilde{w} - w_0^*|^2}$$

richtig ist. Wir folgern mit (5.33) sofort $\lambda^* > 0$ und setzen $\tilde{\lambda} := \min\{1, \lambda^*\}$. Da wir in g' eine streng monoton steigende Funktion erkennen, gilt $g'(\lambda) < 0$ für alle $\lambda < \tilde{\lambda}$. Somit ist die Funktion g auf dem Intervall $[0, \tilde{\lambda})$ streng monoton fallend und wir erhalten

$$|w_0 - w_0^*|^2 = g(0) > g(\lambda_0) = |w_0 - (\lambda_0\tilde{w} + (1-\lambda_0)w_0^*)|^2$$

für beliebiges $\lambda_0 \in (0, \tilde{\lambda})$.

Da aufgrund der Definition von $\tilde{\lambda}$ insbesondere $\lambda_0 \in (0, 1)$ gilt und somit aus der Konvexität von $\overline{G}$ gleichzeitig $\lambda_0\tilde{w} + (1-\lambda_0)w_0^* \in \overline{G}$ folgt, entsteht ein Widerspruch zu (5.32).

Es muss also zwingend $\overline{G} \subset G(w_0)$ richtig sein.

Zu $\varrho \geq |w_0 - w_0^*|$ sei nun $w \in G \cap B(w_0, \varrho)$ beliebig. Speziell gilt $w \in G \subset G(w_0)$ und somit auch $\langle w_0 - w_0^*, w - w_0^* \rangle \leq 0$. Wir berechnen daher

$$|w_0 - w|^2 = |(w_0 - w_0^*) - (w - w_0^*)|^2$$
$$= |w_0 - w_0^*|^2 + |w - w_0^*|^2 - 2 \langle w_0 - w_0^*, w - w_0^* \rangle$$
$$\geq |w - w_0^*|^2$$

und daraus wegen $w \in B(w_0, \varrho)$ auch $|w - w_0^*| \leq |w_0 - w| < \varrho$. Somit schließen wir $w \in G \cap B(w_0^*, \varrho)$ und erhalten $G \cap B(w_0, \varrho) \subset G \cap B(w_0^*, \varrho)$ für alle $\varrho > 0$.

Schlussendlich ergibt sich somit für alle $\varrho > 0$

$$\int\limits_{G \cap B(w_0, \varrho)} |\nabla X(w)|^2 \, dw \leq \int\limits_{G \cap B(w_0^*, \varrho)} |\nabla X(w)|^2 \, dw \leq M_0 \, \varrho^\alpha$$

unter Beachtung von $w_0^* \in \overline{G}$ und der Ergebnisse zu Beginn der Ausführungen. Dies vervollständigt den Beweis, da die Wahl von $w_0 \in \mathbb{R}^2 \setminus \overline{G}$ beliebig war. $\qquad\square$

Schließlich wollen wir noch das folgende Resultat im Zusammenhang mit dem Wachstum des Dirichlet-Integrals beachten. Dieses stammt aus [52, Lemmata 4.4 und 4.5] beziehungsweise [55, Lemma 5.4.1]. Anders als in den angegebenen Quellen gestalten wir den Beweis insbesondere bei der zweiten Aussage detailreicher. Zudem nutzen wir zu Beginn des Beweises im Gegensatz zu [52] und [55] eine Darstellungsformel, die auf der ersten Greenschen Formel basiert.

Lemma 5.6. *Gegeben seien $\alpha_0 > 0$ und ein beschränktes C^1-Gebiet $G \subset \mathbb{R}^2$ sowie $Z \in W_0^{1,2}(G, \mathbb{R}^m)$ und $g \in L^1(G, \mathbb{R})$ mit*

$$\int_{B(w_0,\varrho) \cap G} |g(w)| \, dw \leq M_0 \, \varrho^{2\alpha_0} \tag{5.34}$$

für alle $B(w_0, \varrho) \subset \mathbb{R}^2$.
Dann gelten $g \cdot Z \in L^1(G)$ und $|g| \cdot |Z|^2 \in L^1(G)$ sowie

$$\int_{B(w_0,\varrho) \cap G} |g(w)| \, |Z(w)| \, dw \leq M_1(\alpha_0, \alpha, m) \, M_0 \, |G|^{\frac{\alpha}{2}} \, \|\nabla Z\|_{L^2(G)} \, \varrho^{2\alpha_0 - \alpha} \tag{5.35}$$

mit der Konstante

$$M_1(\alpha_0, \alpha, m) = \frac{\sqrt{m}}{2} \left(\frac{\alpha_0}{\alpha(\alpha_0 - \alpha)} \right)^{\frac{1}{2}} \pi^{-\frac{1}{2}(1+\alpha)}$$

und

$$\int_{B(w_0,\varrho) \cap G} |g(w)| \cdot |Z(w)|^2 \, dw \leq M_2(\alpha_0, \alpha, m, \lambda) \, M_0 \, |G|^{\frac{\alpha}{2}} \, \|\nabla Z\|_{L^2(G)}^2 \, \varrho^{2\alpha_0 - \alpha} \tag{5.36}$$

mit der Konstante

$$M_2(\alpha_0, \alpha, m, \lambda) = M_1 \left(\alpha_0 - \frac{\lambda\alpha}{2}, (1-\lambda)\alpha, m \right) M_1(\alpha_0, \lambda\alpha, m)$$

für $0 < \alpha < \min\{\alpha_0, 1\}$ und $0 < \lambda < 1$.

Beweis. Wir betrachten zunächst $Z \in C_0^\infty(G)$, welches wir außerhalb von G durch 0 fortsetzen.
Mithilfe der ersten Greenschen Formel erhalten wir wie in [59, Kap. V, §1, Satz 1] die Integraldarstellung

$$Z_j(w) = -\frac{1}{2\pi} \int_G \frac{1}{|\tilde{w} - w|^2} \sum_{l=1}^2 (\tilde{w}_l - w_l) \frac{\partial}{\partial w_l} Z_j(\tilde{w}) \, d\tilde{w}$$

für jedes $j \in \{1, \ldots, m\}$ und alle $w = (w_1, w_2) \in G$.
Unter Verwendung der Ungleichung von Cauchy-Schwarz ergibt sich

$$|Z_j(w)| \leq \frac{1}{2\pi} \int_G \frac{1}{|\tilde{w} - w|} |\nabla Z_j(\tilde{w})| \, d\tilde{w}$$

und daher mithilfe des Lemmas 2.4

$$|Z(w)| = \left(\sum_{j=1}^{m} |Z_j(w)|^2\right)^{\frac{1}{2}} \leq \sum_{j=1}^{m} |Z_j(w)| \leq \frac{1}{2\pi} \int_G \frac{1}{|\tilde{w}-w|} \sum_{j=1}^{m} |\nabla Z_j(\tilde{w})| \, d\tilde{w}$$

$$\leq \frac{1}{2\pi} \int_G \frac{\sqrt{m}}{|\tilde{w}-w|} \left(\sum_{j=1}^{m} |\nabla Z_j(\tilde{w})|^2\right)^{\frac{1}{2}} d\tilde{w}$$

$$= \frac{1}{2\pi} \int_G \frac{\sqrt{m}}{|\tilde{w}-w|} |\nabla Z(\tilde{w})| \, d\tilde{w}$$

für alle $w \in G$.
Entsprechend folgt

$$\int_{B(w_0,\varrho) \cap G} |g(w)| \, |Z(w)| \, dw \leq \frac{1}{2\pi} \int_{B(w_0,\varrho) \cap G} \int_G |g(w)| \frac{\sqrt{m}}{|\tilde{w}-w|} |\nabla Z(\tilde{w})| \, d\tilde{w} \, dw \,.$$

Mit einem $\alpha \in (0, \min\{\alpha_0, 1\})$ beachten wir

$$|g(w)| \frac{1}{|\tilde{w}-w|} |\nabla Z(\tilde{w})| = \left(|g(w)|^{\frac{1}{2}} |\tilde{w}-w|^{\alpha-1}\right) \left(|g(w)|^{\frac{1}{2}} |\tilde{w}-w|^{-\alpha} |\nabla Z(\tilde{w})|\right)$$

für alle $\tilde{w} \in G$ sowie fast alle $w \in B(w_0, \varrho) \cap G$ und schließen aufgrund der Hölderschen Ungleichung

$$\int_{B(w_0,\varrho) \cap G} |g(w)| \, |Z(w)| \, dw \leq \frac{\sqrt{m}}{2\pi} \sqrt{I_1(w_0, \varrho)} \cdot \sqrt{I_2(w_0, \varrho)} \,, \tag{5.37}$$

wobei wir

$$I_1(w_0, \varrho) := \int_{B(w_0,\varrho) \cap G} \int_G |g(w)| \, |\tilde{w}-w|^{2\alpha-2} \, d\tilde{w} \, dw \,,$$

$$I_2(w_0, \varrho) := \int_{B(w_0,\varrho) \cap G} \int_G |g(w)| \, |\tilde{w}-w|^{-2\alpha} |\nabla Z(\tilde{w})|^2 \, d\tilde{w} \, dw$$

setzen.
Indem wir uns an die Ungleichung von E. Schmidt aus [42, Lemma 4.3] erinnern, ermitteln wir

$$\int_G |\tilde{w}-w|^{2\alpha-2} \, d\tilde{w} \leq \frac{\pi^{1-\alpha}}{\alpha} |G|^\alpha$$

für jedes $w \in \mathbb{R}^2$.
Infolgedessen ergibt sich unter zusätzlicher Beachtung von (5.34)

$$\int_{B(w_0,\varrho) \cap G} |g(w)| \int_G |\tilde{w}-w|^{2\alpha-2} \, d\tilde{w} \, dw \leq \frac{\pi^{1-\alpha}}{\alpha} |G|^\alpha \int_{B(w_0,\varrho) \cap G} |g(w)| \, dw$$

$$\leq \frac{\pi^{1-\alpha}}{\alpha} |G|^\alpha \, M_0 \, \varrho^{2\alpha_0} \,. \tag{5.38}$$

Wir erklären nun die Funktion

$$\Phi_{\tilde{w}}(r) := \int\limits_{B(\tilde{w},r)\,\cap\,B(w_0,\varrho)\,\cap\,G} |g(w)|\,\mathrm{d}w$$

und bemerken für alle $r > 0$

$$\Phi_{\tilde{w}}(r) \leq \int\limits_{B(\tilde{w},r)\,\cap\,G} |g(w)|\,\mathrm{d}w \leq M_0\,r^{2\alpha_0} \tag{5.39}$$

sowie

$$\Phi_{\tilde{w}}(r) \leq \int\limits_{B(w_0,\varrho)\,\cap\,G} |g(w)|\,\mathrm{d}w \leq M_0\,\varrho^{2\alpha_0} \tag{5.40}$$

aufgrund der Voraussetzung (5.34).
Daraus folgern wir

$$0 \leq r^{-2\alpha}\,\Phi_{\tilde{w}}(r) \leq M_0\,r^{2(\alpha_0-\alpha)} \tag{5.41}$$

beziehungsweise

$$0 \leq r^{-2\alpha}\,\Phi_{\tilde{w}}(r) \leq M_0\,\varrho^{2\alpha_0}\,r^{-2\alpha} \tag{5.42}$$

für alle $r > 0$ und schließen somit wegen $\alpha_0 > \alpha > 0$

$$\lim_{\substack{r\to 0 \\ r>0}} r^{-2\alpha}\,\Phi_{\tilde{w}}(r) = 0 \tag{5.43}$$

aus (5.41) beziehungsweise

$$\lim_{r\to+\infty} r^{-2\alpha}\,\Phi_{\tilde{w}}(r) = 0 \tag{5.44}$$

aus (5.42).
Wir berechnen demnach für $0 < \varrho_1 < \varrho_2$

$$\int\limits_{\varrho_1}^{\varrho_2} r^{-2\alpha}\,\Phi'_{\tilde{w}}(r)\,\mathrm{d}r = \left[r^{-2\alpha}\,\Phi_{\tilde{w}}(r)\right]_{\varrho_1}^{\varrho_2} + \int\limits_{\varrho_1}^{\varrho_2} 2\alpha\,r^{-2\alpha-1}\,\Phi_{\tilde{w}}(r)\,\mathrm{d}r \tag{5.45}$$

mittels partieller Integration sowie unter Verwendung von (5.39) und (5.40)

$$\int\limits_{\varrho_1}^{\varrho_2} 2\alpha\,r^{-2\alpha-1}\,\Phi_{\tilde{w}}(r)\,\mathrm{d}r = \int\limits_{\varrho_1}^{\varrho} 2\alpha\,r^{-2\alpha-1}\,\Phi_{\tilde{w}}(r)\,\mathrm{d}r + \int\limits_{\varrho}^{\varrho_2} 2\alpha\,r^{-2\alpha-1}\,\Phi_{\tilde{w}}(r)\,\mathrm{d}r$$

$$\leq \int\limits_{\varrho_1}^{\varrho} 2\alpha\,M_0\,r^{2\alpha_0-2\alpha-1}\,\mathrm{d}r + \int\limits_{\varrho}^{\varrho_2} 2\alpha\,M_0\,r^{-2\alpha-1}\,\varrho^{2\alpha_0}\,\mathrm{d}r \tag{5.46}$$

$$= \left[\frac{\alpha}{\alpha_0-\alpha}\,M_0\,r^{2(\alpha_0-\alpha)}\right]_{\varrho_1}^{\varrho} + \left[-M_0\,r^{-2\alpha}\,\varrho^{2\alpha_0}\right]_{\varrho}^{\varrho_2}$$

$$= \frac{\alpha_0}{\alpha_0-\alpha}\,M_0\,\varrho^{2(\alpha_0-\alpha)} - \frac{\alpha}{\alpha_0-\alpha}\,M_0\,\varrho_1^{2(\alpha_0-\alpha)} - M_0\,\varrho_2^{-2\alpha}\,\varrho^{2\alpha_0}\;.$$

Daher folgt aus (5.45) und (5.46) durch die Grenzübergänge $\varrho_1 \to 0+$ sowie $\varrho_2 \to +\infty$

$$\int_0^{+\infty} r^{-2\alpha} \Phi'_{\tilde{w}}(r) \, dr \le \frac{\alpha_0}{\alpha_0 - \alpha} M_0 \, \varrho^{2(\alpha_0 - \alpha)} \tag{5.47}$$

unter Beachtung von (5.43) und (5.44) sowie $\alpha_0 > \alpha > 0$.
Wir wollen $\Phi'_{\tilde{w}}(r)$ noch genauer untersuchen. Dazu führen wir die Menge

$$\mathcal{S}^1_{\tilde{w}}(\tau) := \left\{ \zeta \in \mathcal{S}^1 \, : \, \tilde{w} + \tau \zeta \in B(w_0, \varrho) \cap G \right\}$$

für jedes $\tau > 0$ ein und erhalten damit

$$\Phi_{\tilde{w}}(r) = \int_{B(\tilde{w}, r) \cap B(w_0, \varrho) \cap G} |g(w)| \, dw = \int_0^r \int_{\mathcal{S}^1_{\tilde{w}}(\tau)} |g(\tilde{w} + \tau \zeta)| \, \tau \, d\zeta \, d\tau$$

bei Verwendung von Polarkoordinaten um $\tilde{w}$.
Dementsprechend erhalten wir für den Differenzenquotienten unter Beachtung des Mittelwertsatzes der Integralrechnung mit einem $\hat{r} \in [r, r + h]$

$$\frac{\Phi_{\tilde{w}}(r + h) - \Phi_{\tilde{w}}(r)}{h} = \frac{1}{h} \int_r^{r+h} \int_{\mathcal{S}^1_{\tilde{w}}(\tau)} |g(\tilde{w} + \tau \zeta)| \, \tau \, d\zeta \, d\tau = \frac{1}{h} h \int_{\mathcal{S}^1_{\tilde{w}}(\hat{r})} |g(\tilde{w} + \hat{r} \zeta)| \, \hat{r} \, d\zeta$$

für $|h| < r$. Somit folgt

$$\Phi'_{\tilde{w}}(r) = \lim_{h \to 0} \frac{\Phi_{\tilde{w}}(r + h) - \Phi_{\tilde{w}}(r)}{h} = \int_{\mathcal{S}^1_{\tilde{w}}(r)} |g(\tilde{w} + r \zeta)| \, r \, d\zeta \, . \tag{5.48}$$

Indem wir ein $R > 0$ derart wählen, dass $B(w_0, \varrho) \cap G \subset B(\tilde{w}, R)$ gilt, ermitteln wir

$$\int_{B(w_0, \varrho) \cap G} |g(w)| \, |\tilde{w} - w|^{-2\alpha} \, dw = \int_{B(\tilde{w}, R) \cap B(w_0, \varrho) \cap G} |g(w)| \, |\tilde{w} - w|^{-2\alpha} \, dw$$

$$= \int_0^R \int_{\mathcal{S}^1_{\tilde{w}}(r)} r^{-2\alpha} |g(\tilde{w} + r \zeta)| \, r \, d\zeta \, dr$$

unter Verwendung von Polarkoordinaten um $\tilde{w}$, das heißt $w = \tilde{w} + r \zeta$.
Für jedes $\tilde{w} \in G$ ergibt sich daraus mit (5.48)

$$\int_{B(w_0, \varrho) \cap G} |g(w)| \, |\tilde{w} - w|^{-2\alpha} \, dw = \int_0^R r^{-2\alpha} \Phi'_{\tilde{w}}(r) \, dr \le \int_0^{+\infty} r^{-2\alpha} \Phi'_{\tilde{w}}(r) \, dr$$

und wegen (5.47) schließlich

$$\int_{B(w_0, \varrho) \cap G} |g(w)| \, |\tilde{w} - w|^{-2\alpha} \, dw \le \frac{\alpha_0}{\alpha_0 - \alpha} M_0 \, \varrho^{2(\alpha_0 - \alpha)} \, .$$

Dementsprechend folgt

$$\int\limits_{B(w_0,\varrho)\cap G} \int\limits_G |g(w)|\,|\tilde{w}-w|^{-2\alpha}\,|\nabla Z(\tilde{w})|^2\,\mathrm{d}\tilde{w}\,\mathrm{d}w \leq \frac{\alpha_0}{\alpha_0-\alpha}\,M_0\,\varrho^{2(\alpha_0-\alpha)}\int\limits_G |\nabla Z(\tilde{w})|^2\,\mathrm{d}\tilde{w}$$

$$= \frac{\alpha_0}{\alpha_0-\alpha}\,M_0\,\varrho^{2(\alpha_0-\alpha)}\,\|\nabla Z\|_{L^2(G)}^2 \ .$$

In der Kombination mit (5.38) ergibt sich daher aus (5.37)

$$\int\limits_{B(w_0,\varrho)\cap G} |g(w)|\,|Z(w)|\,\mathrm{d}w \leq M_1(\alpha_0,\alpha,m)\,M_0\,|G|^{\frac{\alpha}{2}}\,\|\nabla Z\|_{L^2(G)}\,\varrho^{2\alpha_0-\alpha}$$

mit der Konstante

$$M_1(\alpha_0,\alpha,m) = \frac{\sqrt{m}}{2}\left(\frac{\alpha_0}{\alpha(\alpha_0-\alpha)}\right)^{\frac{1}{2}}\pi^{-\frac{1}{2}(1+\alpha)} \ .$$

Dies zeigt (5.35) für $Z \in C_0^\infty(G)$.

Es sei nun $Z \in W_0^{1,2}(G,\mathbb{R}^m)$ beliebig. Dann gibt es eine Folge $\{Z^{(k)}\}_{k=1,2,\ldots}$ in $C_0^\infty(G)$ mit $Z^{(k)} \to Z$ in $W_0^{1,2}(G,\mathbb{R}^m)$.

Gemäß der Methode zum Beweis des Satzes von Fischer-Riesz wie unter anderem bei [61, Kap. VIII, §8, Satz 3] finden wir eine Teilfolge $\{Z^{(k_j)}\}_{j=1,2,\ldots}$, die fast überall gegen Z konvergiert. Somit erhalten wir

$$\int\limits_{B(w_0,\varrho)\cap G} |g(w)|\,|Z(w)|\,\mathrm{d}w = \int\limits_{B(w_0,\varrho)\cap G} \liminf_{j\to\infty}|g(w)|\,|Z^{(k_j)}(w)|\,\mathrm{d}w$$

$$\leq \liminf_{j\to\infty}\int\limits_{B(w_0,\varrho)\cap G} |g(w)|\,|Z^{(k_j)}(w)|\,\mathrm{d}w$$

aufgrund des allgemeinen Konvergenzsatzes von Fatou aus [61, Kap. VIII, §4, Satz 6]. Da wir (5.35) bereits für $Z^{(k_j)} \in C_0^\infty(G)$ gezeigt haben, folgt

$$\int\limits_{B(w_0,\varrho)\cap G} |g(w)|\,|Z(w)|\,\mathrm{d}w \leq \liminf_{j\to\infty} M_1(\alpha_0,\alpha,m)\,M_0\,|G|^{\frac{\alpha}{2}}\,\|\nabla Z^{(k_j)}\|_{L^2(G)}\,\varrho^{2\alpha_0-\alpha}$$

$$= M_1(\alpha_0,\alpha,m)\,M_0\,|G|^{\frac{\alpha}{2}}\left(\lim_{j\to\infty}\|\nabla Z^{(k_j)}\|_{L^2(G)}\right)\varrho^{2\alpha_0-\alpha}$$

$$= M_1(\alpha_0,\alpha,m)\,M_0\,|G|^{\frac{\alpha}{2}}\,\|\nabla Z\|_{L^2(G)}\,\varrho^{2\alpha_0-\alpha}$$

für jede Kreisscheibe $B(w_0,\varrho) \subset \mathbb{R}^2$.

Indem wir eine Kreisscheibe $B(w_0,\varrho)$ derart wählen, dass $G \subset B(w_0,\varrho)$ richtig ist, ermitteln wir insbesondere auch $g \cdot Z \in L^1(G)$ aus (5.35).

Um (5.36) zu beweisen, nutzen wir das bereits gezeigte Ergebnis. Dafür erklären wir zu einem $Z \in W_0^{1,2}(G,\mathbb{R}^m)$ die Hilfsfunktion $\tilde{g}$ durch

$$\tilde{g}(w) := |g(w)|\,|Z(w)|$$

für $w \in G$.

Es sei $0 < \alpha < \min\{\alpha_0, 1\}$ beliebig gewählt. Gemäß der vorangegangenen Argumentation sind $\tilde{g} \in L^1(G)$ sowie

$$\int_{B(w_0, \varrho) \cap G} |\tilde{g}(w)| \, dw = \int_{B(w_0, \varrho) \cap G} |g(w)| \, |Z(w)| \, dw \leq \tilde{M}_0 \, \varrho^{2\tilde{\alpha}_0}$$

mit

$$\tilde{M}_0 = M_1(\alpha_0, \alpha', m) \, M_0 \, |G|^{\frac{\alpha'}{2}} \, \|\nabla Z\|_{L^2(G)} \, , \tag{5.49}$$

$$2\tilde{\alpha}_0 = 2\alpha_0 - \alpha' \tag{5.50}$$

und einem $\alpha' \in (0, \alpha)$ richtig.
Wir setzen $\alpha'' := \alpha - \alpha'$ und bemerken

$$0 < \alpha - \alpha' < 1 - \alpha' < 1$$

sowie

$$0 < \alpha - \alpha' < \alpha_0 - \alpha' < \alpha_0 - \frac{\alpha'}{2} = \tilde{\alpha}_0$$

wegen $0 < \alpha' < \alpha < \min\{\alpha_0, 1\}$. Es gilt also $0 < \alpha'' < \min\{\tilde{\alpha}_0, 1\}$.
Somit folgt

$$\int_{B(w_0, \varrho) \cap G} |\tilde{g}(w)| \, |Z(w)| \, dw \leq M_1(\tilde{\alpha}_0, \alpha'', m) \, \tilde{M}_0 \, |G|^{\frac{\alpha''}{2}} \, \|\nabla Z\|_{L^2(G)} \, \varrho^{2\tilde{\alpha}_0 - \alpha''}$$

durch die Anwendung von (5.35) auf $\tilde{g}$ und Z.
Indem wir $\alpha' = \lambda \alpha$ mit einem $\lambda \in (0, 1)$ beachten, ergibt sich

$$M_1(\tilde{\alpha}_0, \alpha'', m) \, M_1(\alpha_0, \alpha', m) = M_1\left(\alpha_0 - \frac{\lambda \alpha}{2}, (1 - \lambda) \alpha, m\right) M_1(\alpha_0, \lambda \alpha, m)$$

$$=: M_2(\alpha_0, \alpha, m, \lambda)$$

und wir erhalten schließlich unter Verwendung von (5.49), (5.50) sowie $\alpha' + \alpha'' = \alpha$

$$\int_{B(w_0, \varrho) \cap G} |g(w)| \, |Z(w)|^2 \, dw = \int_{B(w_0, \varrho) \cap G} |\tilde{g}(w)| \, |Z(w)| \, dw$$

$$\leq M_2(\alpha_0, \alpha, m, \lambda) \, M_0 \, |G|^{\frac{\alpha}{2}} \, \|\nabla Z\|_{L^2(G)}^2 \, \varrho^{2\alpha_0 - \alpha} \, ,$$

woraus bei Verwendung einer Kreisscheibe $B(w_0, \varrho)$ mit $G \subset B(w_0, \varrho)$ auch die Eigenschaft $|g| \cdot |Z|^2 \in L^1(G)$ folgt. $\qquad \square$

Bemerkung 5.3. Die Aussage des Lemmas 5.6 steht scheinbar nicht in Verbindung mit dem Dirichlet-Integral. Im Rahmen des Regularitätsbeweises im nächsten Abschnitt findet es allerdings mit $g = |\nabla X^*|^2$ eine Anwendung. Dadurch wird die Bedingung (5.34) zu einer Voraussetzung an das Dirichlet-Integral von X^*.

5.4 $W^{2,2}$-Regularität

Bevor wir uns dem ersten Regularitätsergebnis und dessen Beweis ausführlich widmen, benötigen wir noch das folgende Lemma, welches uns die Existenz einer sogenannten Abschneidefunktion mit einer Wachstumsbedingung an ihren Gradienten gewährleistet. Dieses Lemma ermöglicht es, Modifikationen eines Minimierers als Testfunktionen in der schwachen Euler-Lagrange-Gleichung zu verwenden.

Die wesentliche Idee für den Beweis des Lemmas besteht darin, eine geeignet gewählte Funktion abzuglätten. Hierbei legen wir einen besonderen Fokus auf die Untersuchung des Gradientenwachstums.

Lemma 5.7 (Existenz der Abschneidefunktion). *Seien $0 < \varrho_1 < \varrho_2 < +\infty$ und $y_0 \in \mathbb{R}^m$. Zur Kugel $B(y_0, \varrho_2) \subset \mathbb{R}^m$ existiert dann eine Funktion $\eta \in C_0^\infty(B(y_0, \varrho_2))$ mit den folgenden Eigenschaften:*

a) Es ist $0 \le \eta(y) \le 1$ für alle $y \in \mathbb{R}^m$ erfüllt.

b) Es ist $\eta \equiv 1$ in $B(y_0, \varrho_1)$ richtig.

c) Mit einer von y_0, ϱ_1 und ϱ_2 unabhängigen Konstante $C_\eta > \sqrt{m}$ gilt die Abschätzung $|\nabla \eta(y)| \le \frac{C_\eta}{\varrho_2 - \varrho_1}$ für alle $y \in B(y_0, \varrho_2) \setminus \overline{B(y_0, \varrho_1)}$.

Beweis. Zunächst beachten wir, dass es genügt, die Aussage für $y_0 = 0$ zu zeigen, da die allgemeine Aussage durch eine Translation erhalten werden kann.

Wir erinnern an die Standard-Glättungsfunktion aus der Bemerkung 2.11

$$\phi(y) = \begin{cases} C_0 \exp\left(\frac{-1}{1-|y|^2}\right) & \text{für } |y| < 1, \\ 0 & \text{für } |y| \ge 1 \end{cases}$$

und wissen $\phi \in C^\infty(\mathbb{R}^m)$ sowie $\operatorname{supp}(\phi) = \overline{B(0,1)}$ und $\phi(y) = \phi(-y)$ für alle $y \in \mathbb{R}^m$. Die Konstante $C_0 > 0$ wird dabei als Normierungsfaktor so gewählt, dass

$$\int_{\mathbb{R}^m} \phi(y)\,\mathrm{d}y = \int_{B(0,1)} \phi(y)\,\mathrm{d}y = 1$$

gilt.

Zu jedem $\varepsilon > 0$ erklären wir dann die assoziierte Glättungsfunktion ϕ_ε durch

$$\phi_\varepsilon(y) := \frac{1}{\varepsilon^m}\,\phi\left(\frac{y}{\varepsilon}\right)$$

und bemerken $\operatorname{supp}(\phi_\varepsilon) = \overline{B(0,\varepsilon)}$ sowie

$$\int_{\mathbb{R}^m} \phi_\varepsilon(y)\,\mathrm{d}y = \int_{B(0,\varepsilon)} \phi_\varepsilon(y)\,\mathrm{d}y = \int_{B(0,1)} \phi(y)\,\mathrm{d}y = 1 \qquad (5.51)$$

mithilfe des Transformationssatzes für mehrfache Integrale.

Für $0 < \delta < \frac{\varrho_2 - \varrho_1}{2}$ erklären wir die Funktion

$$g_\delta(y) := \begin{cases} 1 & \text{für } |y| < \varrho_1 + \delta, \\ \dfrac{\varrho_2 - \delta - |y|}{\varrho_2 - \varrho_1 - 2\delta} & \text{für } \varrho_1 + \delta \leq |y| \leq \varrho_2 - \delta, \\ 0 & \text{für } |y| > \varrho_2 - \delta \end{cases}$$

und bemerken unmittelbar

$$0 = \frac{\varrho_2 - \delta - (\varrho_2 - \delta)}{\varrho_2 - \varrho_1 - 2\delta} \leq \frac{\varrho_2 - \delta - |y|}{\varrho_2 - \varrho_1 - 2\delta} \leq \frac{\varrho_2 - \delta - (\varrho_1 + \delta)}{\varrho_2 - \varrho_1 - 2\delta} = 1$$

für $\varrho_1 + \delta \leq |y| \leq \varrho_2 - \delta$. Demnach gilt

$$0 \leq g_\delta(y) \leq 1$$

für alle $y \in \mathbb{R}^m$.
Wir zeigen nun, dass die durch

$$\eta(y) := \int\limits_{\mathbb{R}^m} g_\delta(\hat{y})\, \phi_{\frac{\delta}{2}}(y - \hat{y})\, \mathrm{d}\hat{y} = \int\limits_{\mathbb{R}^m} g_\delta(\hat{y} + y)\, \phi_{\frac{\delta}{2}}(-\hat{y})\, \mathrm{d}\hat{y} = \int\limits_{\mathbb{R}^m} g_\delta(\hat{y} + y)\, \phi_{\frac{\delta}{2}}(\hat{y})\, \mathrm{d}\hat{y}$$

für $y \in \mathbb{R}^m$ definierte Funktion den geforderten Eigenschaften genügt.
Zunächst gilt aufgrund der Konstruktion unmittelbar $\eta \in C^\infty(\mathbb{R}^m)$. Des Weiteren
betrachten wir $\eta(y)$ für ein $y \in \mathbb{R}^m$ mit $|y| > \varrho_2 - \frac{\delta}{2}$. Sei nun $\hat{y} \in \mathbb{R}^m$ mit $|y - \hat{y}| < \frac{\delta}{2}$
beliebig gewählt. Es folgt dann

$$\varrho_2 - \frac{\delta}{2} - |\hat{y}| < |y| - |\hat{y}| \leq |y - \hat{y}| < \frac{\delta}{2}$$

beziehungsweise $|\hat{y}| > \varrho_2 - \delta$.
Wegen

$$\phi_{\frac{\delta}{2}}(y - \hat{y}) = \left(\frac{2}{\delta}\right)^m \phi\left(\frac{2(y - \hat{y})}{\delta}\right) = 0 \tag{5.52}$$

für $|y - \hat{y}| \geq \frac{\delta}{2}$ erhalten wir für $|y| > \varrho_2 - \frac{\delta}{2}$ daher

$$\eta(y) = \int\limits_{\mathbb{R}^m} g_\delta(\hat{y})\, \phi_{\frac{\delta}{2}}(y - \hat{y})\, \mathrm{d}\hat{y} = \int\limits_{B(y, \frac{\delta}{2})} g_\delta(\hat{y})\, \phi_{\frac{\delta}{2}}(y - \hat{y})\, \mathrm{d}\hat{y} = 0$$

unter Beachtung von $|\hat{y}| > \varrho_2 - \delta$ für $|y - \hat{y}| < \frac{\delta}{2}$. Somit folgen $\eta(y) = 0$ für alle
$y \in \mathbb{R}^m$ mit $|y| > \varrho_2 - \frac{\delta}{2}$ und insbesondere $\mathrm{supp}(\eta) \subset B(0, \varrho_2)$. Dementsprechend gilt
$\eta \in C_0^\infty(B(0, \varrho_2))$.
Wegen $g_\delta(y) \geq 0$ und $\phi_{\frac{\delta}{2}}(y) \geq 0$ für alle $y \in \mathbb{R}^m$ entnehmen wir der Definition von η
unmittelbar

$$0 \leq \int\limits_{\mathbb{R}^m} g_\delta(\hat{y})\, \phi_{\frac{\delta}{2}}(y - \hat{y})\, \mathrm{d}\hat{y} = \eta(y)$$

für jedes $y \in \mathbb{R}^m$ und gleichzeitig wegen $g_\delta(y) \leq 1$ für alle $y \in \mathbb{R}^m$ auch

$$\eta(y) = \int_{\mathbb{R}^m} g_\delta(\hat{y}) \, \phi_{\frac{\delta}{2}}(y - \hat{y}) \, \mathrm{d}\hat{y} \leq \int_{\mathbb{R}^m} \phi_{\frac{\delta}{2}}(y - \hat{y}) \, \mathrm{d}\hat{y} = 1$$

für alle $y \in \mathbb{R}^m$ unter Beachtung von (5.51). Somit ist die Bedingung a) erfüllt.
Im Falle $y \in B(0, \varrho_1)$ bemerken wir zunächst, dass für jedes $\hat{y} \in \mathbb{R}^m$ mit $|y - \hat{y}| < \frac{\delta}{2}$ wegen

$$|\hat{y}| \leq |y| + |\hat{y} - y| < \varrho_1 + \frac{\delta}{2}$$

insbesondere $B(y, \frac{\delta}{2}) \subset B(0, \varrho_1 + \delta)$ folgt. Wir erinnern uns zudem an (5.52) und erhalten somit

$$\eta(y) = \int_{\mathbb{R}^m} g_\delta(\hat{y}) \, \phi_{\frac{\delta}{2}}(y - \hat{y}) \, \mathrm{d}\hat{y} = \int_{B(y, \frac{\delta}{2})} g_\delta(\hat{y}) \, \phi_{\frac{\delta}{2}}(y - \hat{y}) \, \mathrm{d}\hat{y}$$

$$= \int_{B(y, \frac{\delta}{2})} \phi_{\frac{\delta}{2}}(\hat{y} - y) \, \mathrm{d}\hat{y} = \int_{B(0, \frac{\delta}{2})} \phi_{\frac{\delta}{2}}(\hat{y}) \, \mathrm{d}\hat{y} = 1$$

für alle $y \in B(0, \varrho_1)$, was der Eigenschaft b) entspricht.
Daraus schließen wir direkt $\eta_{y_k}(y) = 0$ für jedes $k = 1, \ldots, m$ und alle $y \in B(0, \varrho_1)$.
Unter zusätzlicher Verwendung von $\eta \in C_0^\infty(B(0, \varrho_2))$ ergibt sich einerseits aufgrund der Stetigkeit von η_{y_k} sogar $\eta_{y_k}(y) = 0$ für jedes $k = 1, \ldots, m$ und alle $y \in \overline{B(0, \varrho_1)}$ und andererseits wegen $\operatorname{supp}(\eta) \subset B(0, \varrho_2)$ zudem $\eta_{y_k}(y) = 0$ für jedes $k = 1, \ldots, m$ und für alle $y \in \mathbb{R}^m$ mit $|y| \geq \varrho_2$.
Um die verbleibende Eigenschaft zu zeigen, wollen wir zunächst einsehen, dass die Funktion g_δ in $\mathbb{R}^m$ gleichmäßig Lipschitz-stetig ist.
Für $y, \hat{y} \in B(0, \varrho_1 + \delta)$ berechnen wir

$$|g_\delta(y) - g_\delta(\hat{y})| = |1 - 1| = 0 \leq L \, |y - \hat{y}|$$

und analog für $y, \hat{y} \in \mathbb{R}^m \setminus \overline{B(0, \varrho_2 - \delta)}$

$$|g_\delta(y) - g_\delta(\hat{y})| = |0 - 0| = 0 \leq L \, |y - \hat{y}|$$

mit einem beliebigen $L > 0$.
Hingegen ermitteln wir für $y, \hat{y} \in \overline{B(0, \varrho_2 - \delta)} \setminus B(0, \varrho_1 + \delta)$

$$|g_\delta(y) - g_\delta(\hat{y})| = \frac{1}{\varrho_2 - \varrho_1 - 2\delta} \, |(\varrho_2 - \delta - |y|) - (\varrho_2 - \delta - |\hat{y}|)|$$

$$= \frac{1}{\varrho_2 - \varrho_1 - 2\delta} \, ||y| - |\hat{y}|| \leq \frac{1}{\varrho_2 - \varrho_1 - 2\delta} \, |y - \hat{y}| \,,$$

wobei wir

$$||y| - |\hat{y}|| \leq |y - \hat{y}|$$

aufgrund von

$$|y| - |\hat{y}| = |y - \hat{y} + \hat{y}| - |\hat{y}| \leq |y - \hat{y}| + |\hat{y}| - |\hat{y}| = |y - \hat{y}| \tag{5.53}$$

und

$$|\hat{y}| - |y| = |\hat{y} - y + y| - |y| \leq |\hat{y} - y| + |y| - |y| = |y - \hat{y}| \qquad (5.54)$$

genutzt haben.
Im Falle $y \in B(0, \varrho_1 + \delta)$ und $\hat{y} \in \mathbb{R}^m \setminus \overline{B(0, \varrho_2 - \delta)}$ ergibt sich

$$|g_\delta(y) - g_\delta(\hat{y})| = |1 - 0| = 1 = \frac{1}{\varrho_2 - \varrho_1 - 2\delta} (\varrho_2 - \varrho_1 - 2\delta)$$

$$< \frac{1}{\varrho_2 - \varrho_1 - 2\delta} (|\hat{y}| - |y|) \leq \frac{1}{\varrho_2 - \varrho_1 - 2\delta} |y - \hat{y}|$$

unter Beachtung von $|\hat{y}| - |y| > \varrho_2 - \delta - (\varrho_1 + \delta) = \varrho_2 - \varrho_1 - 2\delta$ und (5.54).
Für $y \in \overline{B(0, \varrho_2 - \delta)} \setminus B(0, \varrho_1 + \delta)$ und $\hat{y} \in \mathbb{R}^m \setminus \overline{B(0, \varrho_2 - \delta)}$ erhalten wir

$$|g_\delta(y) - g_\delta(\hat{y})| = \left| \frac{\varrho_2 - \delta - |y|}{\varrho_2 - \varrho_1 - 2\delta} - 0 \right| = \frac{1}{\varrho_2 - \varrho_1 - 2\delta} |\varrho_2 - \delta - |y||$$

$$= \frac{1}{\varrho_2 - \varrho_1 - 2\delta} (\varrho_2 - \delta - |y|)$$

$$< \frac{1}{\varrho_2 - \varrho_1 - 2\delta} (|\hat{y}| - |y|)$$

$$\leq \frac{1}{\varrho_2 - \varrho_1 - 2\delta} |y - \hat{y}|$$

wegen $|y| \leq \varrho_2 - \delta$ und $|\hat{y}| > \varrho_2 - \delta$ sowie (5.54).
Schließlich ermitteln wir für $y \in \overline{B(0, \varrho_2 - \delta)} \setminus B(0, \varrho_1 + \delta)$ und $\hat{y} \in B(0, \varrho_1 + \delta)$

$$|g_\delta(y) - g_\delta(\hat{y})| = \left| \frac{\varrho_2 - \delta - |y|}{\varrho_2 - \varrho_1 - 2\delta} - 1 \right| = \left| \frac{\varrho_1 + \delta - |y|}{\varrho_2 - \varrho_1 - 2\delta} \right|$$

$$= \frac{1}{\varrho_2 - \varrho_1 - 2\delta} (|y| - (\varrho_1 + \delta))$$

$$< \frac{1}{\varrho_2 - \varrho_1 - 2\delta} (|y| - |\hat{y}|)$$

$$\leq \frac{1}{\varrho_2 - \varrho_1 - 2\delta} |y - \hat{y}|$$

unter Verwendung von $|y| \geq \varrho_1 + \delta$ und $|\hat{y}| < \varrho_1 + \delta$ sowie (5.53).
Indem wir alle Fälle zusammenfassen, folgern wir stets

$$|g_\delta(y) - g_\delta(\hat{y})| \leq \frac{1}{\varrho_2 - \varrho_1 - 2\delta} |y - \hat{y}|$$

für alle $y, \hat{y} \in \mathbb{R}^m$.

Daher schließen wir

$$
\begin{aligned}
|\eta(y + h\mathbf{e}_k) - \eta(y)| &= \left| \int_{\mathbb{R}^m} (g_\delta(\hat{y} + y + h\mathbf{e}_k) - g_\delta(\hat{y} + y))\, \phi_{\frac{\delta}{2}}(\hat{y})\, \mathrm{d}\hat{y} \right| \\
&\leq \int_{\mathbb{R}^m} |g_\delta(\hat{y} + y + h\mathbf{e}_k) - g_\delta(\hat{y} + y)|\, \phi_{\frac{\delta}{2}}(\hat{y})\, \mathrm{d}\hat{y} \\
&\leq \int_{\mathbb{R}^m} \frac{1}{\varrho_2 - \varrho_1 - 2\delta} |h\mathbf{e}_k|\, \phi_{\frac{\delta}{2}}(\hat{y})\, \mathrm{d}\hat{y} \\
&= \frac{1}{\varrho_2 - \varrho_1 - 2\delta} |h| \int_{\mathbb{R}^m} \phi_{\frac{\delta}{2}}(\hat{y})\, \mathrm{d}\hat{y} = \frac{1}{\varrho_2 - \varrho_1 - 2\delta} |h|
\end{aligned}
$$

für alle $y \in \mathbb{R}^m$, alle $h \in \mathbb{R}$ und jedes $k = 1, \ldots, m$. Infolgedessen berechnen wir

$$
|\eta_{y_k}(y)| = \lim_{h \to 0} \left| \frac{\eta(y + h\mathbf{e}_k) - \eta(y)}{h} \right| \leq \frac{1}{\varrho_2 - \varrho_1 - 2\delta}
$$

für $y \in \mathbb{R}^m$ und jedes $k = 1, \ldots, m$.
Schlussendlich ergibt sich

$$
|\nabla \eta(y)| = \sqrt{\sum_{k=1}^{m} |\eta_{y_k}(y)|^2} \leq \sqrt{m}\, \frac{1}{\varrho_2 - \varrho_1 - 2\delta} \tag{5.55}
$$

für alle $y \in \mathbb{R}^m$. Wegen $0 < \delta < \frac{\varrho_2 - \varrho_1}{2}$ finden wir ein $\lambda \in (0, 1)$, sodass

$$
\delta = \lambda \frac{\varrho_2 - \varrho_1}{2}
$$

richtig ist und erhalten damit aus (5.55)

$$
|\nabla \eta(y)| \leq \sqrt{m}\, \frac{1}{(1 - \lambda)(\varrho_2 - \varrho_1)} = \frac{\sqrt{m}}{1 - \lambda} \frac{1}{\varrho_2 - \varrho_1} = \frac{C_\eta}{\varrho_2 - \varrho_1}
$$

für alle $y \in \mathbb{R}^m$, wobei wir $C_\eta := \frac{\sqrt{m}}{1 - \lambda} > \sqrt{m}$ gesetzt haben. $\qquad\square$

Bemerkung 5.4. Wie beispielsweise in [39, Theorem 1.4.1] basiert ein Beweis für die Existenz einer Abschneidefunktion in vielen Arbeiten meist darauf, eine entsprechend gewählte charakteristische Funktion zu glätten. Auf die Eigenschaft c) wird dabei meist nicht oder nur unspezifisch eingegangen.
Der hier durchgeführte Beweis mithilfe der Lipschitz-stetigen Funktion g_δ liefert sogar eine untere Schranke an die auftretende Konstante C_η. Zudem ist eine Verallgemeinerung der Methodik auf eine beliebige kompakte Menge unter einer geeigneten Anpassung der Funktion g_δ möglich.

Wir sind nun ausreichend vorbereitet, den ersten Teilbeweis für die Hölder-Stetigkeit der ersten Ableitungen eines Minimierers X^* des zu f gehörenden Funktionals $\mathcal{I}$ zu zeigen. Dessen Ziel ist der Nachweis der Zugehörigkeit von X^* zur Klasse $W^{2,2}_{\text{loc}}(G)$. Dafür ist eine Konkretisierung der Voraussetzungen an f notwendig.
Methodisch folgen wir dem ersten Teil des Beweises in [37, Abschnitt 4.2], erweitern die Aussage auf konvexe Gebiete und gehen stärker in die Details ein. Allerdings verwenden wir dabei andere Voraussetzungen an f, die sich an [55, (1.10.8)] orientieren.

Satz 5.3 ($W^{2,2}$-**Regularität**). *Es seien $G \subset \mathbb{R}^2$ ein beschränktes, konvexes Gebiet der Klasse C^2 und eine Funktion $f : G \times \mathbb{R}^3 \times \mathbb{R}^{3 \times 2} \to \mathbb{R} \in C^2(G \times \mathbb{R}^3 \times \mathbb{R}^{3 \times 2}, \mathbb{R})$ mit $f(w, X, p)$ derart gegeben, dass mit Konstanten $0 < \tilde{M}_1 \leq \tilde{M}_2 < +\infty$*

$$\tilde{M}_1 \, |p|^2 \leq f(w, X, p) \leq \tilde{M}_2 \, |p|^2 \tag{5.56}$$

für alle $(w, X, p) \in G \times \mathbb{R}^3 \times \mathbb{R}^{3 \times 2}$ gilt.
Gleichzeitig mögen Konstanten $0 < M_1 \leq M_2 < +\infty$ existieren, sodass

$$M_1 \, |\gamma|^2 \leq \sum_{k,l=1}^{2} \sum_{i,j=1}^{3} f_{p_l^i, p_k^j}(w, X, p) \, \gamma_l^i \, \gamma_k^j \leq M_2 \, |\gamma|^2 \tag{5.57}$$

für alle $(w, X, p) \in G \times \mathbb{R}^3 \times \mathbb{R}^{3 \times 2}$ und alle $\gamma = (\gamma_1, \gamma_2) \in \mathbb{R}^{3 \times 2}$ richtig ist.
Zudem gebe es zu jedem $R > 0$ ein $M(R) > 0$, sodass

$$|\nabla_X f(w, X, p)|^2 + \left|\nabla^2_{Xw} f(w, X, p)\right|^2 + \left|\nabla^2_{XX} f(w, X, p)\right|^2 \leq M(R) \left(1 + |p|^2\right)^2 \tag{5.58}$$

und

$$|\nabla_p f(w, X, p)|^2 + \left|\nabla^2_{pX} f(w, X, p)\right|^2 + \left|\nabla^2_{pw} f(w, X, p)\right|^2 \leq M(R) \left(1 + |p|^2\right) \tag{5.59}$$

für alle $(w, X, p) \in G \times \mathbb{R}^3 \times \mathbb{R}^{3 \times 2}$ mit $|w|^2 + |X|^2 \leq R^2$ erfüllt sind.
Des Weiteren seien $Y_0 \in W^{1,2}(G)$ gegeben und $X^* \in W^{1,2}(G) \cap L^\infty(G)$ ein Minimierer des zu f gehörenden Funktionals $\mathcal{I}$ über der Menge aller $X \in W^{1,2}(G)$, die der Bedingung $X - Y_0 \in W^{1,2}_0(G)$ genügen.
Dann gilt auch $X^* \in W^{2,2}_{\text{loc}}(G)$, das heißt $X^* \in W^{2,2}(G_0)$ für alle $G_0 \subset\subset G$.

Beweis. Zunächst bemerken wir, dass durch die Bedingungen (5.58) beziehungsweise (5.59) unter Beachtung der Beschränktheit von G und des Lemmas 2.2 insbesondere auch die Bedingungen (5.2) beziehungsweise (5.3) des Satzes 5.1 erfüllt sind. Des Weiteren erkennen wir, dass aufgrund von (5.56) zusätzlich die Voraussetzung (5.1) des Satzes 5.1 eingehalten wird. Somit kann die Aussage des Satzes 5.1 ohne Einschränkungen angewendet werden.

Wir wählen ein hinreichend kleines $h_0 > 0$, sodass $G_{h_0} \neq \emptyset$ ein Gebiet der Klasse C^1 ist. Es sei $Y \in W^{1,2}_0(G_{h_0}) \cap L^\infty(G_{h_0})$ eine beliebig gewählte Funktion, die supp$(Y) \subset G_{h_0}$ erfüllt. Diese können wir ohne Weiteres auf ganz $\mathbb{R}^2$ erweitern, indem wir $Y \equiv 0$ auf $\mathbb{R}^2 \setminus G_{h_0}$ setzen. Wir erkennen dann, dass der Differenzenquotient

$$-\triangle_{-h} Y(w) = \frac{1}{h} \left(Y(w - h\mathbf{e}) - Y(w)\right)$$

für $0 < |h| < h_0$ zur Klasse $W^{1,2}_0(G) \cap L^\infty(G)$ gehört. Somit ist $-\triangle_{-h} Y$ eine zulässige Testfunktion der schwachen Euler-Lagrange-Gleichung gemäß Definition 5.1. Gleichzeitig bemerken wir supp$(-\triangle_{-h} Y) \subset G$ für $0 < |h| < h_0$ und erhalten infolgedessen auch $-\triangle_{-h} Y \in W^{1,2}(\Omega)$ für jede offene Menge $\Omega \subset \mathbb{R}^2$ mit $G \subset \Omega$.

Aus der schwachen Euler-Lagrange-Gleichung folgt daher mithilfe des Teils a) aus Lemma 5.2 zunächst

$$0 = \int_G \{\nabla_X f(w, X^*, \nabla X^*) \cdot (-\triangle_{-h} Y) + \nabla_p f(w, X^*, \nabla X^*) \cdot \nabla(-\triangle_{-h} Y)\} \, dw$$

$$= -\int_G \{\nabla_X f(w, X^*, \nabla X^*) \cdot \triangle_{-h} Y + \nabla_p f(w, X^*, \nabla X^*) \cdot \triangle_{-h} \nabla Y\} \, dw$$

für $0 < |h| < h_0$, wobei wir hier wie auch im Rest des Beweises stellenweise das Argument w aus Gründen der Übersichtlichkeit unterdrücken wollen.

Mithilfe des Teils b) aus Lemma 5.2 ermitteln wir daraus unter zusätzlicher Beachtung von $\mathrm{supp}(Y) \subset G_{h_0}$

$$0 = \int_G \{(\triangle_h \nabla_X f(w, X^*, \nabla X^*)) \cdot Y + (\triangle_h \nabla_p f(w, X^*, \nabla X^*)) \cdot \nabla Y\} \, dw$$

$$= \int_{G_{h_0}} \{(\triangle_h \nabla_X f(w, X^*, \nabla X^*)) \cdot Y + (\triangle_h \nabla_p f(w, X^*, \nabla X^*)) \cdot \nabla Y\} \, dw \qquad (5.60)$$

für $0 < |h| < h_0$.

Wir betrachten die auftretenden Differenzenquotienten in den Skalarprodukten für jede Komponente. Zunächst gilt

$$\triangle_h f_{X_i}(w, X^*, \nabla X^*) \qquad (5.61)$$

$$= \frac{1}{h} [f_{X_i}(w + he, X^*(w + he), \nabla X^*(w + he)) - f_{X_i}(w, X^*(w), \nabla X^*(w))]$$

$$= \frac{1}{h} \int_0^1 \frac{d}{dt} [f_{X_i}(w + the, X^*(w) + th \triangle_h X^*(w), \nabla X^*(w) + th \triangle_h \nabla X^*(w))] \, dt$$

für fast alle $w \in G_{h_0}$, für $0 < |h| < h_0$ und $i \in \{1, 2, 3\}$.

Wir schreiben verkürzend

$$T_w^{(h,e)}(t) := (w + the, X^*(w) + th \triangle_h X^*(w), \nabla X^*(w) + th \triangle_h \nabla X^*(w))$$

beziehungsweise lediglich $T_w^{(h)}(t)$, sofern die Richtung e aus dem Kontext hervorgeht, und berechnen

$$\frac{d}{dt} \left[f_{X_i}(T_w^{(h)}(t)) \right] = \sum_{j=1}^2 f_{X_i, w_j}(T_w^{(h)}(t))(he)_j$$

$$+ \sum_{j=1}^3 f_{X_i, X_j}(T_w^{(h)}(t)) \, h \triangle_h X_j^*(w) \qquad (5.62)$$

$$+ \sum_{k=1}^2 \sum_{j=1}^3 f_{X_i, p_k^j}(T_w^{(h)}(t)) \, h \triangle_h (X_{w_k}^*(w))_j$$

für fast alle $w \in G_{h_0}$, für $0 < |h| < h_0$ sowie für $i \in \{1, 2, 3\}$.

Ebenso erhalten wir

$$\triangle_h f_{p_l^i}(w, X^*, \nabla X^*) \tag{5.63}$$

$$= \frac{1}{h} \left[f_{p_l^i}(w + h\mathbf{e}, X^*(w + h\mathbf{e}), \nabla X^*(w + h\mathbf{e})) - f_{p_l^i}(w, X^*(w), \nabla X^*(w)) \right]$$

$$= \frac{1}{h} \int\limits_0^1 \frac{\mathrm{d}}{\mathrm{d}t} \left[f_{p_l^i}(w + th\mathbf{e}, X^*(w) + th\,\triangle_h X^*(w), \nabla X^*(w) + th\,\triangle_h \nabla X^*(w)) \right] \mathrm{d}t$$

sowie

$$\frac{\mathrm{d}}{\mathrm{d}t} \left[f_{p_l^i}(T_w^{(h)}(t)) \right] = \sum_{j=1}^2 f_{p_l^i, w_j}(T_w^{(h)}(t))(h\mathbf{e})_j$$

$$+ \sum_{j=1}^3 f_{p_l^i, X_j}(T_w^{(h)}(t))\, h\,\triangle_h X_j^*(w) \tag{5.64}$$

$$+ \sum_{k=1}^2 \sum_{j=1}^3 f_{p_l^i, p_k^j}(T_w^{(h)}(t))\, h\,\triangle_h (X_{w_k}^*(w))_j$$

für fast alle $w \in G_{h_0}$, $0 < |h| < h_0$ sowie für $i \in \{1, 2, 3\}$ und $l \in \{1, 2\}$. Wir setzen

$$A_{lk}^{ij}(w, h, \mathbf{e}) := \int\limits_0^1 f_{p_l^i, p_k^j}(T_w^{(h, \mathbf{e})}(t))\, \mathrm{d}t \qquad (i, j = 1, 2, 3, \ k, l = 1, 2), \tag{5.65}$$

$$B_{lj}^i(w, h, \mathbf{e}) := \int\limits_0^1 f_{p_l^i, X_j}(T_w^{(h, \mathbf{e})}(t))\, \mathrm{d}t \qquad (i, j = 1, 2, 3, \ l = 1, 2), \tag{5.66}$$

$$C_{lj}^i(w, h, \mathbf{e}) := \int\limits_0^1 f_{p_l^i, w_j}(T_w^{(h, \mathbf{e})}(t))\, \mathrm{d}t \qquad (i = 1, 2, 3, \ j, l = 1, 2), \tag{5.67}$$

$$\tilde{B}_{ik}^j(w, h, \mathbf{e}) := \int\limits_0^1 f_{X_i, p_k^j}(T_w^{(h, \mathbf{e})}(t))\, \mathrm{d}t \qquad (i, j = 1, 2, 3, \ k = 1, 2),$$

$$D_{ij}(w, h, \mathbf{e}) := \int\limits_0^1 f_{X_i, X_j}(T_w^{(h, \mathbf{e})}(t))\, \mathrm{d}t \qquad (i, j = 1, 2, 3),$$

$$E_{ij}(w, h, \mathbf{e}) := \int\limits_0^1 f_{X_i, w_j}(T_w^{(h, \mathbf{e})}(t))\, \mathrm{d}t \qquad (i = 1, 2, 3, \ j = 1, 2)$$

für fast alle $w \in G_{h_0}$ und für $0 < |h| < h_0$, wobei wir auch hier die Richtung $\mathbf{e}$ als Argument unterdrücken, sofern diese aus dem Kontext ersichtlich ist. Wir schreiben dann beispielsweise nur $A_{lk}^{ij}(w, h)$ anstelle von $A_{lk}^{ij}(w, h, \mathbf{e})$.

Damit folgt aus (5.60) unter Verwendung von (5.61) und (5.62) sowie (5.63) und (5.64)

$$
\begin{aligned}
0 = & \int_{G_{h_0}} \sum_{l=1}^{2} \sum_{i=1}^{3} (Y_{w_l})_i \sum_{k=1}^{2} \sum_{j=1}^{3} A_{lk}^{ij}(w,h) \, \triangle_h \, (X_{w_k}^*(w))_j \, dw \\
& + \int_{G_{h_0}} \sum_{l=1}^{2} \sum_{i=1}^{3} (Y_{w_l})_i \left(\sum_{j=1}^{3} B_{lj}^i(w,h) \, \triangle_h \, X_j^*(w) + \sum_{j=1}^{2} C_{lj}^i(w,h)(\mathbf{e})_j \right) dw \\
& + \int_{G_{h_0}} \sum_{i=1}^{3} Y_i \sum_{k=1}^{2} \sum_{j=1}^{3} \tilde{B}_{ik}^j(w,h) \, \triangle_h \, (X_{w_k}^*(w))_j \, dw \\
& + \int_{G_{h_0}} \sum_{i=1}^{3} Y_i \left(\sum_{j=1}^{3} D_{ij}(w,h) \, \triangle_h \, X_j^*(w) + \sum_{j=1}^{2} E_{ij}(w,h)(\mathbf{e})_j \right) dw
\end{aligned}
\tag{5.68}
$$

für $0 < |h| < h_0$.

Bevor wir uns mit dieser Gleichung weiter befassen, wollen wir vorbereitend die eben eingeführten Funktionen näher untersuchen.

Dafür bemerken wir zuerst, dass aufgrund der Eigenschaft $X^* \in L^\infty(G)$ eine Konstante $\tilde{R} > 0$ existiert, sodass $|X^*(w)| \le \tilde{R}$ für fast alle $w \in G$ gilt. Dementsprechend ergibt sich zusätzlich

$$
\begin{aligned}
|X^*(w) + th \, \triangle_h \, X^*(w)| &= |t \, X^*(w + h\mathbf{e}) + (1-t) \, X^*(w)| \\
&\le t \, |X^*(w + h\mathbf{e})| + (1-t) \, |X^*(w)| \le t\tilde{R} + (1-t)\tilde{R} = \tilde{R}
\end{aligned}
$$

für fast alle $w \in G_{h_0}$, für $0 < |h| < h_0$ und alle $t \in [0,1]$.

Daher finden wir eine Konstante $R_0 > 0$, sodass

$$
|w|^2 + |X^*(w)|^2 \le R_0^2
$$

für fast alle $w \in G$ ebenso wie

$$
|w + th\mathbf{e}|^2 + |X^*(w) + th \, \triangle_h \, X^*(w)|^2 \le R_0^2
\tag{5.69}
$$

für fast alle $w \in G_{h_0}$, für $0 < |h| < h_0$ und für alle $t \in [0,1]$ richtig sind. Infolgedessen können (5.58) und (5.59) mit der Konstante R_0 einerseits auf $(w, X^*(w), \nabla X^*(w))$ für fast alle $w \in G$ und andererseits auf $T_w^{(h)}(t)$ für fast alle $w \in G_{h_0}$, für $0 < |h| < h_0$ und für alle $t \in [0,1]$ angewendet werden.

Zunächst folgt für alle $\gamma = (\gamma_1, \gamma_2) \in \mathbb{R}^{3 \times 2}$ wegen

$$
\sum_{k,l=1}^{2} \sum_{i,j=1}^{3} A_{lk}^{ij}(w,h) \, \gamma_l^i \gamma_k^j = \int_0^1 \sum_{k,l=1}^{2} \sum_{i,j=1}^{3} f_{p_l^i, p_k^j}(T_w^{(h)}(t)) \, \gamma_l^i \gamma_k^j \, dt
$$

unmittelbar aufgrund der Voraussetzung (5.57)

$$
M_1 |\gamma|^2 \le \sum_{k,l=1}^{2} \sum_{i,j=1}^{3} A_{lk}^{ij}(w,h) \, \gamma_l^i \gamma_k^j \le M_2 |\gamma|^2
\tag{5.70}
$$

und somit unter Beachtung des Lemmas 2.5 auch

$$\left|A_{lk}^{ij}(w,h)\right| \le M_2 \qquad (5.71)$$

für fast alle $w \in G_{h_0}$ und für $0 < |h| < h_0$.
Im weiteren Verlauf nutzen wir die Kurzschreibweisen

$$p_w^{(h,\mathbf{e})}(t) := \nabla X^*(w) + th\,\triangle_h\,\nabla X^*(w) = t\,\nabla X^*(w+h\mathbf{e}) + (1-t)\,\nabla X^*(w)$$

sowie

$$\mathcal{A}_k(w,h,\mathbf{e}) := \int\limits_0^1 \left(1 + \left|p_w^{(h,\mathbf{e})}(t)\right|^2\right)^k dt$$

für fast alle $w \in G_{h_0}$ und für $0 < |h| < h_0$. Auch hier schreiben wir lediglich $p_w^{(h)}(t)$ beziehungsweise $\mathcal{A}_k(w,h)$, wenn die Richtung $\mathbf{e}$ aus dem Kontext hervorgeht. Wir bemerken zusätzlich

$$T_w^{(h,\mathbf{e})}(t) = (w + th\mathbf{e}, X^*(w) + th\,\triangle_h\,X^*(w), p_w^{(h,\mathbf{e})}(t))\,.$$

Mithilfe der Hölderschen Ungleichung berechnen wir dann

$$
\begin{aligned}
\left|B_{lj}^i(w,h)\right|^2 &= \left|\int\limits_0^1 f_{p_l^i,X_j}(T_w^{(h)}(t))\,dt\right|^2 \le \left(\int\limits_0^1 \left|f_{p_l^i,X_j}(T_w^{(h)}(t))\right| dt\right)^2 \\
&\le \left(\int\limits_0^1 \left|f_{p_l^i,X_j}(T_w^{(h)}(t))\right|^2 dt\right)\left(\int\limits_0^1 1^2\,dt\right) \\
&= \int\limits_0^1 \left|f_{p_l^i,X_j}(T_w^{(h)}(t))\right|^2 dt
\end{aligned}
$$

für $i,j = 1,2,3$ und $l = 1,2$, woraus unter Verwendung von (5.69) und (5.59)

$$\sum_{l=1}^2 \sum_{i,j=1}^3 \left|B_{lj}^i(w,h)\right|^2 \le \int\limits_0^1 \sum_{l=1}^2 \sum_{i,j=1}^3 \left|f_{p_l^i,X_j}(T_w^{(h)}(t))\right|^2 dt$$

$$\le M(R_0)\int\limits_0^1 \left(1 + \left|p_w^{(h)}(t)\right|^2\right) dt$$

beziehungsweise

$$\sum_{l=1}^2 \sum_{i,j=1}^3 \left|B_{lj}^i(w,h)\right|^2 \le M(R_0)\,\mathcal{A}_1(w,h) \qquad (5.72)$$

für fast alle $w \in G_{h_0}$ und für $0 < |h| < h_0$ folgt.

Analog erhalten wir auch

$$\sum_{l,j=1}^{2}\sum_{i=1}^{3}\left|C_{lj}^{i}(w,h)\right|^{2} \leq \int_{0}^{1}\sum_{l,j=1}^{2}\sum_{i=1}^{3}\left|f_{p_{l}^{i},w_{j}}(T_{w}^{(h)}(t))\right|^{2}dt$$

$$\leq M(R_{0})\int_{0}^{1}\left(1+\left|p_{w}^{(h)}(t)\right|^{2}\right)dt$$

beziehungsweise

$$\sum_{l,j=1}^{2}\sum_{i=1}^{3}\left|C_{lj}^{i}(w,h)\right|^{2} \leq M(R_{0})\,\mathcal{A}_{1}(w,h) \tag{5.73}$$

für fast alle $w \in G_{h_0}$ und für $0 < |h| < h_0$.
Zudem gilt unter der Bedingung, dass wir die zweiten Ableitungen von f nach X_i und p_k^j vertauschen können, insbesondere $\tilde{B}_{ik}^{j}(w,h) = B_{ki}^{j}(w,h)$ für fast alle $w \in G_{h_0}$ und für $0 < |h| < h_0$. Aus (5.72) ergibt sich so für fast alle $w \in G_{h_0}$ und für $0 < |h| < h_0$

$$\sum_{k=1}^{2}\sum_{i,j=1}^{3}\left|\tilde{B}_{ik}^{j}(w,h)\right|^{2} = \sum_{k=1}^{2}\sum_{i,j=1}^{3}\left|B_{ki}^{j}(w,h)\right|^{2} \leq M(R_{0})\,\mathcal{A}_{1}(w,h) \,. \tag{5.74}$$

Wiederum unter Verwendung der Hölderschen Ungleichung ermitteln wir auch

$$|D_{ij}(w,h)|^{2} = \left|\int_{0}^{1}f_{X_i,X_j}(T_w^{(h)}(t))\,dt\right|^{2} \leq \left(\int_{0}^{1}\left|f_{X_i,X_j}(T_w^{(h)}(t))\right|dt\right)^{2}$$

$$\leq \left(\int_{0}^{1}\left|f_{X_i,X_j}(T_w^{(h)}(t))\right|^{2}dt\right)\left(\int_{0}^{1}1^{2}\,dt\right)$$

$$= \int_{0}^{1}\left|f_{X_i,X_j}(T_w^{(h)}(t))\right|^{2}dt$$

für $i,j = 1,2,3$ und dementsprechend aufgrund von (5.69) und (5.58)

$$\sum_{i,j=1}^{3}|D_{ij}(w,h)|^{2} \leq \int_{0}^{1}\sum_{i,j=1}^{3}\left|f_{X_i,X_j}(T_w^{(h)}(t))\right|^{2}dt$$

$$\leq M(R_{0})\int_{0}^{1}\left(1+\left|p_{w}^{(h)}(t)\right|^{2}\right)^{2}dt$$

beziehungsweise

$$\sum_{i,j=1}^{3}|D_{ij}(w,h)|^{2} \leq M(R_{0})\,\mathcal{A}_{2}(w,h) \tag{5.75}$$

für fast alle $w \in G_{h_0}$ und für $0 < |h| < h_0$.

Analog gilt auch

$$\sum_{i=1}^{3}\sum_{j=1}^{2} |E_{ij}(w,h)|^2 \le \int_0^1 \sum_{i=1}^{3}\sum_{j=1}^{2} \left| f_{X_i,w_j}(T_w^{(h)}(t)) \right|^2 \mathrm{d}t$$

$$\le M(R_0) \int_0^1 \left(1 + \left| p_w^{(h)}(t) \right|^2 \right)^2 \mathrm{d}t$$

beziehungsweise

$$\sum_{i=1}^{3}\sum_{j=1}^{2} |E_{ij}(w,h)|^2 \le M(R_0)\, \mathcal{A}_2(w,h) \tag{5.76}$$

für fast alle $w \in G_{h_0}$ und für $0 < |h| < h_0$.

Mit diesen Überlegungen kehren wir zurück zur Gleichung (5.68) und wollen Y geeignet wählen. Auf einer Kreisscheibe $B(w_0, 2r) \subset G_{h_0}$ erklären wir mit $0 < r < 2r < +\infty$ die Abschneidefunktion $\eta \in C_0^\infty(B(w_0, 2r))$ gemäß Lemma 5.7 mit den entsprechenden Eigenschaften.

Für ein beliebiges $h \in \mathbb{R}$ mit $0 < |h| < h_0$ setzen wir $Y(w) = \eta(w)^2 \triangle_h X^*(w)$ für $w \in G_{h_0}$ und berechnen

$$Y_{w_l}(w) = 2\,\eta(w)\,\eta_{w_l}(w)\,\triangle_h X^*(w) + \eta(w)^2 \triangle_h X_{w_l}^*(w)\,.$$

Insbesondere bemerken wir $Y \in W_0^{1,2}(G_{h_0}) \cap L^\infty(G_{h_0})$ und $\mathrm{supp}(Y) \subset G_{h_0}$.
Aus (5.68) folgt damit

$$0 = \int_{G_{h_0}} \eta^2 \sum_{k,l=1}^{2}\sum_{i,j=1}^{3} \triangle_h(X_{w_l}^*(w))_i\, A_{lk}^{ij}(w,h)\, \triangle_h (X_{w_k}^*(w))_j \, \mathrm{d}w$$

$$+ \int_{G_{h_0}} 2\eta \sum_{l=1}^{2}\sum_{i=1}^{3} \eta_{w_l}\, \triangle_h X_i^*(w) \sum_{k=1}^{2}\sum_{j=1}^{3} A_{lk}^{ij}(w,h)\, \triangle_h (X_{w_k}^*(w))_j \, \mathrm{d}w$$

$$+ \int_{G_{h_0}} \eta^2 \sum_{l=1}^{2}\sum_{i=1}^{3} \triangle_h(X_{w_l}^*(w))_i \left(\sum_{j=1}^{3} B_{lj}^i(w,h)\, \triangle_h X_j^*(w) + \sum_{j=1}^{2} C_{lj}^i(w,h)(\mathbf{e})_j \right) \mathrm{d}w$$

$$+ \int_{G_{h_0}} 2\eta \sum_{l=1}^{2}\sum_{i=1}^{3} \eta_{w_l}\, \triangle_h X_i^*(w) \left(\sum_{j=1}^{3} B_{lj}^i(w,h)\, \triangle_h X_j^*(w) + \sum_{j=1}^{2} C_{lj}^i(w,h)(\mathbf{e})_j \right) \mathrm{d}w$$

$$+ \int_{G_{h_0}} \eta^2 \sum_{i=1}^{3} \triangle_h X_i^*(w) \sum_{k=1}^{2}\sum_{j=1}^{3} \tilde{B}_{ik}^j(w,h)\, \triangle_h (X_{w_k}^*(w))_j \, \mathrm{d}w$$

$$+ \int_{G_{h_0}} \eta^2 \sum_{i=1}^{3} \triangle_h X_i^*(w) \left(\sum_{j=1}^{3} D_{ij}(w,h)\, \triangle_h X_j^*(w) + \sum_{j=1}^{2} E_{ij}(w,h)(\mathbf{e})_j \right) \mathrm{d}w$$

beziehungsweise

$$
\int_{G_{h_0}} \eta^2 \sum_{k,l=1}^{2} \sum_{i,j=1}^{3} \triangle_h(X^*_{w_l}(w))_i \, A^{ij}_{lk}(w,h) \, \triangle_h \, (X^*_{w_k}(w))_j \, dw \tag{5.77}
$$

$$
= - \int_{G_{h_0}} 2\eta \sum_{l=1}^{2} \sum_{i=1}^{3} \eta_{w_l} \, \triangle_h \, X^*_i(w) \sum_{k=1}^{2} \sum_{j=1}^{3} A^{ij}_{lk}(w,h) \, \triangle_h \, (X^*_{w_k}(w))_j \, dw
$$

$$
- \int_{G_{h_0}} \eta^2 \sum_{l=1}^{2} \sum_{i=1}^{3} \triangle_h(X^*_{w_l}(w))_i \left(\sum_{j=1}^{3} B^i_{lj}(w,h) \, \triangle_h \, X^*_j(w) + \sum_{j=1}^{2} C^i_{lj}(w,h)(\mathbf{e})_j \right) dw
$$

$$
- \int_{G_{h_0}} 2\eta \sum_{l=1}^{2} \sum_{i=1}^{3} \eta_{w_l} \, \triangle_h \, X^*_i(w) \left(\sum_{j=1}^{3} B^i_{lj}(w,h) \, \triangle_h \, X^*_j(w) + \sum_{j=1}^{2} C^i_{lj}(w,h)(\mathbf{e})_j \right) dw
$$

$$
- \int_{G_{h_0}} \eta^2 \sum_{i=1}^{3} \triangle_h X^*_i(w) \sum_{k=1}^{2} \sum_{j=1}^{3} \tilde{B}^j_{ik}(w,h) \, \triangle_h \, (X^*_{w_k}(w))_j \, dw
$$

$$
- \int_{G_{h_0}} \eta^2 \sum_{i=1}^{3} \triangle_h X^*_i(w) \left(\sum_{j=1}^{3} D_{ij}(w,h) \, \triangle_h \, X^*_j(w) + \sum_{j=1}^{2} E_{ij}(w,h)(\mathbf{e})_j \right) dw
$$

für $0 < |h| < h_0$. Wir werden jedes Integral in der Gleichung (5.77) separat untersuchen.

Zunächst gilt unter Verwendung von (5.70) mit $\gamma = (\triangle_h X^*_{w_1}(w), \triangle_h X^*_{w_2}(w))$

$$
\sum_{k,l=1}^{2} \sum_{i,j=1}^{3} \triangle_h(X^*_{w_l}(w))_i \, A^{ij}_{lk}(w,h) \, \triangle_h \, (X^*_{w_k}(w))_j \geq M_1 \, |\triangle_h \nabla X^*(w)|^2 \tag{5.78}
$$

für fast alle $w \in G_{h_0}$ und für $0 < |h| < h_0$.
Wir wollen uns nun mit dem zweiten Integral näher befassen. Dazu wenden wir zunächst die Ungleichung von Cauchy-Schwarz auf die Summation über i an und erhalten

$$
\left| \sum_{l=1}^{2} \sum_{i=1}^{3} \eta_{w_l} \, \triangle_h \, X^*_i(w) \sum_{k=1}^{2} \sum_{j=1}^{3} A^{ij}_{lk}(w,h) \, \triangle_h \, (X^*_{w_k}(w))_j \right|
$$

$$
\leq \sum_{l=1}^{2} |\eta_{w_l}| \, |\triangle_h X^*(w)| \left(\sum_{i=1}^{3} \left(\sum_{k=1}^{2} \sum_{j=1}^{3} A^{ij}_{lk}(w,h) \, \triangle_h \, (X^*_{w_k}(w))_j \right)^2 \right)^{\frac{1}{2}} \tag{5.79}
$$

für fast alle $w \in G_{h_0}$ und für $0 < |h| < h_0$.
Aufgrund der Eigenschaft (5.71) bemerken wir

$$
\left(\sum_{k=1}^{2} \sum_{j=1}^{3} A^{ij}_{lk}(w,h) \, \triangle_h \, (X^*_{w_k}(w))_j \right)^2 \leq \left(\sum_{k=1}^{2} \sum_{j=1}^{3} \left| A^{ij}_{lk}(w,h) \right| \left| \triangle_h(X^*_{w_k}(w))_j \right| \right)^2
$$

$$
\leq \left(\sum_{k=1}^{2} \sum_{j=1}^{3} M_2 \left| \triangle_h(X^*_{w_k}(w))_j \right| \right)^2
$$

und folgern mithilfe des Lemmas 2.4 bezüglich der Summation über j

$$\left(\sum_{k=1}^{2}\sum_{j=1}^{3} A_{lk}^{ij}(w,h)\,\triangle_h\left(X_{w_k}^*(w)\right)_j\right)^2 \leq M_2^2 \left(\sum_{k=1}^{2}\sqrt{3}\left(\sum_{j=1}^{3}\left|\triangle_h(X_{w_k}^*(w))_j\right|^2\right)^{\frac{1}{2}}\right)^2$$

$$= 3\,M_2^2 \left(\sum_{k=1}^{2}\left|\triangle_h X_{w_k}^*(w)\right|\right)^2,$$

woraus durch nochmalige Verwendung des Lemmas 2.4

$$\left(\sum_{k=1}^{2}\sum_{j=1}^{3} A_{lk}^{ij}(w,h)\,\triangle_h\left(X_{w_k}^*(w)\right)_j\right)^2 \leq 3\,M_2^2 \left(\sqrt{2}\left(\sum_{k=1}^{2}\left|\triangle_h X_{w_k}^*(w)\right|^2\right)^{\frac{1}{2}}\right)^2$$

$$= 6\,M_2^2 \left|\triangle_h \nabla X^*(w)\right|^2 \tag{5.80}$$

für fast alle $w \in G_{h_0}$ und für $0 < |h| < h_0$ folgt. Dementsprechend ergibt sich aus (5.79) unter erneuter Beachtung des Lemmas 2.4 für fast alle $w \in G_{h_0}$ und für $0 < |h| < h_0$

$$\left|\sum_{l=1}^{2}\sum_{i=1}^{3}\eta_{w_l}\triangle_h X_i^*(w)\sum_{k=1}^{2}\sum_{j=1}^{3} A_{lk}^{ij}(w,h)\,\triangle_h\left(X_{w_k}^*(w)\right)_j\right|$$

$$\leq |\triangle_h X^*(w)|\sum_{l=1}^{2}|\eta_{w_l}|\left(\sum_{i=1}^{3}6\,M_2^2\left|\triangle_h\nabla X^*(w)\right|^2\right)^{\frac{1}{2}} \tag{5.81}$$

$$\leq 6\,M_2\left|\triangle_h\nabla X^*(w)\right|\left|\triangle_h X^*(w)\right||\nabla\eta|\ .$$

Mit Blick auf das dritte Integral liefern die Dreiecksungleichung und die anschließende Anwendung der Ungleichung von Cauchy-Schwarz auf die Summation bezüglich i

$$\left|\sum_{l=1}^{2}\sum_{i=1}^{3}\triangle_h(X_{w_l}^*(w))_i\left(\sum_{j=1}^{3} B_{lj}^i(w,h)\,\triangle_h X_j^*(w) + \sum_{j=1}^{2} C_{lj}^i(w,h)(\mathbf{e})_j\right)\right|$$

$$\leq \left|\sum_{l=1}^{2}\sum_{i=1}^{3}\triangle_h(X_{w_l}^*(w))_i\sum_{j=1}^{3} B_{lj}^i(w,h)\,\triangle_h X_j^*(w)\right|$$

$$+ \left|\sum_{l=1}^{2}\sum_{i=1}^{3}\triangle_h(X_{w_l}^*(w))_i\sum_{j=1}^{2} C_{lj}^i(w,h)(\mathbf{e})_j\right| \tag{5.82}$$

$$\leq \sum_{l=1}^{2}\left|\triangle_h X_{w_l}^*(w)\right|\left(\sum_{i=1}^{3}\left(\sum_{j=1}^{3} B_{lj}^i(w,h)\,\triangle_h X_j^*(w)\right)^2\right)^{\frac{1}{2}}$$

$$+ \sum_{l=1}^{2}\left|\triangle_h X_{w_l}^*(w)\right|\left(\sum_{i=1}^{3}\left(\sum_{j=1}^{2} C_{lj}^i(w,h)(\mathbf{e})_j\right)^2\right)^{\frac{1}{2}}$$

für fast alle $w \in G_{h_0}$ und für $0 < |h| < h_0$.

Mithilfe der Ungleichung von Cauchy-Schwarz berechnen wir

$$\left(\sum_{j=1}^{3} B_{lj}^{i}(w,h) \, \triangle_h \, X_j^*(w) \right)^2 \leq \left(\sum_{j=1}^{3} \left| B_{lj}^{i}(w,h) \right|^2 \right) \left(\sum_{j=1}^{3} \left| \triangle_h X_j^*(w) \right|^2 \right)$$

$$= |\triangle_h X^*(w)|^2 \sum_{j=1}^{3} \left| B_{lj}^{i}(w,h) \right|^2$$

(5.83)

sowie

$$\left(\sum_{j=1}^{2} C_{lj}^{i}(w,h)(e)_j \right)^2 \leq \left(\sum_{j=1}^{2} \left| C_{lj}^{i}(w,h) \right|^2 \right) \left(\sum_{j=1}^{2} |(e)_j|^2 \right)$$

$$= |e|^2 \sum_{j=1}^{2} \left| C_{lj}^{i}(w,h) \right|^2$$

(5.84)

und erhalten aus (5.82)

$$\left| \sum_{l=1}^{2} \sum_{i=1}^{3} \triangle_h (X_{w_l}^*(w))_i \left(\sum_{j=1}^{3} B_{lj}^{i}(w,h) \, \triangle_h \, X_j^*(w) + \sum_{j=1}^{2} C_{lj}^{i}(w,h)(e)_j \right) \right|$$

$$\leq |\triangle_h X^*(w)| \sum_{l=1}^{2} \left| \triangle_h X_{w_l}^*(w) \right| \left(\sum_{i,j=1}^{3} \left| B_{lj}^{i}(w,h) \right|^2 \right)^{\frac{1}{2}}$$

$$+ |e| \sum_{l=1}^{2} \left| \triangle_h X_{w_l}^*(w) \right| \left(\sum_{i=1}^{3} \sum_{j=1}^{2} \left| C_{lj}^{i}(w,h) \right|^2 \right)^{\frac{1}{2}}$$

für fast alle $w \in G_{h_0}$ und für $0 < |h| < h_0$.

Eine jeweilige Anwendung der Ungleichung von Cauchy-Schwarz auf die Summen über l ergibt

$$\left| \sum_{l=1}^{2} \sum_{i=1}^{3} \triangle_h (X_{w_l}^*(w))_i \left(\sum_{j=1}^{3} B_{lj}^{i}(w,h) \, \triangle_h \, X_j^*(w) + \sum_{j=1}^{2} C_{lj}^{i}(w,h)(e)_j \right) \right|$$

$$\leq |\triangle_h X^*(w)| \, |\triangle_h \nabla X^*(w)| \left(\sum_{l=1}^{2} \sum_{i,j=1}^{3} \left| B_{lj}^{i}(w,h) \right|^2 \right)^{\frac{1}{2}}$$

$$+ |e| \, |\triangle_h \nabla X^*(w)| \left(\sum_{l,j=1}^{2} \sum_{i=1}^{3} \left| C_{lj}^{i}(w,h) \right|^2 \right)^{\frac{1}{2}}$$

für fast alle $w \in G_{h_0}$ und für $0 < |h| < h_0$.

Mithilfe der Abschätzungen (5.72) und (5.73) gelangen wir damit für fast alle $w \in G_{h_0}$ und für $0 < |h| < h_0$ zu

$$\left| \sum_{l=1}^{2} \sum_{i=1}^{3} \triangle_h (X_{w_l}^*(w))_i \left(\sum_{j=1}^{3} B_{lj}^{i}(w,h) \, \triangle_h \, X_j^*(w) + \sum_{j=1}^{2} C_{lj}^{i}(w,h)(e)_j \right) \right|$$

$$\leq |\triangle_h \nabla X^*(w)| \, \sqrt{M(R_0) \, \mathcal{A}_1(w,h)} \, (|\triangle_h X^*(w)| + |e|) \, .$$

(5.85)

Auf ähnliche Weise wie in (5.82) erhalten wir mithilfe der Dreiecksungleichung und der Ungleichung von Cauchy-Schwarz auch

$$
\left| \sum_{l=1}^{2} \sum_{i=1}^{3} \eta_{w_l} \, \triangle_h \, X_i^*(w) \left(\sum_{j=1}^{3} B_{lj}^i(w,h) \, \triangle_h \, X_j^*(w) + \sum_{j=1}^{2} C_{lj}^i(w,h)(\mathbf{e})_j \right) \right|
$$

$$
\leq |\triangle_h X^*(w)| \sum_{l=1}^{2} |\eta_{w_l}| \left(\sum_{i=1}^{3} \left(\sum_{j=1}^{3} B_{lj}^i(w,h) \, \triangle_h \, X_j^*(w) \right)^2 \right)^{\frac{1}{2}} \qquad (5.86)
$$

$$
+ |\triangle_h X^*(w)| \sum_{l=1}^{2} |\eta_{w_l}| \left(\sum_{i=1}^{3} \left(\sum_{j=1}^{2} C_{lj}^i(w,h)(\mathbf{e})_j \right)^2 \right)^{\frac{1}{2}}
$$

und mit (5.83) sowie (5.84) und der Ungleichung von Cauchy-Schwarz entsprechend

$$
\left| \sum_{l=1}^{2} \sum_{i=1}^{3} \eta_{w_l} \, \triangle_h \, X_i^*(w) \left(\sum_{j=1}^{3} B_{lj}^i(w,h) \, \triangle_h \, X_j^*(w) + \sum_{j=1}^{2} C_{lj}^i(w,h)(\mathbf{e})_j \right) \right|
$$

$$
\leq |\triangle_h X^*(w)|^2 \, |\nabla \eta| \left(\sum_{l=1}^{2} \sum_{i,j=1}^{3} \left| B_{lj}^i(w,h) \right|^2 \right)^{\frac{1}{2}}
$$

$$
+ |\triangle_h X^*(w)| \, |\mathbf{e}| \, |\nabla \eta| \left(\sum_{l,j=1}^{2} \sum_{i=1}^{3} \left| C_{lj}^i(w,h) \right|^2 \right)^{\frac{1}{2}}
$$

beziehungsweise mit den Abschätzungen (5.72) und (5.73)

$$
\left| \sum_{l=1}^{2} \sum_{i=1}^{3} \eta_{w_l} \, \triangle_h \, X_i^*(w) \left(\sum_{j=1}^{3} B_{lj}^i(w,h) \, \triangle_h \, X_j^*(w) + \sum_{j=1}^{2} C_{lj}^i(w,h)(\mathbf{e})_j \right) \right|
$$

$$
\leq |\triangle_h X^*(w)| \, |\nabla \eta| \, \sqrt{M(R_0) \, \mathcal{A}_1(w,h)} \, (|\triangle_h X^*(w)| + |\mathbf{e}|) \qquad (5.87)
$$

für fast alle $w \in G_{h_0}$ und für $0 < |h| < h_0$.
Für das vorletzte Integral bemerken wir mit der Ungleichung von Cauchy-Schwarz zunächst

$$
\left| \sum_{i=1}^{3} \triangle_h X_i^*(w) \sum_{k=1}^{2} \sum_{j=1}^{3} \tilde{B}_{ik}^j(w,h) \, \triangle_h \, (X_{w_k}^*(w))_j \right|
$$

$$
\leq |\triangle_h X^*(w)| \left(\sum_{i=1}^{3} \left(\sum_{k=1}^{2} \sum_{j=1}^{3} \tilde{B}_{ik}^j(w,h) \, \triangle_h \, (X_{w_k}^*(w))_j \right)^2 \right)^{\frac{1}{2}} \qquad (5.88)
$$

für fast alle $w \in G_{h_0}$ und für $0 < |h| < h_0$.

Durch zweimalige Anwendung der Ungleichung von Cauchy-Schwarz ermitteln wir

$$\left(\sum_{k=1}^{2}\sum_{j=1}^{3} \tilde{B}_{ik}^{j}(w,h)\,\triangle_h\,(X_{w_k}^{*}(w))_j\right)^{2}$$

$$\leq \left(\sum_{k=1}^{2}\left(\sum_{j=1}^{3}\left|\tilde{B}_{ik}^{j}(w,h)\right|^{2}\right)^{\frac{1}{2}}\left(\sum_{j=1}^{3}\left|\triangle_h(X_{w_k}^{*}(w))_j\right|^{2}\right)^{\frac{1}{2}}\right)^{2}$$

$$= \left(\sum_{k=1}^{2}\left(\sum_{j=1}^{3}\left|\tilde{B}_{ik}^{j}(w,h)\right|^{2}\right)^{\frac{1}{2}}\left|\triangle_h X_{w_k}^{*}(w)\right|\right)^{2}$$

$$\leq \left(\sum_{k=1}^{2}\sum_{j=1}^{3}\left|\tilde{B}_{ik}^{j}(w,h)\right|^{2}\right)\left(\sum_{k=1}^{2}\left|\triangle_h X_{w_k}^{*}(w)\right|^{2}\right)$$

$$= \left|\triangle_h\nabla X^{*}(w)\right|^{2}\left(\sum_{k=1}^{2}\sum_{j=1}^{3}\left|\tilde{B}_{ik}^{j}(w,h)\right|^{2}\right)\,,$$

woraus unter zusätzlicher Beachtung von (5.74) unmittelbar

$$\sum_{i=1}^{3}\left(\sum_{k=1}^{2}\sum_{j=1}^{3}\tilde{B}_{ik}^{j}(w,h)\,\triangle_h\,(X_{w_k}^{*}(w))_j\right)^{2} \leq \left|\triangle_h\nabla X^{*}(w)\right|^{2}\sum_{k=1}^{2}\sum_{i,j=1}^{3}\left|\tilde{B}_{ik}^{j}(w,h)\right|^{2}$$

$$\leq \left|\triangle_h\nabla X^{*}(w)\right|^{2} M(R_0)\,\mathcal{A}_1(w,h)$$

für fast alle $w \in G_{h_0}$ und für $0 < |h| < h_0$ folgt.
Somit ergibt sich aus (5.88)

$$\left|\sum_{i=1}^{3}\triangle_h X_i^{*}(w)\sum_{k=1}^{2}\sum_{j=1}^{3}\tilde{B}_{ik}^{j}(w,h)\,\triangle_h\,(X_{w_k}^{*}(w))_j\right| \tag{5.89}$$

$$\leq \left|\triangle_h\nabla X^{*}(w)\right|\left|\triangle_h X^{*}(w)\right|\sqrt{M(R_0)\,\mathcal{A}_1(w,h)}$$

für fast alle $w \in G_{h_0}$ und für $0 < |h| < h_0$.
Schließlich wollen wir das letzte Integral der Gleichung (5.77) näher betrachten. Ähnlich wie bereits in (5.82) erhalten wir unter Verwendung der Dreiecksungleichung und der Ungleichung von Cauchy-Schwarz für fast alle $w \in G_{h_0}$ und für $0 < |h| < h_0$

$$\left|\sum_{i=1}^{3}\triangle_h X_i^{*}(w)\left(\sum_{j=1}^{3}D_{ij}(w,h)\,\triangle_h\,X_j^{*}(w)+\sum_{j=1}^{2}E_{ij}(w,h)(\mathbf{e})_j\right)\right|$$

$$\leq \left|\triangle_h X^{*}(w)\right|\left(\sum_{i=1}^{3}\left(\sum_{j=1}^{3}D_{ij}(w,h)\,\triangle_h\,X_j^{*}(w)\right)^{2}\right)^{\frac{1}{2}}$$

$$+ \left|\triangle_h X^{*}(w)\right|\left(\sum_{i=1}^{3}\left(\sum_{j=1}^{2}E_{ij}(w,h)(\mathbf{e})_j\right)^{2}\right)^{\frac{1}{2}}\,.$$

Eine nochmalige Anwendung der Ungleichung von Cauchy-Schwarz führt auf

$$\left(\sum_{j=1}^{3} D_{ij}(w,h) \, \triangle_h X_j^*(w) \right)^2 \leq \left(\sum_{j=1}^{3} |D_{ij}(w,h)|^2 \right) \left(\sum_{j=1}^{3} \left| \triangle_h X_j^*(w) \right|^2 \right)$$

$$= |\triangle_h X^*(w)|^2 \sum_{j=1}^{3} |D_{ij}(w,h)|^2$$

sowie

$$\left(\sum_{j=1}^{2} E_{ij}(w,h)(\mathbf{e})_j \right)^2 \leq \left(\sum_{j=1}^{2} |E_{ij}(w,h)|^2 \right) \left(\sum_{j=1}^{2} |(\mathbf{e})_j|^2 \right)$$

$$= |\mathbf{e}|^2 \sum_{j=1}^{2} |E_{ij}(w,h)|^2$$

und infolgedessen auf

$$\left| \sum_{i=1}^{3} \triangle_h X_i^*(w) \left(\sum_{j=1}^{3} D_{ij}(w,h) \, \triangle_h X_j^*(w) + \sum_{j=1}^{2} E_{ij}(w,h)(\mathbf{e})_j \right) \right|$$

$$\leq |\triangle_h X^*(w)|^2 \left(\sum_{i,j=1}^{3} |D_{ij}(w,h)|^2 \right)^{\frac{1}{2}} + |\triangle_h X^*(w)| \, |\mathbf{e}| \left(\sum_{i=1}^{3} \sum_{j=1}^{2} |E_{ij}(w,h)|^2 \right)^{\frac{1}{2}}$$

für fast alle $w \in G_{h_0}$ und für $0 < |h| < h_0$.
Schließlich verwenden wir die Abschätzungen (5.75) sowie (5.76) und gelangen zu

$$\left| \sum_{i=1}^{3} \triangle_h X_i^*(w) \left(\sum_{j=1}^{3} D_{ij}(w,h) \, \triangle_h X_j^*(w) + \sum_{j=1}^{2} E_{ij}(w,h)(\mathbf{e})_j \right) \right| \tag{5.90}$$

$$\leq |\triangle_h X^*(w)| \, \sqrt{M(R_0) \, \mathcal{A}_2(w,h)} \, (|\triangle_h X^*(w)| + |\mathbf{e}|)$$

für fast alle $w \in G_{h_0}$ und für $0 < |h| < h_0$.
Mit diesen Ergebnissen kehren wir zurück zur Gleichung (5.77) und bilden auf beiden Seiten den Betrag. Aufgrund der Abschätzung (5.78) ist der Integrand der linken Seite fast überall nichtnegativ und wir können auf die Betragsstriche verzichten. Anschließend verwenden wir (5.78) auf der linken Seite als untere Schranke.
Gleichzeitig nutzen wir auf der rechten Seite die Dreiecksungleichung und schätzen jedes Integral unter Verwendung von (5.81), (5.85), (5.87), (5.89) sowie (5.90) einzeln ab.

Insgesamt ergibt sich dann aus (5.77)

$$\int\limits_{G_{h_0}} \eta^2 M_1 \left|\triangle_h \nabla X^*(w)\right|^2 dw$$

$$\leq \int\limits_{G_{h_0}} 2\eta\, 6\, M_2 \left|\triangle_h \nabla X^*(w)\right| \left|\triangle_h X^*(w)\right| \left|\nabla\eta\right| dw$$

$$+ \int\limits_{G_{h_0}} \eta^2 \left|\triangle_h \nabla X^*(w)\right| \sqrt{M(R_0)\,\mathcal{A}_1(w,h)} \left(\left|\triangle_h X^*(w)\right| + |\mathbf{e}|\right) dw$$

$$+ \int\limits_{G_{h_0}} 2\eta \left|\triangle_h X^*(w)\right| \left|\nabla\eta\right| \sqrt{M(R_0)\,\mathcal{A}_1(w,h)} \left(\left|\triangle_h X^*(w)\right| + |\mathbf{e}|\right) dw$$

$$+ \int\limits_{G_{h_0}} \eta^2 \left|\triangle_h \nabla X^*(w)\right| \left|\triangle_h X^*(w)\right| \sqrt{M(R_0)\,\mathcal{A}_1(w,h)}\, dw$$

$$+ \int\limits_{G_{h_0}} \eta^2 \left|\triangle_h X^*(w)\right| \sqrt{M(R_0)\,\mathcal{A}_2(w,h)} \left(\left|\triangle_h X^*(w)\right| + |\mathbf{e}|\right) dw$$

für $0 < |h| < h_0$.
Mithilfe des Lemmas 2.1 ermitteln wir für beliebiges $\varepsilon > 0$

$$2\eta\, 6\, M_2 \left|\triangle_h \nabla X^*(w)\right| \left|\triangle_h X^*(w)\right| \left|\nabla\eta\right| \leq \varepsilon\,\eta^2\, 36\, M_2^2 \left|\triangle_h \nabla X^*(w)\right|^2$$
$$+ \frac{1}{\varepsilon} \left|\nabla\eta\right|^2 \left|\triangle_h X^*(w)\right|^2$$

und

$$\eta^2 \left|\triangle_h \nabla X^*(w)\right| \sqrt{M(R_0)\,\mathcal{A}_1(w,h)} \left|\triangle_h X^*(w)\right| \leq \frac{1}{2\varepsilon}\eta^2 M(R_0)\,\mathcal{A}_1(w,h) \left|\triangle_h X^*(w)\right|^2$$
$$+ \frac{\varepsilon}{2}\eta^2 \left|\triangle_h \nabla X^*(w)\right|^2$$

sowie

$$\eta^2 \left|\triangle_h \nabla X^*(w)\right| \sqrt{M(R_0)\,\mathcal{A}_1(w,h)} \left|\mathbf{e}\right| \leq \frac{1}{2\varepsilon}\eta^2 M(R_0)\,\mathcal{A}_1(w,h) \left|\mathbf{e}\right|^2$$
$$+ \frac{\varepsilon}{2}\eta^2 \left|\triangle_h \nabla X^*(w)\right|^2$$

für fast alle $w \in G_{h_0}$ und für $0 < |h| < h_0$.
Gleichzeitig entnehmen wir dem Lemma 2.1 für $\varepsilon = 1$ auch

$$2\eta \left|\triangle_h X^*(w)\right| \left|\nabla\eta\right| \sqrt{M(R_0)\,\mathcal{A}_1(w,h)} \left|\triangle_h X^*(w)\right| \leq \eta^2 M(R_0)\,\mathcal{A}_1(w,h) \left|\triangle_h X^*(w)\right|^2$$
$$+ \left|\nabla\eta\right|^2 \left|\triangle_h X^*(w)\right|^2$$

und

$$2\eta \left|\triangle_h X^*(w)\right| \left|\nabla\eta\right| \sqrt{M(R_0)\,\mathcal{A}_1(w,h)} \left|\mathbf{e}\right| \leq \eta^2 M(R_0)\,\mathcal{A}_1(w,h) \left|\mathbf{e}\right|^2$$
$$+ \left|\nabla\eta\right|^2 \left|\triangle_h X^*(w)\right|^2$$

ebenso wie

$$\eta^2 \sqrt{M(R_0)\, \mathcal{A}_2(w,h)} \, |\triangle_h X^*(w)| \, |\mathbf{e}| \leq \frac{1}{2}\eta^2 \sqrt{M(R_0)\, \mathcal{A}_2(w,h)} \, |\triangle_h X^*(w)|^2$$
$$+ \frac{1}{2}\eta^2 \sqrt{M(R_0)\, \mathcal{A}_2(w,h)} \, |\mathbf{e}|^2$$

für fast alle $w \in G_{h_0}$ und für $0 < |h| < h_0$.
Insgesamt ergibt sich damit

$$M_1 \int\limits_{G_{h_0}} \eta^2 \, |\triangle_h \nabla X^*(w)|^2 \, \mathrm{d}w \leq \varepsilon \left(36\, M_2^2 + \frac{3}{2} \right) \int\limits_{G_{h_0}} \eta^2 \, |\triangle_h \nabla X^*(w)|^2 \, \mathrm{d}w$$

$$+ \left(2 + \frac{1}{\varepsilon} \right) \int\limits_{G_{h_0}} |\nabla\eta|^2 \, |\triangle_h X^*(w)|^2 \, \mathrm{d}w \qquad (5.91)$$

$$+ \left(1 + \frac{1}{\varepsilon} \right) \int\limits_{G_{h_0}} \eta^2 M(R_0)\, \mathcal{A}_1(w,h) \, |\triangle_h X^*(w)|^2 \, \mathrm{d}w$$

$$+ \left(1 + \frac{1}{2\varepsilon} \right) \int\limits_{G_{h_0}} \eta^2 M(R_0)\, \mathcal{A}_1(w,h) \, |\mathbf{e}|^2 \, \mathrm{d}w$$

$$+ \frac{3}{2} \int\limits_{G_{h_0}} \eta^2 \sqrt{M(R_0)\, \mathcal{A}_2(w,h)} \, |\triangle_h X^*(w)|^2 \, \mathrm{d}w$$

$$+ \frac{1}{2} \int\limits_{G_{h_0}} \eta^2 \sqrt{M(R_0)\, \mathcal{A}_2(w,h)} \, |\mathbf{e}|^2 \, \mathrm{d}w$$

für $0 < |h| < h_0$.
Wir berechnen unter Verwendung der Dreiecksungleichung und des Lemmas 2.2 für jedes $t \in [0,1]$

$$1 + \left| p_w^{(h)}(t) \right|^2 = 1 + |t\,\nabla X^*(w + h\mathbf{e}) + (1-t)\,\nabla X^*(w)|^2$$

$$\leq 1 + (|t\,\nabla X^*(w + h\mathbf{e})| + |(1-t)\,\nabla X^*(w)|)^2$$

$$\leq 1 + 2\left(|t\,\nabla X^*(w + h\mathbf{e})|^2 + |(1-t)\,\nabla X^*(w)|^2 \right)$$

$$\leq 2\left(1 + |\nabla X^*(w + h\mathbf{e})|^2 + |\nabla X^*(w)|^2 \right)$$

und erhalten daraus für $k \in \{1,2\}$

$$\mathcal{A}_k(w,h) = \int\limits_0^1 \left(1 + \left| p_w^{(h)}(t) \right|^2 \right)^k \mathrm{d}t$$

$$\leq \int\limits_0^1 \left(2\left(1 + |\nabla X^*(w + h\mathbf{e})|^2 + |\nabla X^*(w)|^2 \right) \right)^k \mathrm{d}t \qquad (5.92)$$

$$= 2^k \left(1 + |\nabla X^*(w + h\mathbf{e})|^2 + |\nabla X^*(w)|^2 \right)^k$$

für fast alle $w \in G_{h_0}$ und für $0 < |h| < h_0$.

Indem wir

$$\tilde{M}(R_0) := \max\left\{M(R_0), \sqrt{M(R_0)}\right\}$$

setzen, erkennen wir

$$M(R_0)\,\mathcal{A}_1(w,h) \leq 2\tilde{M}(R_0)\left(1 + |\nabla X^*(w + h\mathbf{e})|^2 + |\nabla X^*(w)|^2\right) \qquad (5.93)$$

und

$$\sqrt{M(R_0)\,\mathcal{A}_2(w,h)} \leq 2\tilde{M}(R_0)\left(1 + |\nabla X^*(w + h\mathbf{e})|^2 + |\nabla X^*(w)|^2\right) \qquad (5.94)$$

für fast alle $w \in G_{h_0}$ und für $0 < |h| < h_0$.
Somit genügt es, die Integrale

$$2\int_{G_{h_0}} \eta^2 \tilde{M}(R_0)\left(1 + |\nabla X^*(w + h\mathbf{e})|^2 + |\nabla X^*(w)|^2\right)|\triangle_h X^*(w)|^2\,\mathrm{d}w \qquad (5.95)$$

und

$$2\int_{G_{h_0}} \eta^2 \tilde{M}(R_0)\left(1 + |\nabla X^*(w + h\mathbf{e})|^2 + |\nabla X^*(w)|^2\right)|\mathbf{e}|^2\,\mathrm{d}w \qquad (5.96)$$

anstelle der letzten vier Integrale auf der rechten Seite in (5.91) zu betrachten. Dazu werden wir die Integrale in (5.95) und (5.96) in einzelne Summen aufteilen. Wir betrachten zunächst (5.95).
Unter Verwendung der Eigenschaften von η und des Teils a) aus dem Satz 5.2 ergibt sich unmittelbar

$$\int_{G_{h_0}} \eta^2 \tilde{M}(R_0)\,|\triangle_h X^*(w)|^2\,\mathrm{d}w \leq \tilde{M}(R_0)\int_{B(w_0,2r)} |\triangle_h X^*(w)|^2\,\mathrm{d}w$$
$$\leq \tilde{M}(R_0)\,\mathcal{D}(X^*,G) \qquad (5.97)$$

für jedes $h \in \mathbb{R}$ mit $0 < |h| < h_0$.
Für die Untersuchung der anderen beiden Summanden aus (5.95) müssen wir etwas ausführlicher vorgehen. Zu beliebigem $\tilde{w} \in \overline{G_{h_0}}$ erhalten wir aufgrund der Voraussetzung (5.56) mithilfe des Lemmas 5.4 zunächst

$$\int_{B(\tilde{w},\varrho)} |\nabla X^*(w)|^2\,\mathrm{d}w \leq \int_{B(\tilde{w},\varrho_0)} |\nabla X^*(w)|^2\,\mathrm{d}w \left(\frac{\varrho}{\varrho_0}\right)^{2\alpha_0} \qquad (5.98)$$

für $0 \leq \varrho \leq \varrho_0 \leq \mathrm{dist}(\overline{G_{h_0}}, \partial G) = h_0$, wobei $2\alpha_0 = \tilde{M}_1/\tilde{M}_2$ gilt.
Zusätzlich folgt aus dem Lemma 5.4 mit $\tilde{w} + h\mathbf{e} \in \tilde{\triangle}_h \overline{G_{h_0}}$ und $0 < |h| < h_0$ auch

$$\int_{B(\tilde{w}+h\mathbf{e},\varrho)} |\nabla X^*(w)|^2\,\mathrm{d}w \leq \int_{B(\tilde{w}+h\mathbf{e},\varrho_0)} |\nabla X^*(w)|^2\,\mathrm{d}w \left(\frac{\varrho}{\varrho_0}\right)^{2\alpha_0}$$

für $0 \leq \varrho \leq \varrho_0 \leq \mathrm{dist}(\tilde{\triangle}_h \overline{G_{h_0}}, \partial G) = h_0 - |h|$.

Es ergibt sich daher mit $\tilde{w} \in \overline{G_{h_0}}$ und $0 < |h| < h_0$

$$\int_{B(\tilde{w},\varrho)} |\nabla X^*(w+h\mathbf{e})|^2 \, dw = \int_{B(\tilde{w}+h\mathbf{e},\varrho)} |\nabla X^*(w)|^2 \, dw$$

$$\leq \int_{B(\tilde{w}+h\mathbf{e},\varrho_0)} |\nabla X^*(w)|^2 \, dw \left(\frac{\varrho}{\varrho_0}\right)^{2\alpha_0} \tag{5.99}$$

$$= \int_{B(\tilde{w},\varrho_0)} |\nabla X^*(w+h\mathbf{e})|^2 \, dw \left(\frac{\varrho}{\varrho_0}\right)^{2\alpha_0}$$

für $0 \leq \varrho \leq \varrho_0 \leq \text{dist}(\widetilde{\triangle}_h \overline{G_{h_0}}, \partial G) = h_0 - |h|$.

Wir setzen $\varrho_0 = \frac{1}{2} h_0$ und erhalten dementsprechend für jedes $\tilde{w} \in \overline{G_{h_0}}$ und $0 < |h| < \varrho_0$ unter Beachtung von $B(\tilde{w}, \varrho_0) \subset G$ sowie $B(\tilde{w}+h\mathbf{e}, \varrho_0) \subset G$ aus (5.98) und (5.99)

$$\int_{B(\tilde{w},\varrho)} |\nabla X^*(w)|^2 \, dw \leq \int_{B(\tilde{w},\varrho_0)} |\nabla X^*(w)|^2 \, dw \left(\frac{\varrho}{\varrho_0}\right)^{2\alpha_0} \leq \mathcal{D}(X^*,G) \left(\frac{\varrho}{\varrho_0}\right)^{2\alpha_0}$$

beziehungsweise

$$\int_{B(\tilde{w},\varrho)} |\nabla X^*(w+h\mathbf{e})|^2 \, dw \leq \int_{B(\tilde{w},\varrho_0)} |\nabla X^*(w+h\mathbf{e})|^2 \, dw \left(\frac{\varrho}{\varrho_0}\right)^{2\alpha_0}$$

$$\leq \mathcal{D}(X^*,G) \left(\frac{\varrho}{\varrho_0}\right)^{2\alpha_0}$$

für $0 \leq \varrho \leq \varrho_0$.

Daraus folgt für $0 < |h| < \varrho_0$ wegen $G_{h_0} \cap B(\tilde{w},\varrho) \subset B(\tilde{w},\varrho)$

$$\int_{G_{h_0} \cap B(\tilde{w},\varrho)} |\nabla X^*(w)|^2 \, dw \leq \mathcal{D}(X^*,G) \left(\frac{\varrho}{\varrho_0}\right)^{2\alpha_0}$$

sowie

$$\int_{G_{h_0} \cap B(\tilde{w},\varrho)} |\nabla X^*(w+h\mathbf{e})|^2 \, dw \leq \mathcal{D}(X^*,G) \left(\frac{\varrho}{\varrho_0}\right)^{2\alpha_0}$$

für alle $\tilde{w} \in \overline{G_{h_0}}$ und alle $\varrho \in (0, \varrho_0]$ und schließlich unter zusätzlicher Verwendung der Lemmata 5.1 und 5.5 auch für alle $\tilde{w} \in \mathbb{R}^2$ und alle $\varrho > 0$.

Wir können daher das Lemma 5.6 mit $Z(w) = \eta \triangle_h X^*(w)$ und $g(w) = |\nabla X^*(w)|^2$ beziehungsweise $g(w) = |\nabla X^*(w+h\mathbf{e})|^2$ anwenden und erkennen mit $0 < \alpha < \alpha_0$

$$\int_{G_{h_0} \cap B(\tilde{w},\varrho)} \tilde{M}(R_0) |\nabla X^*(w)|^2 |\eta \triangle_h X^*(w)|^2 \, dw$$

$$\leq \tilde{M}(R_0) M_3 \varrho^{2\alpha_0-\alpha} \int_{G_{h_0}} |\nabla(\eta \triangle_h X^*(w))|^2 \, dw \tag{5.100}$$

beziehungsweise

$$\int\limits_{G_{h_0} \cap B(\tilde{w}, \varrho)} \tilde{M}(R_0) \, |\nabla X^*(w + he)|^2 \, |\eta \, \triangle_h \, X^*(w)|^2 \, \mathrm{d}w$$

$$\leq \tilde{M}(R_0) \, M_3 \, \varrho^{2\alpha_0 - \alpha} \int\limits_{G_{h_0}} |\nabla(\eta \, \triangle_h \, X^*(w))|^2 \, \mathrm{d}w \qquad (5.101)$$

für alle $\tilde{w} \in \mathbb{R}^2$ und $\varrho > 0$ sowie für $0 < |h| < \varrho_0$, wobei wir

$$M_3 = M_3(\alpha_0, \alpha, h_0, G) = M_2^*\left(\alpha_0, \alpha, 2, \frac{1}{2}\right) \mathcal{D}(X^*, G) \, \varrho_0^{-2\alpha_0} \, |G_{h_0}|^{\frac{\alpha}{2}}$$

gesetzt haben.
Mit $\tilde{w} = w_0$ und $\varrho = 2r$ in (5.100) beziehungsweise (5.101) erhalten wir unter Beachtung von $B(w_0, 2r) \subset G_{h_0}$

$$\int\limits_{B(w_0, 2r)} \tilde{M}(R_0) \left(|\nabla X^*(w)|^2 + |\nabla X^*(w + he)|^2 \right) |\eta \, \triangle_h \, X^*(w)|^2 \, \mathrm{d}w$$

$$\leq 2\tilde{M}(R_0) \, M_3 \, (2r)^{2\alpha_0 - \alpha} \int\limits_{G_{h_0}} |\nabla(\eta \, \triangle_h \, X^*(w))|^2 \, \mathrm{d}w \qquad (5.102)$$

für $0 < |h| < \varrho_0$. Wir berechnen noch

$$(\eta \, \triangle_h \, X^*(w))_{w_k} = \eta_{w_k} \, \triangle_h \, X^*(w) + \eta \, \triangle_h \, X^*_{w_k}(w)$$

und erkennen mithilfe des Lemmas 2.2

$$\int\limits_{G_{h_0}} |\nabla(\eta \, \triangle_h \, X^*(w))|^2 \, \mathrm{d}w \leq 2 \int\limits_{G_{h_0}} \eta^2 \, |\triangle_h \nabla X^*(w)|^2 \, \mathrm{d}w$$

$$+ 2 \int\limits_{G_{h_0}} |\nabla\eta|^2 \, |\triangle_h X^*(w)|^2 \, \mathrm{d}w$$

für $0 < |h| < \varrho_0$.
Wir verwenden dies in (5.102) und erinnern uns an (5.97). Unter zusätzlicher Berücksichtigung von $\eta \in C_0^\infty(B(w_0, 2r))$, der Eigenschaft a) aus dem Lemma 5.7 und $B(w_0, 2r) \subset G_{h_0}$ ergibt sich dann aus (5.95)

$$2 \int\limits_{G_{h_0}} \eta^2 \tilde{M}(R_0) \left(1 + |\nabla X^*(w + he)|^2 + |\nabla X^*(w)|^2 \right) |\triangle_h X^*(w)|^2 \, \mathrm{d}w$$

$$\leq 2\tilde{M}(R_0) \, \mathcal{D}(X^*, G) + 8\tilde{M}(R_0) \, M_3 \, (2r)^{2\alpha_0 - \alpha} \int\limits_{G_{h_0}} |\nabla\eta|^2 \, |\triangle_h X^*(w)|^2 \, \mathrm{d}w$$

$$+ 8\tilde{M}(R_0) \, M_3 \, (2r)^{2\alpha_0 - \alpha} \int\limits_{G_{h_0}} \eta^2 \, |\triangle_h \nabla X^*(w)|^2 \, \mathrm{d}w$$

für $0 < |h| < \varrho_0$.

Aufgrund der Eigenschaft c) der Funktion η aus dem Lemma 5.7 schließen wir mithilfe des Teils a) des Satzes 5.2 noch

$$
\int_{G_{h_0}} |\nabla \eta|^2 \, |\triangle_h X^*(w)|^2 \, dw \leq \frac{C_\eta^2}{r^2} \int_{B(w_0,2r) \setminus \overline{B(w_0,r)}} |\triangle_h X^*(w)|^2 \, dw
$$

$$
\leq \frac{C_\eta^2}{r^2} \mathcal{D}(X^*, G) \tag{5.103}
$$

und erhalten

$$
2 \int_{G_{h_0}} \eta^2 \tilde{M}(R_0) \left(1 + |\nabla X^*(w+h\mathbf{e})|^2 + |\nabla X^*(w)|^2 \right) |\triangle_h X^*(w)|^2 \, dw
$$

$$
\leq 2\tilde{M}(R_0) \mathcal{D}(X^*, G) \left(1 + 4 M_3 \, C_\eta^2 \, (2r)^{2\alpha_0-\alpha} \, r^{-2} \right) \tag{5.104}
$$

$$
+ 8\tilde{M}(R_0) \, M_3 \, (2r)^{2\alpha_0-\alpha} \int_{G_{h_0}} \eta^2 \, |\triangle_h \nabla X^*(w)|^2 \, dw
$$

für $0 < |h| < \varrho_0$.

Wir kommen nun zum Integral (5.96). Wegen $\eta \in C_0^\infty(B(w_0,2r))$, der Eigenschaft a) aus dem Lemma 5.7 und $B(w_0,2r) \subset G_{h_0}$ ergibt sich

$$
\int_{G_{h_0}} \eta^2 \tilde{M}(R_0) \, |\nabla X^*(w)|^2 \, |\mathbf{e}|^2 \, dw \leq \tilde{M}(R_0) \, |\mathbf{e}|^2 \int_{B(w_0,2r)} |\nabla X^*(w)|^2 \, dw
$$

$$
\leq \tilde{M}(R_0) \, |\mathbf{e}|^2 \, \mathcal{D}(X^*, G)
$$

und analog

$$
\int_{G_{h_0}} \eta^2 \tilde{M}(R_0) \, |\nabla X^*(w+h\mathbf{e})|^2 \, |\mathbf{e}|^2 \, dw \leq \tilde{M}(R_0) \, |\mathbf{e}|^2 \int_{B(w_0,2r)} |\nabla X^*(w+h\mathbf{e})|^2 \, dw
$$

$$
\leq \tilde{M}(R_0) \, |\mathbf{e}|^2 \, \mathcal{D}(X^*, G)
$$

für $0 < |h| < h_0$.

Zudem gilt

$$
\int_{G_{h_0}} \eta^2 \tilde{M}(R_0) \, |\mathbf{e}|^2 \, dw \leq \tilde{M}(R_0) \, |\mathbf{e}|^2 \, |B(w_0,2r)| = 4\pi \, \tilde{M}(R_0) \, |\mathbf{e}|^2 \, r^2
$$

und wir ermitteln dementsprechend sofort

$$
2 \int_{G_{h_0}} \eta^2 \tilde{M}(R_0) \left(1 + |\nabla X^*(w+h\mathbf{e})|^2 + |\nabla X^*(w)|^2 \right) |\mathbf{e}|^2 \, dw
$$

$$
\leq 2\tilde{M}(R_0) \, |\mathbf{e}|^2 \left(4\pi r^2 + 2\mathcal{D}(X^*, G) \right) \tag{5.105}
$$

für $0 < |h| < h_0$.

Zusammenfassend nutzen wir also (5.93) und (5.94) in (5.91) und ermitteln unter Verwendung von (5.104) und (5.105)

$$M_1 \int\limits_{G_{h_0}} \eta^2 \, |\triangle_h \nabla X^*(w)|^2 \, \mathrm{d}w$$

$$\leq \varepsilon \left(36\, M_2^2 + \frac{3}{2}\right) \int\limits_{G_{h_0}} \eta^2 \, |\triangle_h \nabla X^*(w)|^2 \, \mathrm{d}w$$

$$+ \left(2 + \frac{1}{\varepsilon}\right) \int\limits_{G_{h_0}} |\nabla\eta|^2 \, |\triangle_h X^*(w)|^2 \, \mathrm{d}w \tag{5.106}$$

$$+ \left(\frac{5}{2} + \frac{1}{\varepsilon}\right) 2\tilde{M}(R_0)\, \mathcal{D}(X^*, G) \left(1 + 4 M_3\, C_\eta^2\, (2r)^{2\alpha_0 - \alpha} r^{-2}\right)$$

$$+ \left(\frac{5}{2} + \frac{1}{\varepsilon}\right) 8\tilde{M}(R_0)\, M_3\, (2r)^{2\alpha_0 - \alpha} \int\limits_{G_{h_0}} \eta^2 \, |\triangle_h \nabla X^*(w)|^2 \, \mathrm{d}w$$

$$+ \left(\frac{3}{2} + \frac{1}{2\varepsilon}\right) 2\tilde{M}(R_0)\, |\mathbf{e}|^2 \left(4\pi r^2 + 2\, \mathcal{D}(X^*, G)\right)$$

für $0 < |h| < \varrho_0$.
Indem wir

$$\varepsilon = \frac{M_1}{72 M_2^2 + 3}$$

in (5.106) setzen, können wir den ersten Term der rechten Seite subtrahieren und erhalten bei gleichzeitiger Anwendung von (5.103)

$$\frac{M_1}{2} \int\limits_{G_{h_0}} \eta^2 \, |\triangle_h \nabla X^*(w)|^2 \, \mathrm{d}w$$

$$\leq \left(2 + \frac{72 M_2^2 + 3}{M_1}\right) \frac{C_\eta^2}{r^2}\, \mathcal{D}(X^*, G) \tag{5.107}$$

$$+ \left(\frac{5}{2} + \frac{72 M_2^2 + 3}{M_1}\right) 2\tilde{M}(R_0)\, \mathcal{D}(X^*, G) \left(1 + 4 M_3\, C_\eta^2\, (2r)^{2\alpha_0 - \alpha} r^{-2}\right)$$

$$+ \left(3 + \frac{72 M_2^2 + 3}{M_1}\right) \tilde{M}(R_0)\, |\mathbf{e}|^2 \left(4\pi r^2 + 2\, \mathcal{D}(X^*, G)\right)$$

$$+ \left(\frac{5}{2} + \frac{72 M_2^2 + 3}{M_1}\right) 8\tilde{M}(R_0)\, M_3\, (2r)^{2\alpha_0 - \alpha} \int\limits_{G_{h_0}} \eta^2 \, |\triangle_h \nabla X^*(w)|^2 \, \mathrm{d}w$$

für $0 < |h| < \varrho_0$.
Wir führen nun die Konstante

$$r_0 := \frac{1}{2} \min\left\{ \mathrm{dist}(w_0, \partial G_{h_0}),\, \left(\frac{M_1^2}{16\tilde{M}(R_0)\, M_3\, (5 M_1 + 144 M_2^2 + 6)}\right)^{\frac{1}{2\alpha_0 - \alpha}} \right\}$$

ein und wählen $r = r_0$ in (5.107). Somit gewährleisten wir einerseits $B(w_0, 2r_0) \subset G_{h_0}$ und andererseits

$$\left(\frac{5}{2} + \frac{72M_2^2 + 3}{M_1}\right) 8\tilde{M}(R_0)\, M_3\, (2r_0)^{2\alpha_0 - \alpha} \leq \frac{M_1}{4}\,.$$

Insbesondere können wir damit den letzten Summanden auf der rechte Seite von (5.107) nach oben gegen

$$\frac{M_1}{4} \int_{G_{h_0}} \eta^2\, |\triangle_h \nabla X^*(w)|^2\, \mathrm{d}w$$

abschätzen und ermitteln nach Subtraktion dieses Terms

$$\frac{M_1}{4} \int_{G_{h_0}} \eta^2\, |\triangle_h \nabla X^*(w)|^2\, \mathrm{d}w$$

$$\leq \left(2 + \frac{72M_2^2 + 3}{M_1}\right) \frac{C_\eta^2}{r_0^2}\, \mathcal{D}(X^*, G)$$

$$+ \left(\frac{5}{2} + \frac{72M_2^2 + 3}{M_1}\right) 2\tilde{M}(R_0)\, \mathcal{D}(X^*, G)\left(1 + 4M_3\, C_\eta^2\, (2r_0)^{2\alpha_0 - \alpha} r_0^{-2}\right)$$

$$+ \left(3 + \frac{72M_2^2 + 3}{M_1}\right) \tilde{M}(R_0)\, |\mathrm{e}|^2 \left(4\pi r_0^2 + 2\mathcal{D}(X^*, G)\right)$$

beziehungsweise unter Verwendung von $\eta \equiv 1$ in $B(w_0, r_0)$

$$\int_{B(w_0, r_0)} |\triangle_h \nabla X^*(w)|^2\, \mathrm{d}w$$

$$\leq \frac{4}{M_1}\left(2 + \frac{72M_2^2 + 3}{M_1}\right) \frac{C_\eta^2}{r_0^2}\, \mathcal{D}(X^*, G)$$

$$+ \frac{4}{M_1}\left(\frac{5}{2} + \frac{72M_2^2 + 3}{M_1}\right) 2\tilde{M}(R_0)\, \mathcal{D}(X^*, G)\left(1 + 4M_3\, C_\eta^2\, (2r_0)^{2\alpha_0 - \alpha} r_0^{-2}\right)$$

$$+ \frac{4}{M_1}\left(3 + \frac{72M_2^2 + 3}{M_1}\right) \tilde{M}(R_0)\, |\mathrm{e}|^2 \left(4\pi r_0^2 + 2\mathcal{D}(X^*, G)\right)$$

für jedes $h \in \mathbb{R}$ mit $0 < |h| < \varrho_0$.
Da die rechte Seite unabhängig von h ist, folgt $X^* \in W^{2,2}(B(w_0, r_0))$ mithilfe des Teils b) des Satzes 5.2 für jedes $w_0 \in G_{h_0}$ und entsprechend gewähltes $r_0 = r_0(w_0) > 0$. Indem wir zu einer Menge $G_0 \subset G$ mit $\overline{G_0} \subset G$ stets ein $h_0 > 0$ so klein wählen, dass auch $\overline{G_0} \subset G_{h_0}$ richtig ist, finden wir gemäß dem Überdeckungssatz von Heine-Borel endlich viele Kreisscheiben $B(w_0, r_0)$, die G_0 überdecken. Daher folgt $X^* \in W^{2,2}(G_0)$ und somit schlussendlich das gewünschte Ergebnis. $\qquad\square$

Bemerkung 5.5. Wir haben im Satz 5.3 ein Gebiet G der Klasse C^2 gefordert. Dies ermöglicht uns, einen minimalen Krümmungskreisradius entlang der Randkurve ∂G zu bestimmen. In Verbindung mit der stetig differenzierbaren Normale an den Rand kann damit die Existenz eines $h_0 > 0$ gewährleistet werden, sodass G_{h_0} ein Gebiet der Klasse C^1 darstellt. Insbesondere ist h_0 kleiner als der minimale Krümmungskreisradius zu wählen.

5.5 $C^{1,\sigma}$-Regularität

Um die Aussage des Satzes 5.3 so zu erweitern, dass auch die Zugehörigkeit zur Regularitätsklasse $C^{1,\sigma}$ für einen Minimierer X^* des zu f gehörenden Funktionals $\mathcal{I}$ besteht, können die Voraussetzungen des Satzes 5.3 beibehalten werden. In Vorbereitung auf den entsprechenden Beweis benötigen wir allerdings noch einige weitere Hilfsmittel. Zunächst erklären wir den Translationsoperator folgendermaßen.

Definition 5.4 (Translationsoperator). Zu einer auf der offenen Menge $\Omega \subset \mathbb{R}^m$ definierten Funktion g, einem $h \in \mathbb{R}$ und einem Einheitsvektor $\mathbf{e} \in \mathbb{R}^m$ erklären wir den Translationsoperator $\mathcal{T}_{h,\mathbf{e}}$ durch

$$\mathcal{T}_{h,\mathbf{e}}[g](y) = g(y + h\mathbf{e})$$

für $y \in \widetilde{\triangle}_{-h}\, \Omega$.

Bemerkung 5.6. Ähnlich wie bereits beim Differenzenquotienten schreiben wir $\mathcal{T}_h$ statt $\mathcal{T}_{h,\mathbf{e}}$, sofern die Richtung $\mathbf{e}$ aus dem Kontext hervorgeht oder die explizite Bezeichnung nicht erforderlich ist.

Angelehnt an [20, Proposition 8.5] kommen wir zu einer Aussage über das Konvergenzverhalten des Translationsoperators in Lebesgue-Räumen.

Lemma 5.8. *Seien* $1 \leq q < +\infty$, $\Omega \subset \mathbb{R}^m$ *offen und* $g \in L^q(\Omega, \mathbb{R})$. *Dann gilt für jede offene Menge* $\Omega_0 \subset\subset \Omega$

$$\lim_{\substack{h \to 0 \\ 0 < |h| < h_0}} \|\mathcal{T}_h[g] - g\|_{L^q(\Omega_0)} = 0 \;,$$

wobei wir $h_0 \leq \operatorname{dist}(\Omega_0, \partial\Omega)$ *gesetzt haben.*

Beweis. Gemäß [20, Proposition 8.5] gilt

$$\lim_{h \to 0} \|\mathcal{T}_h[\tilde{g}] - \tilde{g}\|_{L^q(\mathbb{R}^m)} = 0$$

für jedes $\tilde{g} \in L^q(\mathbb{R}^m)$.
Zudem bemerken wir

$$\|\mathcal{T}_h[\tilde{g}] - \tilde{g}\|_{L^q(\Omega_0)} \leq \|\mathcal{T}_h[\tilde{g}] - \tilde{g}\|_{L^q(\mathbb{R}^m)}$$

für jedes $h \in \mathbb{R}$.
Indem wir

$$\tilde{g}(y) = \begin{cases} g(y) & \text{für } y \in \Omega, \\ 0 & \text{für } y \in \mathbb{R}^m \setminus \Omega \end{cases}$$

wählen und $\tilde{g} \in L^q(\mathbb{R}^m)$ beachten, folgt unmittelbar die Aussage des Lemmas. □

Zusätzlich werden wir eine hinsichtlich der Exponenten verallgemeinerte Höldersche Ungleichung benötigen, die sich aus der klassischen Hölderschen Ungleichung ableiten lässt.

Lemma 5.9 (Verallgemeinerte Höldersche Ungleichung). *Seien $\Omega \subset \mathbb{R}^m$ offen mit*

$$\int_\Omega 1 \, dy < +\infty$$

und $q_0, q_1, q_2 \in (1, +\infty)$ derart gewählt, dass

$$\frac{1}{q_1} + \frac{1}{q_2} = \frac{1}{q_0} \tag{5.108}$$

richtig ist. Zudem seien $g_j \in L^{q_j}(\Omega)$ für $j \in \{1, 2\}$. Dann sind $g_1 \cdot g_2 \in L^{q_0}(\Omega)$ und

$$\|g_1 \cdot g_2\|_{L^{q_0}(\Omega)} \leq \|g_1\|_{L^{q_1}(\Omega)} \|g_2\|_{L^{q_2}(\Omega)}$$

richtig.

Beweis. Für $j \in \{1, 2\}$ gilt

$$\left\| |g_j|^{q_0} \right\|_{L^{\frac{q_j}{q_0}}(\Omega)} = \|g_j\|^{q_0}_{L^{q_j}(\Omega)} < +\infty , \tag{5.109}$$

das heißt $|g_j|^{q_0} \in L^{\frac{q_j}{q_0}}(\Omega)$.
Da wir gleichzeitig der Voraussetzung (5.108)

$$\frac{q_0}{q_1} + \frac{q_0}{q_2} = \frac{q_0}{q_0} = 1$$

entnehmen, erhalten wir mithilfe der Hölderschen Ungleichung und (5.109)

$$\left\| |g_1|^{q_0} |g_2|^{q_0} \right\|_{L^1(\Omega)} \leq \left\| |g_1|^{q_0} \right\|_{L^{\frac{q_1}{q_0}}(\Omega)} \left\| |g_2|^{q_0} \right\|_{L^{\frac{q_2}{q_0}}(\Omega)} = \|g_1\|^{q_0}_{L^{q_1}(\Omega)} \|g_2\|^{q_0}_{L^{q_2}(\Omega)}$$

beziehungsweise

$$\left\| |g_1| |g_2| \right\|_{L^{q_0}(\Omega)} = \left\| |g_1|^{q_0} |g_2|^{q_0} \right\|^{\frac{1}{q_0}}_{L^1(\Omega)} \leq \|g_1\|_{L^{q_1}(\Omega)} \|g_2\|_{L^{q_2}(\Omega)} < +\infty ,$$

woraus unter Beachtung der Ungleichung von Cauchy-Schwarz und

$$\|g_1 \cdot g_2\|_{L^{q_0}(\Omega)} \leq \left\| |g_1| |g_2| \right\|_{L^{q_0}(\Omega)} \tag{5.110}$$

die Aussage folgt. □

Bemerkung 5.7. Eine Ungleichung kann in (5.110) lediglich auftreten, wenn die Funktionen g_1 und g_2 vektorwertig sind.

Bemerkung 5.8. Die Aussage des Lemmas 5.9 bleibt auch für $q_0 = 1$ richtig und entspricht in diesem Fall der klassischen Hölderschen Ungleichung.

Des Weiteren wollen wir noch eine Poincaré-Ungleichung für Kreisringe herleiten. In Abgrenzung zur Poincaré-Friedrichs-Ungleichung (Satz 4.1) oder auch zur Poincaré-Ungleichung in Sobolev-Räumen mit Nullrandwerten (Satz 3.2) benötigen wir dabei den Begriff des Integralmittels.

Definition 5.5 (Integralmittel). Zu einem beschränkten Gebiet $\Omega \subset \mathbb{R}^m$ und einer Funktion $g \in L^1(\Omega)$ erklären wir durch

$$(g)_\Omega := \frac{1}{|\Omega|} \int_\Omega g(y)\,\mathrm{d}y$$

das Integralmittel von g über Ω.

Damit entnehmen wir [18, Chap. 5.8.1, Theorem 1] die folgende allgemeine Variante der Poincaré-Ungleichung. Dieser Satz wird mithilfe eines Widerspruchsbeweises gezeigt. Auf die Ausführung soll hier mit einem Verweis auf die Darstellung in [18] verzichtet werden.

Satz 5.4 (Allgemeine Poincaré-Ungleichung). *Es seien* $\Omega \subset \mathbb{R}^m$ *ein beschränktes* C^1*-Gebiet und* $1 \leq q < +\infty$*. Dann existiert eine Konstante* $M = M(m, q, \Omega)$*, sodass*

$$\|g - (g)_\Omega\|_{L^q(\Omega)} \leq M \, \|\nabla g\|_{L^q(\Omega)}$$

für alle $g \in W^{1,q}(\Omega)$ *gilt.*

Wir nutzen diesen Satz, um eine Version der Poincaré-Ungleichung für Kreisringe zu zeigen. Dabei verwenden wir die wesentliche Idee zur Herleitung einer Poincaré-Ungleichung für Kugeln aus [18, Chap. 5.8.1, Theorem 2].

Satz 5.5 (Poincaré-Ungleichung für Kreisringe). *Es seien* $1 \leq q < +\infty$ *und* $T(w_0, r) = B(w_0, 2r) \setminus \overline{B(w_0, r)} \subset \mathbb{R}^2$ *gegeben. Mit einer Konstante* $M = M(q)$ *ist dann*

$$\left\| g - (g)_{T(w_0,r)} \right\|_{L^q(T(w_0,r))} \leq M \, r \, \|\nabla g\|_{L^q(T(w_0,r))} \tag{5.111}$$

für alle $g \in W^{1,q}(T(w_0, r))$ *richtig.*

Beweis. Es sei die Funktion $g \in W^{1,q}(T(w_0, r))$ beliebig gewählt. Auf dem Kreisring $T(0, 1) = B(0, 2) \setminus \overline{B(0, 1)}$ erklären wir dann die Funktion g_0 mittels

$$g_0(y) := g(w_0 + ry)$$

für $y \in T(0, 1)$. Diese wird also durch die lineare Transformation $w(y) = w_0 + ry$ aus g gebildet. Wir bemerken $g_0 \in W^{1,q}(T(0, 1))$ sowie

$$D^{\mathbf{e}_i} g_0(y) = D^{\mathbf{e}_i} g(w_0 + ry)\,r \tag{5.112}$$

aufgrund des Satzes 4.6.

Mithilfe der allgemeinen Poincaré-Ungleichung (Satz 5.4) finden wir dann eine von g_0 unabhängige Konstante $M = M(q, T(0, 1))$, sodass

$$\left\| g_0 - (g_0)_{T(0,1)} \right\|_{L^q(T(0,1))} \leq M \, \|\nabla g_0\|_{L^q(T(0,1))} \tag{5.113}$$

gilt.

Wir nutzen nun den Transformationssatz aus [46, Corollary 8.23] mit $w(y) = w_0 + ry$ und erkennen

$$\int\limits_{T(0,1)} g_0(y)\,\mathrm{d}y = \frac{1}{r^2} \int\limits_{T(0,1)} g(w_0 + ry)\,r^2\,\mathrm{d}y = \frac{1}{r^2} \int\limits_{T(w_0,r)} g(w)\,\mathrm{d}w$$

sowie

$$r^2\,|T(0,1)| = \int\limits_{T(0,1)} r^2\,\mathrm{d}y = \int\limits_{T(w_0,r)} 1\,\mathrm{d}w = |T(w_0,r)|$$

und folgern damit

$$\begin{aligned}
(g_0)_{T(0,1)} &= \frac{1}{|T(0,1)|} \int\limits_{T(0,1)} g_0(y)\,\mathrm{d}y = \frac{1}{r^2\,|T(0,1)|} \int\limits_{T(w_0,r)} g(w)\,\mathrm{d}w \\
&= \frac{1}{|T(w_0,r)|} \int\limits_{T(w_0,r)} g(w)\,\mathrm{d}w = (g)_{T(w_0,r)}\;.
\end{aligned} \tag{5.114}$$

Eine weitere Anwendung des Transformationssatzes aus [46, Corollary 8.23] ergibt zusammen mit (5.114)

$$\begin{aligned}
\int\limits_{T(0,1)} \left|g_0(y) - (g_0)_{T(0,1)}\right|^q \mathrm{d}y &= \frac{1}{r^2} \int\limits_{T(0,1)} \left|g(w_0 + ry) - (g)_{T(w_0,r)}\right|^q r^2\,\mathrm{d}y \\
&= \frac{1}{r^2} \int\limits_{T(w_0,r)} \left|g(w) - (g)_{T(w_0,r)}\right|^q \mathrm{d}w\;.
\end{aligned} \tag{5.115}$$

Unter Verwendung von (5.112) und mit dem Transformationssatz erhalten wir zusätzlich

$$\int\limits_{T(0,1)} |\nabla g_0(y)|^q\,\mathrm{d}y = \int\limits_{T(0,1)} |r\,\nabla g(w_0 + ry)|^q\,\mathrm{d}y = \frac{1}{r^2} \int\limits_{T(w_0,r)} r^q\,|\nabla g(w)|^q\,\mathrm{d}w\;. \tag{5.116}$$

Aus (5.113), (5.115) und (5.116) sowie der beliebigen Wahl von g folgt somit die gesuchte Aussage, wobei wir die Konstante $M = M(q, T(0,1))$ aus der Abschätzung (5.113) übernehmen. $\qquad\square$

Bemerkung 5.9. Wir entnehmen dem Beweis, dass die Konstante M lediglich von q und $T(0,1)$ abhängt, allerdings nicht von r oder w_0. Somit finden wir eine Konstante, sodass für alle $r > 0$ und jedes $w_0 \in \mathbb{R}^2$ die Ungleichung (5.111) mit dieser für alle $g \in W^{1,2}(T(w_0,r))$ erfüllt ist. Zusätzlich können wir ohne Einschränkung annehmen, dass (5.111) mit einer Konstante $M > 1$ gilt.

Bemerkung 5.10. Mit $0 < k < l < +\infty$ kann die Aussage des Satzes 5.5 völlig analog auch auf Kreisringe der Gestalt $B(w_0, lr) \setminus \overline{B(w_0, kr)}$ übertragen werden, indem wir im Beweis anstelle von $T(0,1)$ den Kreisring $B(0,l) \setminus \overline{B(0,k)}$ und eine entsprechende lineare Transformation verwenden.

Ebenso kann die Beweismethode auch auf Kugelschalen in höheren Dimensionen angewendet werden.

Wir gelangen schließlich zum zentralen Ergebnis dieses Kapitels über die Hölder-Stetigkeit der ersten Ableitungen eines Minimierers X^* des zu f gehörenden Funktionals $\mathcal{I}$. Wie bereits beim Nachweis von $X^* \in W_{loc}^{2,2}(G)$ (Satz 5.3) greifen wir auf die Methoden aus [37, Abschnitt 4.2] zurück, nun allerdings auf den zweiten Teil des dortigen Beweises.

Dabei erweitern wir auch hier die Darstellung, verallgemeinern die Aussage von der Einheitskreisscheibe auf konvexe Gebiete und verwenden die Voraussetzungen an die Funktion f gemäß [55, (1.10.8)]. Wir behalten insbesondere alle Voraussetzungen des Satzes 5.3 bei.

Satz 5.6 ($C^{1,\sigma}$-**Regularität**). *Unter den Voraussetzungen des Satzes 5.3 gilt auch* $X^* \in C^{1,\sigma}(G)$ *für ein* $\sigma \in (0,1)$.

Beweis. Zunächst sei $w_0 \in G$ beliebig gewählt. Wir finden dann ein $h_0 > 0$, sodass $w_0 \in G_{h_0}$ erfüllt ist. Wie bereits im Beweis des Satzes 5.3 wählen wir zusätzlich $0 < r < 2r < +\infty$, sodass $\overline{B(w_0,2r)} \subset G_{h_0}$ gilt und gemäß Lemma 5.7 eine Abschneidefunktion $\eta \in C_0^\infty(B(w_0,2r))$ mit den folgenden Eigenschaften existiert:

a) Es ist $0 \leq \eta(w) \leq 1$ für alle $w \in \mathbb{R}^2$ erfüllt.

b) Es ist $\eta \equiv 1$ in $B(w_0,r)$ richtig.

c) Mit einer Konstante $C_\eta > 0$ gilt $|\nabla\eta(y)| \leq \frac{C_\eta}{r}$ für alle $y \in B(w_0,2r) \setminus \overline{B(w_0,r)}$.

Wir setzen

$$Y(w) := \begin{cases} -\eta(w)^2 \, \triangle_{-h} \, \triangle_h X^*(w) & \text{für } w \in G_{h_0}, \\ 0 & \text{für } w \in G \setminus G_{h_0} \end{cases}$$

und beachten insbesondere $\operatorname{supp}(Y) \subset B(w_0,2r) \subset G_{h_0}$ sowie $Y \in W_0^{1,2}(G) \cap L^\infty(G)$ für jedes $h \in (0,h_0)$.

Dementsprechend erhalten wir mit Y eine zulässige Testfunktion der schwachen Euler-Lagrange-Gleichung

$$\int_G \{\nabla_X f(w,X^*,\nabla X^*) \cdot Y + \nabla_p f(w,X^*,\nabla X^*) \cdot \nabla Y\}\,dw = 0 \,. \tag{5.117}$$

Wie bereits im Beweis des Satzes 5.3 unterdrücken wir auch hier des Öfteren aus Gründen der Übersichtlichkeit das Argument w, sofern es aus dem Kontext ohne Probleme ersichtlich ist.

Somit folgt aus (5.117)

$$0 = \int_{G_{h_0}} \nabla_X f(w,X^*,\nabla X^*) \cdot (-\eta^2 \, \triangle_{-h} \, \triangle_h X^*(w))\,dw$$
$$+ \int_{G_{h_0}} \nabla_p f(w,X^*,\nabla X^*) \cdot \nabla(-\eta^2 \, \triangle_{-h} \, \triangle_h X^*(w))\,dw \tag{5.118}$$

für alle $h \in (0,h_0)$.

Für einen beliebigen konstanten Vektor $\xi \in \mathbb{R}^3$ bemerken wir nun

$$\triangle_{-h} \triangle_h X^*(w) = \triangle_{-h}(\triangle_h X^*(w) - \xi) \tag{5.119}$$

sowie unter Verwendung des Teils c) aus Lemma 5.2

$$\triangle_{-h} \left(\eta^2 \left(\triangle_h X^*(w) - \xi\right)\right) = \eta^2 \triangle_{-h} \left(\triangle_h X^*(w)\right) - \xi$$
$$+ (\triangle_{-h}\eta^2)(\triangle_h X^*(w - h\mathbf{e}) - \xi)$$

für fast alle $w \in G_{h_0}$ und $h \in (0, h_0)$.
Daraus folgt unter Beachtung des Teils a) aus Lemma 5.2

$$\nabla \left(-\eta^2 \triangle_{-h} \left(\triangle_h X^*(w)\right) - \xi\right) = - \triangle_{-h} \nabla \left(\eta^2 \left(\triangle_h X^*(w)\right) - \xi\right)$$
$$+ \nabla \left((\triangle_{-h}\eta^2)(\triangle_h X^*(w - h\mathbf{e}) - \xi)\right) \tag{5.120}$$

für fast alle $w \in G_{h_0}$ und $h \in (0, h_0)$.
Infolgedessen ergibt sich aus (5.118) mithilfe von (5.119) und (5.120)

$$0 = \int\limits_{G_{h_0}} \nabla_X f(w, X^*, \nabla X^*) \cdot (-\eta^2 \triangle_{-h} \triangle_h X^*(w)) \, dw$$
$$- \int\limits_{G_{h_0}} \nabla_p f(w, X^*, \nabla X^*) \cdot \triangle_{-h} \nabla \left(\eta^2 \left(\triangle_h X^*(w)\right) - \xi\right) dw \tag{5.121}$$
$$+ \int\limits_{G_{h_0}} \nabla_p f(w, X^*, \nabla X^*) \cdot \nabla \left((\triangle_{-h}\eta^2)(\triangle_h X^*(w - h\mathbf{e}) - \xi)\right) dw$$

für $h \in (0, h_0)$.
Wir wollen nun die in (5.121) auftretenden Integrale getrennt untersuchen. Dafür erinnern wir uns an die Konstante $R_0 > 0$ aus dem Beweis des Satzes 5.3, sodass

$$|w|^2 + |X^*(w)|^2 \le R_0^2$$

für fast alle $w \in G$ und entsprechend (5.69)

$$|w + th\mathbf{e}|^2 + |X^*(w) + th \triangle_h X^*(w)|^2 \le R_0^2$$

für fast alle $w \in G_{h_0}$, für $h \in (0, h_0)$ und für alle $t \in [0, 1]$ richtig sind.
Zunächst bemerken wir, dass aufgrund der Voraussetzung (5.58) unter Verwendung der Ungleichung von Cauchy-Schwarz

$$\left| \int\limits_{G_{h_0}} \nabla_X f(w, X^*, \nabla X^*) \cdot (-\eta^2 \triangle_{-h} \triangle_h X^*(w)) \, dw \right|$$
$$\le \int\limits_{G_{h_0}} \eta^2 \sqrt{M(R_0)} \left(1 + |\nabla X^*(w)|^2\right) |\triangle_{-h} \triangle_h X^*(w)| \, dw \tag{5.122}$$

für alle $h \in (0, h_0)$ gilt.

Wir widmen uns nun dem zweiten Integral aus (5.121). Wegen

$$\nabla\left(\eta^2\left(\triangle_h X^*(w) - \xi\right)\right) = \eta^2\,\triangle_h\,\nabla X^*(w) + 2\eta\left(\triangle_h X^*(w)\right) - \xi\,(\nabla\eta)^{\mathrm{T}} \tag{5.123}$$

für fast alle $w \in G_{h_0}$ und $h \in (0, h_0)$ folgt unmittelbar

$$\operatorname{supp}\left(\nabla\left(\eta^2\left(\triangle_h X^* - \xi\right)\right)\right) \subset \operatorname{supp}(\eta) \subset B(w_0, 2r) \subset G_{h_0}$$

für $h \in (0, h_0)$. Unter gleichzeitiger Beachtung von $\overline{B(w_0, 2r)} \subset G_{h_0}$ finden wir daher ein $\tilde{h}_0 > h_0$, sodass

$$\operatorname{supp}\left(\nabla\left(\eta^2\left(\triangle_h X^* - \xi\right)\right)\right) \subset B(w_0, 2r) \subset G_{\tilde{h}_0} \subset G_{h_0}$$

für alle $h \in (0, h_0)$ gilt.
Dementsprechend erhalten wir unter Verwendung des Teils b) aus Lemma 5.2

$$-\int_{G_{h_0}} \nabla_p f(w, X^*, \nabla X^*) \cdot \triangle_{-h} \nabla\left(\eta^2\left(\triangle_h X^*(w) - \xi\right)\right) dw$$

$$= \int_{G_{h_0}} \left(\triangle_h \nabla_p f(w, X^*, \nabla X^*)\right) \cdot \nabla\left(\eta^2\left(\triangle_h X^*(w) - \xi\right)\right) dw \tag{5.124}$$

für alle $h \in (0, \min\{h_0, \tilde{h}_0 - h_0\})$. Wir setzen im Folgenden $h_1 := \min\{h_0, \tilde{h}_0 - h_0\}$. Aufgrund von (5.123) ergibt sich

$$\int_{G_{h_0}} \left(\triangle_h \nabla_p f(w, X^*, \nabla X^*)\right) \cdot \nabla\left(\eta^2\left(\triangle_h X^*(w) - \xi\right)\right) dw$$

$$= \int_{G_{h_0}} \left(\triangle_h \nabla_p f(w, X^*, \nabla X^*)\right) \eta^2\,\triangle_h\,\nabla X^*(w)\,dw \tag{5.125}$$

$$+ \int_{G_{h_0}} 2\left(\triangle_h \nabla_p f(w, X^*, \nabla X^*)\right) \eta\left(\triangle_h X^*(w) - \xi\right)(\nabla\eta)^{\mathrm{T}}\,dw$$

für $h \in (0, h_1)$.
Somit folgt aus (5.121) unter Verwendung von (5.124) und (5.125) für $h \in (0, h_1)$

$$\int_{G_{h_0}} \left(\triangle_h \nabla_p f(w, X^*, \nabla X^*)\right) \eta^2\,\triangle_h\,\nabla X^*(w)\,dw$$

$$= -\int_{G_{h_0}} \nabla_X f(w, X^*, \nabla X^*) \cdot \left(-\eta^2\,\triangle_{-h}\,\triangle_h X^*(w)\right) dw$$

$$-\int_{G_{h_0}} 2\left(\triangle_h \nabla_p f(w, X^*, \nabla X^*)\right) \eta\left(\triangle_h X^*(w) - \xi\right)(\nabla\eta)^{\mathrm{T}}\,dw \tag{5.126}$$

$$-\int_{G_{h_0}} \nabla_p f(w, X^*, \nabla X^*) \cdot \nabla\left((\triangle_{-h}\eta^2)(\triangle_h X^*(w - h\mathbf{e}) - \xi)\right) dw\ .$$

Mit den Definitionen (5.65), (5.66) und (5.67) für die Funktionen A^{ij}_{lk}, B^i_{lj} und C^i_{lj} aus dem Beweis des Satzes 5.3 ermitteln wir unter Beachtung von (5.63) und (5.64)

$$
\triangle_h f_{p^i_l}(w, X^*, \nabla X^*) = \sum_{k=1}^{2} \sum_{j=1}^{3} A^{ij}_{lk}(w,h) \, \triangle_h \, (X^*_{w_k}(w))_j
$$
$$
+ \sum_{j=1}^{3} B^i_{lj}(w,h) \, \triangle_h \, X^*_j(w) + \sum_{j=1}^{2} C^i_{lj}(w,h)(\mathbf{e})_j
$$
(5.127)

für fast alle $w \in G_{h_0}$ und $h \in (0, h_1)$.
Damit schließen wir unter Verwendung von (5.78) und (5.85)

$$
\int\limits_{G_{h_0}} (\triangle_h \nabla_p f(w, X^*, \nabla X^*)) \, \eta^2 \, \triangle_h \, \nabla X^*(w) \, dw
$$
$$
\geq M_1 \int\limits_{G_{h_0}} \eta^2 \, |\triangle_h \nabla X^*(w)|^2 \, dw
$$
(5.128)
$$
- \int\limits_{G_{h_0}} \eta^2 \, |\triangle_h \nabla X^*(w)| \, \sqrt{M(R_0) \mathcal{A}_1(w,h)} \, (|\triangle_h X^*(w)| + |\mathbf{e}|) \, dw
$$

für $h \in (0, h_1)$.
Durch die Anwendung von (5.128) in (5.126) ergibt sich infolgedessen

$$
M_1 \int\limits_{G_{h_0}} \eta^2 \, |\triangle_h \nabla X^*(w)|^2 \, dw
$$
$$
\leq - \int\limits_{G_{h_0}} \nabla_X f(w, X^*, \nabla X^*) \cdot (-\eta^2 \, \triangle_{-h} \, \triangle_h X^*(w)) \, dw
$$
$$
- \int\limits_{G_{h_0}} 2 \, (\triangle_h \nabla_p f(w, X^*, \nabla X^*)) \, \eta \, (\triangle_h X^*(w) - \xi) \, (\nabla \eta)^{\mathrm{T}} \, dw
$$
(5.129)
$$
- \int\limits_{G_{h_0}} \nabla_p f(w, X^*, \nabla X^*) \cdot \nabla \left((\triangle_{-h} \eta^2)(\triangle_h X^*(w - h\mathbf{e}) - \xi) \right) \, dw
$$
$$
+ \int\limits_{G_{h_0}} \eta^2 \, |\triangle_h \nabla X^*(w)| \, \sqrt{M(R_0) \mathcal{A}_1(w,h)} \, (|\triangle_h X^*(w)| + |\mathbf{e}|) \, dw
$$

für $h \in (0, h_1)$.
Indem wir im Beweis des Satzes 5.3 die Komponenten $\triangle_h X^*_i(w)$ in (5.79) und (5.86) durch $(\triangle_h X^*(w) - \xi)_i$ ersetzen, erhalten wir analog zu (5.81) und (5.87)

$$
\left| \sum_{l=1}^{2} \sum_{i=1}^{3} \eta_{w_l} (\triangle_h X^*(w) - \xi)_i \sum_{k=1}^{2} \sum_{j=1}^{3} A^{ij}_{lk}(w,h) \, \triangle_h \, (X^*_{w_k}(w))_j \right|
$$
$$
\leq 6 \, M_2 \, |\triangle_h \nabla X^*(w)| \, |\triangle_h X^*(w) - \xi| \, |\nabla \eta|
$$
(5.130)

beziehungsweise

$$\left| \sum_{l=1}^{2} \sum_{i=1}^{3} \eta_{w_l} (\triangle_h X^*(w) - \xi)_i \left(\sum_{j=1}^{3} B_{lj}^i(w,h) \triangle_h X_j^*(w) + \sum_{j=1}^{2} C_{lj}^i(w,h)(\mathbf{e})_j \right) \right| \tag{5.131}$$

$$\leq |\triangle_h X^*(w) - \xi| \, |\nabla \eta| \, \sqrt{M(R_0) \mathcal{A}_1(w,h)} \, (|\triangle_h X^*(w)| + |\mathbf{e}|)$$

für fast alle $w \in G_{h_0}$ und für $h \in (0, h_1)$.
Daher ergibt sich unter Verwendung von (5.127), (5.130) und (5.131)

$$\left| \int_{G_{h_0}} 2 \left(\triangle_h \nabla_p f(w, X^*, \nabla X^*) \right) \eta \left(\triangle_h X^*(w) - \xi \right) (\nabla \eta)^{\mathrm{T}} \mathrm{d}w \right|$$

$$\leq 2 \int_{G_{h_0}} 6 \eta \, M_2 \, |\triangle_h \nabla X^*(w)| \, |\triangle_h X^*(w) - \xi| \, |\nabla \eta| \, \mathrm{d}w \tag{5.132}$$

$$+ 2 \int_{G_{h_0}} \eta \, |\triangle_h X^*(w) - \xi| \, |\nabla \eta| \, \sqrt{M(R_0) \mathcal{A}_1(w,h)} \, (|\triangle_h X^*(w)| + |\mathbf{e}|) \, \mathrm{d}w$$

für alle $h \in (0, h_1)$.
Demnach resultiert aus (5.129) mithilfe von (5.122) und (5.132)

$$M_1 \int_{G_{h_0}} \eta^2 \, |\triangle_h \nabla X^*(w)|^2 \, \mathrm{d}w$$

$$\leq \int_{G_{h_0}} \eta^2 \sqrt{M(R_0)} \left(1 + |\nabla X^*(w)|^2 \right) |\triangle_{-h} \triangle_h X^*(w)| \, \mathrm{d}w$$

$$+ 2 \int_{G_{h_0}} 6 \eta \, M_2 \, |\triangle_h \nabla X^*(w)| \, |\triangle_h X^*(w) - \xi| \, |\nabla \eta| \, \mathrm{d}w \tag{5.133}$$

$$+ 2 \int_{G_{h_0}} \eta \, |\triangle_h X^*(w) - \xi| \, |\nabla \eta| \, \sqrt{M(R_0) \mathcal{A}_1(w,h)} \, (|\triangle_h X^*(w)| + |\mathbf{e}|) \, \mathrm{d}w$$

$$- \int_{G_{h_0}} \nabla_p f(w, X^*, \nabla X^*) \cdot \nabla \left((\triangle_{-h} \eta^2)(\triangle_h X^*(w - h\mathbf{e}) - \xi) \right) \mathrm{d}w$$

$$+ \int_{G_{h_0}} \eta^2 \, |\triangle_h \nabla X^*(w)| \, \sqrt{M(R_0) \mathcal{A}_1(w,h)} \, (|\triangle_h X^*(w)| + |\mathbf{e}|) \, \mathrm{d}w$$

für $h \in (0, h_1)$.
Schließlich wollen wir mit

$$\int_{G_{h_0}} \nabla_p f(w, X^*, \nabla X^*) \cdot \nabla \left((\triangle_{-h} \eta^2)(\triangle_h X^*(w - h\mathbf{e}) - \xi) \right) \mathrm{d}w$$

noch das letzte Integral aus (5.121) untersuchen.

Dazu wählen wir $h_0^- \in (0, h_0)$ und setzen für $h \in (0, h_0^-)$ und für $w \in G_{h_0^-}$

$$g_h(w) := (\triangle_{-h}\eta^2)(\triangle_h X^*(w - h\mathbf{e}) - \xi) .$$

Entsprechend gelten $g_h \in W^{1,2}(G_{h_0^-})$ und $G_{h_0} \subset\subset G_{h_0^-}$. Somit folgt aufgrund des Lemmas 5.3

$$\lim_{\delta \to 0} \|\triangle_{l,-\delta}\, g_h - D^{\mathbf{e}_l} g_h\|_{L^2(G_{h_0})} = 0$$

und insbesondere auch $\triangle_{l,-\delta}\, g_h \rightharpoonup D^{\mathbf{e}_l} g_h$ in $L^2(G_{h_0})$ für $\delta \to 0$ und für jedes $l \in \{1, 2\}$. Indem wir zusätzlich die Bedingung (5.59), das heißt $\nabla_p f(w, X^*, \nabla X^*) \in L^2(G_{h_0})$, beachten, erhalten wir für $h \in (0, h_0^-)$ unmittelbar

$$\lim_{\delta \to 0} \int_{G_{h_0}} \sum_{l=1}^{2} f_{p_l}(w, X^*, \nabla X^*) \cdot \triangle_{l,-\delta} \left((\triangle_{-h}\eta^2)(\triangle_h X^*(w - h\mathbf{e}) - \xi) \right) dw$$
$$= \int_{G_{h_0}} \nabla_p f(w, X^*, \nabla X^*) \cdot \nabla \left((\triangle_{-h}\eta^2)(\triangle_h X^*(w - h\mathbf{e}) - \xi) \right) dw . \tag{5.134}$$

Wegen supp$(\eta) \subset B(w_0, 2r) \subset G_{h_0}$ und $\overline{B(w_0, 2r)} \subset G_{h_0}$ finden wir ein $h_0^+ > h_0$, sodass supp$(\triangle_{-h}\eta^2) \subset G_{h_0^+} \subset G_{h_0}$ mit einem $h_2 \in (0, h_0^-]$ für alle $h \in (0, h_2)$ richtig ist. Wir können dabei annehmen, dass zusätzlich $h_0^+ - h_0 \leq h_0$ gilt, da die vorangegangene Bedingung auch für jedes $\tilde{h} \in (h_0, h_0^+)$ gültig bleibt und wir h_0^+ anderenfalls durch ein entsprechendes $\tilde{h}$ ersetzen würden.
Daher können wir den Teil b) des Lemmas 5.2 anwenden und erhalten

$$-\int_{G_{h_0}} \sum_{l=1}^{2} f_{p_l}(w, X^*, \nabla X^*) \cdot \triangle_{l,-\delta} \left((\triangle_{-h}\eta^2)(\triangle_h X^*(w - h\mathbf{e}) - \xi) \right) dw$$
$$= \int_{G_{h_0}} \sum_{l=1}^{2} \triangle_{l,\delta} (f_{p_l}(w, X^*, \nabla X^*)) \cdot \left((\triangle_{-h}\eta^2)(\triangle_h X^*(w - h\mathbf{e}) - \xi) \right) dw \tag{5.135}$$

für $0 < |\delta| \leq h_0^+ - h_0$ und $h \in (0, h_2)$. Aus (5.134) und (5.135) folgt für alle $h \in (0, h_2)$

$$\lim_{\delta \to 0} \int_{G_{h_0}} \sum_{l=1}^{2} \triangle_{l,\delta} (f_{p_l}(w, X^*, \nabla X^*)) \cdot \left((\triangle_{-h}\eta^2)(\triangle_h X^*(w - h\mathbf{e}) - \xi) \right) dw$$
$$= -\int_{G_{h_0}} \nabla_p f(w, X^*, \nabla X^*) \cdot \nabla \left((\triangle_{-h}\eta^2)(\triangle_h X^*(w - h\mathbf{e}) - \xi) \right) dw . \tag{5.136}$$

Wir wollen daher

$$\int_{G_{h_0}} \sum_{l=1}^{2} \triangle_{l,\delta} (f_{p_l}(w, X^*, \nabla X^*)) \cdot \left((\triangle_{-h}\eta^2)(\triangle_h X^*(w - h\mathbf{e}) - \xi) \right) dw \tag{5.137}$$

für $0 < |\delta| \leq h_0^+ - h_0$ und $h \in (0, h_2)$ näher untersuchen.

Analog zu (5.127) beachten wir

$$\triangle_{l,\delta} f_{p_i^i}(w, X^*, \nabla X^*) = \sum_{k=1}^{2} \sum_{j=1}^{3} A_{lk}^{ij}(w, \delta, \mathbf{e}_l) \, \triangle_{l,\delta} \left(X_{w_k}^*(w) \right)_j$$

$$+ \sum_{j=1}^{3} B_{lj}^{i}(w, \delta, \mathbf{e}_l) \, \triangle_{l,\delta} \, X_j^*(w) + \sum_{j=1}^{2} C_{lj}^{i}(w, \delta, \mathbf{e}_l)(\mathbf{e}_l)_j \tag{5.138}$$

für fast alle $w \in G_{h_0}$, $0 < |\delta| \le h_0^+ - h_0$ sowie für $h \in (0, h_2)$ und erhalten somit in (5.137) drei Terme, die wir zunächst getrennt voneinander betrachten.

Wir gehen ähnlich vor wie bei der Herleitung von (5.81) aus (5.79). Dazu wenden wir die Ungleichung von Cauchy-Schwarz auf die Summation über i an und erhalten

$$\left| \sum_{l=1}^{2} \sum_{i=1}^{3} (\triangle_{-h}\eta^2)(\triangle_h X^*(w - h\mathbf{e}) - \xi)_i \sum_{k=1}^{2} \sum_{j=1}^{3} A_{lk}^{ij}(w, \delta, \mathbf{e}_l) \, \triangle_{l,\delta} \left(X_{w_k}^*(w) \right)_j \right|$$

$$\le |\triangle_{-h}\eta^2| \, |\triangle_h X^*(w - h\mathbf{e}) - \xi| \sum_{l=1}^{2} \left(\sum_{i=1}^{3} \left(\sum_{k=1}^{2} \sum_{j=1}^{3} A_{lk}^{ij}(w, \delta, \mathbf{e}_l) \, \triangle_{l,\delta} \left(X_{w_k}^*(w) \right)_j \right)^2 \right)^{\frac{1}{2}}$$

für fast alle $w \in G_{h_0}$, $h \in (0, h_2)$ und $0 < |\delta| \le h_0^+ - h_0$. Da wir analog zu (5.80)

$$\left(\sum_{k=1}^{2} \sum_{j=1}^{3} A_{lk}^{ij}(w, \delta, \mathbf{e}_l) \, \triangle_{l,\delta} \left(X_{w_k}^*(w) \right)_j \right)^2 \le 6 \, M_2^2 \, |\triangle_{l,\delta} \nabla X^*(w)|^2$$

folgern, ergibt sich

$$\left| \sum_{l=1}^{2} \sum_{i=1}^{3} (\triangle_{-h}\eta^2)(\triangle_h X^*(w - h\mathbf{e}) - \xi)_i \sum_{k=1}^{2} \sum_{j=1}^{3} A_{lk}^{ij}(w, \delta, \mathbf{e}_l) \, \triangle_{l,\delta} \left(X_{w_k}^*(w) \right)_j \right|$$

$$\le |\triangle_{-h}\eta^2| \, |\triangle_h X^*(w - h\mathbf{e}) - \xi| \sum_{l=1}^{2} \left(\sum_{i=1}^{3} 6 \, M_2^2 \, |\triangle_{l,\delta} \nabla X^*(w)|^2 \right)^{\frac{1}{2}}$$

und schließlich

$$\left| \sum_{l=1}^{2} \sum_{i=1}^{3} (\triangle_{-h}\eta^2)(\triangle_h X^*(w - h\mathbf{e}) - \xi)_i \sum_{k=1}^{2} \sum_{j=1}^{3} A_{lk}^{ij}(w, \delta, \mathbf{e}_l) \, \triangle_{l,\delta} \left(X_{w_k}^*(w) \right)_j \right|$$

$$\le \sqrt{18} \, M_2 \, |\triangle_{-h}\eta^2| \, |\triangle_h X^*(w - h\mathbf{e}) - \xi| \sum_{l=1}^{2} |\triangle_{l,\delta} \nabla X^*(w)| \tag{5.139}$$

für fast alle $w \in G_{h_0}$, $h \in (0, h_2)$ und $0 < |\delta| \le h_0^+ - h_0$.

Für die Summen mit den Funktionen B_{lj}^{i} und C_{lj}^{i} gehen wir ähnlich vor wie bei der Herleitung von (5.87) aus (5.86) im Beweis des Satzes 5.3. Aus Gründen der Übersicht betrachten wir hier allerdings die Terme mit den Funktionen B_{lj}^{i} und C_{lj}^{i} getrennt voneinander.

Indem wir die Ungleichung von Cauchy-Schwarz auf die Summation über i anwenden, schließen wir zunächst

$$\left| \sum_{l=1}^{2} \sum_{i=1}^{3} (\triangle_{-h}\eta^2)(\triangle_h X^*(w - h\mathbf{e}) - \xi)_i \sum_{j=1}^{3} B^i_{lj}(w, \delta, \mathbf{e}_l) \, \triangle_{l,\delta} \, X^*_j(w) \right|$$

$$\leq |\triangle_{-h}\eta^2| \, |\triangle_h X^*(w - h\mathbf{e}) - \xi| \sum_{l=1}^{2} \left(\sum_{i=1}^{3} \left(\sum_{j=1}^{3} B^i_{lj}(w, \delta, \mathbf{e}_l) \, \triangle_{l,\delta} \, X^*_j(w) \right)^2 \right)^{\frac{1}{2}}$$

und daraus unter Beachtung der Identität (5.83)

$$\left| \sum_{l=1}^{2} \sum_{i=1}^{3} (\triangle_{-h}\eta^2)(\triangle_h X^*(w - h\mathbf{e}) - \xi)_i \sum_{j=1}^{3} B^i_{lj}(w, \delta, \mathbf{e}_l) \, \triangle_{l,\delta} \, X^*_j(w) \right|$$

$$\leq |\triangle_{-h}\eta^2| \, |\triangle_h X^*(w - h\mathbf{e}) - \xi| \sum_{l=1}^{2} |\triangle_{l,\delta} X^*(w)| \left(\sum_{i,j=1}^{3} \left| B^i_{lj}(w, \delta, \mathbf{e}_l) \right|^2 \right)^{\frac{1}{2}}$$

für fast alle $w \in G_{h_0}$, $h \in (0, h_2)$ und $0 < |\delta| \leq h_0^+ - h_0$.
Wegen (5.72) folgt insbesondere

$$\sum_{i,j=1}^{3} \left| B^i_{lj}(w, \delta, \mathbf{e}_l) \right|^2 \leq \sum_{k=1}^{2} \sum_{i,j=1}^{3} \left| B^i_{kj}(w, \delta, \mathbf{e}_l) \right|^2 \leq M(R_0) \, \mathcal{A}_1(w, \delta, \mathbf{e}_l)$$

für $l \in \{1, 2\}$ und somit

$$\left| \sum_{l=1}^{2} \sum_{i=1}^{3} (\triangle_{-h}\eta^2)(\triangle_h X^*(w - h\mathbf{e}) - \xi)_i \sum_{j=1}^{3} B^i_{lj}(w, \delta, \mathbf{e}_l) \, \triangle_{l,\delta} \, X^*_j(w) \right|$$

$$\leq |\triangle_{-h}\eta^2| \, |\triangle_h X^*(w - h\mathbf{e}) - \xi| \sum_{l=1}^{2} |\triangle_{l,\delta} X^*(w)| \sqrt{M(R_0) \, \mathcal{A}_1(w, \delta, \mathbf{e}_l)} \tag{5.140}$$

für fast alle $w \in G_{h_0}$, $h \in (0, h_2)$ und $0 < |\delta| \leq h_0^+ - h_0$.
Aus (5.92) entnehmen wir $\mathcal{A}_1(w, \delta, \mathbf{e}_l) \leq 2 \left(1 + |\nabla X^*(w + \delta \mathbf{e}_l)|^2 + |\nabla X^*(w)|^2 \right)$ und erhalten durch zweimalige Anwendung des Lemmas 2.2

$$\sqrt{1 + |\nabla X^*(w + \delta \mathbf{e}_l)|^2 + |\nabla X^*(w)|^2} \leq \sqrt{1} + \sqrt{|\nabla X^*(w + \delta \mathbf{e}_l)|^2 + |\nabla X^*(w)|^2}$$

$$\leq 1 + \sqrt{|\nabla X^*(w + \delta \mathbf{e}_l)|^2} + \sqrt{|\nabla X^*(w)|^2}$$

$$= 1 + |\nabla X^*(w + \delta \mathbf{e}_l)| + |\nabla X^*(w)|$$

für fast alle $w \in G_{h_0}$ und $0 < |\delta| \leq h_0^+ - h_0$.
Es ergibt sich

$$\sqrt{\mathcal{A}_1(w, \delta, \mathbf{e}_l)} \leq \sqrt{2} \left(1 + |\nabla X^*(w + \delta \mathbf{e}_l)| + |\nabla X^*(w)| \right) \tag{5.141}$$

für fast alle $w \in G_{h_0}$ und $0 < |\delta| \leq h_0^+ - h_0$.

Dadurch folgt aus (5.140)

$$\left| \sum_{l=1}^{2} \sum_{i=1}^{3} (\triangle_{-h} \eta^2)(\triangle_h X^*(w - h\mathbf{e}) - \xi)_i \sum_{j=1}^{3} B_{lj}^i(w, \delta, \mathbf{e}_l) \triangle_{l,\delta} X_j^*(w) \right|$$

$$\leq \sqrt{2\,M(R_0)} \, |\triangle_{-h} \eta^2| \, |\triangle_h X^*(w - h\mathbf{e}) - \xi| \, (1 + |\nabla X^*(w)|) \sum_{l=1}^{2} |\triangle_{l,\delta} X^*(w)| \quad (5.142)$$

$$+ \sqrt{2\,M(R_0)} \, |\triangle_{-h} \eta^2| \, |\triangle_h X^*(w - h\mathbf{e}) - \xi| \sum_{l=1}^{2} |\triangle_{l,\delta} X^*(w)| \, |\nabla X^*(w + \delta \mathbf{e}_l)|$$

für fast alle $w \in G_{h_0}$, $h \in (0, h_2)$ und $0 < |\delta| \leq h_0^+ - h_0$.
Analog dazu folgt mithilfe der Ungleichung von Cauchy-Schwarz bezüglich der Summation über i

$$\left| \sum_{l=1}^{2} \sum_{i=1}^{3} (\triangle_{-h} \eta^2)(\triangle_h X^*(w - h\mathbf{e}) - \xi)_i \sum_{j=1}^{2} C_{lj}^i(w, \delta, \mathbf{e}_l)(\mathbf{e}_l)_j \right|$$

$$\leq |\triangle_{-h} \eta^2| \, |\triangle_h X^*(w - h\mathbf{e}) - \xi| \sum_{l=1}^{2} \left(\sum_{i=1}^{3} \left(\sum_{j=1}^{2} C_{lj}^i(w, \delta, \mathbf{e}_l)(\mathbf{e}_l)_j \right)^2 \right)^{\frac{1}{2}}$$

für fast alle $w \in G_{h_0}$, $h \in (0, h_2)$ und $0 < |\delta| \leq h_0^+ - h_0$.
Da wir wie in (5.84)

$$\left(\sum_{j=1}^{2} C_{lj}^i(w, \delta, \mathbf{e}_l)(\mathbf{e}_l)_j \right)^2 \leq |\mathbf{e}_l|^2 \sum_{j=1}^{2} \left| C_{lj}^i(w, \delta, \mathbf{e}_l) \right|^2$$

für $l \in \{1, 2\}$ erhalten, folgt

$$\left| \sum_{l=1}^{2} \sum_{i=1}^{3} (\triangle_{-h} \eta^2)(\triangle_h X^*(w - h\mathbf{e}) - \xi)_i \sum_{j=1}^{2} C_{lj}^i(w, \delta, \mathbf{e}_l)(\mathbf{e}_l)_j \right|$$

$$\leq |\triangle_{-h} \eta^2| \, |\triangle_h X^*(w - h\mathbf{e}) - \xi| \sum_{l=1}^{2} |\mathbf{e}_l| \left(\sum_{i=1}^{3} \sum_{j=1}^{2} \left| C_{lj}^i(w, \delta, \mathbf{e}_l) \right|^2 \right)^{\frac{1}{2}}$$

für fast alle $w \in G_{h_0}$, $h \in (0, h_2)$ und $0 < |\delta| \leq h_0^+ - h_0$.
Indem wir (5.73) nutzen, schließen wir

$$\sum_{j=1}^{2} \sum_{i=1}^{3} \left| C_{lj}^i(w, \delta, \mathbf{e}_l) \right|^2 \leq \sum_{k,j=1}^{2} \sum_{i=1}^{3} \left| C_{kj}^i(w, \delta, \mathbf{e}_l) \right|^2 \leq M(R_0) \mathcal{A}_1(w, \delta, \mathbf{e}_l)$$

für $l \in \{1, 2\}$ und erhalten so für fast alle $w \in G_{h_0}$, $h \in (0, h_2)$ und $0 < |\delta| \leq h_0^+ - h_0$

$$\left| \sum_{l=1}^{2} \sum_{i=1}^{3} (\triangle_{-h} \eta^2)(\triangle_h X^*(w - h\mathbf{e}) - \xi)_i \sum_{j=1}^{2} C_{lj}^i(w, \delta, \mathbf{e}_l)(\mathbf{e}_l)_j \right|$$

$$\leq |\triangle_{-h} \eta^2| \, |\triangle_h X^*(w - h\mathbf{e}) - \xi| \sum_{l=1}^{2} |\mathbf{e}_l| \sqrt{M(R_0) \mathcal{A}_1(w, \delta, \mathbf{e}_l)} \; .$$

Unter Beachtung von $|\mathbf{e}_l| = 1$ für $l \in \{1,2\}$ sowie (5.141) folgt

$$\left| \sum_{l=1}^{2} \sum_{i=1}^{3} (\triangle_{-h}\eta^2)(\triangle_h X^*(w-h\mathbf{e}) - \xi)_i \sum_{j=1}^{2} C_{lj}^i(w,\delta,\mathbf{e}_l)(\mathbf{e}_l)_j \right|$$

$$\leq 2\sqrt{2\,M(R_0)}\,|\triangle_{-h}\eta^2|\,|\triangle_h X^*(w-h\mathbf{e}) - \xi|\,(1 + |\nabla X^*(w)|) \qquad (5.143)$$

$$+ \sqrt{2\,M(R_0)}\,|\triangle_{-h}\eta^2|\,|\triangle_h X^*(w-h\mathbf{e}) - \xi| \sum_{l=1}^{2} |\nabla X^*(w + \delta\mathbf{e}_l)|$$

für fast alle $w \in G_{h_0}$, $h \in (0, h_2)$ und $0 < |\delta| \leq h_0^+ - h_0$.
Zusammenfassend erhalten wir unter Verwendung von (5.138) mit (5.139), (5.142) und (5.143)

$$\left| \sum_{l=1}^{2} \triangle_{l,\delta}\left(f_{p_l}(w, X^*, \nabla X^*)\right) \cdot \left((\triangle_{-h}\eta^2)(\triangle_h X^*(w-h\mathbf{e}) - \xi)\right) \right|$$

$$\leq \sqrt{18}\,M_2\,|\triangle_{-h}\eta^2|\,|\triangle_h X^*(w-h\mathbf{e}) - \xi| \sum_{l=1}^{2} |\triangle_{l,\delta}\nabla X^*(w)| \qquad (5.144)$$

$$+ \sqrt{2\,M(R_0)}\,|\triangle_{-h}\eta^2|\,|\triangle_h X^*(w-h\mathbf{e}) - \xi|\,(1 + |\nabla X^*(w)|) \sum_{l=1}^{2} |\triangle_{l,\delta}X^*(w)|$$

$$+ \sqrt{2\,M(R_0)}\,|\triangle_{-h}\eta^2|\,|\triangle_h X^*(w-h\mathbf{e}) - \xi| \sum_{l=1}^{2} |\triangle_{l,\delta}X^*(w)|\,|\nabla X^*(w + \delta\mathbf{e}_l)|$$

$$+ 2\sqrt{2\,M(R_0)}\,|\triangle_{-h}\eta^2|\,|\triangle_h X^*(w-h\mathbf{e}) - \xi|\,(1 + |\nabla X^*(w)|)$$

$$+ \sqrt{2\,M(R_0)}\,|\triangle_{-h}\eta^2|\,|\triangle_h X^*(w-h\mathbf{e}) - \xi| \sum_{l=1}^{2} |\nabla X^*(w + \delta\mathbf{e}_l)|$$

für fast alle $w \in G_{h_0}$, $h \in (0, h_2)$ und $0 < |\delta| \leq h_0^+ - h_0$.
Wir erinnern uns nun daran, dass aufgrund des Satzes 5.3 bereits $X^* \in W_{\text{loc}}^{2,2}(G)$ gilt. Unter Verwendung der Beschränktheit von G und des Einbettungssatzes von Sobolev, den wir [1, Theorem 5.4, Part I, Case B] entnehmen können, folgt daher insbesondere $\nabla X^* \in W_{\text{loc}}^{1,2}(G) \cap L_{\text{loc}}^s(G)$ sowie $X^* \in W_{\text{loc}}^{2,2}(G) \cap W_{\text{loc}}^{1,s}(G)$ für $s \in [1, +\infty)$.
Das Lemma 5.3 liefert uns für $l \in \{1,2\}$ und $\delta \to 0$ somit

$$|\triangle_{l,\delta}\nabla X^*| \to |\nabla X_{w_l}^*| \qquad (5.145)$$

in $L^2(G_{h_0})$ und außerdem

$$|\triangle_{l,\delta}X^*| \to |X_{w_l}^*| \qquad (5.146)$$

in $L^s(G_{h_0})$ für $s \in [1, +\infty)$.
Mithilfe des Lemmas 5.8 erhalten wir zusätzlich

$$|\mathcal{T}_{\delta,\mathbf{e}_l}[\nabla X^*]| \to |\nabla X^*| \qquad (5.147)$$

in $L^s(G_{h_0})$ für $s \in [1, +\infty)$, $l \in \{1,2\}$ und $\delta \to 0$.
Daher gilt insbesondere $|\triangle_{l,\delta}X^*|\,|\mathcal{T}_{\delta,\mathbf{e}_l}[\nabla X^*]| \to |X_{w_l}^*|\,|\nabla X^*|$ in $L^2(G_{h_0})$ für $l \in \{1,2\}$ und $\delta \to 0$ unter Beachtung des Lemmas 5.9, indem wir $s = 4$ wählen.

Somit ergibt sich aus (5.136) und (5.144) für $h \in (0, h_2)$

$$\left| \int_{G_{h_0}} \nabla_p f(w, X^*, \nabla X^*) \cdot \nabla \left((\triangle_{-h} \eta^2)(\triangle_h X^*(w - h\mathbf{e}) - \xi) \right) dw \right|$$

$$\leq \int_{G_{h_0}} \sqrt{18} \, M_2 \, |\triangle_{-h} \eta^2| \, |\triangle_h X^*(w - h\mathbf{e}) - \xi| \sum_{l=1}^{2} |\nabla X^*_{w_l}(w)| \, dw$$

$$+ \int_{G_{h_0}} \sqrt{2 \, M(R_0)} \, |\triangle_{-h} \eta^2| \, |\triangle_h X^*(w - h\mathbf{e}) - \xi| \, (1 + |\nabla X^*(w)|) \sum_{l=1}^{2} |X^*_{w_l}(w)| \, dw$$

$$+ \int_{G_{h_0}} \sqrt{2 \, M(R_0)} \, |\triangle_{-h} \eta^2| \, |\triangle_h X^*(w - h\mathbf{e}) - \xi| \sum_{l=1}^{2} |X^*_{w_l}(w)| \, |\nabla X^*(w)| \, dw$$

$$+ \int_{G_{h_0}} 2\sqrt{2 \, M(R_0)} \, |\triangle_{-h} \eta^2| \, |\triangle_h X^*(w - h\mathbf{e}) - \xi| \, (1 + |\nabla X^*(w)|) \, dw$$

$$+ \int_{G_{h_0}} \sqrt{2 \, M(R_0)} \, |\triangle_{-h} \eta^2| \, |\triangle_h X^*(w - h\mathbf{e}) - \xi| \sum_{l=1}^{2} |\nabla X^*(w)| \, dw \, .$$

Mithilfe des Lemmas 2.4 erkennen wir

$$\sum_{l=1}^{2} |\nabla X^*_{w_l}(w)| \leq \sqrt{2} \left(\sum_{l=1}^{2} |\nabla X^*_{w_l}(w)|^2 \right)^{\frac{1}{2}} = \sqrt{2} \, |\nabla^2 X^*(w)|$$

sowie

$$\sum_{l=1}^{2} |X^*_{w_l}(w)| \leq \sqrt{2} \left(\sum_{l=1}^{2} |X^*_{w_l}(w)|^2 \right)^{\frac{1}{2}} = \sqrt{2} \, |\nabla X^*(w)|$$

für fast alle $w \in G_{h_0}$ und folgern

$$\left| \int_{G_{h_0}} \nabla_p f(w, X^*, \nabla X^*) \cdot \nabla \left((\triangle_{-h} \eta^2)(\triangle_h X^*(w - h\mathbf{e}) - \xi) \right) dw \right|$$

$$\leq \int_{G_{h_0}} 6 \, M_2 \, |\triangle_{-h} \eta^2| \, |\triangle_h X^*(w - h\mathbf{e}) - \xi| \, |\nabla^2 X^*(w)| \, dw$$

$$+ \int_{G_{h_0}} 2 \sqrt{M(R_0)} \, |\triangle_{-h} \eta^2| \, |\triangle_h X^*(w - h\mathbf{e}) - \xi| \, (1 + |\nabla X^*(w)|) \, |\nabla X^*(w)| \, dw$$

$$+ \int_{G_{h_0}} 2 \sqrt{M(R_0)} \, |\triangle_{-h} \eta^2| \, |\triangle_h X^*(w - h\mathbf{e}) - \xi| \, |\nabla X^*(w)|^2 \, dw$$

$$+ \int_{G_{h_0}} 2\sqrt{2 \, M(R_0)} \, |\triangle_{-h} \eta^2| \, |\triangle_h X^*(w - h\mathbf{e}) - \xi| \, (1 + |\nabla X^*(w)|) \, dw$$

$$+ \int_{G_{h_0}} 2\sqrt{2 \, M(R_0)} \, |\triangle_{-h} \eta^2| \, |\triangle_h X^*(w - h\mathbf{e}) - \xi| \, |\nabla X^*(w)| \, dw$$

beziehungsweise vereinfacht

$$\left| \int_{G_{h_0}} \nabla_p f(w, X^*, \nabla X^*) \cdot \nabla \left((\triangle_{-h} \eta^2)(\triangle_h X^*(w - he) - \xi) \right) dw \right|$$

$$\leq \int_{G_{h_0}} 6 M_2 |\triangle_{-h} \eta^2| |\triangle_h X^*(w - he) - \xi| |\nabla^2 X^*(w)| dw$$

$$+ \int_{G_{h_0}} 4 \sqrt{M(R_0)} |\triangle_{-h} \eta^2| |\triangle_h X^*(w - he) - \xi| |\nabla X^*(w)|^2 dw \qquad (5.148)$$

$$+ \int_{G_{h_0}} (4 + \sqrt{2}) \sqrt{2 M(R_0)} |\triangle_{-h} \eta^2| |\triangle_h X^*(w - he) - \xi| |\nabla X^*(w)| dw$$

$$+ \int_{G_{h_0}} 2 \sqrt{2 M(R_0)} |\triangle_{-h} \eta^2| |\triangle_h X^*(w - he) - \xi| dw$$

für $h \in (0, h_2)$.
Wir erinnern uns an (5.133) und gelangen in der Kombination mit (5.148) zu

$$M_1 \int_{G_{h_0}} \eta^2 |\triangle_h \nabla X^*(w)|^2 dw$$

$$\leq \int_{G_{h_0}} \eta^2 \sqrt{M(R_0)} \left(1 + |\nabla X^*(w)|^2 \right) |\triangle_{-h} \triangle_h X^*(w)| dw$$

$$+ 2 \int_{G_{h_0}} 6 \eta M_2 |\triangle_h \nabla X^*(w)| |\triangle_h X^*(w) - \xi| |\nabla \eta| dw$$

$$+ 2 \int_{G_{h_0}} \eta |\triangle_h X^*(w) - \xi| |\nabla \eta| \sqrt{M(R_0) \mathcal{A}_1(w, h)} (|\triangle_h X^*(w)| + |e|) dw$$

$$+ \int_{G_{h_0}} 6 M_2 |\triangle_{-h} \eta^2| |\triangle_h X^*(w - he) - \xi| |\nabla^2 X^*(w)| dw$$

$$+ \int_{G_{h_0}} 4 \sqrt{M(R_0)} |\triangle_{-h} \eta^2| |\triangle_h X^*(w - he) - \xi| |\nabla X^*(w)|^2 dw$$

$$+ \int_{G_{h_0}} (4 + \sqrt{2}) \sqrt{2 M(R_0)} |\triangle_{-h} \eta^2| |\triangle_h X^*(w - he) - \xi| |\nabla X^*(w)| dw$$

$$+ \int_{G_{h_0}} 2 \sqrt{2 M(R_0)} |\triangle_{-h} \eta^2| |\triangle_h X^*(w - he) - \xi| dw$$

$$+ \int_{G_{h_0}} \eta^2 |\triangle_h \nabla X^*(w)| \sqrt{M(R_0) \mathcal{A}_1(w, h)} (|\triangle_h X^*(w)| + |e|) dw$$

für alle $h \in (0, h_3)$, wobei wir $h_3 := \min\{h_1, h_2\}$ setzen.

Wir schließen daraus

$$M_1 \int_{G_{h_0}} \eta^2 \left| \triangle_h \nabla X^*(w) \right|^2 dw$$

$$\leq \int_{G_{h_0}} \eta^2 \sqrt{M(R_0)} \left(1 + |\nabla X^*(w)|^2 \right) |\triangle_{-h} \triangle_h X^*(w)| \, dw$$

$$+ 12 M_2 \int_{G_{h_0}} \eta \, |\nabla \eta| \, |\triangle_h \nabla X^*(w)| \, |\triangle_h X^*(w) - \xi| \, dw$$

$$+ 2 \int_{G_{h_0}} \sqrt{2 M(R_0)} \, \eta \, |\nabla \eta| \, |\triangle_h X^*(w) - \xi| \, (|\triangle_h X^*(w)| + |\mathbf{e}|) \, dw$$

$$+ 2 \int_{G_{h_0}} \sqrt{2 M(R_0)} \, \eta \, |\nabla \eta| \, |\triangle_h X^*(w) - \xi| \, |\nabla X^*(w + h\mathbf{e})| \, |\triangle_h X^*(w)| \, dw$$

$$+ 2 \int_{G_{h_0}} \sqrt{2 M(R_0)} \, \eta \, |\nabla \eta| \, |\triangle_h X^*(w) - \xi| \, |\nabla X^*(w)| \, |\triangle_h X^*(w)| \, dw$$

$$+ 2 \int_{G_{h_0}} \sqrt{2 M(R_0)} \, \eta \, |\nabla \eta| \, |\triangle_h X^*(w) - \xi| \, |\nabla X^*(w + h\mathbf{e})| \, |\mathbf{e}| \, dw$$

$$+ 2 \int_{G_{h_0}} \sqrt{2 M(R_0)} \, \eta \, |\nabla \eta| \, |\triangle_h X^*(w) - \xi| \, |\nabla X^*(w)| \, |\mathbf{e}| \, dw$$

$$+ 6 M_2 \int_{G_{h_0}} |\triangle_{-h} \eta^2| \, |\triangle_h X^*(w - h\mathbf{e}) - \xi| \, |\nabla^2 X^*(w)| \, dw \qquad (5.149)$$

$$+ 4 \int_{G_{h_0}} \sqrt{M(R_0)} \, |\triangle_{-h} \eta^2| \, |\triangle_h X^*(w - h\mathbf{e}) - \xi| \, |\nabla X^*(w)|^2 \, dw$$

$$+ (4 + \sqrt{2}) \int_{G_{h_0}} \sqrt{2 M(R_0)} \, |\triangle_{-h} \eta^2| \, |\triangle_h X^*(w - h\mathbf{e}) - \xi| \, |\nabla X^*(w)| \, dw$$

$$+ 2 \int_{G_{h_0}} \sqrt{2 M(R_0)} \, |\triangle_{-h} \eta^2| \, |\triangle_h X^*(w - h\mathbf{e}) - \xi| \, dw$$

$$+ \int_{G_{h_0}} \sqrt{2 M(R_0)} \, \eta^2 \, |\triangle_h \nabla X^*(w)| \, (|\triangle_h X^*(w)| + |\mathbf{e}|) \, dw$$

$$+ \int_{G_{h_0}} \sqrt{2 M(R_0)} \, \eta^2 \, |\triangle_h \nabla X^*(w)| \, |\nabla X^*(w + h\mathbf{e})| \, |\triangle_h X^*(w)| \, dw$$

$$+ \int_{G_{h_0}} \sqrt{2 M(R_0)} \, \eta^2 \, |\triangle_h \nabla X^*(w)| \, |\nabla X^*(w)| \, |\triangle_h X^*(w)| \, dw$$

$$+ \int_{G_{h_0}} \sqrt{2 M(R_0)} \, \eta^2 \, |\triangle_h \nabla X^*(w)| \, (|\nabla X^*(w + h\mathbf{e})| + |\nabla X^*(w)|) \, |\mathbf{e}| \, dw$$

für $h \in (0, h_3)$, indem wir $\sqrt{\mathcal{A}_1(w, h)} \leq \sqrt{2} \, (1 + |\nabla X^*(w + h\mathbf{e})| + |\nabla X^*(w)|)$ analog zu (5.141) beziehungsweise

$$\sqrt{\mathcal{A}_1(w,h)}\,(|\triangle_h X^*(w)| + |\mathbf{e}|) \leq \sqrt{2}\,(|\triangle_h X^*(w)| + |\mathbf{e}|)$$
$$+ \sqrt{2}\,|\nabla X^*(w + h\mathbf{e})|\,|\triangle_h X^*(w)|$$
$$+ \sqrt{2}\,|\nabla X^*(w)|\,|\triangle_h X^*(w)|$$
$$+ \sqrt{2}\,(|\nabla X^*(w + h\mathbf{e})| + |\nabla X^*(w)|)\,|\mathbf{e}|$$

für fast alle $w \in G_{h_0}$ sowie $h \in (0, h_3)$ beachten.

Wir verwenden (5.149) jeweils mit der Konstante ξ_k anstelle von ξ sowie mit dem Differenzenquotienten bezüglich der Richtung $\mathbf{e}_k$ für $k \in \{1, 2\}$ und gehen anschließend zur Grenze $h \to 0$ über. Dazu beachten wir

$$\lim_{h \to 0}\left|\triangle_{k,-h}\eta(w)^2\right| = \left|\lim_{h \to 0}\triangle_{k,-h}\eta(w)^2\right| = 2\,\eta(w)\,|\eta_{w_k}(w)|$$

für alle $w \in \mathbb{R}^2$ und $k \in \{1, 2\}$.

Des Weiteren gilt für $k \in \{1, 2\}$ mithilfe des Lemmas 5.3 analog zu (5.145)

$$\lim_{h \to 0}|\triangle_{k,h}\nabla X^*| \to |\nabla X^*_{w_k}|$$

in $L^2(G_{h_0})$ sowie analog zu (5.146)

$$\lim_{h \to 0}|\triangle_{k,h}X^*| \to |X^*_{w_k}|$$

und

$$\lim_{h \to 0}|\triangle_{k,h}X^* - \xi_k| \to |X^*_{w_k} - \xi_k|$$

sowie

$$\lim_{h \to 0}|\triangle_{k,h}\mathcal{T}_{-h,\mathbf{e}_k}[X^*] - \xi_k| \to |X^*_{w_k} - \xi_k|$$

in $L^s(G_{h_0})$ für $s \in [1, +\infty)$, wobei wir

$$\triangle_h \mathcal{T}_{-h,\mathbf{e}}[X^*](w) = \triangle_h X^*(w - h\mathbf{e}) = \frac{1}{h}\,(X^*(w) - X^*(w - h\mathbf{e})) = \triangle_{-h}X^*(w)$$

für fast alle $w \in G_{h_0}$ und $h \in (0, h_0)$ beachten.

Durch eine Modifikation des Lemmas 5.3 folgt zudem

$$\lim_{h \to 0}|\triangle_{k,-h}\triangle_{k,h}X^*| \to |X^*_{w_k w_k}|$$

in $L^2(G_{h_0})$ für $k \in \{1, 2\}$.

Schließlich erhalten wir aufgrund des Lemmas 5.8 wie in (5.147)

$$\lim_{h \to 0}|\mathcal{T}_{h,\mathbf{e}_k}[\nabla X^*]| \to |\nabla X^*|$$

in $L^s(G_{h_0})$ für $s \in [1, +\infty)$ und $k \in \{1, 2\}$.

Insgesamt erhalten wir somit

$$M_1 \int_{G_{h_0}} \eta^2 \, |\nabla X^*_{w_k}(w)|^2 \, \mathrm{d}w$$

$$\leq \int_{G_{h_0}} \eta^2 \sqrt{M(R_0)} \left(1 + |\nabla X^*(w)|^2\right) |X^*_{w_k w_k}(w)| \, \mathrm{d}w$$

$$+ \, 12 \, M_2 \int_{G_{h_0}} \eta \, |\nabla \eta| \, |\nabla X^*_{w_k}(w)| \, |X^*_{w_k}(w) - \xi_k| \, \mathrm{d}w$$

$$+ \, 2 \int_{G_{h_0}} \sqrt{2\, M(R_0)} \, \eta \, |\nabla \eta| \, |X^*_{w_k}(w) - \xi_k| \left(|X^*_{w_k}(w)| + |\mathbf{e}_k|\right) \mathrm{d}w$$

$$+ \, 4 \int_{G_{h_0}} \sqrt{2\, M(R_0)} \, \eta \, |\nabla \eta| \, |X^*_{w_k}(w) - \xi_k| \, |\nabla X^*(w)| \, |X^*_{w_k}(w)| \, \mathrm{d}w$$

$$+ \, 4 \int_{G_{h_0}} \sqrt{2\, M(R_0)} \, \eta \, |\nabla \eta| \, |X^*_{w_k}(w) - \xi_k| \, |\nabla X^*(w)| \, |\mathbf{e}_k| \, \mathrm{d}w$$

$$+ \, 12 \, M_2 \int_{G_{h_0}} \eta \, |\eta_{w_k}| \, |X^*_{w_k}(w) - \xi_k| \, |\nabla^2 X^*(w)| \, \mathrm{d}w \qquad (5.150)$$

$$+ \, 8 \int_{G_{h_0}} \sqrt{M(R_0)} \, \eta \, |\eta_{w_k}| \, |X^*_{w_k}(w) - \xi_k| \, |\nabla X^*(w)|^2 \, \mathrm{d}w$$

$$+ \, (8 + \sqrt{8}) \int_{G_{h_0}} \sqrt{2\, M(R_0)} \, \eta \, |\eta_{w_k}| \, |X^*_{w_k}(w) - \xi_k| \, |\nabla X^*(w)| \, \mathrm{d}w$$

$$+ \, 4 \int_{G_{h_0}} \sqrt{2\, M(R_0)} \, \eta \, |\eta_{w_k}| \, |X^*_{w_k}(w) - \xi_k| \, \mathrm{d}w$$

$$+ \int_{G_{h_0}} \sqrt{2\, M(R_0)} \, \eta^2 \, |\nabla X^*_{w_k}(w)| \left(|X^*_{w_k}(w)| + |\mathbf{e}_k|\right) \mathrm{d}w$$

$$+ \, 2 \int_{G_{h_0}} \sqrt{2\, M(R_0)} \, \eta^2 \, |\nabla X^*_{w_k}(w)| \, |\nabla X^*(w)| \, |X^*_{w_k}(w)| \, \mathrm{d}w$$

$$+ \, 2 \int_{G_{h_0}} \sqrt{2\, M(R_0)} \, \eta^2 \, |\nabla X^*_{w_k}(w)| \, |\nabla X^*(w)| \, |\mathbf{e}_k| \, \mathrm{d}w$$

für $k \in \{1, 2\}$.
Wir beachten mithilfe des Lemmas 2.4

$$\sum_{k=1}^{2} |X^*_{w_k w_k}(w)| \leq \sqrt{2} \left(\sum_{k=1}^{2} |X^*_{w_k w_k}(w)|^2 \right)^{\frac{1}{2}}$$

$$\leq \sqrt{2} \left(\sum_{k,l=1}^{2} |X^*_{w_k w_l}(w)|^2 \right)^{\frac{1}{2}} = \sqrt{2} \, |\nabla^2 X^*(w)|$$

und berechnen mit

$$\Xi := (\xi_1, \xi_2) \in \mathbb{R}^{3\times 2}$$

unter Verwendung der Ungleichung von Cauchy-Schwarz

$$\sum_{k=1}^{2} |\nabla X_{w_k}^*(w)| \, |X_{w_k}^*(w) - \xi_k| \leq \left(\sum_{k=1}^{2} |\nabla X_{w_k}^*(w)|^2 \right)^{\frac{1}{2}} \left(\sum_{k=1}^{2} |X_{w_k}^*(w) - \xi_k|^2 \right)^{\frac{1}{2}}$$

$$= |\nabla^2 X^*(w)| \, |\nabla X^*(w) - \Xi|$$

und

$$\sum_{k=1}^{2} |X_{w_k}^*(w) - \xi_k| \, |X_{w_k}^*(w)| \leq \left(\sum_{k=1}^{2} |X_{w_k}^*(w) - \xi_k|^2 \right)^{\frac{1}{2}} \left(\sum_{k=1}^{2} |X_{w_k}^*(w)|^2 \right)^{\frac{1}{2}}$$

$$= |\nabla X^*(w) - \Xi| \, |\nabla X^*(w)|$$

sowie

$$\sum_{k=1}^{2} |\eta_{w_k}| \, |X_{w_k}^*(w) - \xi_k| \leq \left(\sum_{k=1}^{2} |\eta_{w_k}|^2 \right)^{\frac{1}{2}} \left(\sum_{k=1}^{2} |X_{w_k}^*(w) - \xi_k|^2 \right)^{\frac{1}{2}}$$

$$= |\nabla \eta| \, |\nabla X^*(w) - \Xi|$$

und

$$\sum_{k=1}^{2} |\nabla X_{w_k}^*(w)| \, |X_{w_k}^*(w)| \leq \left(\sum_{k=1}^{2} |\nabla X_{w_k}^*(w)|^2 \right)^{\frac{1}{2}} \left(\sum_{k=1}^{2} |X_{w_k}^*(w)|^2 \right)^{\frac{1}{2}}$$

$$= |\nabla^2 X^*(w)| \, |\nabla X^*(w)|$$

beziehungsweise mit $|\mathbf{e}_k| = 1$

$$\sum_{k=1}^{2} |X_{w_k}^*(w) - \xi_k| \, |\mathbf{e}_k| \leq \left(\sum_{k=1}^{2} |X_{w_k}^*(w) - \xi_k|^2 \right)^{\frac{1}{2}} \left(\sum_{k=1}^{2} |\mathbf{e}_k|^2 \right)^{\frac{1}{2}}$$

$$= \sqrt{2} \, |\nabla X^*(w) - \Xi|$$

und

$$\sum_{k=1}^{2} |\nabla X_{w_k}^*(w)| \, |\mathbf{e}_k| \leq \left(\sum_{k=1}^{2} |\nabla X_{w_k}^*(w)|^2 \right)^{\frac{1}{2}} \left(\sum_{k=1}^{2} |\mathbf{e}_k|^2 \right)^{\frac{1}{2}}$$

$$= \sqrt{2} \, |\nabla^2 X^*(w)|$$

für fast alle $w \in G_{h_0}$.

Indem wir die Abschätzung (5.150) für $k = 1$ und $k = 2$ addieren sowie die eben aufgeführten Abschätzungen nutzen, ergibt sich

$$M_1 \int_{G_{h_0}} \eta^2 \, |\nabla^2 X^*(w)|^2 \, dw$$

$$\leq \left(2 + \sqrt{2}\right) \int_{G_{h_0}} \sqrt{M(R_0)} \, \eta^2 \, |\nabla^2 X^*(w)| \, dw$$

$$+ 3 \int_{G_{h_0}} \sqrt{2\,M(R_0)} \, \eta^2 \, |\nabla^2 X^*(w)| \, |\nabla X^*(w)|^2 \, dw$$

$$+ 24\,M_2 \int_{G_{h_0}} \eta \, |\nabla \eta| \, |\nabla^2 X^*(w)| \, |\nabla X^*(w) - \Xi| \, dw$$

$$+ \left(10 + 6\sqrt{2}\right) \int_{G_{h_0}} \sqrt{2\,M(R_0)} \, \eta \, |\nabla \eta| \, |\nabla X^*(w) - \Xi| \, |\nabla X^*(w)| \, dw \qquad (5.151)$$

$$+ \left(4 + 4\sqrt{2}\right) \int_{G_{h_0}} \sqrt{M(R_0)} \, \eta \, |\nabla \eta| \, |\nabla X^*(w) - \Xi| \, dw$$

$$+ \left(8 + 4\sqrt{2}\right) \int_{G_{h_0}} \sqrt{M(R_0)} \, \eta \, |\nabla \eta| \, |\nabla X^*(w) - \Xi| \, |\nabla X^*(w)|^2 \, dw$$

$$+ \left(1 + 2\sqrt{2}\right) \int_{G_{h_0}} \sqrt{2\,M(R_0)} \, \eta^2 \, |\nabla^2 X^*(w)| \, |\nabla X^*(w)| \, dw \; .$$

Wir nutzen das Lemma 2.1 und ermitteln

$$\int_{G_{h_0}} \left(2 + \sqrt{2}\right) \sqrt{M(R_0)} \, \eta^2 \, |\nabla^2 X^*(w)| \, dw$$

$$\leq \frac{\varepsilon}{2} \int_{G_{h_0}} \eta^2 \, |\nabla^2 X^*(w)|^2 \, dw + \frac{1}{\varepsilon} \int_{G_{h_0}} \left(3 + 2\sqrt{2}\right) M(R_0) \, \eta^2 \, dw$$

und

$$\int_{G_{h_0}} 3 \sqrt{2\,M(R_0)} \, \eta^2 \, |\nabla^2 X^*(w)| \, |\nabla X^*(w)|^2 \, dw$$

$$\leq \frac{\varepsilon}{2} \int_{G_{h_0}} \eta^2 \, |\nabla^2 X^*(w)|^2 \, dw + \frac{1}{\varepsilon} \int_{G_{h_0}} 9\,M(R_0) \, \eta^2 \, |\nabla X^*(w)|^4 \, dw$$

sowie

$$24\,M_2 \int_{G_{h_0}} \eta \, |\nabla \eta| \, |\nabla^2 X^*(w)| \, |\nabla X^*(w) - \Xi| \, dw$$

$$\leq \frac{\varepsilon}{2} \int_{G_{h_0}} \eta^2 \, |\nabla^2 X^*(w)|^2 \, dw + \frac{(24\,M_2)^2}{2\varepsilon} \int_{G_{h_0}} |\nabla \eta|^2 \, |\nabla X^*(w) - \Xi|^2 \, dw$$

und

$$\int\limits_{G_{h_0}} \left(1 + 2\sqrt{2}\right) \sqrt{2\,M(R_0)}\, \eta^2 \left|\nabla^2 X^*(w)\right| \left|\nabla X^*(w)\right| dw$$

$$\leq \frac{\varepsilon}{2} \int\limits_{G_{h_0}} \eta^2 \left|\nabla^2 X^*(w)\right|^2 dw + \frac{1}{\varepsilon} \left(9 + 4\sqrt{2}\right) \int\limits_{G_{h_0}} M(R_0)\, \eta^2 \left|\nabla X^*(w)\right|^2 dw \;.$$

Gleichzeitig verwenden wir das Lemma 2.1 mit $\varepsilon = 1$ und erhalten

$$\int\limits_{G_{h_0}} \left(10 + 6\sqrt{2}\right) \sqrt{2\,M(R_0)}\, \eta\, |\nabla\eta|\, |\nabla X^*(w) - \Xi|\, |\nabla X^*(w)|\, dw$$

$$\leq \left(10 + 6\sqrt{2}\right)^2 \int\limits_{G_{h_0}} M(R_0)\, \eta^2 \left|\nabla X^*(w)\right|^2 dw + \frac{1}{2} \int\limits_{G_{h_0}} |\nabla\eta|^2\, |\nabla X^*(w) - \Xi|^2\, dw$$

sowie

$$\int\limits_{G_{h_0}} \left(4 + 4\sqrt{2}\right) \sqrt{M(R_0)}\, \eta\, |\nabla\eta|\, |\nabla X^*(w) - \Xi|\, dw$$

$$\leq \left(24 + 16\sqrt{2}\right) \int\limits_{G_{h_0}} M(R_0)\, \eta^2\, dw + \frac{1}{2} \int\limits_{G_{h_0}} |\nabla\eta|^2\, |\nabla X^*(w) - \Xi|^2\, dw$$

und

$$\int\limits_{G_{h_0}} \left(8 + 4\sqrt{2}\right) \sqrt{M(R_0)}\, \eta\, |\nabla\eta|\, |\nabla X^*(w) - \Xi|\, |\nabla X^*(w)|^2\, dw$$

$$\leq \left(48 + 32\sqrt{2}\right) \int\limits_{G_{h_0}} M(R_0)\, \eta^2 \left|\nabla X^*(w)\right|^4 dw + \frac{1}{2} \int\limits_{G_{h_0}} |\nabla\eta|^2\, |\nabla X^*(w) - \Xi|^2\, dw \;.$$

Damit ergibt sich aus (5.151) für jedes $\varepsilon > 0$

$$M_1 \int\limits_{G_{h_0}} \eta^2 \left|\nabla^2 X^*(w)\right|^2 dw$$

$$\leq 2\varepsilon \int\limits_{G_{h_0}} \eta^2 \left|\nabla^2 X^*(w)\right|^2 dw$$

$$+ \frac{1}{2} \left(3 + \frac{(24\,M_2)^2}{\varepsilon}\right) \int\limits_{G_{h_0}} |\nabla\eta|^2\, |\nabla X^*(w) - \Xi|^2\, dw$$

$$+ \left(48 + 32\sqrt{2} + \frac{9}{\varepsilon}\right) \int\limits_{G_{h_0}} M(R_0)\, \eta^2 \left|\nabla X^*(w)\right|^4 dw$$

$$+ \left[\left(10 + 6\sqrt{2}\right)^2 + \frac{1}{\varepsilon} \left(9 + 4\sqrt{2}\right)\right] \int\limits_{G_{h_0}} M(R_0)\, \eta^2 \left|\nabla X^*(w)\right|^2 dw$$

$$+ \left(24 + 16\sqrt{2} + \frac{3 + 2\sqrt{2}}{\varepsilon}\right) \int\limits_{G_{h_0}} M(R_0)\, \eta^2\, dw \;.$$

Wählen wir nun speziell $\varepsilon = \frac{M_1}{4}$ und subtrahieren anschließend das erste Integral der rechten Seite, folgt

$$\frac{M_1}{2} \int_{G_{h_0}} \eta^2 \, |\nabla^2 X^*(w)|^2 \, dw$$

$$\leq \frac{1}{2} \left(3 + \frac{(48\, M_2)^2}{M_1} \right) \int_{G_{h_0}} |\nabla\eta|^2 \, |\nabla X^*(w) - \Xi|^2 \, dw$$

$$+ \left(48 + 32\sqrt{2} + \frac{36}{M_1} \right) \int_{G_{h_0}} M(R_0)\, \eta^2 \, |\nabla X^*(w)|^4 \, dw$$

$$+ \left[\left(10 + 6\sqrt{2} \right)^2 + \frac{36 + 16\sqrt{2}}{M_1} \right] \int_{G_{h_0}} M(R_0)\, \eta^2 \, |\nabla X^*(w)|^2 \, dw$$

$$+ \left(24 + 16\sqrt{2} + \frac{12 + 8\sqrt{2}}{M_1} \right) \int_{G_{h_0}} M(R_0)\, \eta^2 \, dw$$

beziehungsweise

$$\int_{G_{h_0}} \eta^2 \, |\nabla^2 X^*(w)|^2 \, dw \leq \hat{M} \int_{G_{h_0}} |\nabla\eta|^2 \, |\nabla X^*(w) - \Xi|^2 \, dw + \hat{M} \int_{G_{h_0}} \eta^2 \, |\nabla X^*(w)|^4 \, dw$$

$$+ \hat{M} \int_{G_{h_0}} \eta^2 \, |\nabla X^*(w)|^2 \, dw + \hat{M} \int_{G_{h_0}} \eta^2 \, dw \, , \qquad (5.152)$$

wobei wir

$$24 + 16\sqrt{2} + \frac{12 + 8\sqrt{2}}{M_1} < 48 + 32\sqrt{2} + \frac{36}{M_1} < \left(10 + 6\sqrt{2} \right)^2 + \frac{36 + 16\sqrt{2}}{M_1}$$

für jedes $M_1 > 0$ beachten und

$$\hat{M} := \max \left\{ \frac{3}{M_1} + \frac{(48\, M_2)^2}{M_1^2}, \left[\left(10 + 6\sqrt{2} \right)^2 + \frac{36 + 16\sqrt{2}}{M_1} \right] \frac{2\, M(R_0)}{M_1} \right\}$$

definieren.

Wir wollen nun die Integrale der rechten Seite von (5.152) weiter untersuchen. Indem wir $T(w_0, r) = B(w_0, 2r) \setminus \overline{B(w_0, r)}$ und $\Xi = (\nabla X^*)_{T(w_0,r)}$ setzen, ermitteln wir aufgrund der Eigenschaften von η, der Poincaré-Ungleichung für Kreisringe (Satz 5.5) und der Bemerkung 5.9

$$\int_{G_{h_0}} |\nabla\eta|^2 \, |\nabla X^*(w) - \Xi|^2 \, dw \leq \frac{C_\eta^2}{r^2} \int_{T(w_0,r)} |\nabla X^*(w) - \Xi|^2 \, dw$$

$$\leq M_{\mathcal{P}} \int_{T(w_0,r)} |\nabla^2 X^*(w)|^2 \, dw \qquad (5.153)$$

mit einer entsprechenden Konstante $M_{\mathcal{P}} > 1$.

Wir erinnern uns, dass $X^* \in W^{2,2}_{\text{loc}}(G)$ aus dem Satz 5.3 folgt und somit insbesondere $\nabla X^* \in W^{1,2}_{\text{loc}}(G) \cap L^s_{\text{loc}}(G)$ für $s \in [1, +\infty)$ gilt. Unter Verwendung der Eigenschaften von η liefert uns die Höldersche Ungleichung daher

$$
\int\limits_{G_{h_0}} \eta^2 \, |\nabla X^*(w)|^{2k} \, dw \leq \int\limits_{B(w_0,2r)} |\nabla X^*(w)|^{2k} \, dw
$$

$$
\leq \left(\int\limits_{B(w_0,2r)} |\nabla X^*(w)|^{\frac{2k}{\alpha}} \, dw \right)^{\alpha} \left(\int\limits_{B(w_0,2r)} 1^{\frac{1}{1-\alpha}} \, dw \right)^{1-\alpha} \tag{5.154}
$$

$$
= \|\nabla X^*\|^{2k}_{L^{\frac{2k}{\alpha}}(B(w_0,2r))} \, |B(w_0,2r)|^{1-\alpha}
$$

$$
\leq \|\nabla X^*\|^{2k}_{L^{\frac{2k}{\alpha}}(G_{h_0})} \, (4\pi)^{1-\alpha} \, r^{2-2\alpha}
$$

für $k \in \{1, 2\}$ und jedes $\alpha \in (0, 1)$.

Da G offen ist und so aus der Eigenschaft $|w|^2 + |X^*(w)|^2 \leq R_0^2$ für fast alle $w \in G$ auch $|w| \leq R_0$ für alle $w \in G$ folgt, können wir $r \leq R_0$ aus $B(w_0, 2r) \subset G_{h_0} \subset G$ schließen. Damit gilt unter Beachtung der Eigenschaften von η

$$
\int\limits_{G_{h_0}} \eta^2 \, dw \leq \int\limits_{B(w_0,2r)} 1 \, dw = \pi \, (2r)^2 \leq 4\pi \, R_0^{2\alpha} \, r^{2-2\alpha} \tag{5.155}
$$

für jedes $\alpha > 0$.

Verwenden wir nun (5.153), (5.154) und (5.155) in (5.152) folgt

$$
\int\limits_{G_{h_0}} \eta^2 \, |\nabla^2 X^*(w)|^2 \, dw \leq \hat{M} M_{\mathcal{P}} \int\limits_{T(w_0,r)} |\nabla^2 X^*(w)|^2 \, dw
$$

$$
+ \hat{M} \, \|\nabla X^*\|^4_{L^{\frac{4}{\alpha}}(G_{h_0})} \, (4\pi)^{1-\alpha} \, r^{2-2\alpha}
$$

$$
+ \hat{M} \, \|\nabla X^*\|^2_{L^{\frac{2}{\alpha}}(G_{h_0})} \, (4\pi)^{1-\alpha} \, r^{2-2\alpha}
$$

$$
+ \hat{M} 4\pi \, R_0^{2\alpha} \, r^{2-2\alpha}
$$

für $\alpha \in (0, 1)$.

Wegen $M_{\mathcal{P}} > 1$ und mit

$$
M^* = M^*(\alpha, h_0) := 4\pi \left(R_0^{2\alpha} + (4\pi)^{-\alpha} \left(\|\nabla X^*\|^4_{L^{\frac{4}{\alpha}}(G_{h_0})} + \|\nabla X^*\|^2_{L^{\frac{2}{\alpha}}(G_{h_0})} \right) \right)
$$

erhalten wir daraus

$$
\int\limits_{G_{h_0}} \eta^2 \, |\nabla^2 X^*(w)|^2 \, dw \leq \hat{M} M_{\mathcal{P}} \left(\int\limits_{T(w_0,r)} |\nabla^2 X^*(w)|^2 \, dw + M^* \, r^{2-2\alpha} \right)
$$

für $\alpha \in (0, 1)$.

Aufgrund von $B(w_0, r) \subset G_{h_0}$ und $\eta \equiv 1$ in $B(w_0, r)$ folgt

$$
\int\limits_{B(w_0,r)} |\nabla^2 X^*(w)|^2 \, dw \leq \int\limits_{G_{h_0}} \eta^2 \, |\nabla^2 X^*(w)|^2 \, dw
$$

und damit

$$\int\limits_{B(w_0,r)} |\nabla^2 X^*(w)|^2 \, dw \leq \hat{M} M_{\mathcal{P}} \left(\int\limits_{T(w_0,r)} |\nabla^2 X^*(w)|^2 \, dw + M^* r^{2-2\alpha} \right) \tag{5.156}$$

für $\alpha \in (0,1)$.
Indem wir auf beiden Seiten von (5.156)

$$\hat{M} M_{\mathcal{P}} \int\limits_{B(w_0,r)} |\nabla^2 X^*(w)|^2 \, dw$$

addieren, füllen wir den Kreisring auf der rechten Seite aus und erhalten für $\alpha \in (0,1)$

$$(1 + \hat{M} M_{\mathcal{P}}) \int\limits_{B(w_0,r)} |\nabla^2 X^*(w)|^2 \, dw \leq \hat{M} M_{\mathcal{P}} \left(\int\limits_{B(w_0,2r)} |\nabla^2 X^*(w)|^2 \, dw + M^* r^{2-2\alpha} \right)$$

beziehungsweise

$$\int\limits_{B(w_0,r)} |\nabla^2 X^*(w)|^2 \, dw \leq \theta \left(\int\limits_{B(w_0,2r)} |\nabla^2 X^*(w)|^2 \, dw + M^* r^{2-2\alpha} \right) \tag{5.157}$$

mit

$$\theta := \frac{\hat{M} M_{\mathcal{P}}}{1 + \hat{M} M_{\mathcal{P}}} \; .$$

Es sei nun $G_0 \subset\subset G_{h_0}$ eine beliebig gewählte konvexe Menge. Wir setzen

$$r^* := \frac{1}{4} \, \text{dist}(\overline{G_0}, \partial G_{h_0}) > 0$$

und erhalten somit $\overline{B(w_0, 2r)} \subset G_{h_0}$ für alle $w_0 \in \overline{G_0}$ und alle $r \in (0, r^*]$. Entsprechend der bisherigen Argumentation erkennen wir schließlich die Gültigkeit von (5.157) für alle $w_0 \in \overline{G_0}$ und alle $r \in (0, r^*]$.
Wir wählen nun $\alpha \in (0, \frac{1}{2})$ und beachten

$$\theta M^* r^{2-2\alpha} = -r^{2-\beta} + \theta M^* r^{2-2\alpha} + r^{2-\beta}$$
$$= -r^{2-\beta} + \left(\theta M^* r^{\beta-2\alpha} + 1 \right) r^{2-\beta}$$
$$= -r^{2-\beta} + \left(\theta M^* r^{\beta-2\alpha} + 1 \right) 2^{\beta-2} (2r)^{2-\beta}$$

mit einem $\beta \in (2\alpha, 1)$.
Wegen $0 < 2\alpha < \beta < 1$ gilt

$$\left(\theta M^* r^{\beta-2\alpha} + 1 \right) 2^{\beta-2} < 1 \; ,$$

falls

$$\theta M^* r^{\beta-2\alpha} + 1 \leq 2^\beta$$

erfüllt ist, was wiederum genau dann gewährleistet wird, wenn

$$r \leq \left((\theta M^*)^{-1}(2^\beta - 1)\right)^{\frac{1}{\beta - 2\alpha}} =: \tilde{r}$$

richtig ist.
Somit erhalten wir

$$\theta M^* r^{2-2\alpha} \leq -r^{2-\beta} + 2^{2\beta-2} (2r)^{2-\beta} \tag{5.158}$$

für alle $r \in (0, \tilde{r}]$.
Indem wir (5.158) in (5.157) verwenden und anschließend

$$\theta_0 := \max\left\{\theta, 2^{2\beta-2}\right\} \in (0,1)$$

setzen, ergibt sich

$$\int_{B(w_0,r)} |\nabla^2 X^*(w)|^2 \, dw + r^{2-\beta} \leq \theta_0 \left(\int_{B(w_0,2r)} |\nabla^2 X^*(w)|^2 dw + (2r)^{2-\beta}\right) \tag{5.159}$$

für jedes $w_0 \in \overline{G}_0$ und alle $r \in (0, r_0]$, wobei wir $r_0 := \min\{r^*, \tilde{r}\}$ wählen.
Zu beliebigem $w_0 \in \overline{G}_0$ erklären wir die Funktion

$$\phi(r) := \int_{B(w_0,r)} |\nabla^2 X^*(w)|^2 \, dw + r^{2-\beta}$$

für $r \in (0, 2r^*]$, welche monoton wachsend auf $(0, r^*]$ ist und gemäß (5.159)

$$\phi(r) \leq \theta_0 \, \phi(2r) \tag{5.160}$$

für $0 < r \leq r_0$ erfüllt.
Wir bemerken noch, dass es zu $\theta_0 \in (0,1)$ mit

$$\sigma := \frac{-\ln\theta_0}{2\ln 2} > 0$$

eine positive reelle Zahl gibt, sodass

$$\theta_0 = 2^{-2\sigma} \tag{5.161}$$

gilt. Wegen $\theta_0 \geq 2^{2\beta-2}$ beobachten wir zudem

$$\sigma = \frac{-\ln\theta_0}{2\ln 2} \leq \frac{-\ln 2^{2\beta-2}}{2\ln 2} = \frac{(2-2\beta)\ln 2}{2\ln 2} = 1 - \beta < 1$$

und damit $\sigma \in (0,1)$. Wir beachten, dass σ unabhängig von h_0 ist.
Zu beliebigem $r \in (0, r_0)$ finden wir ein $k \in \mathbb{N}$, sodass $2^{-k}r_0 \leq r < 2^{-k+1}r_0$ richtig ist.
Mit (5.161) gilt dann insbesondere

$$\theta_0^k = 2^{-2k\sigma} = \left(2^{-k}\right)^{2\sigma} \leq \left(\frac{r}{r_0}\right)^{2\sigma}. \tag{5.162}$$

Indem wir die Monotonie von ϕ nutzen und k-mal (5.160) anwenden, folgt mit (5.162)

$$\phi(r) \le \phi\left(2^{-k+1}r_0\right) \le \theta_0^k \, \phi\,(2r_0) \le \phi\,(2r_0) \left(\frac{r}{r_0}\right)^{2\sigma}$$

für $r \in (0, r_0)$.

Dementsprechend ergibt sich daraus aufgrund der beliebigen Wahl von $w_0 \in \overline{G_0}$

$$\int\limits_{B(w_0,r)} |\nabla^2 X^*(w)|^2 \, dw \le \int\limits_{B(w_0,r)} |\nabla^2 X^*(w)|^2 \, dw + r^{2-\beta}$$

$$\le \left(\int\limits_{B(w_0,2r_0)} |\nabla^2 X^*(w)|^2 dw + (2r_0)^{2-\beta}\right) \left(\frac{r}{r_0}\right)^{2\sigma}$$

und insbesondere auch

$$\int\limits_{G_0 \cap B(w_0,r)} |\nabla^2 X^*(w)|^2 \, dw \le \left(\int\limits_{G_{h_0}} |\nabla^2 X^*(w)|^2 dw + (2r_0)^{2-\beta}\right) \left(\frac{r}{r_0}\right)^{2\sigma}$$

für alle $w_0 \in \overline{G_0}$ und $0 < r < r_0$.

Infolgedessen können wir das Lemma 5.5 anwenden und erhalten mit einer entsprechenden Konstante $M^{**} > 0$

$$\int\limits_{G_0 \cap B(w_0,r)} |\nabla^2 X^*(w)|^2 \, dw \le M^{**} \, r^{2\sigma}$$

für alle $w_0 \in \mathbb{R}^2$ und $r > 0$.

Somit gilt speziell

$$\int\limits_{B(w_0,r)} |\nabla^2 X^*(w)|^2 \, dw = \int\limits_{G_0 \cap B(w_0,r)} |\nabla^2 X^*(w)|^2 \, dw \le M^{**} \, r^{2\sigma}$$

für alle $B(w_0, r) \subset G_0$ und die erste Version des Dirichletschen Wachstumstheorems (Satz 4.3) liefert uns $\nabla X^* \in C^\sigma(G_0)$ beziehungsweise $X^* \in C^{1,\sigma}(G_0)$.

Da wir zu einer beliebigen konvexen Menge $G_0 \subset\subset G$ stets ein $h_0 > 0$ finden, sodass auch $G_0 \subset\subset G_{h_0}$ richtig ist, schließen wir insgesamt $X^* \in C^{1,\sigma}(G)$. $\square$

Bemerkung 5.11. Unter der zusätzlichen Forderung $f \in C^{2,\varpi}(G \times \mathbb{R}^3 \times \mathbb{R}^{3\times 2}, \mathbb{R})$ im Satz 5.6 kann nach Morrey [49, Theorem 19.2] sogar $X^* \in C^{2,\sigma}(G)$ gezeigt werden. Hierzu leitet dieser zunächst ebenfalls Hölder-Stetigkeit der ersten Ableitungen von X^* her und wendet anschließend ein Ergebnis von Hopf [38] an. Dabei bleibt eine ausführliche Darstellung der Übertragung des Ergebnisses im skalaren Fall aus [38] auf den notwendigen vektorwertigen Fall offen. Da dies auch im Rahmen dieser Arbeit nicht erfolgen soll, belassen wir es hier bei dem Ergebnis des Satzes 5.6.

Wir beachten, dass der Satz 5.6 die Existenz eines Minimierers X^* des zu f gehörenden Funktionals $\mathcal{I}$ mit entsprechenden Eigenschaften voraussetzt. Abschließend wollen wir daher die Existenz und die Regularität durch das folgende Ergebnis verknüpfen, welches die Sätze 4.13 und 5.6 kombiniert.

Satz 5.7 (Differenzierbarer Minimierer). *Es seien $B(w_0, R_0) \subset \mathbb{R}^2$ und eine Funktion $f \colon B(w_0, R_0) \times \mathbb{R}^3 \times \mathbb{R}^{3\times 2} \to \mathbb{R} \in C^2(B(w_0, R_0) \times \mathbb{R}^3 \times \mathbb{R}^{3\times 2}, \mathbb{R})$ mit $f(w, X, p)$ derart gegeben, dass mit Konstanten $0 < \tilde{M}_1 \leq \tilde{M}_2 < +\infty$*

$$\tilde{M}_1 |p|^2 \leq f(w, X, p) \leq \tilde{M}_2 |p|^2 \tag{5.163}$$

für alle $(w, X, p) \in B(w_0, R_0) \times \mathbb{R}^3 \times \mathbb{R}^{3\times 2}$ gilt.
Gleichzeitig mögen Konstanten $0 < M_1 \leq M_2 < +\infty$ existieren, sodass

$$M_1 |\gamma|^2 \leq \sum_{k,l=1}^{2} \sum_{i,j=1}^{3} f_{p_l^i, p_k^j}(w, X, p)\, \gamma_l^i\, \gamma_k^j \leq M_2 |\gamma|^2 \tag{5.164}$$

für alle $(w, X, p) \in B(w_0, R_0) \times \mathbb{R}^3 \times \mathbb{R}^{3\times 2}$ und alle $\gamma = (\gamma_1, \gamma_2) \in \mathbb{R}^{3\times 2}$ richtig ist.
Zudem gebe es zu jedem $R > 0$ ein $M(R) > 0$, sodass

$$|\nabla_X f(w, X, p)|^2 + \left|\nabla_{Xw}^2 f(w, X, p)\right|^2 + \left|\nabla_{XX}^2 f(w, X, p)\right|^2 \leq M(R) \left(1 + |p|^2\right)^2 \tag{5.165}$$

und

$$|\nabla_p f(w, X, p)|^2 + \left|\nabla_{pX}^2 f(w, X, p)\right|^2 + \left|\nabla_{pw}^2 f(w, X, p)\right|^2 \leq M(R) \left(1 + |p|^2\right) \tag{5.166}$$

für alle $(w, X, p) \in B(w_0, R_0) \times \mathbb{R}^3 \times \mathbb{R}^{3\times 2}$ mit $|w|^2 + |X|^2 \leq R^2$ erfüllt sind.
Zusätzlich seien $Y_0 \in W^{1,2}(B(w_0, R_0)) \cap C(\partial B(w_0, R_0))$ und

$$\mathcal{F} := \left\{ X \in W^{1,2}(B(w_0, R_0)) : X - Y_0 \in W_0^{1,2}(B(w_0, R_0)) \right\} \subset W^{1,2}(B(w_0, R_0))$$

sowie

$$\mathcal{I}(X, B(w_0, R_0)) = \int\limits_{B(w_0, R_0)} f(w, X(w), \nabla X(w))\, dw$$

das zu f gehörende Funktional $\mathcal{I}$.
Dann existiert ein $X^* \in \mathcal{F} \cap W_{\mathrm{loc}}^{2,2}(B(w_0, R_0)) \cap C^{1,\sigma}(B(w_0, R_0)) \cap C(\overline{B(w_0, R_0)})$ mit $\sigma \in (0,1)$, sodass

$$\mathcal{I}(X^*, B(w_0, R_0)) = \inf_{X \in \mathcal{F}} \mathcal{I}(X, B(w_0, R_0))$$

gilt. Zudem ist die Randbedingung $X^*(w) = \mathrm{Tr}[Y_0](w)$ für alle $w \in \partial B(w_0, R_0)$ erfüllt.

Beweis. Zunächst bemerken wir, dass die Voraussetzung (5.163) der Bedingung i) aus dem Satz 4.13 entspricht. Gleichzeitig folgt aus $f \in C^2(B(w_0, R_0) \times \mathbb{R}^3 \times \mathbb{R}^{3\times 2}, \mathbb{R})$ insbesondere die Forderung ii) des Satzes 4.13 an die Regularität von f. Zudem entnehmen wir (5.164), dass die Hesse-Matrix der Ableitungen von f bezüglich p positiv definit in allen Punkten $(w, X, p) \in B(w_0, R_0) \times \mathbb{R}^3 \times \mathbb{R}^{3\times 2}$ ist. Somit erkennen wir die Funktion f als konvex in p für alle $(w, X) \in B(w_0, R_0) \times \mathbb{R}^3$, was wiederum mit der Voraussetzung iii) im Satz 4.13 übereinstimmt. Schließlich besitzen die Menge $\mathcal{F}$ und die Funktion Y_0 gleiche Eigenschaften wie im Satz 4.13.

Infolgedessen können wir den Satz 4.13 ohne Einschränkungen anwenden und erhalten mit einem $\alpha \in (0,1)$ einen Minimierer $X^* \in \mathcal{F} \cap C^\alpha(B(w_0, R_0)) \cap C(\overline{B(w_0, R_0)})$ des zu f gehörenden Funktionals $\mathcal{I}$ über der Menge $\mathcal{F}$, der zusätzlich die Randbedingung $X^*(w) = \mathrm{Tr}[Y_0](w)$ für alle $w \in \partial B(w_0, R_0)$ erfüllt.

Aus der Kompaktheit von $\overline{B(w_0, R_0)}$ und $X^* \in C(\overline{B(w_0, R_0)})$ schließen wir zusätzlich die Beschränktheit von X^* in $\overline{B(w_0, R_0)}$ gemäß dem Fundamentalsatz von Weierstraß über Maxima und Minima. Speziell ergibt sich $X^* \in L^\infty(B(w_0, R_0))$.

Da die Kreisscheibe $B(w_0, R_0)$ außerdem ein beschränktes, konvexes Gebiet der Klasse C^2 darstellt, sind auch alle Voraussetzungen der Sätze 5.3 und 5.6 erfüllt, sodass durch die Anwendung dieser beiden Sätze auf X^* alles gezeigt ist. $\square$

6 Minimierer vom Poissonschen Typ

Anknüpfend an die Existenz eines stetig differenzierbaren Minimierers für eine breite Klasse von zweidimensionalen Variationsproblemen (Satz 5.7) im vorangegangenen Kapitel wollen wir die Regularität derartiger Minimierer weiter erhöhen. Konkret soll die Hölder-Stetigkeit der zweiten Ableitungen gezeigt werden.

Dabei konzentrieren wir uns in diesem Kapitel auf eine spezielle Klasse zweidimensionaler Variationsprobleme, deren Minimierer gleichzeitig eine schwache Poisson-Gleichung lösen. Derartige Minimierer bezeichnen wir daher als Minimierer vom Poissonschen Typ. Diese treten unter anderem bei Untersuchungen harmonischer Abbildungen in Riemannschen Räumen und des Dirichletproblems für das H-Flächen-System auf. Methodisch weichen wir für den Beweis der höheren Regularität von der in der Bemerkung 5.11 angedeuteten Vorgehensweise ab. Unter maßgeblicher Berücksichtigung der Schaudertheorie aus [60, Kap. IX] zeigen wir mit der $C^{2,\sigma}$-Rekonstruktion zunächst ein Ergebnis, welches durch lokale Rekonstruktion der Lösung einer schwachen Poisson-Gleichung deren Regularität verbessert. In diesem Zusammenhang erkennen wir, dass diese Lösung einer elliptischen Differentialgleichung genügt.

Anwendung findet die $C^{2,\sigma}$-Rekonstruktion, indem wir einen Minimierer eines geeigneten Funktionals zunächst als schwache Lösung der zugehörigen schwachen Euler-Lagrange-Gleichung betrachten. Im Anschluss daran überführen wir die schwache Euler-Lagrange-Gleichung in die Form einer schwachen Poisson-Gleichung, wobei wir einen möglicherweise vom Minimierer abhängigen Teil der schwachen Euler-Lagrange-Gleichung als gegebene rechte Seite der schwachen Poisson-Gleichung auffassen. Da der Minimierer die so entstandene schwache Poisson-Gleichung unmittelbar löst, kann die $C^{2,\sigma}$-Rekonstruktion zum Erhalt der höheren Regularität genutzt werden.

Diese Methode wenden wir im darauffolgenden Abschnitt an, um ein Dirichletsches Prinzip für harmonische Abbildungen in Riemannschen Räumen einzusehen.

Anschließend nutzen wir die gleiche Methode zur Lösung des Dirichletproblems für das H-Flächen-System. Von entscheidender Bedeutung ist dabei auch die Wahl des richtigen Funktionals. Wir werden mit dem Heinz-Hildebrandt-Funktional, welches wir aufgrund der wegweisenden Forschungen von Erhard Heinz und Stefan Hildebrandt in diesem Bereich so bezeichnen wollen, ein Funktional kennenlernen, dessen schwache Euler-Lagrange-Gleichung zum H-Flächen-System führt. Auf dem Weg dorthin sind die Eigenschaften des im Heinz-Hildebrandt-Funktional auftretenden Vektorfeldes Q so zu wählen, dass sich die Theorie der vorherigen Kapitel entfalten kann.

Darauf aufbauend geben wir einen Ausblick auf das allgemeine Plateausche Problem für Flächen vorgeschriebener mittlerer Krümmung. Dabei soll eine Idee davon vermittelt werden, wie die vorangegangenen Erkenntnisse in diesem eigenständigen Teilbereich zur Anwendung gebracht werden können.

Abschließend konstruieren wir ein Vektorfeld Q aus einer mittleren Krümmung H und lösen mit Maximumprinzipien das Plateausche Problem für H-Flächen in Körpern.

© Der/die Autor(en) 2023
A. Künnemann, *Existenz- und Regularitätstheorie der zweidimensionalen Variationsrechnung mit Anwendungen auf das Plateausche Problem für Flächen vorgeschriebener mittlerer Krümmung*, https://doi.org/10.1007/978-3-658-41641-6_6

6.1 $C^{2,\sigma}$-Regularität

Den folgenden Abschnitt widmen wir dem zentralen Ergebnis dieses Kapitels. Dabei zeigen wir, dass eine differenzierbare Lösung einer schwachen Poisson-Gleichung auch Hölder-stetige zweite Ableitungen besitzt. Hierfür lösen wir zunächst die klassische Poisson-Gleichung mithilfe der von Sauvigny in [60, Kap. IX] dargestellten Schaudertheorie. Anschließend identifizieren wir die Lösung der schwachen Poisson-Gleichung lokal mit der Lösung der klassischen Poisson-Gleichung.

Lemma 6.1 ($C^{2,\sigma}$-Rekonstruktion). *Es seien eine offene Kreisscheibe $B \subset \mathbb{R}^2$ und eine Hölder-stetige Funktion $\psi \colon \overline{B} \to \mathbb{R} \in C^\sigma(\overline{B})$ mit einem $\sigma \in (0,1)$ sowie die stetige Funktion $\omega \colon \partial B \to \mathbb{R} \in C(\partial B)$ gegeben.*
Dann gehört jede Lösung $y \colon \overline{B} \to \mathbb{R} \in C^1(B) \cap C(\overline{B})$, die der schwachen Poisson-Gleichung

$$- \iint\limits_B \nabla y(u,v) \cdot \nabla \varphi(u,v) \, \mathrm{d}u \, \mathrm{d}v = \iint\limits_B \psi(u,v) \, \varphi(u,v) \, \mathrm{d}u \, \mathrm{d}v \qquad (6.1)$$

für alle Funktionen $\varphi \in C_0^1(B)$ unter der Randbedingung

$$y(u,v) = \omega(u,v)$$

für alle $(u,v) \in \partial B$ genügt, auch zur Regularitätsklasse $C^{2,\sigma}(B)$ und erfüllt zudem die Differentialgleichung

$$\Delta y(u,v) = \psi(u,v) \qquad (6.2)$$

für alle $(u,v) \in B$.

Beweis. Gemäß dem Rekonstruktionslemma aus [60, Kap. IX, §6, Satz 1] existiert eine Lösung $\tilde{y} \colon \overline{B} \to \mathbb{R} \in C^{2,\sigma}(B) \cap C(\overline{B})$ der Differentialgleichung

$$\Delta \tilde{y}(u,v) = \psi(u,v) \qquad (6.3)$$

für alle $(u,v) \in B$ unter der Randbedingung $\tilde{y}(u,v) = \omega(u,v)$ für alle $(u,v) \in \partial B$. Wir wählen eine beliebige Kreisscheibe $B(w_0, R) \subset\subset B$. Nach [59, Kap. V, §2, Satz 3] gilt wegen (6.3) die Mittelpunktsidentität

$$\tilde{y}(w_0) = \frac{1}{2\pi R} \int\limits_{\partial B(w_0,R)} \tilde{y}(w) \, \mathrm{d}s(w) - \frac{1}{2\pi} \int\limits_{B(w_0,R)} \ln\left(\frac{R}{|w - w_0|}\right) \psi(w) \, \mathrm{d}w \; . \qquad (6.4)$$

Zusätzlich finden wir eine Kreisscheibe $B_0 \subset \mathbb{R}^2$ mit $B(w_0, R) \subset\subset B_0 \subset\subset B$ und entnehmen (6.1) insbesondere

$$- \iint\limits_{B_0} \nabla y(u,v) \cdot \nabla \varphi(u,v) \, \mathrm{d}u \, \mathrm{d}v = \iint\limits_{B_0} \psi(u,v) \, \varphi(u,v) \, \mathrm{d}u \, \mathrm{d}v \qquad (6.5)$$

für alle $\varphi \in C_0^\infty(B_0)$. Indem wir $\psi \in C^\sigma(\overline{B_0})$ sowie $y \in C^1(\overline{B_0})$ bemerken, bleibt (6.5) auch für alle $\varphi \in W_0^{1,2}(B_0)$ gültig.

Zu jedem $\varrho \in (0, R)$ erklären wir nun die Funktion

$$\varphi^{(\varrho)}(w) := \begin{cases} 0 & \text{für } w \in B \setminus \overline{B(w_0, R)}, \\ -\dfrac{1}{2\pi} \ln\left(\dfrac{R}{|w - w_0|}\right) & \text{für } w \in \overline{B(w_0, R)} \setminus B(w_0, \varrho), \\ -\dfrac{1}{2\pi} \ln\left(\dfrac{R}{\varrho}\right) & \text{für } w \in B(w_0, \varrho) \end{cases}$$

und bemerken $\varphi^{(\varrho)} \in W_0^{1,2}(B_0)$.
Aufgrund von $\varphi^{(\varrho)} \in C^2(\overline{B(w_0, R)} \setminus B(w_0, \varrho))$ berechnen wir aus (6.5)

$$\begin{aligned}
\int_{B_0} \psi(w)\, \varphi^{(\varrho)}(w)\, dw &= -\int_{B_0} \nabla y(w) \cdot \nabla \varphi^{(\varrho)}(w)\, dw \\
&= -\int_{\overline{B(w_0,R)} \setminus B(w_0,\varrho)} \nabla y(w) \cdot \nabla \varphi^{(\varrho)}(w)\, dw \\
&= -\int_{\overline{B(w_0,R)} \setminus B(w_0,\varrho)} \operatorname{div}\left(y(w)\, \nabla \varphi^{(\varrho)}(w)\right) dw \\
&\quad + \int_{\overline{B(w_0,R)} \setminus B(w_0,\varrho)} y(w)\, \Delta \varphi^{(\varrho)}(w)\, dw
\end{aligned} \tag{6.6}$$

für jedes $\varrho \in (0, R)$.
Einerseits beachten wir für jedes $\varrho \in (0, R)$

$$\Delta \varphi^{(\varrho)}(w) = 0 \tag{6.7}$$

für alle $w \in \overline{B(w_0, R)} \setminus B(w_0, \varrho)$.
Wegen $\varphi^{(\varrho)} \in C^1(\overline{B(w_0, R)} \setminus B(w_0, \varrho))$ erhalten wir andererseits mithilfe des Gaußschen Integralsatzes, den wir [59, Kap. I, §5, Satz 1] entnehmen,

$$\begin{aligned}
\int_{\overline{B(w_0,R)} \setminus B(w_0,\varrho)} \operatorname{div}\left(y(w)\, \nabla \varphi^{(\varrho)}(w)\right) dw &= \int_{\partial B(w_0,R)} y(w)\, \frac{\partial \varphi^{(\varrho)}}{\partial \nu}(w)\, ds(w) \\
&\quad + \int_{\partial B(w_0,\varrho)} y(w)\, \frac{\partial \varphi^{(\varrho)}}{\partial \nu}(w)\, ds(w)
\end{aligned} \tag{6.8}$$

für $\varrho \in (0, R)$. Dabei ist ν die äußere Normale an den entsprechenden Rand.
Wir bemerken

$$\nabla \varphi^{(\varrho)}(w) = \frac{1}{2\pi\, |w - w_0|}\, \frac{w - w_0}{|w - w_0|}$$

für $w \in \overline{B(w_0, R)} \setminus B(w_0, \varrho)$ und schließen damit

$$\int_{\partial B(w_0,R)} y(w)\, \frac{\partial \varphi^{(\varrho)}}{\partial \nu}(w)\, ds(w) = \frac{1}{2\pi R} \int_{\partial B(w_0,R)} y(w)\, ds(w) \tag{6.9}$$

sowie

$$\int\limits_{\partial B(w_0,\varrho)} y(w)\,\frac{\partial \varphi^{(\varrho)}}{\partial \nu}(w)\,\mathrm{d}s(w) = -\frac{1}{2\pi\varrho}\int\limits_{\partial B(w_0,\varrho)} y(w)\,\mathrm{d}s(w) \qquad (6.10)$$

für $\varrho \in (0,R)$.
Unter Verwendung von (6.7), (6.8), (6.9) und (6.10) wird (6.6) damit zu

$$\int\limits_{B_0} \psi(w)\,\varphi^{(\varrho)}(w)\,\mathrm{d}w = -\frac{1}{2\pi R}\int\limits_{\partial B(w_0,R)} y(w)\,\mathrm{d}s(w) + \frac{1}{2\pi\varrho}\int\limits_{\partial B(w_0,\varrho)} y(w)\,\mathrm{d}s(w)$$

beziehungsweise

$$\frac{1}{2\pi\varrho}\int\limits_{\partial B(w_0,\varrho)} y(w)\,\mathrm{d}s(w) = \frac{1}{2\pi R}\int\limits_{\partial B(w_0,R)} y(w)\,\mathrm{d}s(w) + \int\limits_{B_0} \psi(w)\,\varphi^{(\varrho)}(w)\,\mathrm{d}w$$

für jedes $\varrho \in (0,R)$.
Daraus ergibt sich unter Verwendung des allgemeinen Konvergenzsatzes von Lebesgue aus [61, Kap. VIII, §4, Satz 7] für $\varrho \to 0+$ die Mittelpunktsidentität

$$y(w_0) = \frac{1}{2\pi R}\int\limits_{\partial B(w_0,R)} y(w)\,\mathrm{d}s(w) - \frac{1}{2\pi}\int\limits_{B(w_0,R)} \ln\left(\frac{R}{|w-w_0|}\right)\psi(w)\,\mathrm{d}w\,. \qquad (6.11)$$

Wir beachten, dass (6.4) und (6.11) für jede Kreisscheibe $B(w_0,R) \subset\subset B$ aufgrund der beliebigen Wahl richtig sind. Indem wir (6.4) von (6.11) subtrahieren, erhalten wir für die Funktion $y - \tilde{y}\colon \overline{B} \to \mathbb{R} \in C(\overline{B})$ die Mittelwerteigenschaft

$$(y-\tilde{y})(w_0) = \frac{1}{2\pi R}\int\limits_{\partial B(w_0,R)} (y(w)-\tilde{y}(w))\,\mathrm{d}s(w)$$

für jede Kreisscheibe $B(w_0,R) \subset\subset B$. Somit ist die Funktion $y-\tilde{y}$ schwachharmonisch in B im Sinne von [59, Kap. V, §2, Definition 2]. Insbesondere ist sie dem Maximum- und Minimumprinzip aus [59, Kap. V, §2, Satz 7] unterworfen. Wegen

$$(y-\tilde{y})(w) = \omega(w) - \omega(w) = 0$$

für alle $w \in \partial B$ ergibt sich infolgedessen

$$(y-\tilde{y})(w) = 0$$

beziehungsweise

$$y(w) = \tilde{y}(w)$$

für alle $w \in \overline{B}$. Aus $\tilde{y} \in C^{2,\sigma}(B)$ folgt daher auch $y \in C^{2,\sigma}(B)$.
Damit können wir zusätzlich die erste Greensche Formel aus [35, Kap. 6.3, Satz 2] für eine beliebige offene Kreisscheibe $\tilde{B} \subset\subset B$ anwenden und ermitteln für alle $\varphi \in C_0^1(\tilde{B})$

$$\iint\limits_{\tilde{B}} \nabla y(u,v)\cdot\nabla\varphi(u,v)\,\mathrm{d}u\,\mathrm{d}v = -\iint\limits_{\tilde{B}} \varphi(u,v)\,\Delta y(u,v)\,\mathrm{d}u\,\mathrm{d}v\,.$$

Somit erhalten wir aus (6.1) für alle $\varphi \in C_0^1(\tilde{B})$

$$\iint_{\tilde{B}} \varphi(u,v)\,\Delta y(u,v)\,\mathrm{d}u\,\mathrm{d}v = \iint_{\tilde{B}} \psi(u,v)\,\varphi(u,v)\,\mathrm{d}u\,\mathrm{d}v$$

beziehungsweise

$$\iint_{\tilde{B}} (\Delta y(u,v) - \psi(u,v))\,\varphi(u,v)\,\mathrm{d}u\,\mathrm{d}v = 0 .$$

Das Fundamentallemma der Variationsrechnung aus [11, Theorem 1.24] liefert uns

$$\Delta y(u,v) = \psi(u,v)$$

für alle $(u,v) \in \tilde{B}$. Aufgrund der beliebigen Wahl von $\tilde{B}$ folgt (6.2).   □

6.2 Dirichletsches Prinzip für harmonische Abbildungen

Als eine erste Anwendung des Lemmas 6.1 wollen wir harmonische Abbildungen in Riemannschen Räumen betrachten.

Satz 6.1 (Dirichletsches Prinzip für harmonische Abbildungen). *Es sei*

$$\mathrm{d}s^2 = \sum_{i,j=1}^{3} g_{ij}(X)\,\mathrm{d}X_i\,\mathrm{d}X_j , \quad X = (X_1, X_2, X_3)^\mathrm{T} \in \mathbb{R}^3$$

eine Riemannsche Metrik mit symmetrischen Koeffizientenfunktionen $g_{ij} \in C^2(\mathbb{R}^3)$ *für* $i,j \in \{1,2,3\}$, *welche mit den Konstanten* $0 < M_1 \leq M_2 < +\infty$ *die gleichmäßige Elliptizitätsbedingung*

$$M_1 |Y|^2 \leq \sum_{i,j=1}^{3} g_{ij}(X)\,Y_i\,Y_j \leq M_2 |Y|^2 \qquad (6.12)$$

für alle $Y = (Y_1, Y_2, Y_3) \in \mathbb{R}^3$ *und alle* $X \in \mathbb{R}^3$ *erfüllen.*
Zudem seien die Funktion $Y_0 \in W^{1,2}(B, \mathbb{R}^3) \cap C(\partial B, \mathbb{R}^3)$ *auf der offenen Kreisscheibe* $B = B(w_0, R_0) \subset \mathbb{R}^2$ *und die zugehörige Funktionenklasse*

$$\mathcal{F} = \left\{ X \in W^{1,2}(B) \; : \; X - Y_0 \in W_0^{1,2}(B) \right\}$$

beliebig vorgegeben.
Dann gibt es eine harmonische Abbildung $X^* \colon \overline{B} \to \mathbb{R}^3 \in C^{2,\sigma}(B) \cap C(\overline{B}) \cap \mathcal{F}$ *mit einem* $\sigma \in (0,1)$ *und* $X^*(u,v) = (X_1^*(u,v), X_2^*(u,v), X_3^*(u,v))^\mathrm{T}$, *welche das Riemann-Dirichlet-Integral*

$$\mathcal{R}(X) = \iint_B \sum_{i,j=1}^{3} \frac{g_{ij}(X(u,v))}{2} \left[(X_u(u,v))_i\,(X_u(u,v))_j + (X_v(u,v))_i\,(X_v(u,v))_j \right] \mathrm{d}u\,\mathrm{d}v$$

in der Klasse $\mathcal{F}$ *minimiert, das heißt* $\mathcal{R}(X^*) = \inf_{X \in \mathcal{F}} \mathcal{R}(X)$.

Diese Funktion genügt dem nichtlinearen, elliptischen System

$$\Delta X_k^*(u,v) = - \sum_{i,j=1}^{3} \Gamma_{ij}^k(X^*(u,v)) \left[(X_u^*(u,v))_i \, (X_u^*(u,v))_j + (X_v^*(u,v))_i \, (X_v^*(u,v))_j \right]$$

für alle $(u,v) \in B$ *und* $k \in \{1,2,3\}$ *und erfüllt die Randbedingung*

$$X^*(u,v) = \mathrm{Tr}[Y_0](u,v)$$

für alle $(u,v) \in \partial B$. *Mit* Γ_{ij}^k *seien dabei die Christoffelsymbole zweiter Art bezeichnet.*

Beweis. Wir wollen den Satz 5.7 verwenden und prüfen hierzu die Voraussetzungen für die Funktion

$$f(X,p) = \frac{1}{2} \sum_{i,j=1}^{3} g_{ij}(X) \left(p_1^i \, p_1^j + p_2^i \, p_2^j \right)$$

mit $X \in \mathbb{R}^3$ und $p = (p_1, p_2) \in \mathbb{R}^{3\times 2}$.
Unter Ausnutzung der Symmetrie der Koeffizientenfunktionen g_{ij} berechnen wir unmittelbar für jedes $k \in \{1,2,3\}$

$$\begin{aligned}
f_{p_1^k}(X,p) &= \frac{1}{2} \sum_{i,j=1}^{3} g_{ij}(X) \left(\delta_{ki} \, p_1^j + p_1^i \, \delta_{kj} \right) \\
&= \frac{1}{2} \sum_{j=1}^{3} g_{kj}(X) \, p_1^j + \frac{1}{2} \sum_{i=1}^{3} g_{ik}(X) \, p_1^i \qquad (6.13) \\
&= \sum_{j=1}^{3} g_{kj}(X) \, p_1^j
\end{aligned}$$

sowie analog dazu

$$f_{p_2^k}(X,p) = \sum_{j=1}^{3} g_{kj}(X) \, p_2^j \qquad (6.14)$$

für $X \in \mathbb{R}^3$ und $p \in \mathbb{R}^{3\times 2}$.
Zusätzlich erhalten wir daraus für $k, l \in \{1,2,3\}$

$$f_{p_1^k, p_1^l}(X,p) = g_{kl}(X) \qquad (6.15)$$

und

$$f_{p_2^k, p_2^l}(X,p) = g_{kl}(X) \qquad (6.16)$$

sowie

$$f_{p_1^k, p_2^l}(X,p) = f_{p_2^k, p_1^l}(X,p) = 0 \qquad (6.17)$$

für $X \in \mathbb{R}^3$ und $p \in \mathbb{R}^{3\times 2}$.

Gleichzeitig gilt für $i \in \{1,2\}$ und $k,l \in \{1,2,3\}$ sowie für $X \in \mathbb{R}^3$ und $p \in \mathbb{R}^{3 \times 2}$

$$f_{p_i^k X_l}(X,p) = \sum_{j=1}^{3} g_{kj,X_l}(X) \, p_i^j \, .$$

Wir schließen dann mithilfe der Ungleichung von Cauchy-Schwarz

$$|\nabla_p f(X,p)|^2 = \sum_{i=1}^{2} \sum_{k=1}^{3} \left| f_{p_i^k}(X,p) \right|^2 = \sum_{i=1}^{2} \sum_{k=1}^{3} \left| \sum_{j=1}^{3} g_{kj}(X) \, p_i^j \right|^2$$

$$\leq \sum_{i=1}^{2} \sum_{k=1}^{3} \left(\sum_{j=1}^{3} |g_{kj}(X)|^2 \right) \left(\sum_{j=1}^{3} \left| p_i^j \right|^2 \right) \quad (6.18)$$

$$= \left(\sum_{k,j=1}^{3} |g_{kj}(X)|^2 \right) |p|^2$$

und analog dazu

$$\left| \nabla_{pX}^2 f(X,p) \right|^2 = \sum_{i=1}^{2} \sum_{k,l=1}^{3} \left| f_{p_i^k X_l}(X,p) \right|^2 \leq \left(\sum_{k,l=1}^{3} |g_{kj,X_l}(X)|^2 \right) |p|^2 \quad (6.19)$$

für $X \in \mathbb{R}^3$ und $p \in \mathbb{R}^{3 \times 2}$.
Des Weiteren gilt für $k,l \in \{1,2,3\}$

$$f_{X_k}(X,p) = \frac{1}{2} \sum_{i,j=1}^{3} g_{ij,X_k}(X) \left(p_1^i p_1^j + p_2^i p_2^j \right) \quad (6.20)$$

und

$$f_{X_k X_l}(X,p) = \frac{1}{2} \sum_{i,j=1}^{3} g_{ij,X_k X_l}(X) \left(p_1^i p_1^j + p_2^i p_2^j \right)$$

für $X \in \mathbb{R}^3$ und $p \in \mathbb{R}^{3 \times 2}$.
Wir gelangen durch Anwendung der Ungleichung von Cauchy-Schwarz auf die Summation bezüglich i und anschließende Anwendung auf die Summation bezüglich j zu

$$\left| \sum_{i,j=1}^{3} g_{ij,X_k}(X) \, p_l^i p_l^j \right| \leq \left(\sum_{i=1}^{3} \left| p_l^i \right|^2 \right)^{\frac{1}{2}} \left(\sum_{i=1}^{3} \left| \sum_{j=1}^{3} g_{ij,X_k}(X) \, p_l^j \right|^2 \right)^{\frac{1}{2}}$$

$$\leq |p_l| \left(\sum_{i=1}^{3} \left(\sum_{j=1}^{3} |g_{ij,X_k}(X)|^2 \right) \left(\sum_{j=1}^{3} \left| p_l^j \right|^2 \right) \right)^{\frac{1}{2}}$$

$$= \left(\sum_{i,j=1}^{3} |g_{ij,X_k}(X)|^2 \right)^{\frac{1}{2}} |p_l|^2$$

für $l \in \{1,2\}$, $X \in \mathbb{R}^3$ und $p \in \mathbb{R}^{3 \times 2}$.

Damit ergibt sich für jedes $k \in \{1, 2, 3\}$

$$|f_{X_k}(X, p)| \leq \frac{1}{2} \left(\sum_{i,j=1}^{3} |g_{ij, X_k}(X)|^2 \right)^{\frac{1}{2}} |p|^2$$

und schließlich

$$|\nabla_X f(X, p)|^2 = \sum_{k=1}^{3} |f_{X_k}(X, p)|^2 \leq \frac{1}{4} \left(\sum_{i,j,k=1}^{3} |g_{ij, X_k}(X)|^2 \right) |p|^4 \qquad (6.21)$$

für $X \in \mathbb{R}^3$ und $p \in \mathbb{R}^{3 \times 2}$.
Analog dazu folgt für $k, l \in \{1, 2, 3\}$

$$|f_{X_k X_l}(X, p)| \leq \frac{1}{2} \left(\sum_{i,j=1}^{3} |g_{ij, X_k X_l}(X)|^2 \right)^{\frac{1}{2}} |p|^2$$

und somit

$$\left| \nabla_{XX}^2 f(X, p) \right|^2 = \sum_{k,l=1}^{3} |f_{X_k X_l}(X, p)|^2 \leq \frac{1}{4} \left(\sum_{i,j,k,l=1}^{3} |g_{ij, X_k X_l}(X)|^2 \right) |p|^4 \qquad (6.22)$$

für $X \in \mathbb{R}^3$ und $p \in \mathbb{R}^{3 \times 2}$.
Wegen $g_{ij} \in C^2(\mathbb{R}^3)$ für alle $i, j \in \{1, 2, 3\}$ existiert gemäß dem Fundamentalsatz von Weierstraß über Maxima und Minima zu jedem $R > 0$ ein $M(R) > 0$, sodass

$$\left(\sum_{k,j=1}^{3} |g_{kj}(X)|^2 \right) + \left(\sum_{k,l,j=1}^{3} |g_{kj, X_l}(X)|^2 \right) + \left(\sum_{i,j,k,l=1}^{3} |g_{ij, X_k X_l}(X)|^2 \right) \leq M(R)$$

für alle $X \in \mathbb{R}^3$ mit $|X| \leq R$ richtig ist. Mit (6.18) und (6.19) beziehungsweise (6.21) und (6.22) erhalten wir daher

$$|\nabla_p f(X, p)|^2 + \left| \nabla_{pX}^2 f(X, p) \right|^2 \leq M(R) |p|^2 \qquad (6.23)$$

beziehungsweise

$$|\nabla_X f(X, p)|^2 + \left| \nabla_{XX}^2 f(X, p) \right|^2 \leq M(R) |p|^4 \qquad (6.24)$$

für alle $(X, p) \in \mathbb{R}^3 \times \mathbb{R}^{3 \times 2}$ mit $|X| \leq R$.
Der Bedingung (6.12) entnehmen wir zusätzlich

$$M_1 |p_l|^2 \leq \sum_{i,j=1}^{3} g_{ij}(X) p_l^i p_l^j \leq M_2 |p_l|^2$$

und erhalten so für alle $X \in \mathbb{R}^3$ und alle $p \in \mathbb{R}^{3 \times 2}$

$$\frac{M_1}{2} |p|^2 \leq f(X, p) \leq \frac{M_2}{2} |p|^2 \; . \qquad (6.25)$$

Wegen (6.15), (6.16) und (6.17) schließen wir zudem

$$\sum_{i,j=1}^{2}\sum_{k,l=1}^{3} f_{p_i^k,p_j^l}(X,p)\,\gamma_i^k\,\gamma_j^l = \sum_{i=1}^{2}\sum_{k,l=1}^{3} f_{p_i^k,p_i^l}(X,p)\,\gamma_i^k\,\gamma_i^l = \sum_{i=1}^{2}\sum_{k,l=1}^{3} g_{kl}(X)\,\gamma_i^k\,\gamma_i^l$$

für alle $X \in \mathbb{R}^3$, $p \in \mathbb{R}^{3\times 2}$ und $\gamma = (\gamma_1,\gamma_2) \in \mathbb{R}^{3\times 2}$. Mit (6.12) ergibt sich daraus

$$M_1\,|\gamma|^2 \le \sum_{i,j=1}^{2}\sum_{k,l=1}^{3} f_{p_i^k,p_j^l}(X,p)\,\gamma_i^k\,\gamma_j^l \le M_2\,|\gamma|^2 \tag{6.26}$$

für alle $X \in \mathbb{R}^3$, alle $p \in \mathbb{R}^{3\times 2}$ und alle $\gamma = (\gamma_1,\gamma_2) \in \mathbb{R}^{3\times 2}$.
Aufgrund von (6.23), (6.24), (6.25) und (6.26) sind daher alle Voraussetzungen des Satzes 5.7 erfüllt und wir erhalten mit einem $\sigma \in (0,1)$ in der Klasse $\mathcal{F}$ einen Minimierer $X^* \in \mathcal{F} \cap C^{1,\sigma}(B) \cap C(\overline{B})$ des Riemann-Dirichlet-Funktionals, der zusätzlich die Randbedingung

$$X^*(u,v) = \mathrm{Tr}[Y_0](u,v)$$

für alle $(u,v) \in \partial B$ erfüllt.
Nach Satz 5.1 genügt dieser Minimierer insbesondere der schwachen Euler-Lagrange-Gleichung

$$0 = \iint_B \{\nabla_X f(X^*,\nabla X^*)\cdot Z + \nabla_p f(X^*,\nabla X^*)\cdot \nabla Z\}\,du\,dv \tag{6.27}$$

für alle Funktionen $Z = (Z_1,Z_2,Z_3)^{\mathrm{T}} \in C_0^1(B,\mathbb{R}^3)$. Dabei unterdrücken wir hier und nachfolgend im Beweis das Argument (u,v) von X^*, ∇X^*, Z sowie ∇Z aus Gründen der Übersichtlichkeit.
Unter Verwendung von (6.13), (6.14) und (6.20) berechnen wir aus (6.27)

$$0 = \iint_B \frac{1}{2}\sum_{k,i,j=1}^{3} g_{ij,X_k}(X^*)\,[(X_u^*)_i\,(X_u^*)_j + (X_v^*)_i\,(X_v^*)_j]\,Z_k\,du\,dv$$

$$+ \iint_B \left\{\sum_{k,j=1}^{3} g_{kj}(X^*)\,(X_u^*)_j\,(Z_u)_k + \sum_{k,j=1}^{3} g_{kj}(X^*)\,(X_v^*)_j\,(Z_v)_k\right\} du\,dv$$

beziehungsweise äquivalent dazu

$$0 = \iint_B \frac{1}{2}\sum_{k,i,j=1}^{3} g_{ij,X_k}(X^*)\,[(X_u^*)_i\,(X_u^*)_j + (X_v^*)_i\,(X_v^*)_j]\,Z_k\,du\,dv$$

$$+ \iint_B \left\{\sum_{k,j=1}^{3} (X_u^*)_j\,(g_{kj}(X^*)\,Z_k)_u + \sum_{k,j=1}^{3} (X_v^*)_j\,(g_{kj}(X^*)\,Z_k)_v\right\} du\,dv$$

$$- \iint_B \sum_{k,l,j=1}^{3} g_{kj,X_l}(X^*)\,[(X_u^*)_j\,(X_u^*)_l + (X_v^*)_j\,(X_v^*)_l]\,Z_k\,du\,dv$$

für alle $Z \in C_0^1(B)$.

Durch Ausnutzung der Symmetrie der Koeffizientenfunktionen g_{ij} und eine geeignete Umbezeichnung einiger Indizes erhalten wir daraus

$$\iint_B \left\{ \sum_{k,j=1}^3 (X_u^*)_j \left(g_{jk}(X^*) Z_k\right)_u + \sum_{k,j=1}^3 (X_v^*)_j \left(g_{jk}(X^*) Z_k\right)_v \right\} du\,dv$$

$$= \iint_B \sum_{k,i,j=1}^3 g_{kj,X_i}(X^*) \left[(X_u^*)_j (X_u^*)_i + (X_v^*)_j (X_v^*)_i\right] Z_k \, du\,dv$$

$$- \iint_B \frac{1}{2} \sum_{k,i,j=1}^3 g_{ij,X_k}(X^*) \left[(X_u^*)_i (X_u^*)_j + (X_v^*)_i (X_v^*)_j\right] Z_k \, du\,dv$$

$$= \iint_B \frac{1}{2} \sum_{k,i,j=1}^3 \left(g_{jk,X_i}(X^*) + g_{ki,X_j}(X^*) - g_{ij,X_k}(X^*)\right) (X_u^*)_i (X_u^*)_j Z_k \, du\,dv$$

$$+ \iint_B \frac{1}{2} \sum_{k,i,j=1}^3 \left(g_{jk,X_i}(X^*) + g_{ki,X_j}(X^*) - g_{ij,X_k}(X^*)\right) (X_v^*)_i (X_v^*)_j Z_k \, du\,dv$$

für alle $Z \in C_0^1(B)$.
Indem wir mit

$$\Gamma_{ijk}(X^*(u,v)) := \frac{1}{2} \left(g_{jk,X_i}(X^*(u,v)) + g_{ki,X_j}(X^*(u,v)) - g_{ij,X_k}(X^*(u,v))\right)$$

für $(u,v) \in B$ und $i,j,k \in \{1,2,3\}$ die Christoffelsymbole erster Art verwenden, ergibt sich

$$\iint_B \left\{ \sum_{k,j=1}^3 (X_u^*)_j \left(g_{jk}(X^*) Z_k\right)_u + \sum_{k,j=1}^3 (X_v^*)_j \left(g_{jk}(X^*) Z_k\right)_v \right\} du\,dv$$

$$= \iint_B \sum_{k,i,j=1}^3 \Gamma_{ijk}(X^*) \left[(X_u^*)_i (X_u^*)_j + (X_v^*)_i (X_v^*)_j\right] Z_k \, du\,dv \tag{6.28}$$

für alle $Z \in C_0^1(B)$.
Mithilfe der zu g_{ij} inversen Koeffizientenfunktionen g^{ij}, das heißt

$$\sum_{l=1}^3 g^{il}(X) \, g_{lj}(X) = \delta_{ij} \tag{6.29}$$

für $i,j \in \{1,2,3\}$ und alle $X \in \mathbb{R}^3$, beachten wir nun

$$Z_k(u,v) = \sum_{m,l=1}^3 g^{kl}(X^*(u,v)) \, g_{lm}(X^*(u,v)) \, Z_m(u,v)$$

für jedes $k \in \{1, 2, 3\}$ und nutzen dies auf der rechten Seite von (6.28), um

$$\iint_B \left\{ \sum_{k,j=1}^{3} (X_u^*)_j \left(g_{jk}(X^*) Z_k \right)_u + \sum_{k,j=1}^{3} (X_v^*)_j \left(g_{jk}(X^*) Z_k \right)_v \right\} du\, dv \qquad (6.30)$$

$$= \iint_B \sum_{m,l,k,i,j=1}^{3} g^{kl}(X^*)\, \Gamma_{ijk}(X^*)\, [(X_u^*)_i\, (X_u^*)_j + (X_v^*)_i\, (X_v^*)_j]\, g_{lm}(X^*)\, Z_m\, du\, dv$$

$$= \iint_B \sum_{l=1}^{3} \left(\sum_{i,j=1}^{3} \Gamma_{ij}^{l}(X^*)\, [(X_u^*)_i\, (X_u^*)_j + (X_v^*)_i\, (X_v^*)_j] \right) \left(\sum_{m=1}^{3} g_{lm}(X^*)\, Z_m \right) du\, dv$$

für alle $Z \in C_0^1(B)$ zu erhalten. Dabei finden mit

$$\Gamma_{ij}^{l}(X^*(u,v)) := \sum_{k=1}^{3} g^{lk}(X^*(u,v))\, \Gamma_{ijk}(X^*(u,v))$$

für $i, j, l \in \{1, 2, 3\}$ die Christoffelsymbole zweiter Art ihre Anwendung.
Zu $Z \in C_0^1(B)$ erklären wir nun die Funktion $\Phi = (\Phi_1, \Phi_2, \Phi_3)^{\mathrm{T}} \colon B \to \mathbb{R}^3$ mit

$$\Phi_j(u,v) := \sum_{k=1}^{3} g_{jk}(X^*(u,v))\, Z_k(u,v)$$

für $j \in \{1, 2, 3\}$ und bemerken $\Phi \in C_0^1(B, \mathbb{R}^3)$. Da die Zuordnung $Z \mapsto \Phi$ gemäß (6.29) invertierbar ist, schließen wir aus (6.30)

$$\iint_B \nabla X^* \cdot \nabla \Phi\, du\, dv = \iint_B \sum_{j=1}^{3} \left\{ (X_u^*)_j\, (\Phi_u)_j + (X_v^*)_j\, (\Phi_v)_j \right\} du\, dv$$

$$= \iint_B \sum_{l=1}^{3} \left(\sum_{i,j=1}^{3} \Gamma_{ij}^{l}(X^*)\, [(X_u^*)_i\, (X_u^*)_j + (X_v^*)_i\, (X_v^*)_j] \right) \Phi_l\, du\, dv$$

für alle $\Phi \in C_0^1(B)$. Insbesondere können wir alle $\Phi \in C_0^1(B)$ betrachten, welche in jeder außer einer Komponente verschwinden. So ergibt sich daraus für $l \in \{1, 2, 3\}$ mit

$$\iint_B \nabla X_l^* \cdot \nabla \Phi_l\, du\, dv = \iint_B \sum_{i,j=1}^{3} \Gamma_{ij}^{l}(X^*)\, [(X_u^*)_i\, (X_u^*)_j + (X_v^*)_i\, (X_v^*)_j]\, \Phi_l\, du\, dv \quad (6.31)$$

für alle $\Phi_l \in C_0^1(B)$ das entkoppelte System schwacher Poisson-Gleichungen.
Da die Funktionen

$$\Psi_l(u,v) := - \sum_{i,j=1}^{3} \Gamma_{ij}^{l}(X^*(u,v))\, [(X_u^*(u,v))_i\, (X_u^*(u,v))_j + (X_v^*(u,v))_i\, (X_v^*(u,v))_j]$$

für jedes $l \in \{1, 2, 3\}$ Hölder-stetig in B sind, können wir die $C^{2,\sigma}$-Rekonstruktion (Lemma 6.1) in jeder offenen Kreisscheibe $B_0 \subset\subset B$ anwenden.

Dazu wählen wir in (6.31) Funktionen $\Phi_l \in C_0^1(B_0)$, bemerken $\Psi_l \in C^\sigma(\overline{B_0})$ und betrachten dementsprechend

$$-\iint_{B_0} \nabla X_l^*(u,v) \cdot \nabla \Phi_l(u,v) \, \mathrm{d}u \, \mathrm{d}v = \iint_{B_0} \Psi_l(u,v) \, \Phi_l(u,v) \, \mathrm{d}u \, \mathrm{d}v$$

für alle $\Phi_l \in C_0^1(B_0)$ und $l \in \{1,2,3\}$.
Für jedes $l \in \{1,2,3\}$ liefert uns das Lemma 6.1 so $X_l^* \in C^{2,\sigma}(B_0)$ und

$$\Delta X_l^*(u,v) = \Psi_l(u,v)$$

für alle $(u,v) \in B_0$ und alle offenen Kreisscheiben $B_0 \subset\subset B$.
Infolgedessen ergeben sich $X^* \in C^{2,\sigma}(B)$ sowie

$$\Delta X_l^*(u,v) = \Psi_l(u,v)$$
$$= -\sum_{i,j=1}^{3} \Gamma_{ij}^l(X^*(u,v)) \left[(X_u^*(u,v))_i \, (X_u^*(u,v))_j + (X_v^*(u,v))_i \, (X_v^*(u,v))_j \right]$$

für alle $(u,v) \in B$ und $l \in \{1,2,3\}$. Damit ist alles gezeigt. $\qquad\square$

6.3 Das Dirichletproblem des H-Flächen-Systems

Als eine weitere wichtige Anwendung des Lemmas 6.1 wollen wir das Dirichletproblem für das H-Flächen-System betrachten. Von zentraler Bedeutung ist dabei die Wahl eines passenden Funktionals, welches auf das H-Flächen-System führt. Im nachfolgenden Funktional, das auf die wegweisenden Arbeiten von Erhard Heinz und Stefan Hildebrandt zurückgeht, wollen wir ein derartiges erkennen. Wir bezeichnen es in Anerkennung daran nach diesen bedeutenden Mathematikern.

Definition 6.1 (Heinz-Hildebrandt-Funktional). Zu einem gegebenen Vektorfeld $Q \colon \mathbb{R}^3 \to \mathbb{R}^3 \in C(\mathbb{R}^3, \mathbb{R}^3)$ mit $Q(X) = (Q_1(X), Q_2(X), Q_3(X))$ und einem Gebiet $G \subset \mathbb{R}^2$ erklären wir mittels

$$\mathcal{E}(X) := \iint_G |\nabla X(u,v)|^2 + Q(X(u,v)) \cdot (X_u(u,v) \wedge X_v(u,v)) \, \mathrm{d}u \, \mathrm{d}v$$

für $X \colon G \to \mathbb{R}^3 \in W^{1,2}(G)$ das Heinz-Hildebrandt-Funktional von X.

Bemerkung 6.1. Mit

$$f(X,p) = |p|^2 + Q(X) \cdot (p_1 \wedge p_2)$$

für $(X,p) \in \mathbb{R}^3 \times \mathbb{R}^{3\times 2}$ wird das zu f gehörende Funktional $\mathcal{I}$ aus der Definition 3.2 zum Heinz-Hildebrandt-Funktional $\mathcal{E}$.

Wir wollen analysieren, unter welchen Bedingungen an das Vektorfeld Q das Heinz-Hildebrandt-Funktional $\mathcal{E}$ den Voraussetzungen des Satzes 5.7 genügt. Zunächst betrachten wir die Voraussetzung (5.163).

Lemma 6.2. *Es seien $M \geq 0$ und $Q \colon \mathbb{R}^3 \to \mathbb{R}^3$ ein Vektorfeld mit $|Q(X)| \leq M$ für alle $X \in \mathbb{R}^3$. Dann gilt*

$$\frac{2-M}{2}\,|p|^2 \leq |p|^2 + Q(X) \cdot (p_1 \wedge p_2) \leq \frac{2+M}{2}\,|p|^2$$

für alle $X \in \mathbb{R}^3$ und alle $p = (p_1, p_2) \in \mathbb{R}^{3 \times 2}$.

Beweis. Mithilfe der Ungleichung vom arithmetischen und geometrischen Mittel erhalten wir

$$|p_1 \wedge p_2| \leq |p_1|\,|p_2| \leq \frac{1}{2}\left(|p_1|^2 + |p_2|^2\right) = \frac{1}{2}\,|p|^2 \tag{6.32}$$

für alle $p = (p_1, p_2) \in \mathbb{R}^{3 \times 2}$. Daraus folgt unter Verwendung der Ungleichung von Cauchy-Schwarz

$$|Q(X) \cdot (p_1 \wedge p_2)| \leq |Q(X)|\,|p_1 \wedge p_2| \leq \frac{M}{2}\,|p|^2$$

und infolgedessen

$$\frac{2-M}{2}\,|p|^2 \leq |p|^2 + Q(X) \cdot (p_1 \wedge p_2) \leq \frac{2+M}{2}\,|p|^2$$

für alle $X \in \mathbb{R}^3$ und alle $p = (p_1, p_2) \in \mathbb{R}^{3 \times 2}$. $\qquad\square$

Hinsichtlich der Bedingung (5.164) beachten wir das folgende Ergebnis über die Konvexität von f in p. Dafür untersuchen wir die Definitheit der Hesse-Matrix $\mathcal{H}_{f_p}$ von f bezüglich p.

Lemma 6.3. *Sei $Q \colon \mathbb{R}^3 \to \mathbb{R}^3 \in C(\mathbb{R}^3, \mathbb{R}^3)$ mit $Q(X) = (Q_1(X), Q_2(X), Q_3(X))$ ein Vektorfeld mit der Eigenschaft $|Q(X)| \leq 2$ für alle $X \in \mathbb{R}^3$. Dann ist die Funktion $f \colon \mathbb{R}^3 \times \mathbb{R}^{3 \times 2} \to \mathbb{R}$ mit $f(X, p) = |p|^2 + Q(X) \cdot (p_1 \wedge p_2)$ konvex in p für jedes $X \in \mathbb{R}^3$.*

Beweis. Wir zeigen die Konvexität von f in p, indem wir nachweisen, dass die zugehörige Hesse-Matrix bezüglich p positiv semidefinit ist. Zunächst bemerken wir

$$f(X, p) = |p_1|^2 + |p_2|^2 - p_1 \cdot (Q(X) \wedge p_2) = |p_1|^2 + |p_2|^2 + p_2 \cdot (Q(X) \wedge p_1)$$

und berechnen für jedes $i \in \{1, 2, 3\}$

$$\frac{\partial f(X, p)}{\partial p_1^i} = 2\,p_1^i - (Q(X) \wedge p_2)_i = 2\,p_1^i - \sum_{j,k=1}^{3} \epsilon_{ijk}\,Q_j(X)\,p_2^k \tag{6.33}$$

sowie

$$\frac{\partial f(X, p)}{\partial p_2^i} = 2\,p_2^i + (Q(X) \wedge p_1)_i = 2\,p_2^i + \sum_{j,k=1}^{3} \epsilon_{ijk}\,Q_j(X)\,p_1^k \tag{6.34}$$

für alle $(X, p) \in \mathbb{R}^3 \times \mathbb{R}^{3 \times 2}$ mithilfe des Levi-Civita-Symbols ϵ_{ijk}.

Daraus ermitteln wir für $i,l \in \{1,2,3\}$

$$\frac{\partial^2 f(X,p)}{\partial p_1^l \, \partial p_1^i} = 2\,\delta_{il} = \frac{\partial^2 f(X,p)}{\partial p_2^l \, \partial p_2^i}$$

und

$$\frac{\partial^2 f(X,p)}{\partial p_2^l \, \partial p_1^i} = -\sum_{j,k=1}^{3} \delta_{kl}\, \epsilon_{ijk}\, Q_j(X) = -\sum_{j=1}^{3} \epsilon_{ijl}\, Q_j(X)$$

beziehungsweise

$$\frac{\partial^2 f(X,p)}{\partial p_1^l \, \partial p_2^i} = \sum_{j,k=1}^{3} \delta_{kl}\, \epsilon_{ijk}\, Q_j(X) = \sum_{j=1}^{3} \epsilon_{ijl}\, Q_j(X)$$

für alle $(X,p) \in \mathbb{R}^3 \times \mathbb{R}^{3\times 2}$.

Zusammengefasst ergibt sich damit die Hesse-Matrix $\mathcal{H}_{f_p}$ von f bezüglich p als

$$
\mathcal{H}_{f_p}(X,p) = \begin{pmatrix}
2 & 0 & 0 & 0 & Q_3(X) & -Q_2(X) \\
0 & 2 & 0 & -Q_3(X) & 0 & Q_1(X) \\
0 & 0 & 2 & Q_2(X) & -Q_1(X) & 0 \\
0 & -Q_3(X) & Q_2(X) & 2 & 0 & 0 \\
Q_3(X) & 0 & -Q_1(X) & 0 & 2 & 0 \\
-Q_2(X) & Q_1(X) & 0 & 0 & 0 & 2
\end{pmatrix}
$$

$$
= \begin{pmatrix}
2\,I_3 & \mathcal{Q}(X) \\
(\mathcal{Q}(X))^{\mathrm{T}} & 2\,I_3
\end{pmatrix}
$$

für jedes $(X,p) \in \mathbb{R}^3 \times \mathbb{R}^{3\times 2}$, wobei $I_3 \in \mathbb{R}^{3\times 3}$ die Einheitsmatrix ist und

$$
\mathcal{Q}(X) := \begin{pmatrix}
0 & Q_3(X) & -Q_2(X) \\
-Q_3(X) & 0 & Q_1(X) \\
Q_2(X) & -Q_1(X) & 0
\end{pmatrix}
$$

für $X \in \mathbb{R}^3$ gesetzt wird.

Zu beliebigem $\gamma = (\gamma_1, \gamma_2) \in \mathbb{R}^{3\times 2}$, welches wir auch als Vektor $\gamma \in \mathbb{R}^6$ auffassen können, berechnen wir

$$
\begin{aligned}
\gamma^{\mathrm{T}} \mathcal{H}_{f_p}(X,p)\,\gamma &= \begin{pmatrix} \gamma_1 \\ \gamma_2 \end{pmatrix}^{\mathrm{T}} \begin{pmatrix} 2\,I_3 & \mathcal{Q}(X) \\ (\mathcal{Q}(X))^{\mathrm{T}} & 2\,I_3 \end{pmatrix} \begin{pmatrix} \gamma_1 \\ \gamma_2 \end{pmatrix} \\
&= 2\,|\gamma_1|^2 + 2\,|\gamma_2|^2 + \gamma_1^{\mathrm{T}} \mathcal{Q}(X)\,\gamma_2 + \gamma_2^{\mathrm{T}} (\mathcal{Q}(X))^{\mathrm{T}} \gamma_1 \\
&= 2\,|\gamma|^2 + 2\,\gamma_1^{\mathrm{T}} \mathcal{Q}(X)\,\gamma_2
\end{aligned}
\tag{6.35}
$$

für jedes $(X,p) \in \mathbb{R}^3 \times \mathbb{R}^{3\times 2}$.

Wegen

$$\gamma_1^{\mathrm{T}} \mathcal{Q}(X)\, \gamma_2 = \begin{pmatrix} \gamma_1^1 \\ \gamma_1^2 \\ \gamma_1^3 \end{pmatrix}^{\mathrm{T}} \begin{pmatrix} 0 & Q_3(X) & -Q_2(X) \\ -Q_3(X) & 0 & Q_1(X) \\ Q_2(X) & -Q_1(X) & 0 \end{pmatrix} \begin{pmatrix} \gamma_2^1 \\ \gamma_2^2 \\ \gamma_2^3 \end{pmatrix}$$

$$= \gamma_1^1 Q_3(X)\, \gamma_2^2 - \gamma_1^1 Q_2(X)\, \gamma_2^3 - \gamma_1^2 Q_3(X)\, \gamma_2^1 + \gamma_1^2 Q_1(X)\, \gamma_2^3$$
$$+ \gamma_1^3 Q_2(X)\, \gamma_2^1 - \gamma_1^3 Q_1(X)\, \gamma_2^2$$
$$= Q_1(X)\, (\gamma_1^2\, \gamma_2^3 - \gamma_1^3\, \gamma_2^2) + Q_2(X)\, (\gamma_1^3\, \gamma_2^1 - \gamma_1^1\, \gamma_2^3)$$
$$+ Q_3(X)\, (\gamma_1^1\, \gamma_2^2 - \gamma_1^2\, \gamma_2^1)$$
$$= Q(X) \cdot (\gamma_1 \wedge \gamma_2)$$

folgt aus (6.35)

$$\gamma^{\mathrm{T}} \mathcal{H}_{f_p}(X,p)\, \gamma = 2\, |\gamma|^2 + 2\, Q(X) \cdot (\gamma_1 \wedge \gamma_2) \tag{6.36}$$

für jedes $(X,p) \in \mathbb{R}^3 \times \mathbb{R}^{3\times 2}$.
Unter Berücksichtigung von (6.32) erhalten wir mithilfe der Ungleichung von Cauchy-Schwarz

$$Q(X) \cdot (\gamma_1 \wedge \gamma_2) \leq |Q(X) \cdot (\gamma_1 \wedge \gamma_2)| \leq |Q(X)|\, |\gamma_1 \wedge \gamma_2| \leq \frac{1}{2}\, |Q(X)|\, |\gamma|^2$$

für alle $X \in \mathbb{R}^3$ und $\gamma = (\gamma_1, \gamma_2) \in \mathbb{R}^{3\times 2}$.
Somit ergibt sich aus (6.36)

$$(2 - |Q(X)|)\, |\gamma|^2 \leq \gamma^{\mathrm{T}} \mathcal{H}_{f_p}(X,p)\, \gamma \leq (2 + |Q(X)|)\, |\gamma|^2 \tag{6.37}$$

für jedes $(X,p) \in \mathbb{R}^3 \times \mathbb{R}^{3\times 2}$ und beliebiges $\gamma = (\gamma_1, \gamma_2) \in \mathbb{R}^{3\times 2}$.
Da nach Voraussetzung $|Q(X)| \leq 2$ für alle $X \in \mathbb{R}^3$ gilt, entnehmen wir (6.37), dass $\mathcal{H}_{f_p}$ in jedem Punkt $(X,p) \in \mathbb{R}^3 \times \mathbb{R}^{3\times 2}$ positiv semidefinit ist und f daher für jedes $X \in \mathbb{R}^3$ bezüglich p konvex ist. $\qquad\Box$

Bemerkung 6.2. Gilt im Lemma 6.3 die stärkere Bedingung $|Q(X)| \leq M < 2$ mit einem $M \in [0,2)$ für alle $X \in \mathbb{R}^3$, entnehmen wir dem zugehörigen Beweis analog zu (6.37)

$$(2 - M)\, |\gamma|^2 \leq \sum_{k,l=1}^{2} \sum_{i,j=1}^{3} f_{p_l^i, p_k^j}(X,p)\, \gamma_l^i\, \gamma_k^j \leq (2 + M)\, |\gamma|^2$$

für alle $(X,p) \in \mathbb{R}^3 \times \mathbb{R}^{3\times 2}$ und alle $\gamma = (\gamma_1, \gamma_2) \in \mathbb{R}^{3\times 2}$.
Für die Erfüllung der Bedingungen (5.165) und (5.166) zeigen wir die beiden folgenden Lemmata.

Lemma 6.4. *Zum Vektorfeld* $Q\colon \mathbb{R}^3 \to \mathbb{R}^3 \in C^1(\mathbb{R}^3, \mathbb{R}^3)$ *sei* $f\colon \mathbb{R}^3 \times \mathbb{R}^{3\times 2} \to \mathbb{R}$ *mit* $f(X,p) = |p|^2 + Q(X) \cdot (p_1 \wedge p_2)$ *für* $(X,p) \in \mathbb{R}^3 \times \mathbb{R}^{3\times 2}$ *gegeben. Dann existiert zu jedem* $R > 0$ *eine Konstante* $M(R) > 0$, *sodass*

$$|\nabla_p f(X,p)|^2 + \left|\nabla_{pX}^2 f(X,p)\right|^2 \leq M(R)\, |p|^2$$

für alle $(X,p) \in \mathbb{R}^3 \times \mathbb{R}^{3\times 2}$ *mit* $|X| \leq R$ *gilt.*

Beweis. Wie in (6.33) beziehungsweise (6.34) erhalten wir

$$\frac{\partial f(X,p)}{\partial p_1^i} = 2\,p_1^i - (Q(X) \wedge p_2)_i \tag{6.38}$$

und

$$\frac{\partial f(X,p)}{\partial p_2^i} = 2\,p_2^i + (Q(X) \wedge p_1)_i \tag{6.39}$$

für alle $(X,p) \in \mathbb{R}^3 \times \mathbb{R}^{3\times 2}$ und für jedes $i \in \{1,2,3\}$.
Daraus folgen

$$\left| \frac{\partial f(X,p)}{\partial p_1^i} \right|^2 = 4 \left(p_1^i \right)^2 - 4\,p_1^i\,(Q(X) \wedge p_2)_i + ((Q(X) \wedge p_2)_i)^2$$

und

$$\left| \frac{\partial f(X,p)}{\partial p_2^i} \right|^2 = 4 \left(p_2^i \right)^2 + 4\,p_2^i\,(Q(X) \wedge p_1)_i + ((Q(X) \wedge p_1)_i)^2$$

sowie

$$\sum_{i=1}^{3} \left| \frac{\partial f(X,p)}{\partial p_1^i} \right|^2 = 4\,|p_1|^2 - 4\,p_1 \cdot (Q(X) \wedge p_2) + |Q(X) \wedge p_2|^2$$

und

$$\sum_{i=1}^{3} \left| \frac{\partial f(X,p)}{\partial p_2^i} \right|^2 = 4\,|p_2|^2 + 4\,p_2 \cdot (Q(X) \wedge p_1) + |Q(X) \wedge p_1|^2$$

für alle $(X,p) \in \mathbb{R}^3 \times \mathbb{R}^{3\times 2}$.
Wir beachten

$$p_2 \cdot (Q(X) \wedge p_1) = -Q(X) \cdot (p_2 \wedge p_1) = Q(X) \cdot (p_1 \wedge p_2)$$

sowie

$$-p_1 \cdot (Q(X) \wedge p_2) = Q(X) \cdot (p_1 \wedge p_2)$$

und schließen

$$|\nabla_p f(X,p)|^2 = \sum_{k=1}^{2} \sum_{i=1}^{3} \left| \frac{\partial f(X,p)}{\partial p_k^i} \right|^2$$
$$= 4 \left(|p_1|^2 + |p_2|^2 \right) + 8\,Q(X) \cdot (p_1 \wedge p_2) + \sum_{k=1}^{2} |Q(X) \wedge p_k|^2 \tag{6.40}$$

für alle $(X,p) \in \mathbb{R}^3 \times \mathbb{R}^{3\times 2}$.
Mit der Ungleichung von Cauchy-Schwarz und (6.32) gilt für $(X,p) \in \mathbb{R}^3 \times \mathbb{R}^{3\times 2}$

$$Q(X) \cdot (p_1 \wedge p_2) \le |Q(X)|\,|p_1 \wedge p_2| \le |Q(X)| \frac{1}{2} \left(|p_1|^2 + |p_2|^2 \right).$$

Zudem bemerken wir für $k \in \{1, 2\}$

$$|Q(X) \wedge p_k|^2 \leq |Q(X)|^2 |p_k|^2$$

und leiten aus (6.40)

$$|\nabla_p f(X, p)|^2 \leq 4|p|^2 + 4|Q(X)||p|^2 + |Q(X)|^2|p|^2$$
$$= \left(4 + 4|Q(X)| + |Q(X)|^2\right)|p|^2 \qquad (6.41)$$
$$= (|Q(X)| + 2)^2 |p|^2$$

für alle $(X, p) \in \mathbb{R}^3 \times \mathbb{R}^{3 \times 2}$ her.
Ausgehend von (6.38) und (6.39) erhalten wir zusätzlich

$$\frac{\partial^2 f(X, p)}{\partial X_j \, \partial p_1^i} = -(Q_{X_j}(X) \wedge p_2)_i$$

beziehungsweise

$$\frac{\partial^2 f(X, p)}{\partial X_j \, \partial p_2^i} = (Q_{X_j}(X) \wedge p_1)_i$$

für alle $(X, p) \in \mathbb{R}^3 \times \mathbb{R}^{3 \times 2}$ und für $i, j \in \{1, 2, 3\}$.
Es folgt

$$\sum_{i=1}^{3} \left| \frac{\partial^2 f(X, p)}{\partial X_j \, \partial p_1^i} \right|^2 = \left| Q_{X_j}(X) \wedge p_2 \right|^2 \leq \left| Q_{X_j}(X) \right|^2 |p_2|^2$$

und analog dazu

$$\sum_{i=1}^{3} \left| \frac{\partial^2 f(X, p)}{\partial X_j \, \partial p_2^i} \right|^2 \leq \left| Q_{X_j}(X) \right|^2 |p_1|^2$$

für alle $(X, p) \in \mathbb{R}^3 \times \mathbb{R}^{3 \times 2}$.
Zusammenfassend ergibt sich

$$\sum_{i=1}^{3} \left(\left| \frac{\partial^2 f(X, p)}{\partial X_j \, \partial p_1^i} \right|^2 + \left| \frac{\partial^2 f(X, p)}{\partial X_j \, \partial p_2^i} \right|^2 \right) \leq \left| Q_{X_j}(X) \right|^2 \left(|p_1|^2 + |p_2|^2 \right)$$
$$= \left| Q_{X_j}(X) \right|^2 |p|^2$$

und

$$\left| \nabla_{pX}^2 f(X, p) \right|^2 = \sum_{i,j=1}^{3} \sum_{k=1}^{2} \left| \frac{\partial^2 f(X, p)}{\partial X_j \, \partial p_k^i} \right|^2 \leq \sum_{j=1}^{3} \left| Q_{X_j}(X) \right|^2 |p|^2$$

für alle $(X, p) \in \mathbb{R}^3 \times \mathbb{R}^{3 \times 2}$.
Insgesamt erhalten wir daraus für alle $(X, p) \in \mathbb{R}^3 \times \mathbb{R}^{3 \times 2}$ in Verbindung mit (6.41)

$$|\nabla_p f(X, p)|^2 + \left| \nabla_{pX}^2 f(X, p) \right|^2 \leq \left((|Q(X)| + 2)^2 + \sum_{j=1}^{3} \left| Q_{X_j}(X) \right|^2 \right) |p|^2 . \qquad (6.42)$$

Da $Q \in C^1(\mathbb{R}^3, \mathbb{R}^3)$ gilt, sind neben Q selbst auch alle ersten Ableitungen von Q stetige Funktionen auf $\mathbb{R}^3$. Der Fundamentalsatz von Weierstraß über Maxima und Minima liefert uns somit zu jedem $R > 0$ eine Konstante $M(R) > 0$, sodass

$$(|Q(X)| + 2)^2 + \sum_{j=1}^{3} \left| Q_{X_j}(X) \right|^2 \le M(R) \tag{6.43}$$

für alle $(X, p) \in \mathbb{R}^3 \times \mathbb{R}^{3 \times 2}$ mit $|X| \le R$ richtig ist. Aus (6.42) und (6.43) folgt dann die gewünschte Aussage. $\square$

Lemma 6.5. *Zum Vektorfeld $Q\colon \mathbb{R}^3 \to \mathbb{R}^3 \in C^2(\mathbb{R}^3, \mathbb{R}^3)$ sei $f\colon \mathbb{R}^3 \times \mathbb{R}^{3 \times 2} \to \mathbb{R}$ mit $f(X, p) = |p|^2 + Q(X) \cdot (p_1 \wedge p_2)$ für $(X, p) \in \mathbb{R}^3 \times \mathbb{R}^{3 \times 2}$ gegeben. Dann existiert zu jedem $R > 0$ eine Konstante $M(R) > 0$, sodass*

$$|\nabla_X f(X, p)|^2 + \left| \nabla_{XX}^2 f(X, p) \right|^2 \le M(R) |p|^4$$

für alle $(X, p) \in \mathbb{R}^3 \times \mathbb{R}^{3 \times 2}$ mit $|X| \le R$ richtig ist.

Beweis. Wir berechnen für jedes $j \in \{1, 2, 3\}$

$$f_{X_j}(X, p) = \sum_{k=1}^{3} \left(\frac{\partial}{\partial X_j} Q_k(X) \right) (p_1 \wedge p_2)_k = Q_{X_j}(X) \cdot (p_1 \wedge p_2) \tag{6.44}$$

und erhalten

$$\left| f_{X_j}(X, p) \right|^2 \le \left| Q_{X_j}(X) \right|^2 |p_1 \wedge p_2|^2 \le \frac{1}{4} \left| Q_{X_j}(X) \right|^2 |p|^4$$

für alle $(X, p) \in \mathbb{R}^3 \times \mathbb{R}^{3 \times 2}$ mithilfe der Ungleichung von Cauchy-Schwarz und

$$|p_1 \wedge p_2| \le |p_1| \, |p_2| \le \frac{1}{2} \left(|p_1|^2 + |p_2|^2 \right) = \frac{1}{2} |p|^2 \ . \tag{6.45}$$

Daraus folgt

$$|\nabla_X f(X, p)|^2 = \sum_{j=1}^{3} \left| f_{X_j}(X, p) \right|^2 \le \frac{1}{4} |p|^4 \sum_{j=1}^{3} \left| Q_{X_j}(X) \right|^2 \tag{6.46}$$

für alle $(X, p) \in \mathbb{R}^3 \times \mathbb{R}^{3 \times 2}$.
Ausgehend von (6.44) ermitteln wir für alle $(X, p) \in \mathbb{R}^3 \times \mathbb{R}^{3 \times 2}$

$$\nabla_{XX}^2 f(X, p) = \left(Q_{X_i X_j}(X) \cdot (p_1 \wedge p_2) \right)_{i,j=1,2,3}$$

und schließen mit (6.45)

$$\left| \nabla_{XX}^2 f(X, p) \right|^2 = \sum_{i,j=1}^{3} \left| Q_{X_i X_j}(X) \cdot (p_1 \wedge p_2) \right|^2$$
$$\le \sum_{i,j=1}^{3} \left| Q_{X_i X_j}(X) \right|^2 |p_1 \wedge p_2|^2 \le \frac{1}{4} |p|^4 \sum_{i,j=1}^{3} \left| Q_{X_i X_j}(X) \right|^2 \ . \tag{6.47}$$

Wegen $Q \in C^2(\mathbb{R}^3, \mathbb{R}^3)$ sind alle ersten und zweiten Ableitungen von Q stetige Funktionen auf $\mathbb{R}^3$. Aufgrund des Fundamentalsatzes von Weierstraß über Maxima und Minima finden wir daher zu jedem $R > 0$ eine Konstante $M(R) > 0$, sodass

$$\frac{1}{4}\left(\sum_{j=1}^{3}\left|Q_{X_j}(X)\right|^2\right) + \frac{1}{4}\left(\sum_{i,j=1}^{3}\left|Q_{X_i X_j}(X)\right|^2\right) \le M(R)$$

für alle $X \in \mathbb{R}^3$ mit $|X| \le R$ gilt. In der Kombination mit (6.46) und (6.47) ergibt sich

$$\left|\nabla_X f(X,p)\right|^2 + \left|\nabla_{XX}^2 f(X,p)\right|^2 \le M(R)\,|p|^4$$

für alle $(X,p) \in \mathbb{R}^3 \times \mathbb{R}^{3\times 2}$ mit $|X| \le R$. □

Anhand der vorangegangenen Lemmata werden wir sehen, dass sich die allgemeine Theorie der früheren Kapitel, insbesondere Satz 5.7, auf das Heinz-Hildebrandt-Funktional anwenden lässt. Zur Herleitung des H-Flächen-Systems und für die Verwendung des Lemmas 6.1 benötigen wir allerdings noch weitere Ergebnisse.

Wir beginnen mit einer Verallgemeinerung des Gaußschen Integralsatzes für Funktionen aus Sobolev-Räumen. Den Beweis führen wir auf den klassischen Gaußschen Integralsatz in einer dichten Teilmenge zurück.

Satz 6.2 (Gaußscher Integralsatz für $W^{1,q}$-Funktionen). *Vorgelegt seien die offene Kreisscheibe $B \subset \mathbb{R}^2$, $q \in [1, +\infty)$ und eine Funktion $g\colon B \to \mathbb{R}^2 \in W^{1,q}(B, \mathbb{R}^2)$ mit $g(u,v) = (g_1(u,v), g_2(u,v))$. Dann gilt*

$$\iint_B (g_1)_u(u,v) + (g_2)_v(u,v)\,\mathrm{d}u\,\mathrm{d}v = \int_{\partial B} \mathrm{Tr}[g](u,v) \cdot \nu\,\mathrm{d}s(u,v)\,,$$

wobei ν die äußere Normale an den Rand ∂B ist.

Beweis. Gemäß Satz 4.7 existiert eine Folge $\{g^{(n)}\}_{n=1,2,\dots}$ in $C^\infty(\overline{B}) \cap W^{1,q}(B)$, sodass

$$\lim_{n \to \infty} \left\| g - g^{(n)} \right\|_{W^{1,q}(B)} = 0 \tag{6.48}$$

richtig ist. Wir beachten zunächst mithilfe der Hölderschen Ungleichung

$$\left| \iint_B D^{\mathbf{e}_k}(g_k - g_k^{(n)})(u,v)\,\mathrm{d}u\,\mathrm{d}v \right| \le |B|^{\frac{q-1}{q}}\left(\iint_B \left| D^{\mathbf{e}_k}(g_k - g_k^{(n)})(u,v)\right|^q \mathrm{d}u\,\mathrm{d}v\right)^{\frac{1}{q}}$$

$$\le |B|^{\frac{q-1}{q}} \left\| g - g^{(n)} \right\|_{W^{1,q}(B)}$$

für $k \in \{1,2\}$, $q > 1$ und alle $n \in \mathbb{N}$, woraus mit (6.48)

$$\lim_{n \to \infty} \iint_B D^{\mathbf{e}_k} g_k^{(n)}(u,v)\,\mathrm{d}u\,\mathrm{d}v = \iint_B D^{\mathbf{e}_k} g_k(u,v)\,\mathrm{d}u\,\mathrm{d}v \tag{6.49}$$

für $k \in \{1,2\}$ folgt. Dabei bemerken wir, dass (6.49) auch im Fall $q = 1$ gilt.

Zusätzlich ermitteln wir unter Verwendung der Ungleichung von Cauchy-Schwarz

$$\left| \int_{\partial B} (\mathrm{Tr}[g] - g^{(n)})(u,v) \cdot \nu \, ds(u,v) \right| \leq \int_{\partial B} \left| (\mathrm{Tr}[g] - g^{(n)})(u,v) \right| |\nu| \, ds(u,v)$$

$$= \int_{\partial B} \left| (\mathrm{Tr}[g] - g^{(n)})(u,v) \right| ds(u,v)$$

und aufgrund der Hölderschen Ungleichung und des Satzes 4.8 für $q > 1$

$$\int_{\partial B} \left| (\mathrm{Tr}[g] - g^{(n)})(u,v) \right| ds(u,v) \leq \mathcal{L}^{\frac{q-1}{q}} \left(\int_{\partial B} \left| (\mathrm{Tr}[g] - g^{(n)})(u,v) \right|^q ds(u,v) \right)^{\frac{1}{q}}$$

$$= \mathcal{L}^{\frac{q-1}{q}} \left\| \mathrm{Tr}[g] - g^{(n)} \right\|_{L^q(\partial B)}$$

$$= \mathcal{L}^{\frac{q-1}{q}} \left\| \mathrm{Tr}[g] - \mathrm{Tr}[g^{(n)}] \right\|_{L^q(\partial B)}$$

$$\leq \mathcal{L}^{\frac{q-1}{q}} C_{\mathrm{Tr}} \left\| g - g^{(n)} \right\|_{W^{1,q}(B)},$$

wobei $\mathcal{L} := 2\sqrt{\pi |B|}$ der Länge des Randes ∂B entspricht. Es folgt also

$$\left| \int_{\partial B} (\mathrm{Tr}[g] - g^{(n)})(u,v) \cdot \nu \, ds(u,v) \right| \leq \mathcal{L}^{\frac{q-1}{q}} C_{\mathrm{Tr}} \left\| g - g^{(n)} \right\|_{W^{1,q}(B)}$$

für $q > 1$, wobei wir die Gültigkeit ebenfalls für den Fall $q = 1$ bemerken. So erhalten wir mit (6.48)

$$\lim_{n \to \infty} \int_{\partial B} g^{(n)}(u,v) \cdot \nu \, ds(u,v) = \int_{\partial B} \mathrm{Tr}[g](u,v) \cdot \nu \, ds(u,v). \tag{6.50}$$

Nun gilt aufgrund des Gaußschen Integralsatzes gemäß [59, Kap. I, §5, Satz 1]

$$\iint_B (g_1^{(n)})_u(u,v) + (g_2^{(n)})_v(u,v) \, du \, dv = \int_{\partial B} g^{(n)}(u,v) \cdot \nu \, ds(u,v)$$

für jedes $n \in \mathbb{N}$. Der Grenzübergang $n \to \infty$ liefert daraus unter Berücksichtigung von (6.49) und (6.50) die gewünschte Aussage. $\square$

Wir zeigen des Weiteren die folgende Variante einer schwachen Produktregel. Dabei liefern wir eine ausführlichere Darstellung als in [55, Theorem 3.1.4] unter stärkeren Voraussetzungen an die auftretende Funktion ψ.

Lemma 6.6 (Schwache Produktregel). *Es seien $\Omega \subset \mathbb{R}^m$ eine beschränkte, offene Menge, $1 \leq q < +\infty$ sowie Funktionen $g: \Omega \to \mathbb{R} \in W^{1,q}(\Omega)$ und $\psi: \Omega \to \mathbb{R} \in C^1(\Omega)$ gegeben, sodass mit einer Konstante $M_0 > 0$*

$$|\psi(y)| + |\nabla \psi(y)| \leq M_0$$

für alle $y \in \Omega$ richtig ist. Dann gelten $\psi g \in W^{1,q}(\Omega)$ und die schwache Produktregel

$$D^{\mathbf{e}_j}(\psi g) = (D^{\mathbf{e}_j}\psi) g + \psi (D^{\mathbf{e}_j}g)$$

für $j \in \{1, \ldots, m\}$.

Beweis. Aufgrund des Satzes von Meyers-Serrin gibt es eine Folge $\{g_k\}_{k=1,2,\ldots}$ in $C^\infty(\Omega) \cap W^{1,q}(\Omega)$ mit $g_k \to g$ in $W^{1,q}(\Omega)$. Wir berechnen für $j \in \{1, \ldots, m\}$

$$\int_\Omega \psi(y)\, g_k(y)\, D^{\mathbf{e}_j} \varphi(y)\, \mathrm{d}y = -\int_\Omega D^{\mathbf{e}_j}(\psi(y)\, g_k(y))\, \varphi(y)\, \mathrm{d}y$$

für jedes $k \in \mathbb{N}$ und alle $\varphi \in C_0^\infty(\Omega)$.
Die Produktregel liefert uns dann

$$D^{\mathbf{e}_j}(\psi(y)\, g_k(y)) = (D^{\mathbf{e}_j}\psi(y))\, g_k(y) + \psi(y)\,(D^{\mathbf{e}_j} g_k(y))$$

für alle $y \in \Omega$, sodass sich

$$\int_\Omega \psi(y)\, g_k(y)\, D^{\mathbf{e}_j} \varphi(y)\, \mathrm{d}y = -\int_\Omega [(D^{\mathbf{e}_j}\psi(y))\, g_k(y) + \psi(y)\,(D^{\mathbf{e}_j} g_k(y))]\, \varphi(y)\, \mathrm{d}y$$

$$= -\int_\Omega (D^{\mathbf{e}_j}\psi(y))\, g_k(y)\, \varphi(y)\, \mathrm{d}y \qquad (6.51)$$

$$-\int_\Omega \psi(y)\,(D^{\mathbf{e}_j} g_k(y))\, \varphi(y)\, \mathrm{d}y$$

für $j \in \{1, \ldots, m\}$, jedes $k \in \mathbb{N}$ und alle $\varphi \in C_0^\infty(\Omega)$ ergibt.
Beachten wir nun $\psi\, D^{\mathbf{e}_j}\varphi, (D^{\mathbf{e}_j}\psi)\, \varphi, \psi\, \varphi \in C_0(\Omega)$ folgt wegen $g_k \to g$ in $W^{1,q}(\Omega)$

$$\lim_{k\to\infty} \int_\Omega \psi(y)\, g_k(y)\, D^{\mathbf{e}_j} \varphi(y)\, \mathrm{d}y = \int_\Omega \psi(y)\, g(y)\, D^{\mathbf{e}_j} \varphi(y)\, \mathrm{d}y$$

und

$$\lim_{k\to\infty} \int_\Omega (D^{\mathbf{e}_j}\psi(y))\, g_k(y)\, \varphi(y)\, \mathrm{d}y = \int_\Omega (D^{\mathbf{e}_j}\psi(y))\, g(y)\, \varphi(y)\, \mathrm{d}y$$

sowie

$$\lim_{k\to\infty} \int_\Omega \psi(y)\,(D^{\mathbf{e}_j} g_k(y))\, \varphi(y)\, \mathrm{d}y = \int_\Omega \psi(y)\,(D^{\mathbf{e}_j} g(y))\, \varphi(y)\, \mathrm{d}y$$

für $j \in \{1, \ldots, m\}$ und alle $\varphi \in C_0^\infty(\Omega)$.
Aus (6.51) ermitteln wir durch den Grenzübergang $k \to \infty$ daher

$$\int_\Omega \psi(y)\, g(y)\, D^{\mathbf{e}_j} \varphi(y)\, \mathrm{d}y = -\int_\Omega (D^{\mathbf{e}_j}\psi(y))\, g(y)\, \varphi(y)\, \mathrm{d}y - \int_\Omega \psi(y)\,(D^{\mathbf{e}_j} g(y))\, \varphi(y)\, \mathrm{d}y$$

$$= -\int_\Omega [(D^{\mathbf{e}_j}\psi(y))\, g(y) + \psi(y)\,(D^{\mathbf{e}_j} g(y))]\, \varphi(y)\, \mathrm{d}y \qquad (6.52)$$

für $j \in \{1, \ldots, m\}$ und alle $\varphi \in C_0^\infty(\Omega)$.
Indem wir

$$\|(D^{\mathbf{e}_j}\psi)\, g + \psi\,(D^{\mathbf{e}_j} g)\|_{L^q(\Omega)} \leq \|(D^{\mathbf{e}_j}\psi)\, g\|_{L^q(\Omega)} + \|\psi\,(D^{\mathbf{e}_j} g)\|_{L^q(\Omega)}$$

$$\leq M_0 \left(\|g\|_{L^q(\Omega)} + \|D^{\mathbf{e}_j} g\|_{L^q(\Omega)} \right) < +\infty$$

für $j \in \{1, \ldots, m\}$ beachten und damit $(D^{\mathbf{e}_j}\psi)\, g + \psi\,(D^{\mathbf{e}_j} g) \in L^q(\Omega)$ schließen, ergeben sich aus (6.52) die gewünschten Aussagen. $\qquad \square$

Zusätzlich notieren wir noch das folgende Ergebnis, welches die Spatprodukte dreier Vektoren in folgender Weise verknüpft.

Lemma 6.7. *Für beliebige Vektoren $v_1, v_2, v_3 \in \mathbb{R}^3$ und jede Matrix $A \in \mathbb{R}^{3\times 3}$ gilt*

$$\langle Av_1, v_2, v_3 \rangle + \langle v_1, Av_2, v_3 \rangle + \langle v_1, v_2, Av_3 \rangle = \operatorname{tr}(A) \langle v_1, v_2, v_3 \rangle \ .$$

Dabei bezeichnet $\operatorname{tr} \colon \mathbb{R}^{3\times 3} \to \mathbb{R}$ *die Spur einer Matrix.*

Beweis. Es sei $M \in \mathbb{R}^{3\times 3}$ die Matrix, deren j-te Spalte aus dem Vektor v_j besteht, also $M = (v_1, v_2, v_3)$.

Für den Fall, dass die drei Vektoren linear unabhängig sind, ist die Matrix M invertierbar und es gilt

$$M^{-1} = \frac{1}{\langle v_1, v_2, v_3 \rangle} \left(v_2 \wedge v_3 \, , \, v_3 \wedge v_1 \, , \, v_1 \wedge v_2 \right)^{\mathrm{T}} \ .$$

Wir berechnen damit

$$M^{-1}AM = \frac{1}{\langle v_1, v_2, v_3 \rangle} \begin{pmatrix} \langle v_2, v_3, Av_1 \rangle & \langle v_2, v_3, Av_2 \rangle & \langle v_2, v_3, Av_3 \rangle \\ \langle v_3, v_1, Av_1 \rangle & \langle v_3, v_1, Av_2 \rangle & \langle v_3, v_1, Av_3 \rangle \\ \langle v_1, v_2, Av_1 \rangle & \langle v_1, v_2, Av_2 \rangle & \langle v_1, v_2, Av_3 \rangle \end{pmatrix}$$

und erhalten so unter Verwendung der Spur-Invarianz bei Basistransformationen

$$\operatorname{tr}(A) = \operatorname{tr}\left(M^{-1}AM \right) = \frac{1}{\langle v_1, v_2, v_3 \rangle} \left(\langle v_2, v_3, Av_1 \rangle + \langle v_3, v_1, Av_2 \rangle + \langle v_1, v_2, Av_3 \rangle \right) ,$$

woraus die gesuchte Identität durch zyklische Vertauschung in den Spatprodukten folgt.

Sind die drei Vektoren $v_1, v_2, v_3 \in \mathbb{R}^3$ im Gegensatz dazu linear abhängig, können wir ohne Beschränkung der Allgemeinheit

$$v_3 = \lambda_1 v_1 + \lambda_2 v_2$$

mit gewissen Skalaren $\lambda_1, \lambda_2 \in \mathbb{R}$ annehmen, da wir anderenfalls die Bezeichnung der drei Vektoren gegeneinander austauschen könnten.

Wir ermitteln dann

$$\langle Av_1, v_2, v_3 \rangle = \langle Av_1, v_2, \lambda_1 v_1 \rangle + \langle Av_1, v_2, \lambda_2 v_2 \rangle = \lambda_1 \langle Av_1, v_2, v_1 \rangle ,$$
$$\langle v_1, Av_2, v_3 \rangle = \langle v_1, Av_2, \lambda_1 v_1 \rangle + \langle v_1, Av_2, \lambda_2 v_2 \rangle = \lambda_2 \langle v_1, Av_2, v_2 \rangle ,$$
$$\langle v_1, v_2, Av_3 \rangle = \langle v_1, v_2, \lambda_1 Av_1 \rangle + \langle v_1, v_2, \lambda_2 Av_2 \rangle$$
$$= \lambda_1 \langle v_1, v_2, Av_1 \rangle + \lambda_2 \langle v_1, v_2, Av_2 \rangle$$

und schließen daraus

$$\langle Av_1, v_2, v_3 \rangle + \langle v_1, Av_2, v_3 \rangle + \langle v_1, v_2, Av_3 \rangle = 0$$

unter erneuter Verwendung der Eigenschaften des Spatproduktes.

Da für die linear abhängigen Vektoren $v_1, v_2, v_3 \in \mathbb{R}^3$ zudem $\langle v_1, v_2, v_3 \rangle = 0$ gilt, erweist sich die angegebene Formel auch in diesem Fall als richtig. $\qquad\square$

Wir sind nun ausreichend präpariert, um das Dirichletproblem für das H-Flächen-System unter Verwendung von Methoden der zweidimensionalen Variationsrechnung zu lösen. Dafür bestimmen wir zuerst eine differenzierbare Lösung eines geeigneten Variationsproblems für das Heinz-Hildebrandt-Funktional $\mathcal{E}$ mithilfe des Satzes 5.7. Anschließend zeigen wir unter Anwendung der $C^{2,\sigma}$-Rekonstruktion (Lemma 6.1), dass diese die gewünschte Regularität besitzt und das Dirichletproblem für das H-Flächen-System löst.

Satz 6.3 (Lösung des Dirichletproblems für das H-Flächen-System). *Es sei* $Q \colon \mathbb{R}^3 \to \mathbb{R}^3 \in C^2(\mathbb{R}^3, \mathbb{R}^3)$ *ein Vektorfeld, sodass mit einem* $M_0 \in (0,2)$

$$|Q(X)| \le M_0 \tag{6.53}$$

und einer Funktion $H \colon \mathbb{R}^3 \to \mathbb{R}$

$$\operatorname{div} Q(X) = 4\,H(X)$$

für alle $X \in \mathbb{R}^3$ *richtig sind.*
Zudem seien die Funktion $Y_0 \in W^{1,2}(B, \mathbb{R}^3) \cap C(\partial B, \mathbb{R}^3)$ *auf der offenen Kreisscheibe* $B = B(w_0, R_0) \subset \mathbb{R}^2$ *und die zugehörige Funktionenklasse*

$$\mathcal{F} = \left\{ X \in W^{1,2}(B) \ : \ X - Y_0 \in W_0^{1,2}(B) \right\}$$

gegeben.
Dann existiert in der Klasse $\mathcal{F}$ *ein Minimierer* $X^* \colon \overline{B} \to \mathbb{R}^3 \in C^{2,\sigma}(B) \cap C(\overline{B}) \cap \mathcal{F}$ *mit einem* $\sigma \in (0,1)$ *des Heinz-Hildebrandt-Funktionals*

$$\mathcal{E}(X) = \iint\limits_B |\nabla X(u,v)|^2 + Q(X(u,v)) \cdot (X_u(u,v) \wedge X_v(u,v)) \, du \, dv \ .$$

Dieser genügt dem H-Flächen-System

$$\Delta X^*(u,v) = 2\,H(X^*(u,v))\,(X_u^*(u,v) \wedge X_v^*(u,v))$$

für alle $(u,v) \in B$ *und erfüllt die Randbedingung*

$$X^*(u,v) = \operatorname{Tr}[Y_0](u,v)$$

für alle $(u,v) \in \partial B$.

Beweis. Wir setzen

$$f(X,p) := |p|^2 + Q(X) \cdot (p_1 \wedge p_2)$$

für $(X,p) \in \mathbb{R}^3 \times \mathbb{R}^{3 \times 2}$ und beachten die Bemerkung 6.1. Aufgrund der Eigenschaft (6.53) liefert uns das Lemma 6.2, dass die Bedingung (5.163) des Satzes 5.7 erfüllt ist. Zusätzlich entnehmen wir der Eigenschaft (6.53) mithilfe des Lemmas 6.3 und der Bemerkung 6.2, dass f der Bedingung (5.164) im Satz 5.7 genügt. Des Weiteren sind unter Verwendung der Lemmata 6.4 und 6.5 wegen $Q \in C^2(\mathbb{R}^3)$ auch die Bedingungen (5.165) und (5.166) des Satzes 5.7 richtig.

Infolgedessen können wir den Satz 5.7 anwenden und erhalten mit $\sigma \in (0,1)$ einen Minimierer $X^* \in \mathcal{F} \cap W^{2,2}_{\text{loc}}(B) \cap C^{1,\sigma}(B) \cap C(\overline{B})$, sodass

$$\mathcal{E}(X^*) = \inf_{X \in \mathcal{F}} \mathcal{E}(X)$$

und

$$X^*(u,v) = \text{Tr}[Y_0](u,v)$$

für alle $(u,v) \in \partial B$ gelten.

Nach Satz 5.1 genügt dieser Minimierer der schwachen Euler-Lagrange-Gleichung

$$0 = \iint\limits_B \{\nabla_X f(X^*, \nabla X^*) \cdot Z + \nabla_p f(X^*, \nabla X^*) \cdot \nabla Z\} \, du \, dv \qquad (6.54)$$

für alle Funktionen $Z = (Z_1, Z_2, Z_3)^{\text{T}} \in C_0^1(B, \mathbb{R}^3)$. Dabei unterdrücken wir hier und im weiteren Verlauf des Beweises häufig das Argument (u,v) von X^*, ∇X^*, Z und ∇Z aus Gründen der Übersichtlichkeit.

Aus (6.54) berechnen wir mithilfe von (6.33), (6.34) und (6.44)

$$\begin{aligned}
0 = &\iint\limits_B \sum_{i=1}^3 (Q_{X_i}(X^*) \cdot (X_u^* \wedge X_v^*)) \, Z_i \, du \, dv \\
&+ \iint\limits_B (2\, X_u^* - Q(X^*) \wedge X_v^*) \cdot Z_u + (2\, X_v^* + Q(X^*) \wedge X_u^*) \cdot Z_v \, du \, dv
\end{aligned} \qquad (6.55)$$

für alle $Z \in C_0^1(B)$. Indem wir

$$\sum_{i=1}^3 Q_{X_i}(X^*) \, Z_i = J_Q(X^*) \, Z$$

beachten, wobei

$$J_Q(X) := \begin{pmatrix} \dfrac{\partial Q_1}{\partial X_1}(X) & \dfrac{\partial Q_1}{\partial X_2}(X) & \dfrac{\partial Q_1}{\partial X_3}(X) \\[2mm] \dfrac{\partial Q_2}{\partial X_1}(X) & \dfrac{\partial Q_2}{\partial X_2}(X) & \dfrac{\partial Q_2}{\partial X_3}(X) \\[2mm] \dfrac{\partial Q_3}{\partial X_1}(X) & \dfrac{\partial Q_3}{\partial X_2}(X) & \dfrac{\partial Q_3}{\partial X_3}(X) \end{pmatrix} = \left(\dfrac{\partial Q_i}{\partial X_j}(X)\right)_{i,j=1,2,3}$$

die Jacobi-Matrix von Q im Punkt X bezeichnet, folgt aus (6.55) unter Verwendung der Eigenschaften des Spatproduktes

$$\begin{aligned}
0 = &\iint\limits_B \langle J_Q(X^*) \, Z, X_u^*, X_v^* \rangle \, du \, dv \\
&+ \iint\limits_B 2\, \nabla X^* \cdot \nabla Z + \langle Q(X^*), Z_u, X_v^* \rangle + \langle Q(X^*), X_u^*, Z_v \rangle \, du \, dv
\end{aligned} \qquad (6.56)$$

für alle $Z \in C_0^1(B)$.

Es sei nun eine offene Kreisscheibe $B_0 \subset\subset B$ beliebig gewählt. Aufgrund der Regularität $X^* \in W^{2,2}_{\text{loc}}(B) \cap C^{1,\sigma}(B)$ folgern wir einerseits $X^* \in W^{2,2}(B_0)$ und andererseits $Q(X^*) \in C^1(\overline{B_0})$. Unter Verwendung der schwachen Produktregel (Lemma 6.6) erhalten wir daher $\langle Q(X^*), Z, X^*_v \rangle, \langle Q(X^*), X^*_u, Z \rangle \in W^{1,2}(B_0)$ und ermitteln

$$\langle Q(X^*), Z, X^*_v \rangle_u = \langle J_Q(X^*)\, X^*_u, Z, X^*_v \rangle + \langle Q(X^*), Z_u, X^*_v \rangle + \langle Q(X^*), Z, X^*_{vu} \rangle$$

und

$$\langle Q(X^*), X^*_u, Z \rangle_v = \langle J_Q(X^*)\, X^*_v, X^*_u, Z \rangle + \langle Q(X^*), X^*_{uv}, Z \rangle + \langle Q(X^*), X^*_u, Z_v \rangle$$

sowie

$$\langle Q(X^*), X^*_{uv}, Z \rangle = \langle Q(X^*), X^*_{vu}, Z \rangle = -\langle Q(X^*), Z, X^*_{vu} \rangle$$

in B_0.
Aus (6.56) ergibt sich so

$$0 = \iint\limits_{B_0} 2\,\nabla X^* \cdot \nabla Z + \langle J_Q(X^*)\, Z, X^*_u, X^*_v \rangle \, du\, dv$$

$$+ \iint\limits_{B_0} \langle Q(X^*), Z, X^*_v \rangle_u + \langle Q(X^*), X^*_u, Z \rangle_v \, du\, dv$$

$$- \iint\limits_{B_0} \langle J_Q(X^*)\, X^*_u, Z, X^*_v \rangle + \langle J_Q(X^*)\, X^*_v, X^*_u, Z \rangle \, du\, dv$$

beziehungsweise

$$0 = \iint\limits_{B_0} 2\,\nabla X^* \cdot \nabla Z \, du\, dv$$

$$+ \iint\limits_{B_0} \langle Q(X^*), Z, X^*_v \rangle_u + \langle Q(X^*), X^*_u, Z \rangle_v \, du\, dv \tag{6.57}$$

$$+ \iint\limits_{B_0} \langle J_Q(X^*)\, Z, X^*_u, X^*_v \rangle + \langle Z, J_Q(X^*)\, X^*_u, X^*_v \rangle + \langle Z, X^*_u, J_Q(X^*)\, X^*_v \rangle \, du\, dv$$

für alle $Z \in C^1_0(B_0)$.
Unter Berücksichtigung von $(\langle Q(X^*), Z, X^*_v \rangle, \langle Q(X^*), X^*_u, Z \rangle)^{\mathrm{T}} \in W^{1,2}(B_0) \cap C(\overline{B_0})$ erkennen wir

$$\iint\limits_{B_0} \langle Q(X^*), Z, X^*_v \rangle_u + \langle Q(X^*), X^*_u, Z \rangle_v \, du\, dv$$

$$= \int\limits_{\partial B_0} \mathrm{Tr}\!\left[\begin{pmatrix} \langle Q(X^*), Z, X^*_v \rangle \\ \langle Q(X^*), X^*_u, Z \rangle \end{pmatrix} \right] \cdot \nu \, ds(u,v)$$

$$= \int\limits_{\partial B_0} \begin{pmatrix} \langle Q(X^*), Z, X^*_v \rangle \\ \langle Q(X^*), X^*_u, Z \rangle \end{pmatrix} \cdot \nu \, ds(u,v) \tag{6.58}$$

$$= 0$$

mithilfe des Gaußschen Integralsatzes für $W^{1,q}$-Funktionen (Satz 6.2) und der Eigenschaft $Z \in C_0^1(B_0)$. Hierbei ist ν die äußere Normale an den Rand ∂B_0. Unter zusätzlicher Verwendung des Lemmas 6.7 ermitteln wir

$$\iint\limits_{B_0} \langle J_Q(X^*)\, Z, X_u^*, X_v^* \rangle + \langle Z, J_Q(X^*)\, X_u^*, X_v^* \rangle + \langle Z, X_u^*, J_Q(X^*)\, X_v^* \rangle \, du\, dv$$

$$= \iint\limits_{B_0} \operatorname{tr}(J_Q(X^*)) \, \langle Z, X_u^*, X_v^* \rangle \, du\, dv$$

$$= \iint\limits_{B_0} \operatorname{div} Q(X^*) \, \langle Z, X_u^*, X_v^* \rangle \, du\, dv$$

$$= \iint\limits_{B_0} 4\, H(X^*)\, (X_u^* \wedge X_v^*) \cdot Z \, du\, dv$$

und schließen zusammen mit (6.58) aus (6.57)

$$- \iint\limits_{B_0} \nabla X^* \cdot \nabla Z \, du\, dv = \iint\limits_{B_0} 2\, H(X^*)\, (X_u^* \wedge X_v^*) \cdot Z \, du\, dv \qquad (6.59)$$

für alle $Z \in C_0^1(B_0)$.

Speziell betrachten wir in (6.59) nun alle $Z \in C_0^1(B_0)$, welche in jeder außer einer Komponente identisch Null sind. So ergibt sich daraus für $l \in \{1, 2, 3\}$ mit

$$- \iint\limits_{B_0} \nabla X_l^*(u, v) \cdot \nabla Z_l(u, v) \, du\, dv = \iint\limits_{B_0} \Psi_l(u, v)\, Z_l(u, v) \, du\, dv$$

für alle $Z_l \in C_0^1(B_0)$ ein System schwacher Poisson-Gleichungen, wobei wir

$$\Psi(u, v) = (\Psi_1(u, v), \Psi_2(u, v), \Psi_3(u, v))^{\mathrm{T}} := 2\, H(X^*(u, v))\, (X_u^*(u, v) \wedge X_v^*(u, v))$$

für $(u, v) \in B$ gesetzt haben.

Wegen $\Psi \in C^\sigma(B)$ folgt insbesondere $\Psi \in C^\sigma(\overline{B_0})$, sodass wir die $C^{2,\sigma}$-Rekonstruktion (Lemma 6.1) anwenden können. Wir erhalten dementsprechend $X_l^* \in C^{2,\sigma}(B_0)$ für $l \in \{1, 2, 3\}$ sowie

$$\Delta X^*(u, v) = 2\, H(X^*(u, v))\, (X_u^*(u, v) \wedge X_v^*(u, v))$$

für alle $(u, v) \in B_0$.

Da die Wahl der offenen Kreisscheibe $B_0 \subset\subset B$ beliebig war, folgen $X^* \in C^{2,\sigma}(B)$ und

$$\Delta X^*(u, v) = 2\, H(X^*(u, v))\, (X_u^*(u, v) \wedge X_v^*(u, v))$$

für alle $(u, v) \in B$. Dies vervollständigt den Beweis. $\qquad\square$

6.4 Das allgemeine Plateausche Problem für H-Flächen

Abschließend wollen wir einen Ausblick darauf geben, wie die vorangegangenen Ergebnisse zur Lösung des allgemeinen Plateauschen Problems für H-Flächen angewendet werden können. Dafür formulieren wir zunächst unter Berücksichtigung der Darstellungen in [15, Chap. 4.2] und [16, Chap. 4.7] das Plateausche Problem für H-Flächen. Im Anschluss skizzieren wir, wie das zugehörige Variationsproblem und damit auch das Plateausche Problem, unter anderem mithilfe der dargestellten Methoden der zweidimensionalen Variationsrechnung, im Wesentlichen gelöst werden können. Es sei noch einmal darauf hingewiesen, dass die nachfolgenden Ausführungen zum Plateauschen Problem lediglich eine Idee zur Anwendung der Theorie zweidimensionaler Variationsprobleme vermitteln sollen. Für ein vertiefendes Studium des Plateauschen Problems verweisen wir beispielsweise auf die in diesem Abschnitt zitierte einschlägige Literatur. Wir beginnen mit einer Definition für geschlossene Jordankurven.

Definition 6.2 (Geschlossene Jordankurve). Sei $B \subset \mathbb{R}^2$ die offene Einheitskreisscheibe. Eine Punktmenge $\Gamma \subset \mathbb{R}^3$ bezeichnen wir als geschlossene Jordankurve, wenn diese homöomorph zu ∂B ist. Durch einen festen Homöomorphismus $\gamma \colon \partial B \to \Gamma$ wird eine Orientierung von Γ charakterisiert. In diesem Fall bezeichnen wir Γ als (durch γ) orientiert.

Damit können wir das allgemeine Plateausche Problem für H-Flächen folgendermaßen formulieren.

Plateausches Problem für H-Flächen. Es sei $B \subset \mathbb{R}^2$ die offene Einheitskreisscheibe. Zu einer geschlossenen Jordankurve $\Gamma \subset \mathbb{R}^3$ und einer beschränkten stetigen Funktion $H \colon \mathbb{R}^3 \to \mathbb{R}$ suchen wir eine Fläche $X^* \colon \overline{B} \to \mathbb{R}^3$, welche die folgenden drei Bedingungen erfüllt:

a) $X^* \in C^2(B, \mathbb{R}^3) \cap C(\overline{B}, \mathbb{R}^3)$.

b) X^* genügt dem H-Flächen-System

$$\Delta X^*(u,v) = 2\, H(X^*(u,v))\, (X_u^*(u,v) \wedge X_v^*(u,v))$$

und den Konformitätsrelationen

$$|X_u^*(u,v)|^2 - |X_v^*(u,v)|^2 = 0 = X_u^*(u,v) \cdot X_v^*(u,v)$$

für alle $(u,v) \in B$.

c) Die Abbildung $X^*|_{\partial B} \colon \partial B \to \Gamma$ ist ein Homöomorphismus von ∂B auf Γ.

Definition 6.3. Wir bezeichnen eine Fläche $X^* \colon \overline{B} \to \mathbb{R}^3$, die den Bedingungen des Plateauschen Problems für H-Flächen genügt, als Lösung des Plateauschen Problems zu Γ und H beziehungsweise als H-Fläche zum Rand Γ.

Davon ausgehend wollen wir das zugehörige Variationsproblem formulieren, dessen Lösung einer H-Fläche zum Rand Γ entspricht. Wir beachten, dass die Bedingung c) äquivalent dazu ist, dass die Abbildung $X^*|_{\partial B}$ den Einheitskreis ∂B stetig und streng monoton wachsend auf Γ abbildet. Dies führt jedoch im Rahmen der Lösung des zugehörigen Variationsproblems zu einer Schwierigkeit, da bei einer Folge streng monotoner Funktionen nicht erwartet werden kann, dass diese bei gleichmäßiger Konvergenz einen streng monotonen Grenzwert besitzt. Insofern ist es sinnvoll, die Klasse der zulässigen Funktionen für das Variationsproblem zu verallgemeinern. Wir beachten dafür die nachstehende Definition.

Definition 6.4 (Schwach monoton). Es seien $B \subset \mathbb{R}^2$ die offene Einheitskreisscheibe und $\Gamma \subset \mathbb{R}^3$ eine geschlossene Jordankurve, die durch einen Homöomorphismus $\gamma_0 \colon \partial B \to \Gamma$ orientiert ist. Wir bezeichnen eine stetige Abbildung $\gamma \colon \partial B \to \Gamma$ als schwach monoton, wenn es eine monoton nicht fallende stetige Funktion $\varphi \colon [0, 2\pi] \to \mathbb{R}$ mit $\varphi(2\pi) = \varphi(0) + 2\pi$ gibt, sodass

$$\gamma(\exp(i\,\theta)) = \gamma_0(\exp(i\,\varphi(\theta)))$$

für $\theta \in [0, 2\pi]$ gilt.

Bemerkung 6.3 ([15, Chap. 4.2, Lemma 1]). Die Grenzfunktion γ einer Folge schwach monotoner Funktionen $\{\gamma_k\}_{k=1,2,\ldots}$, die auf ∂B gleichmäßig gegen γ konvergiert, ist ebenfalls schwach monoton.

Damit können wir nun eine Klasse zulässiger Funktionen, die bezüglich gleichmäßiger Konvergenz auf dem Rand abgeschlossen ist, einführen. Zur offenen Einheitskreisscheibe $B \subset \mathbb{R}^2$ und einer rektifizierbaren geschlossenen Jordankurve $\Gamma \subset \mathbb{R}^3$, die durch einen Homöomorphismus $\gamma_0 \colon \partial B \to \Gamma$ orientiert ist, erklären wir die Auswahlklasse

$$\mathfrak{A}(\Gamma) := \Big\{ X \colon B \to \mathbb{R}^3 \in W^{1,2}(B) \cap C(\partial B) \ : \ \mathrm{Tr}[X] \colon \partial B \to \Gamma \ \text{schwach monoton} \Big\}.$$

Die Rektifizierbarkeit der Jordankurve gewährleistet dabei gemäß [56, § 294], dass die Klasse nichtleer ist.

Unter geeigneten Voraussetzungen an ein Vektorfeld $Q \colon \mathbb{R}^3 \to \mathbb{R}^3$ werden wir sehen, dass ein Minimierer $Y^* \in \mathfrak{A}(\Gamma)$ des Heinz-Hildebrandt-Funktionals $\mathcal{E}$ entsprechend Definition 6.1 in der Klasse $\mathfrak{A}(\Gamma)$, das heißt

$$\mathcal{E}(Y^*) = \inf_{X \in \mathfrak{A}(\Gamma)} \mathcal{E}(X) ,$$

gleichzeitig eine H-Fläche zum Rand Γ darstellt.

Zur Lösung dieses Variationsproblems wird es erforderlich sein, eine Teilfolge einer minimierenden Folge auszuwählen, welche auf ∂B gleichmäßig konvergiert. Dies kann in der Klasse $\mathfrak{A}(\Gamma)$ jedoch nicht gewährleistet werden. Daher muss die Klasse $\mathfrak{A}(\Gamma)$ mithilfe einer sogenannten Dreipunktebedingung normiert werden, sodass die Anwendung des Courant-Lebesgue-Lemmas ermöglicht wird.

Hierzu wählen wir drei paarweise verschiedene Punkte $w_k \in \partial B$, $k \in \{1, 2, 3\}$ sowie die drei paarweise verschiedenen Punkte $P_k := \gamma_0(w_k) \in \Gamma$, $k \in \{1, 2, 3\}$ und erklären die Klasse zulässiger Funktionen $\mathfrak{Z}(\Gamma)$ durch

$$\mathfrak{Z}(\Gamma) := \Big\{ X \in \mathfrak{A}(\Gamma) \ : \ \mathrm{Tr}[X](w_k) = P_k \ \text{für } k \in \{1, 2, 3\} \Big\}. \tag{6.60}$$

Wir beachten $\mathfrak{Z}(\Gamma) \subset \mathfrak{A}(\Gamma)$. Zudem gibt es zu jedem $X \in \mathfrak{A}(\Gamma)$ eine Möbiustransformation $\mathcal{K} \colon \overline{B} \to \overline{B}$, sodass $X \circ \mathcal{K} \in \mathfrak{Z}(\Gamma)$ gilt. Demnach ist auch die Klasse $\mathfrak{Z}(\Gamma)$ nichtleer, sofern Γ eine rektifizierbare geschlossene Jordankurve ist. Gleichzeitig bemerken wir

$$\mathcal{E}(X) = \mathcal{E}(X \circ \mathcal{K}) \tag{6.61}$$

für jedes $X \in \mathfrak{A}(\Gamma)$ und jede Möbiustransformation $\mathcal{K} \colon \overline{B} \to \overline{B}$ unter Berücksichtigung der konformen Invarianz des Dirichlet-Integrals (Satz 4.11) und des nachfolgenden Lemmas 6.8. Aufgrund der Eigenschaft (6.61) genügt es daher, das Variationsproblem in der Klasse $\mathfrak{Z}(\Gamma)$ zu lösen.

Lemma 6.8. *Gegeben seien die Einheitskreisscheibe $B \subset \mathbb{R}^2$ und ein orientierungs-erhaltender C^1-Diffeomorphismus $\mathcal{T} \colon B \to B$, sodass $\mathcal{T}$ und $\mathcal{T}^{-1}$ in B gleichmäßig Lipschitz-stetig sind. Zudem sei $Q \colon \mathbb{R}^3 \to \mathbb{R}^3$ ein Vektorfeld, das mit einer Konstante $M > 0$*

$$|Q(X)| \le M$$

für alle $X \in \mathbb{R}^3$ erfüllt.
Dann ist das durch

$$\mathcal{V}(X) := \iint\limits_B Q(X(u,v)) \cdot (X_u(u,v) \wedge X_v(u,v)) \, du \, dv$$

für $X \in W^{1,2}(B)$ erklärte Funktional invariant unter der Abbildung $\mathcal{T}$, das heißt

$$\mathcal{V}(X) = \mathcal{V}(X \circ \mathcal{T})$$

für alle $X \in W^{1,2}(B)$.

Beweis. Zunächst entnehmen wir dem Lemma 6.2

$$|\mathcal{V}(X)| \le \frac{M}{2} \mathcal{D}(X, B) < +\infty$$

für alle $X \in W^{1,2}(B)$.
Zu jedem $(\tilde{u}, \tilde{v}) \in B$ ist mit $(u(\tilde{u}, \tilde{v}), v(\tilde{u}, \tilde{v})) = \mathcal{T}(\tilde{u}, \tilde{v})$ genau ein $(u, v) \in B$ gegeben. Wir berechnen dann zu einem beliebigen $X \in W^{1,2}(B)$ für $\tilde{X} := X \circ \mathcal{T}$

$$\tilde{X}_{\tilde{u}}(\tilde{u}, \tilde{v}) = X_u(\mathcal{T}(\tilde{u}, \tilde{v})) \frac{\partial u}{\partial \tilde{u}}(\tilde{u}, \tilde{v}) + X_v(\mathcal{T}(\tilde{u}, \tilde{v})) \frac{\partial v}{\partial \tilde{u}}(\tilde{u}, \tilde{v})$$

und

$$\tilde{X}_{\tilde{v}}(\tilde{u}, \tilde{v}) = X_u(\mathcal{T}(\tilde{u}, \tilde{v})) \frac{\partial u}{\partial \tilde{v}}(\tilde{u}, \tilde{v}) + X_v(\mathcal{T}(\tilde{u}, \tilde{v})) \frac{\partial v}{\partial \tilde{v}}(\tilde{u}, \tilde{v})$$

für alle $(\tilde{u}, \tilde{v}) \in B$ mithilfe des Satzes 4.6.
Aus Gründen der Übersichtlichkeit unterdrücken wir das Argument $(\tilde{u}, \tilde{v})$ und berechnen daraus

$$\tilde{X}_{\tilde{u}} \wedge \tilde{X}_{\tilde{v}} = \left((X_u \circ \mathcal{T}) \frac{\partial u}{\partial \tilde{u}} + (X_v \circ \mathcal{T}) \frac{\partial v}{\partial \tilde{u}} \right) \wedge \left((X_u \circ \mathcal{T}) \frac{\partial u}{\partial \tilde{v}} + (X_v \circ \mathcal{T}) \frac{\partial v}{\partial \tilde{v}} \right)$$

$$= (X_u \circ \mathcal{T}) \wedge (X_v \circ \mathcal{T}) \left(\frac{\partial u}{\partial \tilde{u}} \frac{\partial v}{\partial \tilde{v}} - \frac{\partial v}{\partial \tilde{u}} \frac{\partial u}{\partial \tilde{v}} \right)$$

$$= (X_u \circ \mathcal{T}) \wedge (X_v \circ \mathcal{T}) \det J_{\mathcal{T}}(\tilde{u}, \tilde{v}),$$

wobei

$$J_{\mathcal{T}}(\tilde{u},\tilde{v}) := \begin{pmatrix} \dfrac{\partial u}{\partial \tilde{u}}(\tilde{u},\tilde{v}) & \dfrac{\partial u}{\partial \tilde{v}}(\tilde{u},\tilde{v}) \\[2mm] \dfrac{\partial v}{\partial \tilde{u}}(\tilde{u},\tilde{v}) & \dfrac{\partial v}{\partial \tilde{v}}(\tilde{u},\tilde{v}) \end{pmatrix}$$

die Jacobi-Matrix von $\mathcal{T}$ im Punkt $(\tilde{u},\tilde{v}) \in B$ bezeichnet.
Da die Abbildung $\mathcal{T}$ orientierungserhaltend ist, bemerken wir

$$\det J_{\mathcal{T}}(\tilde{u},\tilde{v}) = \left(\frac{\partial u}{\partial \tilde{u}}(\tilde{u},\tilde{v}) \frac{\partial v}{\partial \tilde{v}}(\tilde{u},\tilde{v}) - \frac{\partial v}{\partial \tilde{u}}(\tilde{u},\tilde{v}) \frac{\partial u}{\partial \tilde{v}}(\tilde{u},\tilde{v}) \right) > 0$$

für alle $(\tilde{u},\tilde{v}) \in B$.
Somit folgt unter Verwendung des Transformationssatzes aus [46, Corollary 8.23]

$$\mathcal{V}(\tilde{X}) = \iint\limits_{B} Q(\tilde{X}(\tilde{u},\tilde{v})) \cdot (\tilde{X}_{\tilde{u}}(\tilde{u},\tilde{v}) \wedge \tilde{X}_{\tilde{v}}(\tilde{u},\tilde{v})) \, \mathrm{d}\tilde{u}\,\mathrm{d}\tilde{v}$$

$$= \iint\limits_{B} Q(X(\mathcal{T}(\tilde{u},\tilde{v}))) \cdot (X_u(\mathcal{T}(\tilde{u},\tilde{v})) \wedge X_v(\mathcal{T}(\tilde{u},\tilde{v}))) \det J_{\mathcal{T}}(\tilde{u},\tilde{v}) \, \mathrm{d}\tilde{u}\,\mathrm{d}\tilde{v}$$

$$= \iint\limits_{B} Q(X(u,v)) \cdot (X_u(u,v) \wedge X_v(u,v)) \, \mathrm{d}u\,\mathrm{d}v = \mathcal{V}(X)\,,$$

was der gewünschten Aussage entspricht. $\qquad\square$

Indem wir nun unter geeigneten Voraussetzungen an das Vektorfeld $Q \colon \mathbb{R}^3 \to \mathbb{R}^3$ einen Minimierer $X^* \in \mathfrak{Z}(\Gamma)$ des Heinz-Hildebrandt-Funktional $\mathcal{E}$ in der Klasse $\mathfrak{Z}(\Gamma)$ bestimmen, finden wir mit X^* gleichzeitig eine H-Fläche zum Rand Γ. Dies ist der Inhalt des folgenden Satzes.
Für den Beweis greifen wir in Teilen auf bekannte Ergebnisse der Theorie der Minimal- und H-Flächen zurück. Insbesondere betrifft dies den Nachweis der Konformitätsrelationen und der Eigenschaft, dass die Abbildung $X^*|_{\partial B} \colon \partial B \to \Gamma$ topologisch ist.

Satz 6.4 (Lösung des allgemeinen Plateauschen Problems für H-Flächen).
Gegeben seien die offene Einheitskreisscheibe $B \subset \mathbb{R}^2$, eine rektifizierbare geschlossene Jordankurve $\Gamma \subset \mathbb{R}^3$ und ein Vektorfeld $Q \colon \mathbb{R}^3 \to \mathbb{R}^3 \in C^2(\mathbb{R}^3,\mathbb{R}^3)$, sodass mit einer Konstante $M \in (0,2)$

$$|Q(X)| \le M \tag{6.62}$$

und einer Funktion $H \colon \mathbb{R}^3 \to \mathbb{R}$

$$\operatorname{div} Q(X) = 4\,H(X)$$

für alle $X \in \mathbb{R}^3$ richtig sind.
Dann existiert mit einem $\sigma \in (0,1)$ ein Minimierer $X^* \in C^{2,\sigma}(B) \cap C(\overline{B}) \cap \mathfrak{Z}(\Gamma)$ des Heinz-Hildebrandt-Funktionals $\mathcal{E}$ in der gemäß (6.60) erklärten Klasse $\mathfrak{Z}(\Gamma)$, das heißt

$$\mathcal{E}(X^*) = \inf_{X \in \mathfrak{Z}(\Gamma)} \mathcal{E}(X)\,,$$

welcher gleichzeitig eine Lösung des Plateauschen Problems zu Γ und H ist.

Beweis. Wir betrachten eine Minimalfolge $\{X_n\}_{n=1,2,...} \subset \mathfrak{3}(\Gamma)$ mit

$$\lim_{n \to \infty} \mathcal{E}(X_n) = \inf_{X \in \mathfrak{3}(\Gamma)} \mathcal{E}(X) =: e^* .$$

Wegen (6.62) liefert uns das Lemma 6.2

$$\mathcal{E}(X) \leq \frac{2+M}{2} \mathcal{D}(X, B)$$

für alle $X \in \mathfrak{3}(\Gamma)$. Somit ergibt sich $e^* < +\infty$.
Da gleichzeitig mit (6.62) und dem Lemma 6.2

$$\frac{2-M}{2} \mathcal{D}(X, B) \leq \mathcal{E}(X)$$

für alle $X \in \mathfrak{3}(\Gamma)$ gilt, folgt insbesondere die Existenz einer Konstante $M_0 > 0$, sodass

$$\mathcal{D}(X_n, B) \leq M_0 \tag{6.63}$$

für alle $n \in \mathbb{N}$ richtig ist.
Zu jedem X_n betrachten wir nun die harmonische Ersetzung von X_n in B gemäß Definition 4.3 und setzen

$$Y_n := \mathcal{H}(X_n, B)$$

für $n \in \mathbb{N}$.
Unter Berücksichtigung der Bemerkung 4.6 gelten $Y_n \in W^{1,2}(B) \cap C^2(B)$,

$$\Delta Y_n(u, v) = 0$$

für alle $(u, v) \in B$ sowie

$$\mathcal{D}(Y_n, B) \leq \mathcal{D}(X_n, B) \tag{6.64}$$

für alle $n \in \mathbb{N}$.
Da zusätzlich

$$\mathcal{H}(Y_n, B_0) = \mathcal{H}(\mathcal{H}(X_n, B_0), B_0) = \mathcal{H}(X_n, B_0) = Y_n|_{B_0}$$

für jede offene Kreisscheibe $B_0 \subset B$ richtig ist und $\mathrm{Tr}[Y_n] = \mathrm{Tr}[X_n] \in C(\partial B)$ gilt, folgt mithilfe des Satzes 4.12 gleichzeitig $Y_n \in C(\overline{B})$ und daher aufgrund des Satzes 4.8

$$Y_n(u, v) = \mathrm{Tr}[Y_n](u, v) = \mathrm{Tr}[X_n](u, v)$$

für alle $(u, v) \in \partial B$ und alle $n \in \mathbb{N}$. Somit ergibt sich auch $Y_n \in \mathfrak{3}(\Gamma)$ für alle $n \in \mathbb{N}$.
Wegen (6.63) und (6.64) beachten wir

$$\mathcal{D}(Y_n, B) \leq \mathcal{D}(X_n, B) \leq M_0 \tag{6.65}$$

für alle $n \in \mathbb{N}$.
Dementsprechend ist $\{Y_n\}_{n=1,2,...}$ eine Folge harmonischer Funktionen mit gleichmäßig beschränktem Dirichlet-Integral unter der Dreipunktebedingung der Klasse $\mathfrak{3}(\Gamma)$.

Das Courant-Lebesgue-Lemma, welches sich beispielsweise in [15, Chap. 4.3, S. 257] finden lässt, liefert uns somit wie im Beweis zu [15, Chap. 4.3, Theorem 1] die Auswahl einer auf $\overline{B}$ gleichmäßig konvergenten Teilfolge $\{Y_{n_k}\}_{k=1,2,\dots}$ mit

$$\lim_{k\to\infty}\sup_{(u,v)\in\overline{B}}|Y(u,v)-Y_{n_k}(u,v)|=0\ , \tag{6.66}$$

wobei wir $Y\in C(\overline{B})$ beachten.

Infolgedessen ist die Teilfolge $\{Y_{n_k}\}_{k=1,2,\dots}$ aufgrund von (6.65) und (6.66) beschränkt in $W^{1,2}(B)$. Mit dem Hilbertschen Auswahlsatz, den wir [60, Kap. VIII, §6, Satz 3] entnehmen, finden wir eine Teilfolge von $\{Y_{n_k}\}_{k=1,2,\dots}$, die wir wiederum mit $\{Y_{n_k}\}_{k=1,2,\dots}$ bezeichnen, sodass

$$Y_{n_k}\rightharpoonup \tilde{Y}\in W^{1,2}(B) \tag{6.67}$$

in $W^{1,2}(B)$ für $k\to\infty$ folgt.

Aus (6.66) schließen wir $Y_{n_k}\to Y$ in $L^2(B)$ und damit auch $Y_{n_k}\rightharpoonup Y$ in $L^2(B)$. Da wir (6.67) gleichzeitig $Y_{n_k}\rightharpoonup \tilde{Y}$ in $L^2(B)$ entnehmen, ergeben sich $Y=\tilde{Y}$ in $L^2(B)$ und folglich $Y=\tilde{Y}$ in $W^{1,2}(B)$. Es gilt also auch

$$Y_{n_k}\rightharpoonup Y\in W^{1,2}(B) \tag{6.68}$$

in $W^{1,2}(B)$.

Nun betrachten wir die Funktionenfolge $\{Z_n\}_{n=1,2,\dots}$ mit

$$Z_n:=X_n-Y_n\in W_0^{1,2}(B) \tag{6.69}$$

und ermitteln unter Verwendung des Lemmas 2.4 und der Abschätzung (6.65)

$$\begin{aligned}
\mathcal{D}(Z_n,B)=\mathcal{D}(X_n-Y_n,B)&=\|\nabla X_n-\nabla Y_n\|_{L^2(B)}^2\\
&\leq\left(\|\nabla X_n\|_{L^2(B)}+\|\nabla Y_n\|_{L^2(B)}\right)^2\\
&\leq 2\|\nabla X_n\|_{L^2(B)}^2+2\|\nabla Y_n\|_{L^2(B)}^2\\
&=2\,\mathcal{D}(X_n,B)+2\,\mathcal{D}(Y_n,B)\leq 4\,M_0
\end{aligned} \tag{6.70}$$

für alle $n\in\mathbb{N}$.

Daraus berechnen wir wegen (6.69) mithilfe der Poincaré-Ungleichung (Satz 3.2)

$$\|Z_n\|_{L^2(B)}^2\leq\frac{|B|}{2\pi}\|\nabla Z_n\|_{L^2(B)}^2=\frac{|B|}{2\pi}\,\mathcal{D}(Z_n,B)\leq\frac{2\,|B|}{\pi}\,M_0 \tag{6.71}$$

für alle $n\in\mathbb{N}$. Aufgrund von (6.70) und (6.71) ist die Folge $\{Z_n\}_{n=1,2,\dots}$ demnach beschränkt in $W^{1,2}(B)$ und wir finden unter erneuter Verwendung des Hilbertschen Auswahlsatzes eine Teilfolge $\{n_l\}_{l=1,2,\dots}\subset\{n_k\}_{k=1,2,\dots}\subset\mathbb{N}$, sodass

$$X_{n_l}-Y_{n_l}=Z_{n_l}\rightharpoonup Z_0\in W_0^{1,2}(B)$$

in $W^{1,2}(B)$ für $l\to\infty$ folgt. Unter Berücksichtigung von (6.68) ergibt sich

$$X_{n_l}=(X_{n_l}-Y_{n_l})+Y_{n_l}\rightharpoonup Z_0+Y\in W^{1,2}(B)$$

in $W^{1,2}(B)$ für $l \to \infty$. Wir beachten mithilfe der Sätze 4.8 und 4.9

$$\text{Tr}[Z_0 + Y] = \text{Tr}[Z_0] + \text{Tr}[Y] = \text{Tr}[Y] = Y \in C(\partial B)$$

und schließen daher $Z := Z_0 + Y \in \mathfrak{Z}(\Gamma)$.
Durch Anwendung des Satzes 3.1 über unterhalbstetige Funktionale erhalten wir somit

$$e^* \leq \mathcal{E}(Z) \leq \liminf_{l \to \infty} \mathcal{E}(X_{n_l}) = \lim_{n \to \infty} \mathcal{E}(X_n) = e^* \ . \tag{6.72}$$

Infolgedessen ist $Z \in \mathfrak{Z}(\Gamma)$ ein Minimierer des Heinz-Hildebrandt-Funktionals $\mathcal{E}$ in der Klasse $\mathfrak{Z}(\Gamma)$.
Wir erklären nun zu der Funktion $Y \in W^{1,2}(B) \cap C(\overline{B})$, die sich aus (6.66) ergibt, die Menge

$$\mathcal{F} := \left\{ X \in W^{1,2}(B) \ : \ X - Y \in W_0^{1,2}(B) \right\}$$

und bemerken $\mathcal{F} \subset \mathfrak{Z}(\Gamma)$ wegen

$$0 = \text{Tr}[X - Y] = \text{Tr}[X] - \text{Tr}[Y] = \text{Tr}[X] - Y$$

beziehungsweise

$$\text{Tr}[X] = \text{Tr}[Y] = Y \in C(\partial B)$$

für alle $X \in W^{1,2}(B)$.
Indem wir $Z - Y = Z_0 \in W_0^{1,2}(B)$ und somit $Z \in \mathcal{F}$ beachten, folgt aus (6.72)

$$\mathcal{E}(Z) = e^* = \inf_{X \in \mathfrak{Z}(\Gamma)} \mathcal{E}(X) \leq \inf_{X \in \mathcal{F}} \mathcal{E}(X) \leq \mathcal{E}(Z) \ .$$

Es gilt also

$$\inf_{X \in \mathfrak{Z}(\Gamma)} \mathcal{E}(X) = \inf_{X \in \mathcal{F}} \mathcal{E}(X) \ , \tag{6.73}$$

das heißt, jeder Minimierer des Heinz-Hildebrandt-Funktionals $\mathcal{E}$ in der Klasse $\mathcal{F}$ ist auch ein Minimierer in der Klasse $\mathfrak{Z}(\Gamma)$. Gemäß Satz 6.3 existiert mit einem $\sigma \in (0,1)$ in der Klasse $\mathcal{F}$ ein Minimierer $X^* \in C^{2,\sigma}(B) \cap C(\overline{B}) \cap \mathcal{F}$ von $\mathcal{E}$, der das H-Flächen-System

$$\Delta X^*(u,v) = 2\,H(X^*(u,v))\,(X_u^*(u,v) \wedge X_v^*(u,v))$$

für alle $(u,v) \in B$ unter der Randbedingung

$$X^*(u,v) = \text{Tr}[Y](u,v) = Y(u,v)$$

für alle $(u,v) \in \partial B$ löst. Aus (6.73) folgern wir

$$\mathcal{E}(X^*) = \inf_{X \in \mathcal{F}} \mathcal{E}(X) = \inf_{X \in \mathfrak{Z}(\Gamma)} \mathcal{E}(X) \ .$$

Demnach ist X^* auch ein Minimierer von $\mathcal{E}$ in der Klasse $\mathfrak{Z}(\Gamma)$.

Mithilfe der Methode von Richard Courant zur Variation der unabhängigen Variablen gemäß [10, Chap. III, 4] oder auch [56, § 299] liegt der Minimierer X^* in konformen Parametern vor, das heißt

$$|X_u^*(u,v)|^2 - |X_v^*(u,v)|^2 = 0 = X_u^*(u,v) \cdot X_v^*(u,v)$$

für alle $(u,v) \in B$. Dazu beachten wir, dass jeder Homöomorphismus $\mathcal{T} \colon \overline{B} \to \overline{B}$, der den Voraussetzungen des Lemmas 6.8 genügt und die Punkte $w_k \in \partial B$, $k \in \{1,2,3\}$ aus der Dreipunktebedingung invariant lässt, das Funktional

$$\mathcal{V}(X) = \iint\limits_B Q(X(u,v)) \cdot (X_u(u,v) \wedge X_v(u,v)) \, du \, dv$$

entsprechend Lemma 6.8 nicht verändert. Es gilt also

$$\mathcal{V}(X^*) = \mathcal{V}(X^* \circ \mathcal{T}) \,,$$

woraus wie im Beweis zu [29, Satz 7]

$$0 \le \mathcal{E}(X^* \circ \mathcal{T}) - \mathcal{E}(X^*) = \mathcal{D}(X^* \circ \mathcal{T}, B) - \mathcal{D}(X^*, B)$$

beziehungsweise

$$\mathcal{D}(X^*, B) \le \mathcal{D}(X^* \circ \mathcal{T}, B)$$

folgt und dementsprechend die Methoden aus [10, Chap. III, 4] oder [56, § 299] angewendet werden können.

Aus den Konformitätsrelationen kann wiederum mithilfe eines Schlusses, der sich beispielsweise in [32, S. 211-212] finden lässt und auf Ideen von [28] und [30] beziehungsweise [31] basiert, ermittelt werden, dass die Abbildung $X^*|_{\partial B} \colon \partial B \to \Gamma$ streng monoton und damit topologisch ist.

Insgesamt erkennen wir den Minimierer X^* somit auch als H-Fläche zum Rand Γ. $\square$

Bemerkung 6.4. Da der Satz 6.3 eine Aussage über die Existenz eines Minimierers X^* des Heinz-Hildebrandt-Funktionals $\mathcal{E}$ in der Klasse $\mathcal{F}$ mit den entsprechenden Eigenschaften liefert, können wir diesen nicht direkt nutzen, um im Beweis des Satzes 6.4 Aussagen über die Eigenschaften des Minimierers Z zu treffen. Unter Berücksichtigung der für den Beweis des Satzes 6.3 zugrundeliegenden Sätze 4.10, 4.12, 5.3 und 5.6 sowie des Lemmas 6.1 kann allerdings gezeigt werden, dass der Minimierer Z die gleichen Eigenschaften wie X^* besitzt. Insbesondere hat Z bereits die notwendige Regularität und stellt eine H-Fläche zum Rand Γ dar.

Um den Beweis des Satzes 6.4 abzukürzen, erzeugen wir mithilfe des Satzes 6.3 den Minimierer X^* in der Klasse $\mathcal{F}$. Die Eigenschaft von Z, ein Minimierer in den Klassen $\mathcal{F}$ und $\mathfrak{Z}(\Gamma)$ zu sein, gewährleistet dabei, dass auch X^* ein Minimierer in der Klasse $\mathfrak{Z}(\Gamma)$ ist.

Bemerkung 6.5. Ein Punkt $(u,v) \in B$, für den

$$|X_u^*(u,v)|^2 = |X_v^*(u,v)|^2 > 0$$

gilt, wird regulärer Punkt der H-Fläche X^* zum Rand Γ genannt. Es kann gezeigt werden, dass die Fläche X^* in jedem regulären Punkt $(u,v) \in B$ die mittlere Krümmung $H(X^*(u,v))$ annimmt. Darin liegt die Bezeichnung H-Fläche begründet.

6.5 Das Plateausche Problem für H-Flächen in Körpern

Im vorherigen Abschnitt haben wir das allgemeine Plateausche Problem für H-Flächen formuliert und gelöst. Eine weiterführende Fragestellung ist in diesem Zusammenhang, ob beziehungsweise unter welchen Bedingungen an eine mittlere Krümmung H und einen Körper $\Omega \subset \mathbb{R}^3$ aus $\Gamma \subset \Omega$ für eine H-Fläche zum Rand Γ gefolgert werden kann, dass diese ebenfalls in Ω liegt. Eine derartige Aussage wird auch als Maximumprinzip bezeichnet.

Mit einem ersten Maximumprinzip werden wir sehen, dass für einen konvexen Körper Ω und eine mittlere Krümmung H mit supp(H) $\subset \Omega$ eine H-Fläche zum Rand Γ stets in Ω enthalten ist, sofern $\Gamma \subset \Omega$ gilt. Dabei setzen wir die Existenz einer entsprechenden H-Fläche zum Rand Γ jedoch voraus.

Die Frage nach der Existenz einer H-Fläche zum Rand Γ, die in Ω liegt, falls $\Gamma \subset \Omega$ erfüllt ist, wollen wir als Plateausches Problem für H-Flächen im Körper Ω erklären. Kurzum soll das Plateausche Problem für H-Flächen im Gegensatz zum Satz 6.4 nicht im $\mathbb{R}^3$, sondern in einem Körper Ω gelöst werden. Dabei soll zusätzlich die mittlere Krümmung H in Ω vorgegeben sein.

Zur Lösung des Plateauschen Problems für H-Flächen im Körper Ω werden wir zunächst unter Anwendung des Satzes 6.4 eine H-Fläche zum Rand Γ im $\mathbb{R}^3$ finden und mithilfe eines geeigneten Maximumprinzips die Zugehörigkeit dieser zu Ω erkennen. Ein separates Problem entsteht durch die Vorgabe der mittleren Krümmung H.

Von zentraler Bedeutung bei der Lösung des allgemeinen Plateauschen Problems für H-Flächen (Satz 6.4) sowie bei der Lösung des Dirichletproblems für das H-Flächen-System (Satz 6.3) sind die Eigenschaften des im Heinz-Hildebrandt-Funktional $\mathcal{E}$ auftretenden Vektorfeldes Q. Neben der Regularität des Vektorfeldes Q spielen dabei seine Beschränktheit sowie die Verknüpfung von Q mit der Funktion H, die der mittleren Krümmung beim Plateauschen Problem entspricht, eine entscheidende Rolle.

In den Sätzen 6.3 und 6.4 wurde die Existenz eines solchen Vektorfeldes Q vorausgesetzt. Aus der Sicht des Plateauschen Problems und auch des Dirichletproblems ist es allerdings natürlicher, eine Funktion H als gegeben anzusehen und zunächst ein Vektorfeld Q mit den geforderten Eigenschaften zu finden.

Wir müssen uns daher der Frage widmen, wie ein Vektorfeld Q mit den gewünschten Eigenschaften aus einer gegebenen Funktion H konstruiert werden kann. Hinsichtlich des Trägers der Funktion H unterscheiden wir dabei drei wesentliche Typen von Mengen. Diese werden durch die Anzahl der potenziell unbeschränkten Raumrichtungen des Trägers von H charakterisiert.

Wir folgen dem Ansatz aus [16, S. 377-378], dass die zu einer potenziell unbeschränkten Raumrichtung korrespondierende Komponente des Vektorfeldes Q zu Null gesetzt wird. Im Gegensatz zu [16] greifen wir zur Konstruktion eines Vektorfeldes Q auf die Ausführungen zum Poincaréschen Lemma in [59, Kap. I, §7, Satz 2] im Zusammenhang mit Differentialformen zurück.

Konkret sind wir unter Verwendung geometrischer Maximumprinzipien von E. Heinz, S. Hildebrandt und F. Sauvigny in der Lage, das Plateausche Problem für H-Flächen in Kugeln, Zylindern und im Einheitskegel zu lösen.

Wir beginnen zunächst mit dem folgenden Maximumprinzip, dessen Beweis auf dem sogenannten Berührprinzip für Minimalflächen beruht.

Lemma 6.9 (Maximumprinzip). *Gegeben seien eine konvexe Menge* $\Omega \subset \mathbb{R}^3$, *eine Funktion* $H\colon \mathbb{R}^3 \to \mathbb{R} \in C^1(\mathbb{R}^3)$ *mit* $\operatorname{supp}(H) \subset \Omega$ *sowie eine geschlossene Jordankurve* $\Gamma \subset \Omega$. *Zudem sei* $X^*\colon \overline{B} \to \mathbb{R}^3$ *eine* H-*Fläche zum Rand* Γ. *Dann gilt* $X^*(u,v) \in \Omega$ *für alle* $(u,v) \in B$.

Beweis. Wir führen einen Widerspruchsbeweis. Dazu nehmen wir an, dass es einen Punkt $(u_0, v_0) \in B$ mit $P_0 := X^*(u_0, v_0) \notin \Omega$ gibt. Wir wählen dann einen Vektor $E = (E_1, E_2, E_3) \in \mathbb{R}^3$ und ein Skalar $h \in \mathbb{R}$ so, dass die Stützebene

$$E \cdot X = E_1 \, X_1 + E_2 \, X_2 + E_3 \, X_3 = h$$

durch den Punkt P_0 verläuft und

$$E \cdot X < h \tag{6.74}$$

für alle $X \in \Omega$ richtig ist.
Gleichzeitig können wir

$$E \cdot X^*(u,v) \leq h$$

für alle $(u,v) \in \overline{B}$ annehmen. Gäbe es nämlich einen Punkt $(\tilde{u}, \tilde{v}) \in B$ mit

$$E \cdot X^*(\tilde{u}, \tilde{v}) > h \, ,$$

würden wir anstelle von P_0 den Punkt $X^*(\tilde{u}, \tilde{v})$ und mit $\tilde{h} := E \cdot X^*(\tilde{u}, \tilde{v}) > h$ die Stützebene

$$E \cdot X = E_1 \, X_1 + E_2 \, X_2 + E_3 \, X_3 = \tilde{h}$$

durch den Punkt $X^*(\tilde{u}, \tilde{v}) \notin \Omega$ betrachten. Dabei beachten wir die Beschränktheit von X^* wegen $X^* \in C(\overline{B})$, sodass sich ein Punkt $(\tilde{u}, \tilde{v}) \in B$ und ein endliches $\tilde{h} \in \mathbb{R}$ mit

$$\max_{(u,v) \in \overline{B}} E \cdot X^*(u,v) = E \cdot X^*(\tilde{u}, \tilde{v}) = \tilde{h}$$

finden ließen.
Wir erklären nun die Hilfsfunktion

$$\varphi(u,v) := E \cdot X^*(u,v) = E_1 \, X_1^*(u,v) + E_2 \, X_2^*(u,v) + E_3 \, X_3^*(u,v)$$

für $(u,v) \in \overline{B}$.
Aufgrund der Stetigkeit von X^* gibt es eine offene Umgebung $B_0 \subset\subset B$ des Punktes $(u_0, v_0) \in B$, sodass wegen $P_0 = X^*(u_0, v_0) \notin \Omega$ und $H(X^*(u_0, v_0)) = 0$ auch $H(X^*(u,v)) = 0$ für alle $(u,v) \in B_0$ gilt. Demnach schließen wir

$$\Delta X^*(u,v) = 2\, H(X^*(u,v))\, (X_u^*(u,v) \wedge X_v^*(u,v)) = 0$$

für alle $(u,v) \in B_0$ und erkennen die Funktion φ wegen

$$\Delta \varphi(u,v) = E_1 \, \Delta X_1^*(u,v) + E_2 \, \Delta X_2^*(u,v) + E_3 \, \Delta X_3^*(u,v) = 0$$

für alle $(u,v) \in B_0$ als harmonisch in B_0.

Da die Funktion φ im Punkt $(u_0, v_0) \in B$ gleichzeitig ihr globales Maximum auf B annimmt, muss φ in $\overline{B}_0$ aufgrund der Mittelwerteigenschaft harmonischer Funktionen und der Stetigkeit von X^* konstant sein. Da die Stützebene durch den Punkt P_0 verläuft, gilt also

$$\varphi(u, v) = E \cdot X^*(u, v) = h$$

für alle $(u, v) \in \overline{B}_0$.
Ein Fortsetzungsargument liefert uns die Konstanz der Funktion φ in $\overline{B}$ und insbesondere

$$\varphi(u, v) = E \cdot X^*(u, v) = h$$

für alle $(u, v) \in \partial B$. Dies steht wegen der Voraussetzung $\Gamma \subset \Omega$ allerdings im Widerspruch zu (6.74). $\qquad \square$

In der Vorbereitung zur Lösung des Plateauschen Problems für H-Flächen in Kugeln wollen wir nun das nachstehende Lemma betrachten. Dieses enthält den Fall einer Kugel mit dem Mittelpunkt $\hat{X} \in \mathbb{R}^3$ und dem Radius $r_0 > 0$ als Spezialfall und erlaubt uns die Konstruktion eines Vektorfeldes Q aus einer mittleren Krümmung H, deren Träger in einer Kugel liegt.

Lemma 6.10. *Es sei $\Omega \subset \mathbb{R}^3$ ein beschränktes, konvexes Gebiet mit einem relativen Mittelpunkt $\hat{X} \in \Omega$ und einem relativen Radius*

$$r_0 := \sup_{X \in \Omega} |X - \hat{X}| \in (0, +\infty) \,. \tag{6.75}$$

Dann existiert zu jeder Funktion $H \in C_0^1(\Omega)$ mit

$$h_0 := \sup_{X \in \Omega} |H(X)| \in [0, +\infty) \,, \tag{6.76}$$

die wir durch $H(X) = 0$ für alle $X \in \mathbb{R}^3 \setminus \Omega$ zu einer Funktion $H \colon \mathbb{R}^3 \to \mathbb{R}$ fortsetzen, ein Vektorfeld $Q \colon \mathbb{R}^3 \to \mathbb{R}^3$ mit

$$\operatorname{div} Q(X) = 4 \, H(X) \tag{6.77}$$

und

$$|Q(X)| \le \frac{4}{3} \, h_0 \, r_0 \tag{6.78}$$

für alle $X \in \mathbb{R}^3$.

Beweis. Wir betrachten die geschlossene 3-Form

$$\omega(X) := 4 \, H(X_1, X_2, X_3) \, \mathrm{d}X_1 \wedge \mathrm{d}X_2 \wedge \mathrm{d}X_3$$

für $X = (X_1, X_2, X_3) \in \mathbb{R}^3$ und erkennen, dass wir ein Vektorfeld $Q \colon \mathbb{R}^3 \to \mathbb{R}^3$ mit $Q(X) = (Q_1(X), Q_2(X), Q_3(X))$, welches der Eigenschaft (6.77) genügt, vorliegen haben, wenn wir eine 2-Form

$$\lambda(X) = Q_1(X_1, X_2, X_3) \, \mathrm{d}X_2 \wedge \mathrm{d}X_3 + Q_2(X_1, X_2, X_3) \, \mathrm{d}X_3 \wedge \mathrm{d}X_1$$
$$+ Q_3(X_1, X_2, X_3) \, \mathrm{d}X_1 \wedge \mathrm{d}X_2$$

mit der Eigenschaft

$$d\lambda(X) = \omega(X)$$

für $X = (X_1, X_2, X_3) \in \mathbb{R}^3$ bestimmen.
Durch $K \colon \mathbb{R}^3 \times [0,1] \to \mathbb{R}^3$ sei die Kontraktion auf den Punkt $\hat{X} \in \Omega$ gemäß

$$K(X,t) = (k_1(X,t), k_2(X,t), k_3(X,t)) := \hat{X} + t\,(X - \hat{X})$$

für $(X,t) \in \mathbb{R}^3 \times [0,1]$ gegeben. Wir beachten

$$k_i(X,t) = \hat{X}_i + t\,(X_i - \hat{X}_i)$$

und ermitteln

$$dk_i(X,t) = \sum_{j=1}^{3} k_{i,X_j}(X,t)\,dX_j + k_{i,t}(X,t)\,dt = t\,dX_i + (X_i - \hat{X}_i)\,dt$$

für $(X,t) \in \mathbb{R}^3 \times [0,1]$ und $i \in \{1,2,3\}$.
Es ergibt sich

$$dk_1(X,t) \wedge dk_2(X,t) \wedge dk_3(X,t)$$
$$= \Big(t\,dX_1 + (X_1 - \hat{X}_1)\,dt\Big) \wedge \Big(t\,dX_2 + (X_2 - \hat{X}_2)\,dt\Big) \wedge \Big(t\,dX_3 + (X_3 - \hat{X}_3)\,dt\Big)$$
$$= t^3\,dX_1 \wedge dX_2 \wedge dX_3 + t^2\,(X_1 - \hat{X}_1)\,dt \wedge dX_2 \wedge dX_3$$
$$+ t^2\,(X_2 - \hat{X}_2)\,dt \wedge dX_3 \wedge dX_1 + t^2\,(X_3 - \hat{X}_3)\,dt \wedge dX_1 \wedge dX_2$$

für $(X,t) \in \mathbb{R}^3 \times [0,1]$.
Damit bilden wir für $(X,t) \in \mathbb{R}^3 \times [0,1]$ die transformierte Differentialform

$$\tilde{\omega}(X,t) := \omega \circ K(X,t) = 4\,H(\hat{X} + t(X - \hat{X}))\,dk_1(X,t) \wedge dk_2(X,t) \wedge dk_3(X,t)$$
$$= \omega_1(X,t) + dt \wedge \omega_2(X,t)$$

mit

$$\omega_1(X,t) := 4\,t^3 H(\hat{X} + t\,(X - \hat{X}))\,dX_1 \wedge dX_2 \wedge dX_3$$

sowie

$$\omega_2(X,t) := 4\,t^2 H(\hat{X} + t\,(X - \hat{X})) \Big((X_1 - \hat{X}_1)\,dX_2 \wedge dX_3 + (X_2 - \hat{X}_2)\,dX_3 \wedge dX_1$$
$$+ (X_3 - \hat{X}_3)\,dX_1 \wedge dX_2 \Big)\,.$$

Indem wir mit $\dot{\omega}_1$ die Ableitung von ω_1 nach t bezeichnen, berechnen wir einerseits

$$\dot{\omega}_1(X,t) = 12\,t^2 H(\hat{X} + t\,(X - \hat{X}))\,dX_1 \wedge dX_2 \wedge dX_3$$
$$+ 4\,t^3\,\nabla H(\hat{X} + t\,(X - \hat{X})) \cdot (X - \hat{X})\,dX_1 \wedge dX_2 \wedge dX_3$$

und andererseits

$$
\begin{aligned}
d_X\omega_2(X,t) = {}& 4\,t^3 H_{X_1}(\hat{X}+t\,(X-\hat{X}))(X_1-\hat{X}_1)\,dX_1 \wedge dX_2 \wedge dX_3 \\
& + 4\,t^3 H_{X_2}(\hat{X}+t\,(X-\hat{X}))(X_2-\hat{X}_2)\,dX_2 \wedge dX_3 \wedge dX_1 \\
& + 4\,t^3 H_{X_3}(\hat{X}+t\,(X-\hat{X}))(X_3-\hat{X}_3)\,dX_3 \wedge dX_1 \wedge dX_2 \\
& + 4\,t^2 H(\hat{X}+t\,(X-\hat{X}))\Big(dX_1 \wedge dX_2 \wedge dX_3 + dX_2 \wedge dX_3 \wedge dX_1 \\
& \hspace{6cm} + dX_3 \wedge dX_1 \wedge dX_2\Big) \\
= {}& 4\,t^3\,\nabla H(\hat{X}+t\,(X-\hat{X}))\cdot(X-\hat{X})\,dX_1 \wedge dX_2 \wedge dX_3 \\
& + 12\,t^2 H(\hat{X}+t\,(X-\hat{X}))\,dX_1 \wedge dX_2 \wedge dX_3
\end{aligned}
$$

für $(X,t) \in \mathbb{R}^3 \times [0,1]$.
Somit gilt die Differentialgleichung

$$
\dot{\omega}_1(X,t) = d_X\omega_2(X,t) \tag{6.79}
$$

für $X \in \mathbb{R}^3$ und $t \in [0,1]$.
Wir betrachten nun für $X = (X_1, X_2, X_3) \in \mathbb{R}^3$ die 2-Form

$$
\begin{aligned}
\lambda(X) := {}& \int_0^1 \omega_2(X,t)\,dt \\
= {}& Q_1(X)\,dX_2 \wedge dX_3 + Q_2(X)\,dX_3 \wedge dX_1 + Q_3(X)\,dX_1 \wedge dX_2
\end{aligned}
$$

mit

$$
Q_j(X) := \left(\int_0^1 4\,t^2 H(\hat{X}+t\,(X-\hat{X}))\,dt\right)(X_j-\hat{X}_j) \tag{6.80}
$$

für $j \in \{1,2,3\}$ und berechnen unter Verwendung von (6.79)

$$
\begin{aligned}
d\lambda(X) = d\int_0^1 \omega_2(X,t)\,dt = {}& \int_0^1 d_X\omega_2(X,t)\,dt = \int_0^1 \dot{\omega}_1(X,t)\,dt \\
= {}& \omega_1(X,1) - \omega_1(X,0) \\
= {}& 4\,H(X)\,dX_1 \wedge dX_2 \wedge dX_3 \\
= {}& \omega(X)
\end{aligned}
$$

für $X \in \mathbb{R}^3$.
Aufgrund der Überlegungen zu Beginn dieses Beweises ergibt sich für das gemäß (6.80) erklärte Vektorfeld $Q \colon \mathbb{R}^3 \to \mathbb{R}^3$ mit

$$
Q(X) = (Q_1(X), Q_2(X), Q_3(X)) = \left(\int_0^1 4\,t^2 H(\hat{X}+t\,(X-\hat{X}))\,dt\right)(X-\hat{X})
$$

für $X \in \mathbb{R}^3$ die Eigenschaft (6.77), das heißt $\operatorname{div} Q(X) = 4\,H(X)$ für alle $X \in \mathbb{R}^3$.

Es verbleibt der Nachweis der Abschätzung (6.78) für das Vektorfeld Q. Unter Berücksichtigung von (6.75) und (6.76) ermitteln wir

$$|Q(X)| \le \left(\int_0^1 4\,t^2 |H(\hat{X} + t\,(X - \hat{X}))|\,\mathrm{d}t \right) |X - \hat{X}| \le 4\,h_0\,r_0 \int_0^1 t^2\,\mathrm{d}t = \frac{4}{3}\,h_0\,r_0 \quad (6.81)$$

für alle $X \in \overline{\Omega}$.
Im Gegensatz dazu gibt es zu jedem $X \in \mathbb{R}^3 \setminus \overline{\Omega}$ ein $\tau \in (0,1)$, sodass

$$X_0 := \hat{X} + \tau\,(X - \hat{X}) \in \partial\Omega \quad (6.82)$$

richtig ist. Damit folgt

$$|H(\hat{X} + t\,(X - \hat{X}))| \le \begin{cases} h_0 & \text{für } t \in [0,\tau), \\ 0 & \text{für } t \in [\tau, 1] \end{cases} \quad (6.83)$$

und wir berechnen für $X \in \mathbb{R}^3 \setminus \overline{\Omega}$

$$Q(X) = \left(\int_0^1 4\,t^2 H(\hat{X} + t\,(X - \hat{X}))\,\mathrm{d}t \right) (X - \hat{X})$$

$$= \left(\frac{1}{\tau} \int_0^\tau 4\,t^2 H(\hat{X} + t\,(X - \hat{X}))\,\mathrm{d}t \right) \tau\,(X - \hat{X})$$

$$= \left(\frac{1}{\tau} \int_0^\tau 4\,t^2 H(\hat{X} + t\,(X - \hat{X}))\,\mathrm{d}t \right) (X_0 - \hat{X})$$

unter Beachtung von (6.82). Dementsprechend erhalten wir in diesem Fall

$$|Q(X)| \le \left(\frac{1}{\tau} \int_0^\tau 4\,t^2 |H(\hat{X} + t\,(X - \hat{X}))|\,\mathrm{d}t \right) |X_0 - \hat{X}|$$

$$\le 4\,\frac{h_0\,r_0}{\tau} \int_0^\tau t^2\,\mathrm{d}t = \frac{4}{3}\,h_0\,r_0\,\tau^2 \le \frac{4}{3}\,h_0\,r_0$$

mit (6.75) und (6.83).
Da dieser Schluss für jedes $X \in \mathbb{R}^3 \setminus \overline{\Omega}$ richtig bleibt, folgt zusammen mit (6.81)

$$|Q(X)| \le \frac{4}{3}\,h_0\,r_0$$

für alle $X \in \mathbb{R}^3$, womit auch (6.78) gezeigt ist. Dies vervollständigt den Beweis. $\square$

Bemerkung 6.6. Zu einer Kugel $\Omega = \{X \in \mathbb{R}^3 : |X - \hat{X}| < r_0\} \subset \mathbb{R}^3$ mit dem Mittelpunkt $\hat{X} \in \mathbb{R}^3$ und dem Radius $r_0 > 0$ lässt sich mithilfe des Lemmas 6.10 zu jeder Funktion $H \in C_0^1(\Omega)$ ein Vektorfeld $Q \colon \mathbb{R}^3 \to \mathbb{R}^3$ mit den Eigenschaften (6.77) und (6.78) finden.

Bemerkung 6.7. Sind im Lemma 6.10 zusätzlich $H \in C_0^2(\Omega)$ sowie $h_0 \, r_0 \leq M$ mit einem $M \in (0, \frac{3}{2})$ richtig, genügt das im Lemma 6.10 konstruierte Vektorfeld Q den Voraussetzungen der Sätze 6.3 und 6.4.

Wir sind damit in der Lage, das Plateausche Problem für H-Flächen in Kugeln mithilfe des geometrischen Maximumprinzips von E. Heinz folgendermaßen zu lösen.

Satz 6.5 (Plateausches Problem für H-Flächen in Kugeln). *Gegeben seien $h_0 > 0$, die abgeschlossene Kugel $\mathcal{B} := \{X \in \mathbb{R}^3 : |X| \leq \frac{1}{h_0}\}$ und eine Funktion $H \colon \mathcal{B} \to \mathbb{R} \in C^2(\mathcal{B})$ mit*

$$\sup_{X \in \mathcal{B}} |H(X)| \leq h_0$$

sowie eine rektifizierbare geschlossene Jordankurve $\Gamma \subset \tilde{\mathcal{B}} := \{X \in \mathbb{R}^3 : |X| \leq r_0\}$ mit $r_0 < \frac{1}{h_0}$.
Dann existiert eine Lösung X^* des Plateauschen Problems zu Γ und H, die zusätzlich $X^*(u,v) \in \tilde{\mathcal{B}}$ für alle $(u,v) \in B$ erfüllt.

Beweis. Wir bilden eine Funktion $\tilde{H} \in C_0^2(\mathcal{B}^\circ)$, die der Bedingung $\tilde{H}(X) = H(X)$ für alle $X \in \tilde{\mathcal{B}} \subset \mathcal{B}^\circ$ genügt. Diese kann beispielsweise mithilfe einer Abschneidefunktion gemäß Lemma 5.7 aus H konstruiert werden. Wir beachten

$$\sup_{X \in \mathcal{B}^\circ} |\tilde{H}(X)| \leq \sup_{X \in \mathcal{B}} |H(X)| \leq h_0 \; . \tag{6.84}$$

Entsprechend dem Lemma 6.10 und den Bemerkungen 6.6 und 6.7 finden wir ein Vektorfeld $Q \colon \mathbb{R}^3 \to \mathbb{R}^3 \in C^2(\mathbb{R}^3, \mathbb{R}^3)$ mit den Eigenschaften

$$|Q(X)| \leq \frac{4}{3} h_0 \frac{1}{h_0} = \frac{4}{3}$$

und

$$\operatorname{div} Q(X) = 4 \, \tilde{H}(X)$$

für alle $X \in \mathbb{R}^3$, sodass wir den Satz 6.4 anwenden können. Wir finden also mit einem $\sigma \in (0,1)$ eine Lösung $X^* \in C^{2,\sigma}(B) \cap C(\overline{B})$ des Plateauschen Problems zu Γ und $\tilde{H}$. Diese löst insbesondere das System partieller Differentialgleichungen

$$\Delta X^*(u,v) = 2 \, \tilde{H}(X^*(u,v)) \, (X_u^*(u,v) \wedge X_v^*(u,v))$$

für alle $(u,v) \in B$ und bildet den Rand ∂B homöomorph auf Γ ab. Da die Menge $\mathcal{B}^\circ$ konvex ist, schließen wir aufgrund des Maximumprinzips (Lemma 6.9) zudem

$$X^*(u,v) \in \mathcal{B}^\circ \tag{6.85}$$

für alle $(u,v) \in B$.
Wir erhalten daher

$$\begin{aligned}
|\Delta X^*(u,v)| &= |2 \, \tilde{H}(X^*(u,v)) \, (X_u^*(u,v) \wedge X_v^*(u,v))| \\
&\leq 2 \, |\tilde{H}(X^*(u,v))| \, |X_u^*(u,v) \wedge X_v^*(u,v)| \tag{6.86} \\
&\leq h_0 \, |\nabla X^*(u,v)|^2
\end{aligned}$$

für alle $(u,v) \in B$, indem wir (6.84) und (6.85) kombinieren sowie

$$|X_u^*(u,v) \wedge X_v^*(u,v)| \leq |X_u^*(u,v)| \, |X_v^*(u,v)|$$
$$\leq \frac{1}{2}\left(|X_u^*(u,v)|^2 + |X_v^*(u,v)|^2\right) = \frac{1}{2}|\nabla X^*(u,v)|^2$$

für alle $(u,v) \in B$ beachten.

Mit (6.85) und (6.86) sind die Voraussetzungen des geometrischen Maximumprinzips von E. Heinz, welches wir [60, Kap. XII, §1, Satz 2] entnehmen, erfüllt und wir schließen mit diesem

$$\sup_{(u,v)\in B} |X^*(u,v)| \leq \sup_{(u,v)\in \partial B} |X^*(u,v)| \leq r_0$$

unter Berücksichtigung von $X^*(u,v) \in \Gamma \subset \tilde{\mathcal{B}}$ für alle $(u,v) \in \partial B$.

Somit folgt $X^*(u,v) \in \tilde{\mathcal{B}}$ für alle $(u,v) \in B$ und wegen $\tilde{H}(X) = H(X)$ für alle $X \in \tilde{\mathcal{B}}$ ist X^* auch eine Lösung des Plateauschen Problems zu Γ und H. □

Als nächstes konstruieren wir ein Vektorfeld Q aus einer mittleren Krümmung H, deren Träger innerhalb einer Rotationsmenge liegt.

Lemma 6.11. *Es sei $r_0 \colon \mathbb{R} \to [0, +\infty) \in C(\mathbb{R})$ eine nichtnegative stetige Funktion. Zudem seien die ebenen Kreisscheiben*

$$\Omega(z) := \left\{(X_1, X_2) \in \mathbb{R}^2 : X_1^2 + X_2^2 < r_0(z)^2\right\} \subset \mathbb{R}^2$$

für jedes $z \in \mathbb{R}$ und die Rotationsmenge

$$\Omega := \left\{(X_1, X_2, z) \in \mathbb{R}^3 : (X_1, X_2) \in \Omega(z)\right\} \subset \mathbb{R}^3$$

gegeben. Zusätzlich sei $H \colon \mathbb{R}^3 \to \mathbb{R} \in C^1(\mathbb{R}^3)$ eine Funktion mit

$$H(\cdot, z) \in C_0^1(\Omega(z)) \tag{6.87}$$

für alle $z \in \mathbb{R}$, wobei wir (6.87) für jedes $z \in \mathbb{R}$ mit $r_0(z) = 0$ als $H(\cdot, z) \equiv 0$ verstehen wollen. Gleichzeitig erklären wir die Größe

$$h_0(z) := \begin{cases} \displaystyle\sup_{(X_1,X_2)\in\Omega(z)} |H(X_1, X_2, z)| \in [0, +\infty) & \text{für } z \in \mathbb{R} \text{ mit } r_0(z) > 0, \\ 0 & \text{für } z \in \mathbb{R} \text{ mit } r_0(z) = 0. \end{cases} \tag{6.88}$$

Dann existiert ein Vektorfeld $Q \colon \mathbb{R}^3 \to \mathbb{R}^3$ der Gestalt

$$Q(X_1, X_2, z) = (Q_1(X_1, X_2, z), Q_2(X_1, X_2, z), 0)$$

für $(X_1, X_2, z) \in \mathbb{R}^3$, sodass

$$\operatorname{div} Q(X_1, X_2, z) = Q_{1,X_1}(X_1, X_2, z) + Q_{2,X_2}(X_1, X_2, z) = 4\,H(X_1, X_2, z)$$

und

$$|Q(X_1, X_2, z)| \leq 2\,h_0(z)\,r_0(z)$$

für alle $(X_1, X_2, z) \in \mathbb{R}^3$ richtig sind.

Beweis. Wir betrachten für jedes $z \in \mathbb{R}$ die geschlossene 2-Form

$$\omega(X_1, X_2; z) := 4\, H(X_1, X_2, z)\, \mathrm{d}X_1 \wedge \mathrm{d}X_2$$

für $(X_1, X_2) \in \mathbb{R}^2$ und suchen eine 1-Form

$$\lambda(X_1, X_2; z) = Q_1(X_1, X_2, z)\, \mathrm{d}X_2 - Q_2(X_1, X_2, z)\, \mathrm{d}X_1$$

mit

$$\begin{aligned}
\mathrm{d}\lambda(X_1, X_2; z) &= (Q_{1,X_1}(X_1, X_2, z) + Q_{2,X_2}(X_1, X_2, z))\, \mathrm{d}X_1 \wedge \mathrm{d}X_2 \\
&= \omega(X_1, X_2; z) = 4\, H(X_1, X_2, z)\, \mathrm{d}X_1 \wedge \mathrm{d}X_2
\end{aligned}$$

für alle $(X_1, X_2) \in \mathbb{R}^2$ und jedes $z \in \mathbb{R}$. Dementsprechend gilt dann für das Vektorfeld $Q \colon \mathbb{R}^3 \to \mathbb{R}^3$ der Gestalt $Q(X_1, X_2, z) = (Q_1(X_1, X_2, z), Q_2(X_1, X_2, z), 0)$

$$\operatorname{div} Q(X_1, X_2, z) = Q_{1,X_1}(X_1, X_2, z) + Q_{2,X_2}(X_1, X_2, z) = 4\, H(X_1, X_2, z)$$

für alle $(X_1, X_2, z) \in \mathbb{R}^3$.
Zunächst sei $K \colon \mathbb{R}^2 \times [0, 1] \to \mathbb{R}^2$ die Kontraktion auf den Nullpunkt $(0, 0) \in \mathbb{R}^2$ gemäß

$$K(X_1, X_2, t) = (k_1(X_1, X_2, t), k_2(X_1, X_2, t)) = t\, (X_1, X_2)$$

für $(X_1, X_2, t) \in \mathbb{R}^2 \times [0, 1]$ gegeben. Wir beachten

$$k_i(X_1, X_2, t) = t\, X_i$$

und ermitteln

$$\mathrm{d}k_i(X_1, X_2, t) = \sum_{j=1}^{2} k_{i,X_j}(X_1, X_2, t)\, \mathrm{d}X_j + k_{i,t}(X_1, X_2, t)\, \mathrm{d}t = t\, \mathrm{d}X_i + X_i\, \mathrm{d}t$$

für alle $(X_1, X_2, t) \in \mathbb{R}^2 \times [0, 1]$ und $i \in \{1, 2\}$.
Wir bilden damit für jedes $z \in \mathbb{R}$ die transformierte Differentialform

$$\begin{aligned}
\tilde{\omega}(X_1, X_2, t; z) &:= \omega(K(X_1, X_2, t); z) \\
&= 4\, H(t\, X_1, t\, X_2, z)\, \mathrm{d}k_1(X_1, X_2, t) \wedge \mathrm{d}k_2(X_1, X_2, t) \\
&= 4\, H(t\, X_1, t\, X_2, z)\, (t\, \mathrm{d}X_1 + X_1\, \mathrm{d}t) \wedge (t\, \mathrm{d}X_2 + X_2\, \mathrm{d}t) \\
&= 4\, t^2 H(t\, X_1, t\, X_2, z)\, \mathrm{d}X_1 \wedge \mathrm{d}X_2 \\
&\quad + \mathrm{d}t \wedge (4\, t\, H(t\, X_1, t\, X_2, z)(X_1\, \mathrm{d}X_2 - X_2\, \mathrm{d}X_1))
\end{aligned}$$

für $(X_1, X_2, t) \in \mathbb{R}^2 \times [0, 1]$. Indem wir für jedes $z \in \mathbb{R}$

$$\omega_1(X_1, X_2, t; z) := 4\, t^2 H(t\, X_1, t\, X_2, z)\, \mathrm{d}X_1 \wedge \mathrm{d}X_2$$

und

$$\omega_2(X_1, X_2, t; z) := 4\, t\, H(t\, X_1, t\, X_2, z)(X_1\, \mathrm{d}X_2 - X_2\, \mathrm{d}X_1)$$

für alle $(X_1, X_2, t) \in \mathbb{R}^2 \times [0,1]$ setzen, erhalten wir

$$\tilde{\omega}(X_1, X_2, t; z) = \omega_1(X_1, X_2, t; z) + \mathrm{d}t \wedge \omega_2(X_1, X_2, t; z) \ .$$

Wir bezeichnen mit $\dot{\omega}_1$ die Ableitung von ω_1 nach t und berechnen

$$\dot{\omega}_1(X_1, X_2, t; z) = 8\, t\, H(t\, X_1, t\, X_2, z)\, \mathrm{d}X_1 \wedge \mathrm{d}X_2$$
$$+ 4\, t^2 (H_{X_1}(t\, X_1, t\, X_2, z)\, X_1 + H_{X_2}(t\, X_1, t\, X_2, z)\, X_2)\, \mathrm{d}X_1 \wedge \mathrm{d}X_2$$

sowie

$$\mathrm{d}_X \omega_2(X_1, X_2, t; z) = \mathrm{d}_{(X_1, X_2)} \omega_2(X_1, X_2, t; z)$$
$$= 4\, t^2 (H_{X_1}(t\, X_1, t\, X_2, z)\, X_1 + H_{X_2}(t\, X_1, t\, X_2, z)\, X_2)\, \mathrm{d}X_1 \wedge \mathrm{d}X_2$$
$$+ 4\, t\, H(t\, X_1, t\, X_2, z)(\mathrm{d}X_1 \wedge \mathrm{d}X_2 - \mathrm{d}X_2 \wedge \mathrm{d}X_1)$$
$$= 4\, t^2 (H_{X_1}(t\, X_1, t\, X_2, z)\, X_1 + H_{X_2}(t\, X_1, t\, X_2, z)\, X_2)\, \mathrm{d}X_1 \wedge \mathrm{d}X_2$$
$$+ 8\, t\, H(t\, X_1, t\, X_2, z)\, \mathrm{d}X_1 \wedge \mathrm{d}X_2$$

für alle $(X_1, X_2, t) \in \mathbb{R}^2 \times [0,1]$ und jedes $z \in \mathbb{R}$.
Dementsprechend folgt die Differentialgleichung

$$\dot{\omega}_1(X_1, X_2, t; z) = \mathrm{d}_X \omega_2(X_1, X_2, t; z) \tag{6.89}$$

für $(X_1, X_2) \in \mathbb{R}^2$, $t \in [0,1]$ und jedes $z \in \mathbb{R}$.
Für jedes $z \in \mathbb{R}$ erklären wir die 1-Form

$$\lambda(X_1, X_2; z) := \int_0^1 \omega_2(X_1, X_2, t; z)\, \mathrm{d}t$$
$$= Q_1(X_1, X_2, z)\, \mathrm{d}X_2 - Q_2(X_1, X_2, z)\, \mathrm{d}X_1$$

für $(X_1, X_2) \in \mathbb{R}^2$ mit

$$Q_j(X_1, X_2, z) := \left(\int_0^1 4\, t\, H(t\, X_1, t\, X_2, z)\, \mathrm{d}t \right) X_j$$

für $(X_1, X_2, z) \in \mathbb{R}^3$ und $j \in \{1, 2\}$. Unter Verwendung von (6.89) berechnen wir für diese

$$\mathrm{d}\lambda(X_1, X_2; z) = \mathrm{d} \int_0^1 \omega_2(X_1, X_2, t; z)\, \mathrm{d}t = \int_0^1 \mathrm{d}_X \omega_2(X_1, X_2, t; z)\, \mathrm{d}t$$
$$= \int_0^1 \dot{\omega}_1(X_1, X_2, t; z)\, \mathrm{d}t$$
$$= \omega_1(X_1, X_2, 1; z) - \omega_1(X_1, X_2, 0; z)$$
$$= 4\, H(X_1, X_2, z)\, \mathrm{d}X_1 \wedge \mathrm{d}X_2 = \omega(X_1, X_2; z)$$

für $(X_1, X_2) \in \mathbb{R}^2$ und $z \in \mathbb{R}$.

Wir schließen also für das Vektorfeld Q mit

$$Q(X_1, X_2, z) = \left(\int_0^1 4\, t\, H(t\, X_1, t\, X_2, z)\, dt \right) (X_1, X_2, 0) \qquad (6.90)$$

aufgrund der Betrachtung zu Beginn des Beweises für alle $(X_1, X_2, z) \in \mathbb{R}^3$

$$\operatorname{div} Q(X_1, X_2, z) = Q_{1,X_1}(X_1, X_2, z) + Q_{2,X_2}(X_1, X_2, z) = 4\, H(X_1, X_2, z) \ .$$

Für die Abschätzung des Vektorfeldes Q sei $(X, z) \in \mathbb{R}^3$ mit $X = (X_1, X_2) \in \mathbb{R}^2$ beliebig gewählt. In dem Fall, dass $|X| \leq r_0(z)$ gilt, ergibt sich aus (6.90)

$$|Q(X_1, X_2, z)| \leq \left(\int_0^1 4\, t\, |H(t\, X_1, t\, X_2, z)|\, dt \right) |X|$$

$$\leq 4\, h_0(z) \left(\int_0^1 t\, dt \right) r_0(z) = 2\, h_0(z)\, r_0(z) \qquad (6.91)$$

unter Verwendung von (6.88).
Ist im Gegensatz dazu $|X| > r_0(z)$ richtig, finden wir ein $\tau \in [0, 1)$, sodass die Bedingung

$$\tau\, |X| = r_0(z) \qquad (6.92)$$

erfüllt wird. Sofern $\tau > 0$ ist, erhalten wir

$$|Q(X_1, X_2, z)| \leq \left(\int_0^1 4\, t\, |H(t\, X_1, t\, X_2, z)|\, dt \right) |X|$$

$$= 4 \left(\int_0^\tau t\, |H(t\, X_1, t\, X_2, z)|\, dt \right) |X|$$

$$\leq 4\, h_0(z) \left(\int_0^\tau t\, dt \right) |X|$$

$$= 2\, h_0(z)\, \tau\, (\tau\, |X|) = 2\, h_0(z)\, \tau\, r_0(z) \leq 2\, h_0(z)\, r_0(z) \ . \qquad (6.93)$$

Hingegen schließen wir für $\tau = 0$ aus (6.92) direkt $r_0(z) = 0$, sodass in diesem Fall wegen $H(\cdot, z) \equiv 0$ unmittelbar

$$|Q(X_1, X_2, z)| = 0 \leq 2\, h_0(z)\, r_0(z) \qquad (6.94)$$

folgt.
Insgesamt erkennen wir daher aus (6.91), (6.93) und (6.94)

$$|Q(X_1, X_2, z)| \leq 2\, h_0(z)\, r_0(z)$$

für alle $(X_1, X_2, z) \in \mathbb{R}^3$. Damit ist alles gezeigt. $\qquad \Box$

Bemerkung 6.8. Setzen wir $r_0(z) = \varrho$ mit einem $\varrho > 0$ für alle $z \in \mathbb{R}$ im Lemma 6.11, wird die Rotationsmenge Ω zu einem Zylinder. Im Gegensatz dazu wird Ω zum Einheitskegel, sofern wir

$$r_0(z) = \begin{cases} z & \text{für } z \in \mathbb{R} \text{ mit } z > 0, \\ 0 & \text{für } z \in \mathbb{R} \text{ mit } z \le 0 \end{cases}$$

wählen.

Bemerkung 6.9. Unter den zusätzlichen Bedingungen $h_0(z)\, r_0(z) \le M$ mit einer Konstante $M \in (0,1)$ für alle $z \in \mathbb{R}$ und $H \in C^2(\mathbb{R}^3)$ liefert uns das Lemma 6.11 mit (6.90) ein Vektorfeld Q, das den Voraussetzungen der Sätze 6.3 und 6.4 genügt.

Wir verwenden die vorangegangenen Erkenntnisse zu Rotationsmengen zunächst für die Behandlung des Plateauschen Problems für H-Flächen in Zylindern. Dabei wird das geometrische Maximumprinzip von S. Hildebrandt zur Anwendung kommen.

Satz 6.6 (Plateausches Problem für H-Flächen in Zylindern). *Gegeben seien $h_0 > 0$, der abgeschlossene Zylinder*

$$\mathcal{Z} := \left\{ X = (X_1, X_2, X_3) \in \mathbb{R}^3 \ : \ X_1^2 + X_2^2 \le \frac{1}{4h_0^2} \right\}$$

und eine Funktion $H \colon \mathcal{Z} \to \mathbb{R} \in C^2(\mathcal{Z})$ mit

$$\sup_{X \in \mathcal{Z}} |H(X)| \le h_0$$

sowie eine rektifizierbare geschlossene Jordankurve $\Gamma \subset \tilde{\mathcal{Z}}$ mit

$$\tilde{\mathcal{Z}} := \{ X = (X_1, X_2, X_3) \in \mathbb{R}^3 \ : \ X_1^2 + X_2^2 \le r_0^2 \}$$

und $r_0 < \frac{1}{2h_0}$.
Dann existiert eine Lösung X^* des Plateauschen Problems zu Γ und H, die zusätzlich $X^*(u,v) \in \tilde{\mathcal{Z}}$ für alle $(u,v) \in B$ erfüllt.

Beweis. Mithilfe einer Abschneidefunktion gemäß Lemma 5.7 konstruieren wir aus H eine Funktion $\tilde{H} \in C^2(\mathbb{R}^3)$ mit $\operatorname{supp}(\tilde{H}(\cdot, z)) \subset \mathcal{Z}^\circ \cap \{(X_1, X_2, X_3) \in \mathbb{R}^3 \ : \ X_3 = z\}$ für alle $z \in \mathbb{R}$ und $\tilde{H}(X) = H(X)$ für alle $X \in \tilde{\mathcal{Z}} \subset \mathcal{Z}^\circ$. Dabei bemerken wir

$$\sup_{X \in \mathcal{Z}^\circ} |\tilde{H}(X)| \le \sup_{X \in \mathcal{Z}} |H(X)| \le h_0 \, .$$

Unter Beachtung des Lemmas 6.11 und der Bemerkungen 6.8 und 6.9 existieren ein Vektorfeld $Q \colon \mathbb{R}^3 \to \mathbb{R}^3 \in C^2(\mathbb{R}^3, \mathbb{R}^3)$ mit den Eigenschaften

$$|Q(X)| \le 2\, h_0 \, \frac{1}{2h_0} = 1$$

und

$$\operatorname{div} Q(X) = 4\, \tilde{H}(X)$$

für alle $X \in \mathbb{R}^3$, sodass der Satz 6.4 angewendet werden kann. Demnach finden wir mit einem $\sigma \in (0,1)$ eine Lösung $X^* \in C^{2,\sigma}(B) \cap C(\overline{B})$ des Plateauschen Problems zu Γ und $\tilde{H}$, welche das System partieller Differentialgleichungen

$$\Delta X^*(u,v) = 2 \tilde{H}(X^*(u,v)) \, (X_u^*(u,v) \wedge X_v^*(u,v))$$

für alle $(u,v) \in B$ löst und den Rand ∂B homöomorph auf Γ abbildet. Da die Menge $\mathcal{Z}^\circ$ konvex ist, erhalten wir mithilfe des Maximumprinzips (Lemma 6.9) zusätzlich

$$X^*(u,v) = (X_1^*(u,v), X_2^*(u,v), X_3^*(u,v)) \in \mathcal{Z}^\circ$$

für alle $(u,v) \in B$.
Infolgedessen kann das geometrische Maximumprinzip von S. Hildebrandt, welches sich in [60, Kap. XII, §9, Hilfssatz 3] finden lässt, angewendet werden. Die durch

$$\phi(u,v) := (X_1^*(u,v))^2 + (X_2^*(u,v))^2$$

für $(u,v) \in \overline{B}$ erklärte Hilfsfunktion $\phi \colon \overline{B} \to [0, +\infty) \in C^2(B) \cap C(\overline{B})$ genügt demnach der Differentialungleichung

$$\Delta\phi(u,v) \geq 0$$

für alle $(u,v) \in B$. Die Funktion ϕ ist also subharmonisch in B und das Maximumprinzip für subharmonische Funktionen aus [59, Kap. V, §2, Satz 7] liefert uns

$$\sup_{(u,v) \in B} \phi(u,v) \leq \sup_{(u,v) \in \partial B} \phi(u,v) \leq r_0^2$$

unter Berücksichtigung von

$$X^*(u,v) = (X_1^*(u,v), X_2^*(u,v), X_3^*(u,v)) \in \Gamma \subset \tilde{\mathcal{Z}}$$

für alle $(u,v) \in \partial B$.
Wir erhalten daher

$$\phi(u,v) = (X_1^*(u,v))^2 + (X_2^*(u,v))^2 \leq r_0^2$$

und somit $X^*(u,v) \in \tilde{\mathcal{Z}}$ für alle $(u,v) \in B$. Schließlich ist X^* wegen $\tilde{H}(X) = H(X)$ für alle $X \in \tilde{\mathcal{Z}}$ auch eine Lösung des Plateauschen Problems zu Γ und H. $\square$

Als weitere Anwendung zu Rotationsmengen wollen wir das Plateausche Problem für H-Flächen im Einheitskegel lösen. Hierbei wird die Verwendung des Maximumprinzips für H-Flächen im Einheitskegel von F. Sauvigny eine entscheidende Rolle spielen. Zuvor notieren wir noch die folgende Definition.

Definition 6.5. Zu einem $h \geq 0$ setzen wir

$$\mathcal{C}(h) := \left\{ X = (X_1, X_2, X_3) \in \mathbb{R}^3 \, : \, X_1^2 + X_2^2 \leq X_3^2 - h^2, \, X_3 \geq h \right\} \subset \mathbb{R}^3$$

und schreiben kurz $\mathcal{C} := \mathcal{C}(0)$.

Satz 6.7 (Plateausches Problem für H-Flächen im Einheitskegel). *Gegeben seien die ebenen abgeschlossenen Kreisscheiben*

$$\Omega_z := \left\{ (X_1, X_2) \in \mathbb{R}^2 \, : \, X_1^2 + X_2^2 \leq z^2 \right\}$$

für jedes $z \geq 0$ und der abgeschlossene Einheitskegel

$$\mathcal{C} = \left\{ X = (X_1, X_2, X_3) \in \mathbb{R}^3 \, : \, (X_1, X_2) \in \Omega_{X_3}, \, X_3 \geq 0 \right\}$$

sowie eine Funktion $H \colon \mathcal{C} \to \mathbb{R} \in C^2(\mathcal{C})$ mit

$$h_0(X_3) := \sup_{(X_1, X_2) \in \Omega_{X_3}} |H(X_1, X_2, X_3)| \in [0, +\infty)$$

für alle $X_3 > 0$, sodass

$$|X_3 \, h_0(X_3)| = X_3 \, h_0(X_3) \leq \frac{1}{\sqrt{2}} \tag{6.95}$$

für alle $X_3 > 0$ richtig ist. Zudem sei eine rektifizierbare geschlossene Jordankurve $\Gamma \subset \tilde{\mathcal{C}} := \mathcal{C}(\delta)$ mit $\delta > 0$ vorgelegt.
Dann existiert eine Lösung X^* des Plateauschen Problems zu Γ und H, die zusätzlich $X^*(u, v) \in \tilde{\mathcal{C}}$ für alle $(u, v) \in B$ erfüllt.

Beweis. Ähnlich wie im Beweis des Lemmas 5.7 können wir eine Funktion $\tilde{\eta} \in C^\infty(\mathbb{R}^3)$ mit $\mathrm{supp}(\tilde{\eta}) \subset \mathcal{C}^\circ$ und den Eigenschaften

a) $0 \leq \tilde{\eta}(X) \leq 1$ für alle $X \in \mathbb{R}^3$ und

b) $\tilde{\eta} \equiv 1$ in $\tilde{\mathcal{C}}$

durch geeignetes Abglätten der charakteristischen Funktion

$$\chi_{\mathcal{C}(\frac{\delta}{2})}(X) := \begin{cases} 1 & \text{für } X \in \mathcal{C}(\frac{\delta}{2}), \\ 0 & \text{für } X \notin \mathcal{C}(\frac{\delta}{2}) \end{cases}$$

konstruieren. Wir setzen H durch $H(X) := 0$ für alle $X \in \mathbb{R}^3 \setminus \mathcal{C}$ auf den gesamten $\mathbb{R}^3$ fort und bilden die Funktion

$$\tilde{H}(X) := H(X) \, \tilde{\eta}(X)$$

für alle $X \in \mathbb{R}^3$.
Dabei bemerken wir $\tilde{H} \in C^2(\mathbb{R}^3)$ und $\mathrm{supp}(\tilde{H}) \subset \mathcal{C}^\circ$ sowie $\tilde{H}(X) = H(X)$ für alle $X \in \tilde{\mathcal{C}} \subset \mathcal{C}^\circ$ und

$$\sup_{(X_1, X_2) \in \Omega_{X_3}^\circ} |\tilde{H}(X_1, X_2, X_3)| \leq \sup_{(X_1, X_2) \in \Omega_{X_3}} |H(X_1, X_2, X_3)| = h_0(X_3) \tag{6.96}$$

für alle $X_3 > 0$. Wir definieren

$$\tilde{h}_0(X_3) := \begin{cases} \displaystyle\sup_{(X_1, X_2) \in \Omega_{X_3}^\circ} |\tilde{H}(X_1, X_2, X_3)| & \text{für } X_3 > 0, \\ 0 & \text{für } X_3 \leq 0 \end{cases}$$

und erkennen mit (6.95) und (6.96)

$$|X_3 \, \tilde{h}_0(X_3)| = |X_3| \, \tilde{h}_0(X_3) \le \frac{1}{\sqrt{2}} \qquad (6.97)$$

für alle $X_3 \in \mathbb{R}$.

Mithilfe des Lemmas 6.11 und der Bemerkungen 6.8 und 6.9 finden wir daher ein Vektorfeld $Q \colon \mathbb{R}^3 \to \mathbb{R}^3 \in C^2(\mathbb{R}^3, \mathbb{R}^3)$ mit den Eigenschaften

$$|Q(X)| \le \sqrt{2}$$

und

$$\operatorname{div} Q(X) = 4 \, \tilde{H}(X)$$

für alle $X \in \mathbb{R}^3$.

Somit existiert gemäß Satz 6.4 mit einem $\sigma \in (0,1)$ eine Lösung $X^* \in C^{2,\sigma}(B) \cap C(\overline{B})$ des Plateauschen Problems zu Γ und $\tilde{H}$, welche dem System partieller Differentialgleichungen

$$\Delta X^*(u,v) = 2 \, \tilde{H}(X^*(u,v)) \, (X_u^*(u,v) \wedge X_v^*(u,v))$$

für alle $(u,v) \in B$ genügt und den Rand ∂B homöomorph auf Γ abbildet. Da die Menge $\mathcal{C}^\circ$ konvex ist, gilt aufgrund des Maximumprinzips (Lemma 6.9) zusätzlich

$$X^*(u,v) = (X_1^*(u,v), X_2^*(u,v), X_3^*(u,v)) \in \mathcal{C}^\circ \qquad (6.98)$$

für alle $(u,v) \in B$.

Wir beachten zudem unter Verwendung von (6.97)

$$\begin{aligned}
|\tilde{H}(X)\, X| = |\tilde{H}(X)| \, |X| &= |\tilde{H}(X)| \sqrt{X_1^2 + X_2^2 + X_3^2} \\
&\le |\tilde{H}(X)| \sqrt{X_3^2 + X_3^2} \\
&\le \sqrt{2} \, \tilde{h}_0(X_3) \, X_3 \\
&\le 1
\end{aligned} \qquad (6.99)$$

für alle $X = (X_1, X_2, X_3) \in \mathcal{C}$.

Aufgrund von (6.98) und (6.99) können wir das Maximumprinzip für H-Flächen im Einheitskegel von F. Sauvigny aus [62, Theorem 1.1] anwenden. Gemäß diesem ist die durch

$$\Psi(u,v) := \frac{1}{2} \left((X_3^*(u,v))^2 - (X_1^*(u,v))^2 - (X_2^*(u,v))^2 \right)$$

für $(u,v) \in \overline{B}$ erklärte nichtnegative Hilfsfunktion $\Psi \colon \overline{B} \to [0, +\infty) \in C^2(B) \cap C(\overline{B})$ superharmonisch in B und genügt der Differentialungleichung $\Delta \Psi(u,v) \le 0$ für alle $(u,v) \in B$. Demnach ist auch die durch

$$\tilde{\Psi}(u,v) := (X_3^*(u,v))^2 - (X_1^*(u,v))^2 - (X_2^*(u,v))^2 - \delta^2$$

für $(u,v) \in \overline{B}$ erklärte Funktion $\tilde{\Psi} \in C^2(B) \cap C(\overline{B})$ superharmonisch in B und die Differentialungleichung $\Delta \tilde{\Psi}(u,v) \le 0$ für alle $(u,v) \in B$ erfüllt.

Wegen

$$X^*(u,v) = (X_1^*(u,v), X_2^*(u,v), X_3^*(u,v)) \in \Gamma \subset \tilde{C}$$

für alle $(u,v) \in \partial B$ bemerken wir

$$\tilde{\Psi}(u,v) \geq 0 \qquad\qquad (6.100)$$

für alle $(u,v) \in \partial B$.
Gäbe es nun einen Punkt $(u,v) \in B$ mit $\tilde{\Psi}(u,v) < 0$, wäre

$$\inf_{(u,v) \in \overline{B}} \tilde{\Psi}(u,v) < 0 \leq \inf_{(u,v) \in \partial B} \tilde{\Psi}(u,v) \qquad\qquad (6.101)$$

richtig. Dementsprechend würde die Funktion $\tilde{\Psi}$ in einem Punkt $(u_0, v_0) \in B$ ihr globales Minimum in B annehmen. Gemäß dem Minimumprinzip für superharmonische Funktionen aus [59, Kap. V, §2, Satz 7] wäre $\tilde{\Psi}$ in B konstant und wegen (6.101) würde

$$\tilde{\Psi}(u,v) = \tilde{\Psi}(u_0, v_0) < 0$$

für alle $(u,v) \in B$ folgen. Dies steht aufgrund der Stetigkeit von $\tilde{\Psi}$ auf $\overline{B}$ allerdings im Widerspruch zu (6.100). Infolgedessen muss

$$\tilde{\Psi}(u,v) \geq 0$$

beziehungsweise äquivalent dazu $X^*(u,v) \in \tilde{C}$ für alle $(u,v) \in B$ erfüllt sein. Zudem ist X^* wegen $\tilde{H}(X) = H(X)$ für alle $X \in \tilde{C}$ auch eine Lösung des Plateauschen Problems zu Γ und H. $\qquad\square$

Bemerkung 6.10. Die Grundidee der Sätze 6.5, 6.6 und 6.7 lässt sich folgendermaßen zusammenfassen. Ausgehend von einer in einem konvexen Körper Ω vorgegebenen mittleren Krümmung H und einer Randkurve $\Gamma \subset \tilde{\Omega} \subsetneq \Omega$ bilden wir eine Funktion $\tilde{H}$ mit Träger in Ω, die in $\tilde{\Omega}$ mit H übereinstimmt.
Anschließend konstruieren wir zu $\tilde{H}$ ein Vektorfeld Q, sodass wir mithilfe des Satzes 6.4 eine Lösung des Plateauschen Problems zu Γ und $\tilde{H}$ finden. Das Maximumprinzip aus Lemma 6.9 gewährleistet uns dann, dass diese Lösung in Ω liegt.
So wird eines der Maximumprinzipien von E. Heinz, S. Hildebrandt oder F. Sauvigny zugänglich, welches impliziert, dass sich die Lösung auch in $\tilde{\Omega}$ befindet. Damit erkennen wir die Lösung wegen $\tilde{H} = H$ in $\tilde{\Omega}$ gleichzeitig als Lösung des Plateauschen Problems zu Γ und H.

Abschließend wollen wir noch ein Vektorfeld Q für den Fall, dass der Träger der mittleren Krümmung H zwischen zwei Graphen liegt, konstruieren. Da für diesen Fall kein vergleichbares Maximumprinzip wie das von E. Heinz, S. Hildebrandt oder F. Sauvigny vorliegt, bleibt beispielsweise die Frage nach der Lösung des Plateauschen Problems für H-Flächen in Platten unbeantwortet.
Allerdings ermöglicht das nachfolgende Lemma die Anwendbarkeit des Satzes 6.4 und des Maximumprinzips gemäß Lemma 6.9.

Lemma 6.12. *Es seien* $r^+\colon \mathbb{R}^2 \to [0,+\infty) \in C(\mathbb{R}^2)$ *eine nichtnegative stetige Funktion und* $r^-\colon \mathbb{R}^2 \to (-\infty,0] \in C(\mathbb{R}^2)$ *eine nichtpositive stetige Funktion. Zudem seien die Menge*

$$\Omega := \left\{ (X_1,X_2,z) \in \mathbb{R}^3 \;:\; r^-(X_1,X_2) < z < r^+(X_1,X_2) \right\} \subset \mathbb{R}^3$$

sowie die Funktion

$$r_0(X_1,X_2) := \max \left\{ r^+(X_1,X_2), |r^-(X_1,X_2)| \right\} \in [0,+\infty)$$

für $(X_1,X_2) \in \mathbb{R}^2$ *gegeben.*
Zusätzlich sei $H\colon \mathbb{R}^3 \to \mathbb{R} \in C^1(\mathbb{R}^3)$ *eine Funktion, sodass*

$$H(X_1,X_2,\cdot) \in C_0^1((r^-(X_1,X_2),r^+(X_1,X_2))) \tag{6.102}$$

für alle $(X_1,X_2) \in \mathbb{R}^2$ *richtig ist. Dabei soll die Bedingung (6.102) für jeden Punkt* $(X_1,X_2) \in \mathbb{R}^2$ *mit* $r_0(X_1,X_2) = 0$ *als* $H(X_1,X_2,\cdot) \equiv 0$ *verstanden werden.*
Wir definieren außerdem zu jedem Punkt $X = (X_1,X_2) \in \mathbb{R}^2$ *die Größe*

$$h_0(X\cdot) := \begin{cases} \displaystyle\sup_{z \in (r^-(X),r^+(X))} |H(X,z)| \in [0,+\infty) & \text{für } X \in \mathbb{R}^2 \text{ mit } r_0(X) > 0\,, \\ 0 & \text{für } X \in \mathbb{R}^2 \text{ mit } r_0(X) = 0\,. \end{cases}$$

Dann existiert ein Vektorfeld $Q\colon \mathbb{R}^3 \to \mathbb{R}^3 \in C^1(\mathbb{R}^3,\mathbb{R}^3)$ *der Gestalt*

$$Q(X_1,X_2,z) = (0,0,Q_3(X_1,X_2,z))$$

für $(X_1,X_2,z) \in \mathbb{R}^3$ *mit den Eigenschaften*

$$\operatorname{div} Q(X_1,X_2,z) = Q_{3,z}(X_1,X_2,z) = 4\,H(X_1,X_2,z)$$

und

$$|Q(X_1,X_2,z)| \le 4\,h_0(X_1,X_2)\,r_0(X_1,X_2)$$

für alle $(X_1,X_2,z) \in \mathbb{R}^3$.

Beweis. Wir erklären für jeden Punkt $X = (X_1,X_2) \in \mathbb{R}^2$ die geschlossene 1-Form

$$\omega(z;X) := 4\,H(X_1,X_2,z)\,\mathrm{d}z$$

für $z \in \mathbb{R}$ und suchen eine 0-Form

$$\lambda(z;X) = Q_3(X_1,X_2,z)$$

mit

$$\mathrm{d}\lambda(z;X) = Q_{3,z}(X_1,X_2,z)\,\mathrm{d}z = \omega(z;X) = 4\,H(X_1,X_2,z)\,\mathrm{d}z$$

für alle $z \in \mathbb{R}$ und alle $X = (X_1,X_2) \in \mathbb{R}^2$. Infolgedessen gilt dann für das Vektorfeld $Q\colon \mathbb{R}^3 \to \mathbb{R}^3$ der Gestalt $Q(X_1,X_2,z) = (0,0,Q_3(X_1,X_2,z))$ für alle $(X_1,X_2,z) \in \mathbb{R}^3$

$$\operatorname{div} Q(X_1,X_2,z) = Q_{3,z}(X_1,X_2,z) = 4\,H(X_1,X_2,z)\,.$$

Wir betrachten die Kontraktion $K \colon \mathbb{R} \times [0,1] \to \mathbb{R}$ auf die Null gemäß

$$K(z,t) = t\,z$$

für $(z,t) \in \mathbb{R} \times [0,1]$ und ermitteln

$$\mathrm{d}K(z,t) = t\,\mathrm{d}z + z\,\mathrm{d}t$$

für alle $(z,t) \in \mathbb{R} \times [0,1]$.
Damit folgt für jeden Punkt $X = (X_1, X_2) \in \mathbb{R}^2$ die transformierte Differentialform

$$
\begin{aligned}
\tilde{\omega}(z,t;X) &:= \omega(K(z,t);X) = 4\,H(X_1, X_2, t\,z)\,\mathrm{d}K(z,t) \\
&= 4\,t\,H(X_1, X_2, t\,z)\,\mathrm{d}z + 4\,z\,H(X_1, X_2, t\,z)\,\mathrm{d}t
\end{aligned}
$$

für $(z,t) \in \mathbb{R} \times [0,1]$. Indem wir für jeden Punkt $X = (X_1, X_2) \in \mathbb{R}^2$

$$\omega_1(z,t;X) := 4\,t\,H(X_1, X_2, t\,z)\,\mathrm{d}z$$

und

$$\omega_2(z,t;X) := 4\,z\,H(X_1, X_2, t\,z)$$

für alle $(z,t) \in \mathbb{R} \times [0,1]$ setzen, erhalten wir

$$\tilde{\omega}(z,t;X) = \omega_1(z,t;X) + \omega_2(z,t;X)\,\mathrm{d}t \ .$$

Wir bezeichnen mit $\dot{\omega}_1$ die Ableitung von ω_1 nach t und berechnen

$$\dot{\omega}_1(z,t;X) = 4\,H(X_1, X_2, t\,z)\,\mathrm{d}z + 4\,t\,z\,H_z(X_1, X_2, t\,z)\,\mathrm{d}z$$

sowie

$$\mathrm{d}_z\omega_2(z,t;X) = 4\,H(X_1, X_2, t\,z)\,\mathrm{d}z + 4\,t\,z\,H_z(X_1, X_2, t\,z)\,\mathrm{d}z$$

für alle $(z,t) \in \mathbb{R} \times [0,1]$ und jeden Punkt $X = (X_1, X_2) \in \mathbb{R}^2$.
Demnach ist in jedem Punkt $X \in \mathbb{R}^2$ die Differentialgleichung

$$\dot{\omega}_1(z,t;X) = \mathrm{d}_z\omega_2(z,t;X) \tag{6.103}$$

für $z \in \mathbb{R}$ und $t \in [0,1]$ gültig.
Für jeden Punkt $X = (X_1, X_2) \in \mathbb{R}^2$ erklären wir nun die 0-Form

$$\lambda(z;X) := \int_0^1 \omega_2(z,t;X)\,\mathrm{d}t = Q_3(X_1, X_2, z)\,\mathrm{d}z$$

für $z \in \mathbb{R}$ mit

$$Q_3(X_1, X_2, z) := \left(\int_0^1 4\,H(X_1, X_2, t\,z)\,\mathrm{d}t \right) z$$

für $(X_1, X_2, z) \in \mathbb{R}^3$.

Unter Verwendung von (6.103) berechnen wir für diese

$$d\lambda(z; X) = d \int_0^1 \omega_2(z, t; X) \, dt = \int_0^1 d_z \omega_2(z, t; X) \, dt$$

$$= \int_0^1 \dot{\omega}_1(z, t; X) \, dt$$

$$= \omega_1(z, 1; X) - \omega_1(z, 0; X)$$

$$= 4 H(X_1, X_2, z) \, dz$$

$$= \omega(z; X)$$

für $z \in \mathbb{R}$ und $X = (X_1, X_2) \in \mathbb{R}^2$.
Wir schließen also für das Vektorfeld Q mit

$$Q(X_1, X_2, z) = \left(\int_0^1 4 H(X_1, X_2, t\,z) \, dt \right) (0, 0, z) \qquad (6.104)$$

aufgrund der zu Beginn dieses Beweises dargelegten Betrachtung

$$\operatorname{div} Q(X_1, X_2, z) = Q_{3,z}(X_1, X_2, z) = 4 H(X_1, X_2, z)$$

für alle $(X_1, X_2, z) \in \mathbb{R}^3$.
Für die Abschätzung des Vektorfeldes Q sei $(X, z) \in \mathbb{R}^3$ mit $X = (X_1, X_2) \in \mathbb{R}^2$ beliebig gewählt. Für den Fall, dass $|z| \leq r_0(X_1, X_2)$ gilt, ergibt sich aus (6.104)

$$|Q(X_1, X_2, z)| = |Q_3(X_1, X_2, z)| \leq 4 \left(\int_0^1 |H(X_1, X_2, t\,z)| \, dt \right) |z|$$

$$\leq 4 h_0(X_1, X_2) \, r_0(X_1, X_2) \qquad (6.105)$$

unter Verwendung der Definition von $h_0(X)$.
Im Fall $|z| > r_0(X_1, X_2)$ existiert ein $\tau \in [0, 1)$, sodass die Bedingung

$$\tau |z| = r_0(X_1, X_2) \qquad (6.106)$$

gilt.
Sofern $\tau > 0$ ist, erhalten wir

$$|Q(X_1, X_2, z)| \leq 4 \left(\int_0^1 |H(X_1, X_2, t\,z)| \, dt \right) |z|$$

$$= 4 \left(\int_0^\tau |H(X_1, X_2, t\,z)| \, dt \right) |z| \qquad (6.107)$$

$$\leq 4 h_0(X_1, X_2) \left(\int_0^\tau 1 \, dt \right) |z|$$

$$= 4 h_0(X_1, X_2) \, (\tau |z|) = 4 h_0(X_1, X_2) \, r_0(X_1, X_2) \,.$$

Hingegen schließen wir für $\tau = 0$ aus (6.106) unmittelbar $r_0(X_1, X_2) = 0$, sodass in diesem Fall wegen $H(X_1, X_2, \cdot) \equiv 0$

$$|Q(X_1, X_2, z)| = 0 \leq 4\,h_0(X_1, X_2)\,r_0(X_1, X_2) \tag{6.108}$$

folgt.
Insgesamt erkennen wir daher aus (6.105), (6.107) und (6.108)

$$|Q(X_1, X_2, z)| \leq 4\,h_0(X_1, X_2)\,r_0(X_1, X_2)$$

für alle $(X_1, X_2, z) \in \mathbb{R}^3$. Dies vervollständigt den Beweis. $\qquad\square$

Bemerkung 6.11. Indem wir $r^+(X_1, X_2) = \varrho$ sowie $r^-(X_1, X_2) = -\varrho$ mit einem $\varrho > 0$ für alle $(X_1, X_2) \in \mathbb{R}^2$ im Lemma 6.12 setzen, liegt der Träger von H zwischen zwei parallelen Ebenen.

Bemerkung 6.12. Fordern wir im Lemma 6.12 zusätzlich $h_0(X_1, X_2)\,r_0(X_1, X_2) \leq M$ mit einem $M \in (0, \frac{1}{2})$ für alle $(X_1, X_2) \in \mathbb{R}^2$ und $H \in C^2(\mathbb{R}^3)$, erhalten wir mit (6.104) ein Vektorfeld Q, das in den Sätzen 6.3 und 6.4 genutzt werden kann.

7 Resümee

Ziel der vorliegenden Arbeit war es, für eine breite Klasse von Variationsproblemen eine Existenz- und Regularitätstheorie zu erarbeiten, die der Lösung von Randwertproblemen partieller Differentialgleichungssysteme dient. Insbesondere sollte die Theorie im Zusammenhang mit dem Plateauschen Problem für Flächen vorgeschriebener mittlerer Krümmung im $\mathbb{R}^3$ zur Anwendung gebracht werden. Im Zentrum der Darstellung standen dementsprechend zweidimensionale Variationsprobleme für vektorwertige Abbildungen im $\mathbb{R}^3$.

Zunächst wurde das Konzept der direkten Methoden der Variationsrechnung zum Nachweis der Existenz eines Minimierers skizziert. Die fundamentale Eigenschaft der schwachen Unterhalbstetigkeit einer allgemeinen Klasse von Funktionalen wurde dazu ausführlich bewiesen. Mit dieser zeigten wir anschließend die Existenz eines Minimierers. Zu beachten ist, dass sich diese Ergebnisse auf mehrdimensionale Variationsprobleme für vektorwertige Abbildungen im $\mathbb{R}^n$ erweitern lassen.

Hingegen sind die Resultate im Zusammenhang mit der Regularitätstheorie aufgrund mancher Beweismethoden an eine Betrachtung zweidimensionaler Variationsprobleme gebunden. Allerdings lassen sich die Ergebnisse zur Regularität wie bei der Existenztheorie auf vektorwertige Abbildungen im $\mathbb{R}^n$ verallgemeinern.

Im Rahmen der Regularitätstheorie für einen Minimierer wurde das Dirichletsche Wachstumstheorem von Morrey gezeigt, welches ein hinreichendes Kriterium für die Hölder-Stetigkeit einer Funktion $X \in W^{1,2}(G)$ liefert. Dafür nutzten wir ein Ergebnis von Campanato, welches wir im Gegensatz zu anderen Arbeiten mithilfe einer Friedrichs-Glättung anstelle des Integralmittels bewiesen haben, in Kombination mit einer Poincaré-Friedrichs-Ungleichung, die das Integralmittel ebenfalls durch eine Friedrichs-Glättung ersetzt.

Um die Anwendbarkeit des Dirichletschen Wachstumstheorems auf einen Minimierer zu ermöglichen, wurde ein Ergebnis verwendet, welches das Dirichlet-Integral einer Funktion mit ihrer Fourierreihe entlang von Kreisringen verknüpft. Wir gestalteten den zugehörigen Beweis weitaus detailreicher. Gleichzeitig zeigten wir einen Satz über das Dirichlet-Integral der harmonischen Ersetzung einer Funktion mit L^2-Randwerten. Bei diesem schlossen wir mithilfe der Theorie harmonischer Hardy-Räume eine Lücke, welche die Darstellung der harmonischen Ersetzung betrifft. Mit diesen Sätzen bewiesen wir das Wachstumslemma, welches durch einen Vergleich der Dirichlet-Integrale einer Funktion mit ihren harmonischen Ersetzungen eine hinreichende Bedingung für die Voraussetzung des Dirichletschen Wachstumstheorems liefert. Beim Nachweis des Wachstumslemmas gingen wir stärker auf die Lösung einer auftretenden Differentialungleichung unter Verwendung absolut stetiger Funktionen ein. Schließlich zeigten wir damit die Hölder-Stetigkeit im Inneren für einen Minimierer. Hierbei berücksichtigten wir den oft vernachlässigten Aspekt, dass für eine zulässige Funktion auch die in einer Teilmenge harmonisch ersetzte Funktion zur zulässigen Menge gehört.

© Der/die Autor(en) 2023
A. Künnemann, *Existenz- und Regularitätstheorie der
zweidimensionalen Variationsrechnung mit Anwendungen auf
das Plateausche Problem für Flächen vorgeschriebener mittlerer
Krümmung*, https://doi.org/10.1007/978-3-658-41641-6_7

Daran anknüpfend prüften wir die Stetigkeit des Minimierers bis zum Rand des Gebietes, sofern das Gebiet einer Kreisscheibe entspricht und die Menge zulässiger Funktionen des Variationsproblems durch eine Funktion mit stetigen Randwerten erzeugt wird. Methodisch orientierten wir uns hierfür an einem Beweis von Hildebrandt und Kaul [36]. Dabei ersetzten wir allerdings eine zentrale Voraussetzung, da in [36] unklar bleibt, ob die dortige Voraussetzung invariant unter konformen Transformationen ist. Wir gelangten zu einer umfassenden Aussage über die Existenz stetiger Minimierer für eine breite Klasse von Variationsproblemen.

Anschließend wurden die Berechnung der ersten Variation sowie die damit verbundene Herleitung der schwachen Euler-Lagrange-Gleichung dargestellt. Wir sammelten Erkenntnisse über Differenzenquotienten in Sobolev-Räumen sowie weitere Ergebnisse im Zusammenhang mit dem Wachstum des Dirichlet-Integrals. Ausgehend von der schwachen Euler-Lagrange-Gleichung nutzten wir spezielle Testfunktionen für den Beweis der Differenzierbarkeit eines Minimierers. Wir folgten hier der Beweisführung von Hildebrandt und von der Mosel [37], die wir auf konvexe Gebiete erweiterten und deutlich ausführlicher darstellten. Als ein essentielles Hilfsmittel wiesen wir die Existenz einer Abschneidefunktion nach und untersuchten insbesondere deren Gradienten. Zusätzlich leiteten wir eine Poincaré-Ungleichung für Kreisringe her. In der Konsequenz gelangten wir zu einem Satz über die Existenz eines Minimierers mit Hölder-stetigen ersten Ableitungen. Vom Nachweis einer höheren Regularität wie in [49] nahmen wir Abstand, da unklar bleibt, wie der skalare Fall aus [38] auf den vektorwertigen Fall übertragen werden kann.

Um dennoch Randwertprobleme mit partiellen Differentialgleichungen zweiter Ordnung mithilfe der Variationsrechnung zu lösen, spezifizierten wir die Klasse der Variationsprobleme und zeigten in diesem Fall, dass ein Minimierer eines solchen Variationsproblems Hölder-stetige zweite Ableitungen besitzt. Dazu führten wir den Begriff des Minimierers vom Poissonschen Typ ein, sofern dieser einer schwachen Poisson-Gleichung genügt. Mittels der Schaudertheorie wurde gezeigt, dass sich die Regularität der Lösung einer schwachen Poisson-Gleichung durch eine $C^{2,\sigma}$-Rekonstruktion verbessern lässt. Indem ein Minimierer eines Variationsproblems als Lösung einer entsprechenden schwachen Poisson-Gleichung erkannt wird, lässt sich dessen Regularität so erhöhen.

Als Anwendung dieser Vorgehensweise wurden das Randwertproblem harmonischer Abbildungen in Riemannschen Räumen sowie das Dirichletproblem des H-Flächen-Systems behandelt, indem wir jeweils ein geeignetes Variationsproblem aufstellten. Wir prüften umfassend, ob die entsprechenden Funktionale den Voraussetzungen der erarbeiteten Existenz- und Regularitätstheorie genügen, sodass die Existenz eines Minimierers mit Hölder-stetigen ersten Ableitungen gewährleistet ist. Anschließend nutzten wir die $C^{2,\sigma}$-Rekonstruktion, sodass der jeweilige Minimierer auch einer Lösung des zugehörigen Randwertproblems entspricht.

Die Identifikation eines Minimierers als Minimierer vom Poissonschen Typ in den dargestellten Anwendungen erforderte spezifische Methoden. Von weiterführendem Interesse wäre eine Untersuchung, inwiefern sich Kriterien an die ein Funktional erzeugende Funktion f aufstellen lassen, sodass ein zugehöriger Minimierer auch ein Minimierer vom Poissonschen Typ ist.

Als Erweiterung des Dirichletproblems des H-Flächen-Systems wurde das allgemeine Plateausche Problem für Flächen vorgeschriebener mittlerer Krümmung untersucht.

Zunächst formulierten wir dieses und stellten anschließend die Bedeutung der Variationsrechnung bei dessen Lösung dar. Zusätzlich wurde ein zur Lösung fundamentales Vektorpotential aus einer gegebenen mittleren Krümmung für verschiedene Fälle hergeleitet. Durch die Nutzung von Differentialformen unterscheiden wir uns hierbei von bisherigen Arbeiten.

Zudem lösten wir das Plateausche Problem für Flächen vorgeschriebener mittlerer Krümmung in verschiedenen Körpern. Es wurden Lösungen in Kugeln, in Zylindern sowie insbesondere im Einheitskegel mit einer konsistenten Methode erzielt. Dabei behandelten wir ein solches Problem zunächst als allgemeines Plateausches Problem für Flächen vorgeschriebener mittlerer Krümmung im gesamten $\mathbb{R}^3$ und identifizierten die Lösung mithilfe bekannter Maximumprinzipien für H-Flächen als im Körper befindlich. Wir weichen damit von der Philosophie ab, das Problem direkt innerhalb des Körpers zu lösen. Stünden weitere Maximumprinzipien für H-Flächen, beispielsweise im Fall zweier paralleler Ebenen, zur Verfügung, ließen sich auch in diesen Fällen mit der dargestellten Verfahrensweise Lösungen finden.

Zusammenfassend bleibt festzuhalten, dass wir eine umfassende, in sich geschlossene und gut nachvollziehbare Darstellung der Existenz- und Regularitätstheorie zweidimensionaler Variationsprobleme erhalten, die auf Randwertprobleme partieller Differentialgleichungssysteme, insbesondere auf das Plateausche Problem für Flächen vorgeschriebener mittlerer Krümmung, angewendet werden kann.

Literaturverzeichnis

[1] Robert A. ADAMS: *Sobolev spaces*. Pure and applied mathematics 65. Acad. Press, New York, 1975.

[2] Hans W. ALT: *Lineare Funktionalanalysis: Eine anwendungsorientierte Einführung*. 6., überarbeitete Auflage. Springer, Berlin, 2012.

[3] Sheldon AXLER, Paul BOURDON und Wade RAMEY: *Harmonic function theory*. Graduate Texts in Mathematics 137. Springer, New York, 1992.

[4] Josef BEMELMANS und Jens HABERMANN: *Surfaces of prescribed mean curvature in a cone*. In: *Arch. Math.* 107.4 (2016), S. 429–444.

[5] Josef BEMELMANS, Stefan HILDEBRANDT und Wolf VON WAHL: *Partielle Differentialgleichungen und Variationsrechnung*. In: *Ein Jahrhundert Mathematik 1890–1990: Festschrift zum Jubiläum der DMV*. Hrsg. von Gerd FISCHER, Friedrich HIRZEBRUCH, Winfried SCHARLAU und Willi TÖRNIG. Vieweg+Teubner, Wiesbaden, 1990, S. 149–230.

[6] Philippe BLANCHARD und Erwin BRÜNING: *Direkte Methoden der Variationsrechnung: Ein Lehrbuch*. Springer, Wien, 1982.

[7] E. R. BULEY: *The differentiability of solutions of certain variational problems for multiple integrals*. Technical Report No. 16. Berkeley, California: Department of Mathematics, University of California, 1960.

[8] Paolo CALDIROLI und Alessandro IACOPETTI: *Existence of stable H-surfaces in cones and their representation as radial graphs*. In: *Calc. Var. Partial Differ. Equ.* 55.6 (2016).

[9] John W. CALKIN: *Functions of several variables and absolute continuity, I*. In: *Duke Math. J.* 6 (1940), S. 170–186.

[10] Richard COURANT: *Dirichlet's principle, conformal mapping, and minimal surfaces*. Interscience Publishers, New York, 1950. [Reprint: Springer, New York, 1977].

[11] Bernard DACOROGNA: *Introduction to the calculus of variations*. Imperial College Press, London, 2004.

[12] Bernard DACOROGNA: *Direct methods in the calculus of variations*. 2nd ed. Applied Mathematical Sciences 78. Springer, Berlin, 2008.

[13] Ennio DE GIORGI: *Sulla differenziabilità e l'analiticità delle estremali degli integrali multipli regolari*. In: *Mem. Accad. Sci. Torino* 3.3 (1957), S. 25–43.

[14] Ennio DE GIORGI: *Un esempio di estremali discontinue per un problema variazionale di tipo ellittico*. In: *Boll. Unione Mat. Ital.* IV.1 (1968), S. 135–137.

© Der/die Autor(en) 2023
A. Künnemann, *Existenz- und Regularitätstheorie der zweidimensionalen Variationsrechnung mit Anwendungen auf das Plateausche Problem für Flächen vorgeschriebener mittlerer Krümmung*, https://doi.org/10.1007/978-3-658-41641-6

[15] Ulrich DIERKES, Stefan HILDEBRANDT und Friedrich SAUVIGNY: *Minimal surfaces*. 2nd revised and enlarged ed. Grundlehren der mathematischen Wissenschaften 339. Springer, Berlin, 2010.

[16] Ulrich DIERKES, Stefan HILDEBRANDT und Anthony J. TROMBA: *Regularity of minimal surfaces*. 2nd revised and enlarged ed. Grundlehren der mathematischen Wissenschaften 340. Springer, Berlin, 2010.

[17] Peter L. DUREN: *Theory of H^p spaces*. Pure and applied mathematics 38. Academic Press, New York, 1970.

[18] Lawrence C. EVANS: *Partial differential equations*. 2nd ed. Graduate Studies in Mathematics 19. American Mathematical Society, Providence, RI, 2010.

[19] Gerd FISCHER: *Lineare Algebra: Eine Einführung für Studienanfänger*. 17., aktualisierte Auflage. Grundkurs Mathematik. Vieweg+Teubner, Wiesbaden, 2010.

[20] Gerald B. FOLLAND: *Real analysis: Modern techniques and their applications*. 2nd ed. Pure and applied mathematics. John Wiley & Sons, New York, NY, 1999.

[21] Mariano GIAQUINTA: *Multiple integrals in the calculus of variations and nonlinear elliptic systems*. Annals of Mathematics Studies 105. Princeton University Press, Princeton, NJ, 1983.

[22] Mariano GIAQUINTA und Stefan HILDEBRANDT: *Calculus of variations 1: The Lagrangian formalism*. Grundlehren der mathematischen Wissenschaften 310. Springer, Berlin, 1996.

[23] Enrico GIUSTI: *Direct methods in the calculus of variations*. World Scientific, New Jersey, 2003.

[24] Enrico GIUSTI und Mario MIRANDA: *Un esempio di soluzioni discontinue per un problema di minimo relativo ad un integrale regolare del calcolo delle variazioni*. In: *Boll. Unione Mat. Ital.* IV.1 (1968), S. 219–226.

[25] Peter M. GRUBER: *Convex and discrete geometry*. Grundlehren der mathematischen Wissenschaften 336. Springer, Berlin, 2007.

[26] Qing HAN und Fanghua LIN: *Elliptic partial differential equations*. Courant lecture notes in mathematics 1. New York University, Courant Institute of Mathematical Sciences, New York, NY, 1997.

[27] Godfrey H. HARDY und Werner W. ROGOSINSKI: *Fourier Series*. Dover Books on Mathematics. Dover Publications, Mineola, NY, 1999.

[28] Philip HARTMAN und Aurel WINTNER: *On the local behavior of solutions of non-parabolic partial differential equations*. In: *Am. J. Math.* 75 (1953), S. 449–476.

[29] Erhard HEINZ: *Über die Existenz einer Fläche konstanter mittlerer Krümmung bei vorgegebener Berandung*. In: *Math. Ann.* 127 (1954), S. 258–287.

[30] Erhard HEINZ: *Ein Regularitätssatz für Flächen beschränkter mittlerer Krümmung*. In: *Nachr. Akad. Wiss. Göttingen, II. Math.-Phys. Kl.* 1969 (1969), S. 107–118.

[31] Erhard HEINZ: *Über das Randverhalten quasilinearer elliptischer Systeme mit isothermen Parametern.* In: *Math. Z.* 113 (1970), S. 99–105.

[32] Stefan HILDEBRANDT: *Randwertprobleme für Flächen mit vorgeschriebener mittlerer Krümmung und Anwendungen auf die Kapillaritätstheorie, I. Fest vorgegebener Rand.* In: *Math. Z.* 112 (1969), S. 205–213.

[33] Stefan HILDEBRANDT: *On the Plateau problem for surfaces of constant mean curvature.* In: *Commun. Pure Appl. Math.* 23 (1970), S. 97–114.

[34] Stefan HILDEBRANDT: *Über einen neuen Existenzsatz für Flächen vorgeschriebener mittlerer Krümmung.* In: *Math. Z.* 119.3 (1971), S. 267–272.

[35] Stefan HILDEBRANDT: *Analysis 2.* Springer, Berlin, 2003.

[36] Stefan HILDEBRANDT und Helmut KAUL: *Two-dimensional variational problems with obstructions, and Plateau's problem for H-surfaces in a Riemannian manifold.* In: *Commun. Pure Appl. Math.* 25 (1972), S. 187–223.

[37] Stefan HILDEBRANDT und Heiko VON DER MOSEL: *Plateau's problem for parametric double integrals. I: Existence and regularity in the interior.* In: *Commun. Pure Appl. Math.* 56.7 (2003), S. 926–955.

[38] Eberhard HOPF: *Zum analytischen Charakter der Lösungen regulärer zweidimensionaler Variationsprobleme.* In: *Math. Z.* 30 (1929), S. 404–413.

[39] Lars HÖRMANDER: *The analysis of linear partial differential operators I: Distribution theory and Fourier analysis.* 2nd ed. Grundlehren der mathematischen Wissenschaften 256. Springer, Berlin, 1990.

[40] Oliver D. KELLOGG: *Foundations of potential theory.* Die Grundlehren der mathematischen Wissenschaften 31. Springer, Berlin, 1967. [Reprint from the first edition of 1929].

[41] Paul KOOSIS: *Introduction to H_p spaces: With two appendices by V. P. Havin.* 2nd ed. Cambridge Tracts in Mathematics 115. Cambridge University Press, Cambridge, 1998.

[42] Andreas KÜNNEMANN: *Lösbarkeit von Randwertproblemen mittels komplexer Integralgleichungen: Anwendung funktionentheoretischer Methoden zum Erhalt klassischer Lösungen.* BestMasters. Springer Fachmedien, Wiesbaden, 2016.

[43] Olga A. LADYZHENSKAYA und Nina N. URAL'TSEVA: *On the smoothness of weak solutions of quasilinear equations in several variables and of variational problems.* In: *Commun. Pure Appl. Math.* 14 (1961), S. 481–495.

[44] Olga A. LADYZHENSKAYA und Nina N. URAL'TSEVA: *Quasi-linear elliptic equations and variational problems with many independent variables.* In: *Russ. Math. Surv.* 16.1 (1961), S. 17–91.

[45] Olga A. LADYZHENSKAYA und Nina N. URAL'TSEVA: *Linear and quasilinear elliptic equations.* Mathematics in Science and Engineering 46. Academic Press, New York, 1968.

[46] Giovanni LEONI: *A first course in Sobolev spaces.* Graduate Studies in Mathematics 105. American Mathematical Society, Providence, RI, 2009.

[47] Rodrigo LÓPEZ POUSO: *Mean value integral inequalities.* In: *Real Anal. Exch.* 37.2 (2012), S. 439–450.

[48] Jan MALÝ und William P. ZIEMER: *Fine regularity of solutions of elliptic partial differential equations.* Mathematical Surveys and Monographs 51. American Mathematical Society, Providence, RI, 1997.

[49] Charles B. MORREY, Jr.: *Existence and differentiability theorems for the solutions of variational problems for multiple integrals.* In: *Bull. Am. Math. Soc.* 46 (1940), S. 439–458.

[50] Charles B. MORREY, Jr.: *Functions of several variables and absolute continuity, II.* In: *Duke Math. J.* 6 (1940), S. 187–215.

[51] Charles B. MORREY, Jr.: *Multiple integral problems in the calculus of variations and related topics.* In: *Univ. Calif. Publ. Math., New Ser.* 1.1 (1943), S. 1–130.

[52] Charles B. MORREY, Jr.: *Multiple integral problems in the calculus of variations and related topics.* In: *Ann. Sc. Norm. Super. Pisa, Sci. Fis. Mat., III. Ser.* 14 (1960), S. 1–61.

[53] Charles B. MORREY, Jr.: *Existence and differentiability theorems for variational problems for multiple integrals.* In: *Partial Differential Equations and Continuum Mechanics.* Proc. Int. Conf. (Madison, 7.–15. Juni 1960). Hrsg. von Rudolph E. LANGER. University of Wisconsin Press, 1961, S. 241–270.

[54] Charles B. MORREY, Jr.: *Extensions and applications of the De Giorgi-Nash results.* In: *Partial differential equations.* Proc. Symp. Pure Math. 4 (Berkeley, 21.–22. Apr. 1960). Hrsg. von Charles B. MORREY, Jr. American Mathematical Society, Providence, RI, 1961, S. 1–16.

[55] Charles B. MORREY, Jr.: *Multiple integrals in the calculus of variations.* Die Grundlehren der mathematischen Wissenschaften 130. Springer, Berlin, 1966.

[56] Johannes C. C. NITSCHE: *Vorlesungen über Minimalflächen.* Die Grundlehren der mathematischen Wissenschaften 199. Springer, Berlin, 1975.

[57] Friedrich RIESZ: *Über die Randwerte einer analytischen Funktion.* In: *Math. Z.* 18 (1923), S. 87–95.

[58] Halsey L. ROYDEN: *Real analysis.* 3rd ed. Macmillan Publishing Company, New York, 1988.

[59] Friedrich SAUVIGNY: *Partielle Differentialgleichungen der Geometrie und der Physik: Grundlagen und Integraldarstellungen.* Springer, Berlin, 2004.

[60] Friedrich SAUVIGNY: *Partielle Differentialgleichungen der Geometrie und der Physik 2: Funktionalanalytische Lösungsmethoden.* Springer, Berlin, 2005.

[61] Friedrich SAUVIGNY: *Analysis: Grundlagen, Differentiation, Integrationstheorie, Differentialgleichungen, Variationsmethoden.* Springer Spektrum, Berlin, 2014.

[62] Friedrich SAUVIGNY: *Maximum principle for H-surfaces in the unit cone and Dirichlet's problem for their equation in central projection.* In: *Milan J. Math.* 84.1 (2016), S. 91–104.

[63] Friedrich SAUVIGNY: *Surfaces of prescribed mean curvature* $H(x,y,z)$ *with one-to-one central projection onto a plane.* In: *Pac. J. Math.* 281.2 (2016), S. 481–509.

[64] Friedmar SCHULZ: *Regularity theory for quasilinear elliptic systems and Monge-Ampère equations in two dimensions.* Lecture Notes in Mathematics 1445. Springer, Berlin, 1990.

[65] Julius SMITH: *Differentiability properties of solutions to higher order double integral variational problems.* In: *Trans. Am. Math. Soc.* 116 (1965), S. 108–125.

[66] Klaus STEFFEN: *Isoperimetric inequalities and the problem of Plateau.* In: *Math. Ann.* 222 (1976), S. 97–144.

[67] Klaus STEFFEN: *On the existence of surfaces with prescribed mean curvature and boundary.* In: *Math. Z.* 146 (1976), S. 113–135.

[68] Michael STRUWE: *Variational methods: Applications to nonlinear partial differential equations and Hamiltonian systems.* 3rd ed. Ergebnisse der Mathematik und ihrer Grenzgebiete 34. Springer, Berlin, 2000.

[69] Friedrich TOMI: *Minimal surfaces and surfaces of prescribed mean curvature spanned over obstacles.* In: *Math. Ann.* 190.3 (1971), S. 248–264.

[70] William P. ZIEMER: *Weakly differentiable functions: Sobolev spaces and functions of bounded variation.* Graduate Texts in Mathematics 120. Springer, Berlin, 1989.

Printed in the United States
by Baker & Taylor Publisher Services